进化视角下的儿童发展与教育

金陵家政学译丛
赵 媛 朱运致 主编

David C. Geary Daniel B. Berch
[美] 大卫·吉尔里 [美] 丹尼尔·伯奇
编

柏 愔
译

U0828052

Evolutionary Perspectives on Child Development and Education

南京师范大学出版社

图书在版编目（CIP）数据

进化视角下的儿童发展与教育 /（美）大卫·吉尔里，（美）丹尼尔·伯奇编；柏愔译. -- 南京：南京师范大学出版社，2025.1
（金陵家政学译丛 / 赵媛，朱运致主编）
书名原文：Evolutionary Perspectives on Child Development and Education
ISBN 978-7-5651-6093-6

Ⅰ. ①进… Ⅱ. ①大… ②丹… ③柏… Ⅲ. ①儿童心理学—研究 Ⅳ. ① B844.1

中国国家版本馆 CIP 数据核字（2024）第 023216 号

First published in English under the title Evolutionary Perspectives on Child Development and Education edited by David C. Geary and Daniel B. Berch, edition: 1, Copyright © Springer International Publishing Switzerland, 2016.
This edition has been translated and published under licence from Springer Nature Switzerland AG. Springer Nature Switzerland AG takes no responsibility and shall not be made liable for the accuracy of the translation.
CHINESE SIMPLIFIED language edition published by NANJING NORMAL UNIVERSITY PRESS, LTD. CO Copyright © 2025.
本书简体中文版由南京师范大学出版社独家出版发行。未经出版者书面许可，不得以任何方式抄袭、复制或节录本书中的任何部分。
著作权合同登记号 图字 10-2022-394 号

丛 书 名　金陵家政学译丛
丛书主编　赵 媛　朱运致
书　　名　进化视角下的儿童发展与教育
编　　者　[美] 大卫·吉尔里（David C. Geary）
　　　　　[美] 丹尼尔·伯奇（Daniel B. Berch）
译　　者　柏 愔
策　　划　徐 蕾　王雅琼
责任编辑　王雅琼
装帧设计　有品堂_刘俊
出版发行　南京师范大学出版社
地　　址　江苏省南京市玄武区后宰门西村 9 号（邮编：210016）
电　　话　（025）83598919（总编办）　83379735（营销部）
网　　址　http://press.njnu.edu.cn
电子信箱　nspzbb@njnu.edu.cn
排　　版　南京私书坊文化传播有限公司
印　　刷　镇江文苑制版印刷有限责任公司
开　　本　787mm × 1092mm　1/16
印　　张　22.5
字　　数　393 千
版　　次　2025 年 1 月第 1 版
印　　次　2025 年 1 月第 1 次印刷
书　　号　ISBN 978-7-5651-6093-6
定　　价　79.00 元

出 版 人　张 鹏

南京师大版图书若有印装问题请与销售商调换
版权所有　侵犯必究

“金陵家政学译丛”编委会

主　　编

赵　媛　朱运致

副 主 编

熊筱燕　薛传会　边　霞

编　　委

沈继荣　柏　愔　黄　颖　周宇芬

编译单位

南京师范大学金陵女子学院

南京师范大学江苏家政发展研究院

江苏省家政学会

总序

家政，是一个既熟悉又陌生的名词。

熟悉，是因为它是千家万户的日常，一家老小，三餐四季，一辈子守望幸福的付出都浓缩在这两个字里。人们为了家人平安健康、孩子茁壮成长、夫妻相知相伴、家庭和谐幸福所做出的一切计划、选择、决定、努力和坚守，就是家政。

陌生，是因为很少有人知道"家政"也是一门学科，即使知道，也常常将它与家政服务职业技能培训相混淆。其实，现代家政学是一门大学问，它聚焦不断变幻的社会文化背景中家庭的需求和挑战，并试图通过教育、社会服务和政策制度的调整和迭代来创造有利于家庭幸福的最佳环境。

家政学，这个与每个人的幸福息息相关的学科理应受到广泛关注与重视，它的内涵、价值和最新的研究成果需要得到推广和认同。在这个背景下，有着家政教育传统的南京师范大学金陵女子学院与南京师范大学出版社联合推出"金陵家政学译丛"，把家政学领域最有影响力的研究著述引进学术圈，以期拓宽家政研究的学术视野，丰富家政学科发展的思想资源。

2021 年 7 月，南京师范大学的家政学学科团队、由金陵女子学院英语专业教师组成的译者团队和南京师范大学出版社的编辑团队组成了译丛项目工作组，从世哲、美国培生、施普林格等国际知名出版集团遴选优质图书，分辑推出系列译著，介绍国际家政学研究的新理念、新视角与新进展。遴选的主要原则是：①近年出版的反映学术前沿成果的书籍；② 国内比较稀缺的主题或视角；③ 受到学术同行高度评价的著作；④对国内家政学目前的教学和研究有实际指导意义的著作。

工作组最终挑选6本图书作为译丛首辑推出的译著，主题围绕家庭与家庭生活方式的可持续发展，从家庭结构、家庭生活管理、家庭教育等多个维度展现家庭在当下社会变迁中所面临的机遇与挑战，以及家政学在帮助人们构建可持续的美好生活方面所扮演的角色。这6本书包括《转型中的家庭》（第17版）、《生活经营学：构建可持续发展的社会》、《家庭生活教育原则与方法》（第3版）、《家庭资源管理》（第4版）、《进化视角下的儿童发展与教育》和《媒体、可持续与日常生活》。

这套译丛整体上呈现了以下特点：①动态视角和未来导向，突出了家庭结构、个体发展、家庭生活状态的动态变化和未来走势，有前瞻性。②生态视角和系统导向，揭示了影响家庭生活的个人的、人际的、社会的、文化的、技术的层层因素，尤其是前所未有的新技术、新媒体带来的冲击。③全球视角和多元文化导向，理解不同文化中的家庭发展的共性与差异，借鉴促进家庭发展、个人幸福和社会进步的理念与方法。

家政学是一门跨专业的综合学科，社会学、心理学、教育学、管理学、人类学、沟通学、传媒学等都与之有密切的实质性联系。本译丛选择了不同学科视角的著作，也是希望吸引相关专业的研究者、教育者和学生，期待他们从这些著述中看到自己的专业与家政学的关联，从跨学科碰撞中找到灵感，加入家政学学科建设的队伍，实现家政学研究、教育与实践的创新和突破。

本译丛的出版从书目遴选、章节筛选、版权谈判、三审三校到最后的发行，都离不开出版社的支持。出版社的总编辑与各分册责任编辑和金女院的译者团队多次开会讨论、切磋，为保证译著的质量和按时出版发行付出了很多努力。在此感谢南京师范大学出版社的总编辑徐蕾，责任编辑刘双双、阙思语、王嘉、熊嫒嫒、王雅琼、李思思及项目团队的其他成员。感谢南京师范大学金女院外语系的沈继荣、黄颖、朱运致、周宇芬、柏愔老师，在 2022 年那个酷热的暑假埋头伏案，完成译稿。特别感谢南京师范大学金女院的领导赵媛、薛传会和熊筱燕老师，是他们的鼎力支持让本译丛得以顺利出版。

目录

前言

本书缘起于2013年的一次秋季会议，会议的主题为“以进化方法解决各种教育问题”。会议由美国教育研究协会资助和进化研究所赞助，汇集了人类学家、生物学家、教育研究者和心理学家，就进化方法如何提高教育成果和影响教育政策的研究与思想进行了阐述、讨论和探查。我们关注的重点并不仅限于阅读、写作和算术（3R），还包括课堂上和教育环境中出现的社会动态和关系。考虑到教育主要是在发展过程中发生的，我们决定将本书的范围拓展到更为宽泛的发展问题，而不只是教育问题，因此我们邀请了其他一些学者来撰写相关章节。本书是一本合集，它独具一格、信息丰富，重点介绍了进化框架对儿童发展及其学业成功的贡献、争论和前景。

本书分为三部分。第一部分包括四章，主要关注儿童的自然探索行为和游戏，以及它们对认知与学业发展的影响。比约克隆德（Bjorklund）和比尔斯（Beers）在开篇第一章介绍了进化发展心理学，以及该理论对我们了解进化是如何塑造儿童自然学习偏好的启发意义。然后，他们由此说明，那些试图加快幼儿学业学习的良苦用心可能徒劳无用，并会造成意想不到的有害后果。格雷（Gray）则认为以儿童为导向的学习应当被应用于现代教育环境中，因为这种方法足以让儿童学会现代世界成功所必需的3R。

佩莱格里尼（Pellegrini）撰写的第二章则关注儿童的游戏和对客体的探索。他提出，这些活动不仅是学习客体以及如何使用它们的一种方式，而且还有益于行为弹性和认知弹性，并促进儿童的社会发展。他同时提出警告，动物行为学家所定义的“游戏”与教育目标背景中的“游戏”并不一定相同，因此这些活动的结果可能是大相径庭的。托布（Toub）及其同事们就如何在教育环境中利用儿童参与游戏的偏好来促进他们的3R学习进行了深思熟虑的讨论，为第一部分画上了句号。他们的引导性游戏还可能对调和进化教育心理学领域中的争论有所帮助，具体来说就是获得进化上的新学术能力需要多少成人引导的学习。

第二部分包括三章，主要讨论了儿童的社会关系及其社会行为的进化功能。霍利（Hawley）首先探讨了大多数人关于人类行为进化方法的八个迷思或错误假设。与佩莱格里尼一样，她指出部分问题在于生物学家和心理学家经常使用同样的术语，但却意指不同的事物，如利他主义。她对这些不同之处加以解释，然后探讨了儿童的社会行为，甚至许多人认为是亲社会的行为，其实是为了获得社会影响力和物质资源。这些隐含目标可以通过“友善”或是“欺凌”来实现，但是将二者合而为一却最有效。沃尔克（Volk）专注于后者，详细论述了欺凌的社会功能和好处，以及这种行为在进化背景中才有的意义——当然，这并不等于纵容这种行为，只是为了更充分地理解它。他指出欺凌不仅仅局限于儿童和青少年，还可以多种形式出现，以至于能够更好地控制从社会支配到物质财富这些不同类型的资源。

第二部分的最后一章是肖（Shaw）对“公平”相关问题的讨论，具体来说，就是群体成员如何分配资源的道德框架（例如，每个人等额或是基于贡献按比例分配）。前两章明确指出资源的获取有差异和不平等，这是正常现象，而且更高支配地位的个体可获得更多的好处。从那些可能会获得较少资源的人的角度来看，每个人都应获得相同而平等的资源，这样的道德立场是合理的。然而实际问题要更为深奥复杂。即使是那些能够控制资源分配方式的人（无论儿童还是成人）也经常会选择平均分配，特别是在有观众的时候。因此，有些利益必然是远超放弃（所分配的）物质资源而带来的损失的。肖列举了一个有趣的案例，认为这种利益至少是有一部分来自社会动力（social dynamics），更确切地说，这表明人们并不试图获得特定他人的喜爱，从而与之建立友谊或结成更大的联盟。友谊的转移和更广泛的联盟对一个群体内部的社会力量平衡有着明显的影响，因此这也是冲突的潜在来源。从这一点来看，人们尽量避免因“不公平”地分配资源而引发这类冲突也就不那么令人惊讶了。

第三部分又回到了学习和认知，但主要关注人们如何处理和记忆信息的特定进化偏差，以及这些偏差是如何有助于或阻碍了在正规学校环境中的学习。吉尔里（Geary）和伯奇（Berch）对这些问题进行了广泛的讨论，并侧重于进化能力（如语言）与由它们建构的非进化能力（如阅读）之间的差异。这种差异触及了当前进化教育心理学争论的核心，即那些能够让儿童丰富充实并使进化能力适应当地具体条件的认知偏差与行为（如游戏和探索）是否足以让儿童能够在现代学校发展各种非进化能力。当然这些问题在本书的第一部分已有所涉及，但问题还有待解决；无论最终答案是什么，这场积极的争论都凸显了这一新兴领域的活力。

奈恩（Nairne）强调了这样一种偏向：具体来说，我们的注意力和记忆系统习惯于发现和记忆生物以及那些有潜在传染性的事物。这些事物包括潜在的捕食者和猎物，在我们的进化史上显然有着重大的影响。总的来说，这一章与奈恩的研究工作很好地突出了进化视角所带来的研究价值，详细描述了相关人类记忆的对照实验，并发现了非理论记忆的研究人员一个多世纪以来一直忽略的一个强烈偏向。

斯威勒（Sweller）的这一章很好地将数十年来关于认知负荷理论的研究和有着进化特色的教学方法整合在一起。众所周知，长期以来工作记忆（working memory）的制约因素限制了学校学习的难度和速度。斯威勒及其同事们一直处于设计并测试能够有效处理这种制约因素的教育方法最前沿。在这一章中，他们明确地讨论了在进化背景下认知负荷理论以及相关的实证研究结果是如何逐渐变得明朗，特别是与充实进化中的认知领域相对比，把它们应用到进化中的新学习。考夫曼（Kauffman）和威尔逊（Wilson）以他们对会考学校（the Regents Academy）新研究工作的描述结束了第三部分。具体来说，他们运用了促进社会合作的进化原则为那些有可能从高中辍学的学生创建了一个学习环境。学校教育既是一种社会环境概念，又是一种学术环境概念，他们还表明拓宽这种概念可以实质性地提高边缘学生的学习能力与社会能力。

《进化视角下的儿童发展与教育》汇集了进化、发展与教育交叉领域中众多领军人物的最新理论贡献和研究综述。进化视角如何能让我们卓有成效地理解儿童的发展，以及他们在传统和现代学校中的学习，本书对此提供了有力的例证。

大卫·吉尔里（David C. Geary）于美国密苏里州哥伦比亚

丹尼尔·伯奇（Daniel B. Berch）于美国弗吉尼亚州夏洛茨维尔

第一部分

早期教育中的发展、游戏与探索

第一章　认知不成熟的适应价值：早期教育中进化发展心理学的应用

大卫・比约克隆德、考特尼・比尔斯[①]

今天很少有受过教育的人会质疑这个论断：人类对地球的霸权是他们智力提高的结果，而这种智力是经过 500 万—700 万年从我们类人猿祖先的认知能力进化而来的（Tomasello, 2014）。此外，与任何其他物种不同的是，智人（Homo sapiens）通过学习过程将非遗传信息代代相传，在很多情况下获得的信息和概念并没有深厚的进化历史（Geary, 2005）。换句话说，人类是最可教育的物种（Bjorklund, 2007a），而这种教育发生在文化环境之中，从婴儿期开始，贯穿人的一生。虽然最有用的人工制品是成人生产的，文化机制是成人建立和管理的，他们的合作与竞争使社会得以延续和发展，但取得这些成果的智力与社会能力都是在婴幼儿期发展起来的，并且在数千年的发展过程中得以进化。从这个角度来说，正如成人的认知能力一样，儿童普遍的认知能力也受到了自然选择力量的影响。根据认知不成熟假说（cognitive immaturity hypothesis）（Bjorklund, 1997, 2007b; Bjorklund & Green, 1992），婴幼儿的认知能力和感知能力与他们生命中所处的特定时期相适应，而并非只是成人形式的不完整版。

不同于其他任何物种，人类需要很长时间才能发育成熟（Bogin, 1999）。虽然一般灵长类动物都有较长的幼年期，但这一趋势在智人这里表现得更为显著。一个物种与智人的共祖（common ancestor）越接近，不成熟期就越长：狐猴大约是 2 年，猕猴大约是 4 年，黑猩猩大约是 8 年，而人类大约是 15 年（Poirier & Smith, 1974），尽管人类的身体和大脑发育还需要再持续数年（Giedd

① 大卫・比约克隆德（David F. Bjorklund）：美国佛罗里达州博卡拉顿市，佛罗里达大西洋大学心理学系。考特尼・比尔斯（Courtney Beers）：美国佛罗里达州博卡拉顿市，佛罗里达大西洋大学课程、文化和教育探索系。

et al., 1999）。延长达到性成熟之前的时间可能代价不菲。个体在成年之前因疾病、饥饿或捕食而死亡的概率会随着不成熟时间的延长而增加。在生物学中，当某个特征代价高昂时，那么收益也必然巨大，否则该特征就不可能通过自然选择的筛选而保留下来。大多数理论家都认为，延长人类的生殖前期的主要好处就是扩张了大脑（人类的皮层神经元比任何其他哺乳动物都多，包括比人大很多的鲸鱼，几乎是黑猩猩的两倍，参见 Roth & Dicke, 2005），从而有足够的神经能力和时间以获得成年期生存和繁殖所必需的技术（e.g., Kaplan, Hill, Lancaster, & Hurtado, 2000）与社会技能（Bjorklund, 1997, 2007b）。此外，一些理论家提出，人类认知能力的提高不仅是为了应对不可预测的恶劣环境，还为了应对同类中的其他成员（社会脑假说，the social brain hypothesis; e.g., Alexander, 1989; Dunbar, 2003, 2010; Geary, 2005; Humphrey, 1976; Tomasello & Moll, 2010）。因此，人类已进化出应对社会其他成员，以及向其他物种学习的适应性。

然而，儿童的智力与社会发展在很大程度上并不仅仅是成人智力与社会性的简化版，而是为了适应他们特定的社会领域。这要求儿童的认知（以及社会认知）能够特别适应他们的人生时期，而不仅仅是成人适应性的不完整版。

本章我们首先概述了一些进化发展心理学的基本概念，特别探讨了婴幼儿期的适应性。然后我们从进化发展角度研究了幼儿是如何学习的，并重点关注了他们是如何通过观察和游戏进行学习的。接下来我们考察了两个与早期教育有关的话题，进化发展视角对此可能很有帮助。这两个话题是：幼儿通过新媒介进行学习（参见 Toub et al., 本书）与儿童高估其社会能力与认知能力的潜在好处。我们的结论是，进化发展角度为我们提供了一个有用的视角，使我们能够了解如何平衡各种类型的早期教育经历，以及这种平衡如何能够促进儿童的幸福感，让他们未来学业有成。

一、婴幼儿期的适应性

如上所述，关于发展，婴幼儿的适应性至少可以分为两种类型。个体发育适应性（ontogenetic adaptations）（Bjorklund, 1997; Oppenheim, 1981）指的是婴幼儿的进化特征，这些特征是在发展的特定时段被特别选择来承担适应功能的。相比之下，延迟适应性（deferred adaptations）则是指在远古环境中被选中为儿童进入成年期做准备（至少在一定程度上）的那些方面（Hernández Blasi & Bjorklund, 2003）。

个体发育适应性

在婴幼儿期幸存下来绝非易事，自然选择已经产生了一些适应性，目的就是帮助一个物种的幼崽做到此点。其中最明显的适应性就是一些产前胎儿期的适应性，它可以使胚胎以与出生（孵化）后完全不同的方式来获得营养。例如，鸟类胚胎在孵化前有一个卵黄囊来提供营养，而哺乳动物有一个脐带来提供营养和清除废物。一旦动物出生了，这些结构就不再起作用了，营养和废物清除将由不同的系统来处理（参见 Oppenheim, 1981）。这些都是个体发育适应性的典型例子，这些特征使年轻的生物体适应它们周围的环境，并在不再需要时“消失”。许多新生儿的反应也很容易被人们视为是个体发育适应性。例如，当婴儿的脸颊被抚摸时，他们会张开嘴巴，并转向刺激方向（觅食反射，the rooting reflex），当他们的嘴唇受到压力时会反射性地吮吸，这二者都在哺乳中起到了作用。这些反射会随着婴儿大脑的发育在4—6个月内消失，因为随着婴儿的大脑发育，他们能够有意识地控制这些行为。

许多婴幼儿特有的低效认知特征实际上可能是适应婴幼儿特定环境的行为。例如，新生儿的模仿，如吐舌头这种面部动作的模仿（Meltzoff & Moore, 1977），可能并不是一种对复杂社会认知的反应，而是一种类似条件反射的行为。这种行为可以在婴儿对自己行为几乎没有意识控制的时候促进母婴互动，而当婴儿发展出这种控制能力时，这种行为就消失了（Bjorklund, 1987）。婴儿在学习中对环境的强烈依赖性可能会阻止他们在“不适当”的环境中检索记忆（Rovee-Collier & Shyi，1992）。学龄前儿童以自我为中心的世界观（Piaget, 1983）导致他们以自己作为对象和事件的参照，从而提高了他们对这些对象和事件的记忆（e.g., Ratner, Foley, & Gimpert, 2002; Ross, Anderson, & Campbell, 2011; 参见 Sellers & Bjorklund, 2014）。

甚至婴儿感官系统的功能不完善，也可以被视为是一种适应性。在其他系统（如听觉）发育成熟之前，这种限制可以防止婴儿在一个系统（如视觉）内处理感官刺激。例如，许多研究表明，为幼小动物提供超过物种典型水平的知觉刺激会导致其非典型发育（e.g., Kenny & Turkewitz, 1986; Lickliter, 1990; Lickliter & Lewkowicz, 1995）。例如，利克利特（Lickliter，1990）的研究发现，在山齿鹑（Colinus virginianus）胚胎正常接受这类刺激的前几天，向它们提供额外的视觉刺激，会导致它们视觉辨别能力的提高，但却会损害听觉反应（当把它们的叫声与鸡的叫声放在一起时，它们不能辨别和应对同类的叫声）。据推测，早期的感官刺激有助于让幼年的有机体向某种通常是适应性的结果发展；但是当感官经验被抑制，接受的时间早于常规或经受了超过物种典型水平的刺激时，就会导致物种的非典型发育模式。无论是在出生前还是在出生后，动物的神经学、生理学和感官系统与物种特有的经验相互协调，确实可以产生物种典型行为。

延迟适应性

埃尔南德斯·布莱斯和比约克隆德（Hernández Blasi & Bjorklund, 2003）将旨在让儿童为成年做好准备的适应性称作延迟适应性，这意味着这种适应性的很多好处要延迟到成年后才能显现，并表现为提供给儿童类似成人功能（adult–like functioning）的练习。但是请注意，这种适应性带来的好处不可能全部都被延迟，事实上，有些好处很可能是立竿见影的，因为如果所有的好处都是在未来数年后才显现，那么这种代价高昂的潜在适应性是不太可能持续下去的。

对于延迟适应性来说，游戏是一个很好的候选（参见 Pellegrini, Toub et al., 本书）。著名的格言“游戏是儿童的工作”反映了这样一个事实：“游戏”是儿童花大部分时间在做的事情（e.g., Pellegrini, 2013），以及游戏对儿童发展至关重要的信念。游戏是大多数年轻的社会哺乳动物活动的特征。事实上，研究游戏的先驱格鲁斯（Groos, 1898/1975: 75）写道：“不应当说动物是因为年轻爱闹而游戏，而应当说它们有一段为了游戏的青春期。”游戏一直被认为对人类发展和进化有着重要意义（e.g., Bateson, 1976; Gopnik, Griffiths, & Lucas, 2015; Pellegrini, 2013）。事实上，尼尔森（Nielsen，2012）提出，除了模仿之外，幻想游戏（fantasy play）也是人类童年的一个主要特征，并且在人类智力进化中发挥了核心作用。在尼尔森看来，“通过假装，儿童发展出了一种能力，能够生成和推理新奇的假设与想象的场景，这样做也能够实践创造过程，为成年时期的创新打下基础”（2012: 176）。

在本章的其余部分，我们研究了婴幼儿学习的一些方式，以及如何将这些知识应用到教育中。在下一节中，我们将首先探讨全世界各地幼儿在不同时期的主要学习方式：通过观察 / 社会学习与通过游戏学习；随后我们将探讨教授（社会学习）和发现（游戏学习）给幼儿带来的优势和局限。

二、幼儿的学习方式

人类从早期就有积极思考和向他人学习的动机（Tomasello & Carpenter, 2007）。例如，儿童似乎对进一步支持他们认知发展的社会行为很敏感，甚至对此有所偏向（Gauvain & Perez, 2015; Geary & Bjorklund, 2000; Tomasello, 2014）。正如前面所提到的，社会智能假说（social intelligence hypothesis）认为，人类拥有一套特定的社会认知技能，使知识能够有效地从行家传递给新手（Herrmann, Call, HernándezLloreda, Hare, & Tomasello, 2007a），至少在进化的相关信息方面是如此的（Geary, 2005）。人类不仅能够向前人学习，还会修改和改进传承下来的信息（Tennie, Walter, Gampe, Carpenter, & Tomasello, 2014）。虽然其他物种如黑猩猩，也在其社会群体中传递知识，但它们的知识传递过程远没有这样先进。例如，黑猩猩中的大多数社会学习似乎并不涉及教授，甚至也不需要仿照示范者的特定行为来实现目标（即模仿，imitation），而只是一种效仿（emulation）形式，即观察者使用与示范者不同的行为来实现同样的目标（Nielsen, 2006）。人类通过社会过程提高学习能力，这可能有助于解释为什么人类的认知能力远比其他任何物种要更高级（Toub et al., 本书）。

通过观察学习

在不同文化背景下，儿童学习的最佳方式也各不相同。在工业化文化中，主流观点是儿童通过直接教学（direct instruction）或传授来学习，并且这种传授应当从婴儿期就开始（Lancy & Grove, 2010）。然而，传授行为非常复杂，因为它需要教师与学习者之间存在一种双向关系，在这种双向关系中双方都了解对方的动机，并且教师需要付出对他 / 她来说相当的代价去有意识地指导新的学习者（Tomasello, 2000）。教学理念通常是主观的。在更传统的文化中，正规教育（formal instruction）并不常见。相反，儿童引导他们自己的学习，成人的参与只是为了在有利时机提高特定的技能（Lancy, 2015; 另参见 Kline, 2015）。为了代替成人的直接教学，“整个社区及其周围环境被当作‘教室’，而‘课程’表现为一本开放式的书”（Lancy & Grove, 2010: 164—165）。当然，这里可能还有一场斗争。进化赋予了儿童某些倾向性，引导他们在特定情境中学习，但要在现代社会成功地生活（如学习高阶数学），儿童可能会经历需要习得的技能与学习方式之间的冲突（Geary, 2005; Periss & Bjorklund, 2011）。

过度模仿（Overimitation）。根据班杜拉（Bandura, 1986, 1989）的社会学习 / 社会认知理论，儿童通过观察他人的行为进行学习，注意他们的动作结果并决定这些动作是否应当融合到他们自己的行为之中。观察在这里是关键所在，是社会学习的一个基本要素。观察学习的一种形式就是模仿，它被认为是习得文化知识的最佳机制，而文化知识对于能够有效融入社会群体而言非常重要。模仿被定义为“在理解行为背后意图的情况下，使用与示范者相同的行为来再现观察到的结果”（Nielsen, 2012: 172）。为了真正符合模仿的定义，观察者必须亲眼目睹示范者的动作，使自身的行为与其高度相似（Horner & Whiten, 2005）。有趣的是，儿童在童年期会变得越来越善于模仿（McGuigan & Whiten, 2009），甚至会在模仿示范者的行为时，复制实现目标并不需要的多余动作，而这就是所谓的过度模仿（Hoehl, Zettersten, Schleihauf, Grätz, & Pauen, 2014; Lyons, Young, & Keil, 2007）。例如，霍纳（Horner）和怀腾（Whiten）对 3—4 岁的儿童进行了抽样模仿测试（2005）。在实验中，儿童观看示范者使用一种工具从一个盒子（透明或不透明）中拿到奖励。示范者的动作有一半被认为是无关的（即可以被跳过），而另一半动作是相关的（即需要执行以完成目标）。研究者发现，在盒子透明和不透明的情况下，儿童都模仿了示范者的那些无关动作，尽管在盒子透明的情况下，他们可以用更少的动作拿到奖励。

过度模仿在儿童期的最初几年会逐渐浮现，与儿童的社会认知技能发展同步。年幼儿童会选择一个示范者来效仿，也就是说，他们会观察一个示范者做一组动作，但会用不同的行动或动作来完成相同的目标（Whiten, McGuigan, Marshall–Pescini, & Hopper, 2009）。人们提出各种不同的观点来解释为什么过度复制（over–copying）的行为会随着年龄的增长而增加（Nielsen, Mushin, Tomaselli & Whiten, 2014）。这可能是因为幼儿对任务的关注与年长儿童不同。换言之，3 岁以下的幼儿关注最终目标，而 3—5 岁的儿童则关注示范者的动作（McGuigan & Whiten, 2009）。此外，随着儿童年龄的增长，他们的社会认知技能也会继续发展，他们会渐渐注意到这样的事实——他人是目标与行动兼而有之，而这些行为很可能有意义（McGuigan & Whiten, 2009）。考虑到所有这些不同的要素，研究人员认为，过度模仿确实是人的认知日渐成熟的标志（Gardiner, Greif, & Bjorklund, 2011）。

在尼尔森（Nielsen, 2012）看来，过度模仿可以被看作一种适应不良；毕竟重复不必要的行为是浪费精力的，而且把过多的时间集中在示范者的行为上，可能会导致无法理解行为的最终目标。不过，他提出："直接复制他人也会让人迅速地习得经过多代人发展和传递的很多技能，避免了个体学习可能带来的潜在陷阱和错误终点。"（Nielsen, 2012: 171）这一假设似乎与文献中的调查结果相一致。

除了使表现更为成功之外，模仿可能还具有进化适应性，因为它是儿童快速获得文化信息和手工制品的有效方式，这些事物对他们的社会群体尤为重要（Bjorklund & Ellis, 2014; Nielsen et al., 2014）。儿童挑选出他们所认为的对生活在象征意义环境中特别重要的社会互动类型（Froese & Leavens，2014），并通过忠实模仿来学习这些技能。研究者将此称为规范说（normative account），即观察者了解哪些动作与完成任务有关，哪些动作与此无关，但他 / 她认为所有的动作对于"更大的总体行为序列"都很重要（Keupp, Behne, & Rakocz, 2013: 393）。换言之，儿童认为那些无关的动作，特别是那些难以理解的动作，必然有更大的目的（Kenward, 2012; Williamson & Markman, 2006），并且知道如何完成这些动作是非常重要的，因为它可能会"让人融入自己的文化核心群体"（Nielsen, 2012: 171）。

儿童是基于一些变量来选择模仿，这些变量包括示范者的意图、地位、功效和指导方式（e.g., Gardiner et al., 2011; Hoehl et al., 2014; McGuigan, 2013; Williamson & Meltzoff, 2011）。例如，贝塔曼、祖玛吉、多姆和卡朋特（Buttelmann, Zmyj, Daum, & Carpenter）发现 14 个月大的幼儿不太可能模仿一个示范者用不同于儿童他们自己的语言读故事，这表明他们更偏向于模仿群体内成员的行为，而不是群体外成员（2013）。在其他研究中，儿童会根据地位有选择性地忠实模仿一个成人的行为。例如，麦格根（McGuigan，2013）发现，5 岁的儿童观察一个示范者从谜盒中找到奖励时，他们更有可能去复制地位高的示范者（即校长或班主任）所做的无关动作，而不是地位低的示范者（即不熟悉的陌生人或地位低的熟人）。麦格根认为，在文化学习背景下，模仿那些地位高的人具有很强的适应性，因为在一个群体中，地位越高的人往往拥有更多的权力，健康状况和生育史也更良好。奇布劳和盖尔盖伊（Csibra & Gergely, 2011；Gergely & Csibra, 2005）同样提出，过度模仿是一种人类独有的适应性，可以促进个体之间快速准确的信息传递，他们将此称为自然教学法（natural pedagogy）。

效仿（Emulation）。如上所述，随着年龄的增长，儿童模仿能力会变得更强；然而，费洛斯和列文斯（Froese & Leavens, 2014）并不认为模仿单一任务会持续很长时间。相反，他们提出，个体可以通过模仿过程学习传统的受限制行为的意义，然后以一种效仿法取代他们的模仿法。就效仿来说，我们在前文有关黑猩猩的社会学习中曾经简单地加以讨论。个体在效仿中体现示范者的目标，但是与模仿不同，他会采取不同的行为来实现该目标。辛普森和里格斯（Simpson & Riggs, 2011）进行的一项研究为这一假设提供了一些支持。他们研究了一组 3—4 岁的儿童是如何在短时间和长时间延迟中表现模仿动作的。在这项研究中，90 名儿童观察了一个示范者从一个透明的谜盒中拿出一块积木的过程，而他所用的动作有些与此相关，有些则与此无关。观察完示范者后，其中一些儿童会获得一个 L 形工具，然后让他们去拿积木。其他儿童则在 5—8 天后才有机会去拿积木。不出所料，延迟时间较短的儿童重复了所有的相关动作，并且经常重复无关的动作。然而，令人惊奇的是延迟时间较长的儿童做出无关动作的可能性要小得多。研究者得出的结论是，儿童必然对他们观察到的动作形成了两种不同的表征：一种表示他们所知的相关动作，而另一种则表示他们所知的无关动作。随着儿童开始理解动作背后的意义，短期表征会随着延时而消失，这样就只在长期记忆中留下了完成任务所必要的步骤。换言之，儿童重复这些难以理解的动作，是为了以防这些动作以后或许对执行一项规范的社会任务有用。一旦对这些动作有了更好的理解，无关的信息就可以被丢弃了，只需留下相关的信息（Nielsen et al., 2014; Whiten et al., 2009）。

为什么随着时间的推移从模仿变成效仿是一种适应性？这种观点认为效仿可以对社会群体中所使用的那些技巧进行修改和完善（Tennie et al., 2014）。这就是更广为人知的棘轮效应（ratchet effect）（Wood, Kendal, & Flynn, 2013）。人类这种提升文化知识的方式未见于其他灵长类动物。或许这就是由于儿童拥有一段更长时间的不成熟期，在此期间他们不仅有机会向他人学习，还有时间参与假装游戏（pretend play）和探索。高普尼克等人（Gopnik et al.，2015）发现，这段延长的时间使儿童可以深入探索，以更抽象的方式思考，并考虑年长儿童可能会忽视的其他解决方案的可能性。到了 2 岁，儿童还会花大量的时间做游戏，儿童正是通过这种活动学会了操纵物体，并且把他们在别人那里观察到的技巧付诸实践。当儿童熟悉了文化制品和工具时，就会从忠实模仿他人转变为效仿他人了。使用模仿性更强的效仿方法可以让儿童学习物体的新功能可见性（new affordances），并生成可应用到文化累积中的新理念和新解决方法（Nielsen, 2012）。这种人类累积文化有效地引导了儿童的认知发展，把社会环境中所呈现的信息分门别类地组织成不同的类别和参照，并成为儿童的思想和行为的一部分（Gauvain & Perez, 2015; Rogoff, 2003; Tomasello, Kruger, & Ratner, 1993）。

通过游戏学习

正如我们前面所提，智人能从一段较长时间的认知不成熟期有所获益有若干原因。其中一个解释就是增加了实践技能的时间，这些技能可能对成年时期未来的成功很重要（Bjorklund, Periss, & Causey, 2009）。游戏是用来实践和磨练能力的一种手段，在童年期既是一种直接功能，也是一种延迟功能（Bjorklund & Ellis, 2014; Bjorklund, Hernández Blasi, & Ellis, 2016）。从定义来看，游戏是“一种探索性的学习，幼小的动物在低风险和低成本的情境中以这种方式参与各种活动”（Gopnik & Walker, 2013: 15）。各种不同的物种都有游戏行为，但绝大多数都是社会性动物（Bjorklund et al., 2009）。对人类来说，游戏提供了探索世界、他人和自身的机会，而且不需要承担太多的风险。事实上，儿童（3—12岁）有一半的空闲时间都花在了非结构化的游戏上（即大约每周15小时）（Hofferth & Sandberg，2001）。佩莱格里尼（Pellegrini）和比约克隆德非常清楚地阐明了这一点：游戏似乎特别适合童年期，它是儿童想做的事（2004: 38）。尽管如此，游戏还是有代价的，因为它既费时又费力，并不仅仅是为了娱乐或释放精力而进行的活动（Bjorklund et al., 2009; Bjorklund & Pellegrini, 2002; Pellegrini & Smith, 2005）。

游戏的发展和奖励。儿童在幼儿时期会参与各种类型的游戏，包括运动游戏、客体导向游戏及假装游戏（参见 Bjorklund et al., 2009; Pellegrini, 本书）。假装游戏与其他类型游戏不同，因为它要求儿童假装，即激发与现实不同的想象情境（Cemore & Herwig, 2005）。此外，它的特点是一种“假设”立场（Lillard et al., 2013），这在儿童早期有所发展（Carlson, White, & Davis-Unger, 2014），是儿童使用符号来代表自身以外事物的能力不断增强的结果（DeLoache, 2004）。儿童通常从2岁开始做出与假装相关的行为。他们将生命特征赋予无生命的物体，或者用一个物体去代表其他某个东西（Carlson et al., 2014）。例如，一个小女孩可能会用一个棍子来代表一把勺子。随着符号使用能力的提高，儿童会更多地去使用那些与其所代表的物体在感知上相去甚远的物体，而且使用的方式也比原始表征（original representation）更为抽象（Kelly et al., 2011）。最终，儿童甚至会假装向他人示好（Carlson et al., 2014），例如，3岁的男孩哄一只泰迪熊睡觉。大约在3—5岁时，儿童开始了研究者所认为的“假装高发期”（Lillard et al., 2013）。游戏场景中占主流地位的是奇幻主题（海盗探险），并且游戏也变得更加社会化（如举行茶会），这通常被称为社会戏剧游戏（sociodramatic play）。

那些热衷游戏主题的研究者对游戏的奖励进行了辩论。根据伯克、曼恩和奥根（Berk, Mann, & Ogan，2006）的观点，假装游戏是一种经验期待的过程，也就是说，儿童游戏是为了刺激大脑去专注学习。一些研究表明，参与大量游戏的儿童在包括语言发展、换位思考和执行功能等其他领域都表现出更积极的结果（Berk et al., 2006; Pierucci, O’Brien, McInnis, Gilpin, & Barber, 2014）。在一项回顾性研究中，那些报告在儿童期参加了大量自由游戏的成人比那些自称在儿童期较少参加自由游戏的成人（根据参与者主观报告的自由游戏体验来衡量），表现出更多成人社交成功的证据（如友谊、自尊、心理健康、身体健康）（Greve, Thomsen, & Dehio, 2014）。进一步的分析表明，更强的适应性（灵活的目标调整）导致了儿童期自由游戏对成人的积极影响。

游戏和执行功能。在游戏中，儿童参与了一个独特而复杂的虚构系统（make-believe system）中，其中一定程度的认知控制是有作用的。维果茨基（Vygotsky）提出，儿童在象征性游戏中比其他情境表现出更高的认知能力。他写道：“在游戏中，儿童表现出来的行为总是超过他的平均年龄，超过他的日常行为；在游戏中，他似乎比自己要略高一筹。”（Vygotsky, 1978: 102）维果茨基认为在假装游戏中，儿童使用符号（如语言）来指涉事件（Berk & Meyers, 2013），因此，他们能够管理自己的行为。因为假装游戏经常发生在社会群体中，儿童练习把社会规则付诸实践，并在他人的帮助下约束某些行为（Elias & Berk, 2002）。这一观点让维果茨基认为，儿童在游戏中自我控制能力达到最高，因为他们需要抛开直接欲望才能保持游戏场景的一部分。

幼儿每天都面临着各种挑战，他们必须思考如何应对与不应对。卡尔森（Carlson）、戴维斯（Davis）、利奇（Leach）提出了这一观点：“发展可以被认为是逐步习得知识或技能的过程，但同时还要加强对掩盖这些能力之反应的抑制。”（2005：69）要做到这一点，就需要执行功能（executive functions，EF），这包括控制注意力和决定如何处理刚收集到的信息或从长期记忆中获取信息的过程。执行功能在计划和灵活表现方面发挥着核心作用，特别是在处理新信息时。执行功能由一组相关的基本信息处理能力组成，其中包括工作记忆，即用于临时存储和处理信息的结构和过程，对相关信息的选择性注意、抑制反应和抗干扰，以及认知弹性，反映在个体上就是指个体能够如此轻松地在不同的规则体系或不同的任务之间进行切换的程度（参见 Garon, Bryson, & Smith, 2008; McAuley & White, 2011; Zelazo, Carlson, & Kesek, 2008）。这些能力是高级认知（如解决问题和做决定），以及情感与行为控制（如自我调节）的基本结构（Barker et al., 2014; Rueda & Posner, 2013）。

执行功能的个体差异与年龄、遗传和经验等因素相关。执行功能的发展贯穿整个童年和青少年时期，大脑神经系统在前额叶皮层（PFC），以及前额叶皮层与其他皮层结构的联结中，随时间的推移会发生结构和功能的变化（Carlson, Zelazo, & Faja, 2013; Zelazo & Carlson, 2012）。卡尔森等人认为随着年龄的增长，执行功能熟练度也会提高，这是由于前额叶皮层中髓鞘的生长加快了经过轴突中的电脉冲。与此同时，由于突触修剪（synaptic pruning），灰质会随着年龄的增长而减少，从而形成了更高效的神经回路。幼儿期是大脑结构和执行功能发展的重要时期，特别是对于2—6岁的儿童，他们在注意力、抑制、计划和认知弹性方面都取得了长足的进步（Berk & Meyers, 2013; Carlson et al., 2013）。从使用外部驱动的执行功能（即"在受到提示时的目标导向行为"）（Barker et al., 2014: 2）转变成更为自我导向的执行功能（即以内部规则和提示来实现目标）。

和年龄因素一样，遗传也是造成执行功能中个体差异的一个因素。根据弗里德曼等人（Friedman et al., 2008）的研究，执行功能是所有评测过的心理特征中最具遗传性（99%共同因素）的。虽然执行功能有着高度可遗传性，并且随着时间推移会趋于表现出稳定性，但它仍然可以被经验所调节，特别是当个体所处环境发生变化时。例如，在勇于创新的学前课程计划中使用执行功能练习就获得了积极效果（Diamond, Barnett, Thomas，& Munro, 2007; Röthlisberger, Neuenschwander, Cimelia, Michele，& Roebers, 2012）。研究者发现，参与执行功能训练的儿童不仅提高了任务表现，而且还会在大脑结构和功能方面发生变化（Carlson et al., 2013）。值得注意的是，研究发现，跨执行功能构成要素之间的训练迁移在某种程度上是颇为"有限"的（如从抑制到工作记忆），儿童必须在越来越复杂的活动中锻炼他们的能力，才能继续提高执行功能的能力（Diamond, 2012）。

要理解执行功能中的差异为何如此重要，关键就在于从潜在的终身成果角度去看待执行功能的发展。对学龄前儿童的执行功能的测量可以预测他们在少年期甚至成年期的学术能力（如阅读和数学）、社会能力（如心理理论），以及情感能力（Berk & Meyers, 2013; Carlson & White, 2013）。研究者发现，相较于智商（IQ），执行功能与入学准备（school readiness）的相关性更高（Diamond et al., 2007）。这也就是说，儿童的执行功能技能表现较差（如注意力分散和抑制力较低），入学准备技能表现也会较差（Blair & Diamond, 2008）。与执行功能技能表现较好的儿童相比，执行功能技能表现较差的儿童在成年后也更有可能出现健康问题、药物依赖，甚至是有犯罪史（Zelazo & Carlson, 2012）。

将游戏作为加强幼儿认知发展和社会发展的工具，人们一直对此颇感兴趣（Weisberg, Kittredge, Hirsh-Pasek, Golinkof, & Klahr, 2015）。推动这一领域开展更多研究，可能反映了人们逐渐认识到儿童在无压力和有支持的环境中才能较好地学习多种技能。很多幼儿园都有学生不安的迹象，不少幼儿都表现出异常严重的行为失常。事实上，学龄前儿童因为无法控制行为而被开除的比例是中小学生的三倍（Gilliam，2005）。出于这一原因，相关文献呼吁：应考虑执行功能的能力，作为一种对入学准备的衡量，在多大程度上可以被诸如游戏等环境经验所改变（Barker et al., 2014）。

一些研究者认为，文献中缺少证据说明假装游戏提高了执行功能，并援引了以前研究中的一些不完善的方法步骤（Lillard et al., 2013）。该领域的其他研究者承认了过去的方法有误，但他们也认为现在就摒弃证据还为时过早，特别是就最近一系列的研究发现浪潮来说（e.g., Gopnik & Walker, 2013）。如上所述，执行功能在很多功能领域都至关重要，而且即使这些干预措施的作用可能没有最初假设的那样好，但还是存在着强有力的证据表明，执行功能的自然发展可能需要参与假装游戏。执行功能不仅在儿童将自身沉浸在假装游戏的能力中发挥作用（Kelly et al., 2011），而且假装游戏本身也促进了执行功能的发展。这也就是说，假装游戏和执行功能之间的关系是双向的（Carlson et al., 2014）。对于后一种论点，布莱尔（Blair）和戴蒙德（Diamond）解释说：

> 在社会假装游戏中，儿童必须牢记自己和其他人的角色（工作记忆），抑制不符合角色的行为（使用抑制控制），并根据情节的变化和转折灵活地进行调整（心理灵活性）；因此三个核心执行功能都能得到锻炼。（2008: 907）

假装游戏无疑是一种复杂的活动。参与象征性游戏的儿童必须能够在头脑中记住两件或更多的事物，而且不能混淆虚构和现实（Carlson et al., 2014）。这是一个令人印象深刻的技艺，因为它需要双重表征（dual representation）或“在头脑中表征具体对象本身以及它与所代表事物的抽象关系”（DeLoache, 2004: 69）。儿童通常在3岁左右可以实现双重表征；年幼儿童倾向于关注具体事物本身，而不是它所代表的事物（DeLoache, 2004）。卡尔森等人认为思考替代表征（alternative representation）的能力是假装游戏和执行功能之间双向关系的纽带。他们提出：“在假装游戏中通过表征‘玩耍’，以及通过执行功能发展在思维和行动中思考替代方案的能力，可能都源于相同的核心能力。”（2014: 10）使用符号表示其他对象（即双重表征）需要运用执行功能（如抑制和注意），在假装游戏中运用执行功能进行符号表征进一步锻炼了这些能力。

假装游戏和执行功能能力之间的纽带可能是通过自言自语或是自我引导的言语实现的。研究表明，幼儿在认知挑战任务中会自言自语或大声说话（Berk & Meyers, 2013）来引导他们的行为。最终自我引导的言语变成了内部言语，或是维果茨基（1962）所认为的将言语内化为自我引导的行为。一些研究证实了这一点，不仅如此，与那些不自言自语的儿童相比，自言自语的儿童更有可能专注于某一目标，并且在任务表现方面取得更多进步（Elias & Berk, 2002）。例如，克拉夫特和伯克（Kraft & Berk, 1998）发现，相比那些很少有机会参与自由游戏的儿童，在幼儿教师鼓励下参与更多开放式活动（如假想）的儿童更有可能表现出自言自语。在象征性游戏中，自言自语更为常见，特别是在社会戏剧游戏中，儿童会使用不同的角色去构建故事线。例如，埃利亚斯（Elias）和伯克（2002）就报告说，冲动性很强的3—4岁的儿童如果更经常性地参与社会戏剧行为，就更容易增强他们的执行功能能力（即自我调节能力）。如上所述，这一发现与这种游戏类型是执行功能发展的自然组成部分是一致的。

还有一些教育项目宣称，可以通过训练来提高执行功能技能，其中最为著名的项目可能是“思维工具”（Tools of the Mind）。“思维工具”的学前课程强调要涵盖所谓促进执行功能的活动（EF-promoting activities）（Diamond et al., 2007）。该项目鼓励儿童使用自我调节言语和参与戏剧游戏，还指导儿童在如何“以象征性的方式使用玩具和道具，发展广泛而连续的场景，维护规则和角色功能，并在游戏开始前计划游戏场景”（Carlson & White, 2013: 10）。这种课程方法据说能够加强儿童的执行功能技能，从而可以提高他们的入学准备能力。为了验证这一观点，戴蒙德等人（2007）对一所采用“思维工具”项目的城市幼儿园和另一所采用学区版“均衡阅读教学法”（Balanced Literacy）的幼儿园进行了对比研究。在第二年对儿童的抑制控制、工作记忆和认知弹性进行了测评。最后，学习“思维工具”的儿童在执行功能测试中表现优于学习“均衡阅读教学法”的儿童，这表明早期儿童的执行功能训练计划可能会提高儿童的执行功能技能，从而提高他们的入学准备能力。虽然我们无法确定“思维工具”项目中的哪些部分对提高儿童的执行功能起到了重要作用，但我们必须考虑到为幼儿提供更多的社会戏剧游戏的机会可能是该项目取得成效的关键因素。

将游戏作为加强执行功能的核心手段并非是一种新概念。狩猎采集型社会认为，游戏对于儿童将他们的经验转移到有意义的情境，以及学习如何在社会中生存是非常重要的。根据人类学家的观察，格雷（Gray）指出：“因此，让儿童有最大自由做游戏的类似文化也会培养出明显有最大自我控制能力的人，这可能并非是什么巧合。”（2013: 41）

值得注意的是，“思维工具”课程是在结构化的环境中进行的，在这种环境中，儿童会获得成人的提醒去使用执行功能技能。儿童是如何学会使用更多的自我引导的认知控制的呢？自我引导的执行功能与儿童如何执行他们自己的目标导向行动有关，这一点在儿童接受更具挑战性的任务时极为重要。巴克尔等人（Barker et al., 2014）提出，加强自我引导的执行功能的关键可能在于使用更多的开放式活动。在他们的研究中，以言语流畅性表现为指标，花更多时间参与结构性较弱活动的6—7岁儿童表现出更好的自我引导的执行功能，而花更多时间参与结构化活动的儿童则正好相反，其自我引导的控制能力更差。他们的研究结果表明，儿童参与的活动如果能够让他们自己计划和制定规则，例如在假装游戏中，他们就可能会有更多的机会来提升自己的执行功能技能。

然而，假装游戏并不总是能够预测更好的执行功能技能。事实上，伯克和梅尔斯（Berk & Meyers, 2013）提出，诸如儿童特征（如低基准的执行功能技能、社会经济地位）和游戏因素（如主题内容或是复杂性）等调节因素很可能与执行功能的负面结果相关联。举例来说，环境中所表现的一些特征就起到了调节作用。佩莱格里尼和比约克隆德（2004）指出，儿童需要安全的环境来进行游戏和掌握技能。在戴蒙德等人（2007）的研究中，来自城市低收入社区的儿童就从提高执行功能的课程获益良多，该课程就是在上课期间包含了假想游戏。学校提供了一个安全的环境让学生这样做。然而，来自社会经济地位较低社区的儿童并不总是能拥有安全的家庭环境。当这些儿童在一个危险的环境中参与假装游戏时，他们可能更加难以达到较高水平的认知复杂性。因此生活在社会经济地位较低社区的儿童或许更需要在他们的学前课程中包含游戏，以获得潜在益处。

正如泽拉佐（Zelazo）和卡尔森所说，因为执行功能发展在儿童早期具有可塑性，所以学前期可能是一个“特别有价值的干预窗口”（2012: 357—358）。本文提及的研究结果表明，这可以通过在结构化（如“思维工具”课程）以及非结构化时间里鼓励游戏来实现。本章提到的许多研究表明，假装游戏在不同程度上有益于儿童认知发展的各个方面。然而，儿童在学校期间参与假装游戏的时间一直在不断减少（Hirsh–Pasek, Golinkoff, Berk, & Singer, 2009; Miller & Almon, 2009）。这或可归结为是由巴克尔等人（2014）所提出的社会变迁所造成的。也就是说，儿童参与了更结构化的活动和某些媒介中心的活动，这使他们远离了游戏，无法发展更为自我引导的执行功能技能。此外，教学实践也影响了儿童的学习成果和社会成果。在早期儿童教育中，游戏时间在课程表和日程表中不断被削减，转而使用可能与儿童发展不相适宜的方法（Berk & Meyers，2013；Toub et al., 本书）。这一点非常重要，因为研究表明，那些参加适宜其发展的学前教育项目的儿童比那些参加直接教学项目的儿童所经受的压力和焦虑要更少（Burts, Hart, Charlesworth, & Kirk, 1990; Hirsh–Pasek, Hyson, & Rescolra, 1990）。此外，高度压力已被证明会损害执行功能（Blair & Diamond, 2008）。另一方面，游戏可以减少压力，让儿童专注于更为复杂的认知能力。格雷总结道，作为一个社会：

> 我们正在挑战儿童适应性的极限。我们已将儿童置于一个不正常的环境之中，期望他们在成人的指导下度过他们一天中的大部分时间，坐在课

桌前聆听和阅读那些他们毫无兴趣的事情，回答那些不是他们自己的问题，对他们来说也不是真正的问题。我们留给他们游戏、探索和追求自己兴趣的时间和自由越来越少。（2013: 5）

需要注意的是，我们认识到这里出现了分歧，吉尔里（Geary, 1995, 2007）认为这些机制可能对很多进化的最新领域（如阅读、写作和算术）的学习并不是完全有用的，然而，格雷认为没有这些局限性。

研究表明，执行功能可预测学前准备和社会能力（Berk & Meyers, 2013; Carlson & White, 2013; Zelazo & Carlson, 2012）。不幸的是，儿童似乎不仅没有做好入学准备，而且还开始服用更多的精神药物（Blair & Diamond，2008）。事实上，约1000万名美国儿童目前正在接受注意力缺陷多动障碍（attention-deficit hyperactivity disorder）的药物治疗（Panksepp，2007）。也可能是因为有越来越多的儿童在注意力和抑制方面表现出较差的控制力，也可能是因为较为冲动的儿童无法接受学校目前采用的严格的直接教学法。不管怎样，如果执行功能和假装游戏之间存在着一种双向关系，那么该领域的研究可能会提供一些更好的解决方法。增加儿童参与假装游戏的时间可能并非唯一的解决方法（Carlson et al., 2014），但这会是让儿童更好地掌握执行功能技能的一种方式，这对学习来说是必不可少的。

儿童通过发现与教授学习到了什么？儿童如何学习影响了其获得最好教育的方式。人类比任何其他物种都要依赖学习（Boyd, Richerson, & Henrich, 2011; Tomasello, 2014），而这种学习多数是发生在童年期，因为儿童习得了其文化群体所必需的生态、技术和社会技能。虽然儿童有时会通过亲力亲为、试错过程来进行自学，但大部分学习是通过他人教育。但正如我们所提，传统文化中的成人很少像西方文化中习惯的那样参与直接的显性教学（Lancy, 2016）；相反，社会性学习更倾向于间接的方式，即通过观察成人的活动或通过游戏来进行，其中，学习的载体是儿童，而不是成人。

学前教育本身就是一种现代发明。直到最近几十年，西方文化中的大多数儿童才开始上学前班。在学前班的大部分时间里，重点是培养儿童的社会和行为（如遵循指示）技能，这些技能将为儿童参与小学更正规的学业学习打下基础。然而，在近几十年中，人们对学龄前儿童的正规教育的重视程度不断提高，引起了两派教育者和研究者之间的激烈争论，一派主张制定发展适宜性学前教育课程，而另一派则强调提高诸如阅读和基础算术的学术能力（e.g., Bredekamp & Copple, 1997; Brown & Lan, 2013; Reed, Hirsh–Pasek, & Golinkoff, 2012）。将发展适宜性学前项目和直接教学学前项目进行对比研究，产生了复杂的结果。有些研究报告认为发展适宜性项目对智力更有优势（e.g., Stipek et al., 1998），有些则支持直接教学项目更有优势（e.g., Stipek, Feiler, Daniels, & Milburn, 1995），而其他研究则没有明显差异（e.g., Hyson, Hirsh–Pasek, & Rescorla, 1990）。当研究动机和心理社会影响时，更多的研究报告认为，与直接教学项目相比，参加发展适宜性项目的儿童更具有优势（e.g., Burts et al., 1993; Hirsh–Pasek et al., 1990; Schweinhart & Weikart, 1988; Stipek et al., 1995, 1998）。

鉴于我们对幼儿学习中游戏重要性的讨论，我们提倡学前教育项目通过游戏——发展适宜性项目——提供大量学习机会，这并不令人感到意外。然而，很少有学前项目不包括显性教学，而完全不让儿童有游戏时间的直接教学项目也较为罕见。此外，不可否认的是，儿童学习既可以通过游戏进行，也可以通过教学进行，而且教师主导活动和儿童主导活动之间的平衡可能对学习尤为有益。这两种方法为之前讨论的加强儿童的执行功能和游戏行为开辟了新途径。

博纳维茨等人（Bonawitz et al.）提出，直接教学通过提高对目标信息的有效获取而对儿童有所帮助，但这样做也“限制了儿童思考的假设范围”（2011: 333）。相比之下，游戏学习或发现学习可能会延缓甚至妨碍对特定信息或技能的习得，但结果反而会导致对刺激物或是事件新特性的学习。为了验证他们的观点，博纳维茨及其同事们向学前期的儿童展示了一个新玩具，并在教学条件下教儿童如何采取一组特定的动作产生一个特定的结果（发出吱吱的声音）。与此同时，对其他一些儿童演示了相同结果的相同动作，但没有具体的教学指导，还有一些儿童只是被展示了新玩具，没有做任何的演示。然后让儿童去玩这个玩具（哇，这是不是很酷！我会让你玩，看看你是否能够搞清这个玩具是如何玩的）。与其他条件下的儿童相比，教学条件下的儿童玩玩具的时间明显较短，而且他们发现的玩具的不同功能也明显较少；相反，教学条件下的儿童会花更多的时间让玩具发出吱吱的声音，就是他们被演示的那种玩具功能。第二个实验对不同的演示条件进行了拓展，但发现的结果类似：接受直接教学的儿童比没有接受直接教学的儿童在新玩具上发现的功能更少。

博纳维茨等人（2011）所进行的教学利用了儿童的社会学习能力，特别是模仿，并表明简单的教学指导可以让儿童快速有效地学习简单行为。这正是教师的目标之所在，因为学前期儿童需要习得很多的技能。然而，这种直接教学是一把双刃剑，因为它限制了探索和对事物新特性的发现。正如博纳维茨等人所说："关于如何平衡直接教学和发现学习的抉择主要是依据准备学习的课程。"（2011: 329）

三、儿童教育中的进化发展思维应用

在本节中，我们将探讨两个有关早期教育的主题，进化发展的视角可以为这两个主题提供丰富的信息。首先，我们将考察教育 DVD 光盘，这些光盘旨在教授婴儿词汇和其他一些概念。婴儿是否具有从这样的二维（2D）显示中学习的认知能力？这些视频中通常快节奏信息的展示会导致过度刺激或学习障碍吗？其次，我们简要介绍了儿童对自身能力过度乐观评价所包含的潜在教育益处。

视频缺陷（Video Deficit）**与婴幼儿教育数字化光盘和视频**（DVD & Video）

在我们祖先时期，儿童是在一个三维（3D）世界中进化的，很少会遇到二维的刺激。虽然洞穴壁画可以追溯到近 4 万年前，但直到最近人们才会每天都遇到二维刺激，并且直到 20 世纪二维显示器才变得无处不在。在 19 世纪摄影出现之前，绘画和素描基本是仅有的图像展示方式。到了 20 世纪，照片出现在报纸、书籍和杂志上，随后是电影、电视，而现在是电脑、平板和智能手机，所有这些都能够展示静态和动态图像。显然，人类是从二维表征中学习三维世界的，而有些人推测 20 世纪智商测试结果稳步提高（弗林效应，the Flynn effect）（Flynn, 2007）的一个原因就是处理视觉（二维）信息的需求不断增加（Greenfield，1998）。然而，图片代表真实物体的知识——图片是一种象征性的表征——显然要到婴儿大约 18 个月大时才能被理解。在此之前，婴幼儿将图片当作有着自身价值的实体，经常试图从书页上把它们撕下来（DeLoache, Pierroutsako, Uttal, Rosengren, & Gottlieb, 1998）。

研究清楚地表明婴幼儿能够从二维刺激中学习信息（Barr, 2010, 2013），尤其是当学习经验经常重复时（Linebarger & Vaala, 2010）。例如，婴幼儿看电视上的模特做新动作，随后模仿这些行为的可能性明显大于随机（Barr, Muentener, Garcia, Fujimoto & Chavez, 2007; Meltzoff, 1988）。然而，研究者不断报告一种视频缺陷的情况，因为与观看真人示范的婴幼儿相比，2 岁以下的婴儿能记住或是学会的动作大约只有一半。事实上，巴尔（Barr, 2013）指出这种缺陷不仅限于视频，还包括其他二维显示，如图画书（Ganea, Bloom Pickard, & DeLoache, 2008）和触摸屏（Zack, Barr, Gerhardstein, Dickerson, & Meltzoff, 2009），他将学习这种演示而导致的能力降低称为缺陷迁移（transfer deficit）。尽管这种缺陷有据可查，但有证据表明婴幼儿可以根据视频演示进行学习，这使得许多家长试图通过市场上出售的那些旨在丰富婴幼儿认知经验的 DVD 光盘和教育软件来加速儿童的认知发展。

尽管家长和广告商热情高涨，但研究并没有发现以这些光盘软件进行学习的婴幼儿具有任何认知优势（DeLoache et al., 2010; Richert, Robb, Fender, & Wartella, 2010; Robb, Richert, & Wartella, 2009）。例如，罗伯等人（Robb et al., 2009）安排 12 个月和 15 个月大的婴幼儿观看《语言世界》（*Baby Wordsworth*）中的剧集——这是一个强化学习与婴幼儿房间相关单词的 DVD 光盘，并安排了一个不看视频的对照组，时间为 6 周。他们的报告表明，观看 DVD 光盘组和对照组之间无论在表达或是接受性的沟通措施方面都没有差异。在一项实验研究中，12 个月和 18 个月大的婴幼儿在一个月时间里被分成三组来学习新词语：鼓励父母与孩子互动的观看视频组、没有与父母互动的观看视频组、父母直接教学组（DeLoache et al., 2010）。只有父母直接教学组的婴幼儿比对照组中没有接受任何指导的婴幼儿表现出更强的词语学习能力。

其他研究表明，经常观看婴幼儿 DVD 光盘实际上可能对儿童认知发展有害（Courage, Murphy, Goulding, & Setliff, 2010; Zimmerman, Christakis, & Meltzoff, 2007）。事实上，在 2011 年，美国儿科学会（American Academy of

Pediatrics）重申了其在 1999 年的建议，即父母应当避免让 2 岁以下的儿童接触电视、副媒介及其他视频媒介，因为没有任何证据表明使用这些媒介具有教育优势，而且它们还有可能对儿童认知发展产生负面影响。例如，齐默尔曼等人（Zimmerman et al., 2007）的报告称 8—16 个月大的婴儿观看光盘《小小爱因斯坦》（*Baby Einstein*）的时间与接受性词汇量呈负相关：儿童每花一个小时看婴幼儿光盘或视频，就会减少 6—8 个词汇量。此外，虽然婴幼儿经常注意并且似乎喜欢观看这些光盘和电视，但是直到 18 个月大，儿童的注意力才会被视频内容所吸引，而不只是显示屏的物理刺激（Courage & Setliff, 2010）。

幼儿难以从二维显示进行学习的原因有很多，其中之一就是认知挑战，即以一个对象代表另外一个对象（表征洞察力，DeLoache, 1987），还有一种可能就是，反复接触不适合年龄的刺激可能会损害儿童其他方面的认知能力，特别是执行功能。之前我们讨论过，执行功能作为一组基础的认知能力是用来计划和调节行为的，包括工作记忆、抑制，以及认知弹性。一些研究结果表明，2 岁之前接触媒介与执行功能受损有关（参见 Lillard, Li, & Boguszewski, 2015）。例如，雷德斯基（Radesky）、西尔弗斯坦（Silverstein）、朱克曼（Zuckerman）和克里斯塔基斯（Christakis）报告说，婴儿在 9 个月大时媒介接触程度越高，3 岁时的自我调节（如易怒、注意力分散、无法延迟满足、注意力从一项任务转移到另一项任务的问题）就越差，即使在控制了有重要意义的父母特征和家庭特征之后亦是如此（2014）。同样，巴尔、劳里切拉（Lauricella）、扎克（Zack）和卡尔弗特（Calvert）报告说，婴幼儿在 1 岁时观看成人引导的电视与 4 岁时的执行功能测评呈现负相关；观看专为幼儿设计的节目与后来或同时期的执行功能之间没有关系（2010）。在其他研究中，内桑森（Nathanson）、凯雷德（Aladé）、夏普（Sharp）、拉斯姆逊（Rasmusse）、克里斯蒂（Christy）报告说，学龄前儿童（平均年龄为 53 个月）累计看电视时间越长的儿童，执行功能越差，而那些较早开始看电视的儿童比那些较晚看电视的儿童执行功能更差（2014）。电视节目的类型与执行功能也有关联，大部分观看美国公共广播公司（PBS）节目的儿童执行功能较好，而观看教育动画的儿童执行功能较差，这些教育动画的特点是快节奏和非典型顺序。后一项的研究与实验研究报告相一致，仅观看 9 分钟快节奏的动画节目就会导致 4 岁儿童群体的执行功能下降（Lillard, Drell, Richey, Boguszewski, & Smith, 2015; Lillard & Peterson, 2011）。

与过去的几代婴幼儿不同，今天的婴幼儿进入了一个充满二维图像的世界，其中大多数是代表着“真实”实体的符号。鉴于我们的进化史和符号发展过程，婴幼儿难以理解这些图像意义就不足为奇了。然而，正如皮亚杰在多年前指出的那样，在 2 岁前，儿童就已成为符号性的生物，并且开始表现出越来越强的符号处理能力。事实上，在高科技的现代世界，让儿童学会熟练地根据二维显示（静态和动态）进行学习是至关重要的，我们对简单接触这类显示会对幼儿造成长期的损害，持怀疑态度。不过，过度接触二维显示可能会造成损害，尽管这些接触对婴幼儿来说很有趣，能够吸引他们的注意力，但却很少能够教育他们，而且还会经常分散他们的注意力。虽然这类研究较为缺少，但有证据表明，在物种常规发展的早期，刺激过度会产生有害后果（参见 Turkewitz & Kenny, 1982）。

关于猴子（Harlow, 1959）和人类婴幼儿（Papousek, 1977）的一些经典研究证明了这一点。例如，哈洛（Harlow，1959）给 60 天、90 天、120 天或是 150 天大的猴子每周进行简单的辨别学习（discrimination–learning）问题的测试。120 天后，所有的动物都接受了一系列更复杂的学习问题的测试。相比 120 天和 150 天大开始训练的猴子，60 天和 90 天大开始训练的猴子在长期表现方面明显较差，额外的经验未能给较小开始训练的猴子带来优势。哈洛（Harlow）总结道：“有一种倾向，认为学习或训练在本质上是好的，对生物有着必要的价值。然而，根据训练性质和生物的发展阶段，训练完全有可能是有益或有害的。”（1959: 472）同样，佩波塞克（Papousek，1977）报告说，训练刚出生、出生 31 天或 44 天的婴儿同一个操作性条件反射任务（把头转向一个方向听蜂鸣器，转向另一个方向听铃铛），产生的结果大相径庭。出生就开始训练的婴儿（128 天，814 次）比 31 天开始训练的婴儿（71 天，278 次）和出生 44 天开始训练的婴儿（72 天，224 次）需要更多的训练天数和更多的尝试次数才能达到标准。佩波塞克总结道：“当生物无法掌握困难任务时，过早开始学习困难任务会导致学习过程的延长。”

自估过高的优点

幼儿对世界十分乐观。相比年长儿童和成人，幼儿相信他们有更好的身体能力（e.g., Plumert & Schwebel, 1997; Schneider, 1998）、更好的记忆力（e.g., Lipko, Dunlosky, & Merriman, 2009）、更善于模仿榜样（Bjorklund, Gaultney, & Green, 1993）、更聪明（e.g., Spinath & Spinath, 2005）、更了解事物的运转（Mills & Keil, 2004），而且认为自己比实际上更强壮、更坚强、社会地位更高（e.g., Boulton & Smith, 1990; Humphreys & Smith, 1987）。另外，这绝不仅仅是幼儿无法对一个人的特点或能力做出正确的判断。他们能够合理地评估其他儿童，却对自己保留乐观评价（Stipek & Daniels, 1988）。有些人猜测，幼儿对于自己的特点、能力和表现的过度乐观看法（自估过高）是一种适应性，是为了在他们大部分体力和智力都有限的时候，保护他们免受失败的负面影响（Bjorklund, 1997; Bjorklund et al., 2009; Seligman, 1991）。在塞利格曼（Seligman）看来，"儿童拥有未来的种子，大自然对儿童主要的关注就是他们安全度过青春期，并生育下一代。大自然不仅在身体上保护我们的儿童——青春期前的儿童死亡率最低——在心理上也让他们充满非理性的希望"（1991: 126）。

儿童的乐观主义为他们提供了坚持完成任务的动机，因为儿童如果更深入地了解他们的能力，可能就会放弃这些任务。他们对自己能力过度积极的"不成熟"看法有利于培养高水平的自我效能（self-efficacy）——相信他们能够控制自己的生活（Bandura，1997）。班杜拉（1997）提出，自我效能低的人往往表现得没有效率，这与他们的实际能力无关，而自我效能高的人表现出似乎对自己的生活有着一定的控制，从而导致了更有效的行动。对于学龄前的儿童来说，如果他们意识到自己在很多任务上表现很差的话，那么他们的自我效能感就会受到损害，他们可能就不愿意去尝试新的任务并坚持完成。

在一项评测儿童对一系列单词表的记忆研究中，儿童对自己表现过度乐观所带来的好处得到了详细阐述（Shin, Bjorklund, & Beck, 2007）。在这项研究中，幼儿园、一年级和三年级的儿童反复进行了分类—回忆的记忆实验，每次测试中都使用了不同组别的相关词汇。在每次测试之前，儿童们被要求预测他们能够记住多少个单词。然后根据他们预测的准确性，将儿童划分成高准确率组或低准确率组，并且考察了从前期测试（测试 1 和 2）到最晚期测试（测试 4 和 5）的变化。回忆、聚类分析（一种根据类别回忆词汇程度的测量）以及观察到的记忆策略数量（如复述、自测）的变化结果见表 1–1。

表 1–1　低准确率组与高准确率组在不同测试（测试 4/5 减去测试 1/2）中记忆测量的变化情况[①]

	幼儿园	1 年级	3 年级
回忆	**低 > 高**	**低 > 高**	**低 > 高**
聚类	低 = 高	**低 > 高**	高 > 低
# 策略	**低 > 高**	**低 > 高**	高 > 低

注：粗体项表示统计上的显著差异。

正如所见，自估过高的幼儿园和一年级儿童（低准确率组）比自估准确的儿童们（高准确率组）通常在回忆和策略使用方面表现出更大的积极变化，虽然在年龄最大的儿童身上观察到的模式相反——至少在聚类和策略数量使用上来说是如此的。因此，相比那些更了解自己认知能力的儿童，年幼儿童在前期测试中高估自己的能力与认知表现提高具有相关性。这些发现与班杜拉的论点是一致的，即儿童的自我高估偏差通过激励坚持不懈和提高自我效能促进了他们能力的提高。

儿童的成功感主要基于他们的态度，他们认为完成任务本身就是一种奖励。对他们来说，与其说完成一项任务是为了实现一个特定目标，不如说他们把完成任务当作一种游戏，除了参与任务之外，他们心中没有任何其他目标。同样，当儿童意识到要实现一个目标时，如果原来的目标难以实现，父母和教师就可能会改变目标。由此，儿童会认为他们达到了成人为他们设定的目标，并体验了掌控感（Stipek, Recchia, & McClintic, 1992）。总的来说，儿童倾向于过高估计他们的能力和任务表现，这可能会让他们对自己的能力有着基本的自信。从教育的角度来看，我们同意斯蒂佩克（Stipek）的观点，他认为比起试图让幼儿对他们的能力做出更准确的判断，我们应当“更努力地设计教育环境，让他们保持自己的乐观和热忱”（1984: 52）。

① Shin et al., 2007.

四、结论

在本章中，我们运用进化发展的视角论证了不成熟的认知能力是适应人类早期阶段的（Bjorklund, 1997, 2007b；Bjorklund & Green, 1992）。我们提出，幼儿的低效认知能力不仅特别适应于幼儿早期，而且对儿童在当前和未来的情境都有益（Bjorklund, 1997；Hernández Blasi & Bjorklund, 2003）。某些认知特征，曾经被视为某种局限性，现在则可以解释为其价值就是在婴幼儿期让儿童适应特定的领域。我们从三个方面对此加以讨论：功能不完善的感官系统如何在过度刺激的环境中起到保护作用（Lickliter，1990）；重复或是过度模仿榜样的行为如何支持儿童对文化信息的快速习得（McGuigan & Whiten, 2009; Nielsen, 2012）；以及对自己的能力的过度乐观看法如何激发未来表现中的动力和坚持性（Bjorklund et al., 2009; Seligman, 1991）。

当应用于早期教育环境时，进化发展的观点依旧适用，因为它解释了幼儿是如何自然学习的。根据社会智能假说，儿童对于他们的社会环境非常敏感，并对他们环境中呈现的文化信息特别关注（Gauvain & Perez, 2015; Herrmann et al., 2007; Tomasello, 2014）。因此，他们通过观察和模仿他人的行为来学习。这种自然教学法的优越性在于，儿童可以吸收这些被认为对成功生活在一个特定的社会中很重要的文化信息（Froese & Leavens, 2014; Gergely & Csibra, 2005; Tennie et al., 2014）。但是模仿也有其不足之处，例如，它限制了未来的创造力（Bonawitz et al., 2011; Nielsen, 2012）。不过，人类已经进化出有效处理这一问题的方法。在游戏中，儿童经常使用模仿行为是为了以后创新或提升他们的文化知识（Whiten et al.，2009）。此外，儿童的很多东西都是通过游戏学习的。游戏不应当只被视为单纯的娱乐，而应当被看作对儿童习得成年生活所需的技能进化机制的反映，或者就如格雷所描述的："是生活技能的自我激励实践。"（2013: 156）儿童通过游戏不仅习得了特定技能，还习得了相关认知能力（执行功能），这些技能将被用于他们生活中各方面的计划和决策。

今天的很多教育项目都想尽力让幼儿为他们未来的成人角色做好准备，却没有首先考虑儿童是如何进化学习的。研究表明，在儿童很小的时候进行学术能力的早期培训会增加延迟知识和技能习得的风险（Papousek, 1977）。

许多研究发现，使用教育视频和其他屏幕媒介来加速学习，可能会导致在若干发展领域的缺陷（Barr, 2013; DeLoache et al., 2010; Lillard, Li, et al., 2015; Nathanson et al., 2014; Robb et al., 2009; Zimmerman et al., 2007）。由于近来在早期教育中对测试和获得学术技能的强调，游戏时间不断被减少，代之以更多的直接教学。显然儿童可以从这样的经验中进行学习，但这可能会以他们的动机和心理社会功能为代价（Burts et al.，1993）。这里我们提倡，早期教育项目应既能支持适合年龄的体验，又能充分整合机会让儿童参加更丰富的游戏。非结构化活动（如游戏）和结构化活动（如直接教学）都应当纳入教育环境之中，正如前所述，教学实践和活动类型取决于准备学习的课程类型（Bonawitz et al., 2011）。

从进化视角看问题并不能保证儿童获得“适宜的”教育，也不必觉得这种视角是实现适宜儿童发展课程所必需的。此外，正如本书中的一些章节所反映的那样，应用于教育的进化思维并不是统一的。然而，对于教育幼儿的“最佳实践”，进化理论家们似乎更能达成共识，而对于如何更好地教育年长儿童则存在更多的分歧。进化理论提供了一个有价值的框架，在这个框架中可以生成和检验受到达尔文影响的各种不同假说，目的就在于改善最可教育之动物的教育。

参考文献

Alexander, R. D. (1989). Evolution of the human psyche. In P. Mellers & C. Stringer (Eds.), *The human revolution: Behavioural and biological perspectives on the origins of modern humans* (pp. 455–513). Princeton, NJ: Princeton University Press.

American Academy of Pediatrics. (2011). Media use by children younger than 2 years. *Pediatrics,128*, 1040–1045.

Bandura, A. (1986). *Social foundations of thought and action: a social cognitive theory*. Englewood Cliffs, NJ: Prentice Hall.

Bandura, A. (1989). Social cognitive theory. In R. Vasta (Ed.), *Annals of child development: Six theories of child development* (Vol. 6). Greenwich, CT: JAI Press.

Bandura, A. (1997). *Self-efficacy: The exercise of control*. New York, NY: Freeman.

Barker, J. E., Semenov, A. D., Michaelson, L., Provan, L. S., Snyder, H. R., & Munakata, Y. (2014). Less-structured time in children's daily lives predicts self-directed executive functioning. *Frontiers in Psychology, 5*, 1–16.

Barr, R. (2010). Transfer of learning between 2D and 3D sources during infancy: Informing theory and practice. *Developmental Review, 30*, 128–154.

Barr, R. (2013). Memory constraints on infant learning from picture books, television, and touchscreens. *Child Development Perspectives, 4*, 205–210.

Barr, R., Lauricella, A., Zack, E., & Calvert, S. L. (2010). Infant and early childhood exposure to adult-directed and child-directed television programming: Relations with cognitive skills at age four. *Merrill-Palmer Quarterly, 56*, 21–48.

Barr, R., Muentener, P., Garcia, A., Fujimoto, M., & Chavez, V. (2007). Age-related changes in deferred imitation from television by 6- to 18-month-olds. *Developmental Science, 10*, 910–921.

Bateson, P. P. G. (1976). Rules and reciprocity in behavioural development. In P. P. G. Bateson & R. A. Hinde (Eds.), *Growing points in ethology* (pp. 401–421). Cambridge, NY: Cambridge University Press.

Berk, L. E., Mann, T., & Ogan, A. (2006). Make-believe play: Wellspring for development of selfregulation. In D. G. Singer, R. M. Golinkoff, & K. Hirsh-Pasek (Eds.), *Play=learning: How play motivates and enhances children's cognitive and social-emotional growth* (pp. 74–100). New York, NY: Oxford University Press.

Berk, L. E., & Meyers, A. B. (2013). The role of make-believe and the development of executive functions: Status of research and future directions. *American Journal of Play, 6*, 98–110.

Bjorklund, D. F. (1987). A note on neonatal imitation. *Developmental Review, 7*, 86–92.

Bjorklund, D. F. (1997). The role of immaturity in human development. *Psychological Bulletin, 122*, 153–169.

Bjorklund, D. F. (2007a). The most educable of species. In J. S. Carlson & J. R. Levin (Eds.), *Psychological perspectives on contemporary educational issues* (pp. 119–129). Greenwich, CT: Information Age.

Bjorklund, D. F. (2007b). *Why youth is not wasted on the young*. Malden, MA: Wiley.

Bjorklund, D. F. (2015). Developing adaptations. *Developmental Review, 38*, 13–35.

Bjorklund, D. F., & Ellis, B. J. (2014). Children, childhood, and development in evolutionary perspective. *Developmental Review, 34*, 225–264.

Bjorklund, D. F., Gaultney, J. F., & Green, B. L. (1993). "I watch, therefore I can do:" The development of meta-imitation over the preschool years and the advantage of optimism in one's imitative skills. In R. Pasnak & M. L. Howe (Eds.), *Emerging themes in cognitive development* (Vol.1, pp. 79–102). New York, NY: Springer.

Bjorklund, D. F., & Green, B. L. (1992). The adaptive nature of cognitive immaturity.

American Psychologist, 47, 46–54.

Bjorklund, D. F., Hernández Blasi, C., & Ellis, B. J. (2016). Evolutionary developmental psychology. In D. M. Buss (Ed.), *Evolutionary psychology handbook* (Vol. 2). New York: Wiley.

Bjorklund, D. F., & Pellegrini, A. D. (2002). *The origins of human nature: Evolutionary developmental psychology*. Washington, DC: American Psychological Association.

Bjorklund, D. F., Periss, V., & Causey, K. (2009). The benefits of youth. *European Journal of Developmental Psychology, 6*, 120–137.

Blair, C., & Diamond, A. (2008). Biological processes in prevention and intervention: The promotion of self-regulation as a means of preventing school failure. *Development and Psychopathology, 20*, 899–911.

Bogin, B. (1999). *Patterns of human growth* (2nd ed.). Cambridge, England: Cambridge University Press.

Bonawitz, E., Shafto, P., Gweon, H., Goodman, N. D., Spelke, E., & Schulz, L. (2011). The double-edged sword of pedagogy: Instruction limits spontaneous exploration and discover. *Cognition, 120*, 322–330.

Boulton, M. J., & Smith, P. K. (1990). Affective bias in children's perceptions of dominance relations. *Child Development, 61*, 221–229.

Boyd, R., Richerson, P. J., & Henrich, J. (2011). Colloquium Paper: The cultural niche: Why social learning is essential for human adaptation. *Proceedings of the National Academy of Sciences, 108*, 10918–10925.

Bredekamp, S., & Copple, C. (1997). *Developmentally appropriate practice in early childhood programs* (Revth ed.). Washington, DC: National Association for the Education of Young Children.

Brown, C. P., & Lan, Y. (2013). The influence of developmentally appropriate practice on children's cognitive and psychosocial development: A qualitative metasynthesis. *Teachers College Record, 115*, 1–36.

Burts, D. C., Hart, C. H., Charlesworth, R., DeWolf, D. M., Ray, J., Manuel, K., & Fleege, P. O. (1993). Developmental appropriateness of kindergarten programs and academic outcomes in first grade. *Journal of Research in Childhood Education, 8*, 23–31.

Burts, D. C., Hart, C. H., Charlesworth, R., & Kirk, L. (1990). A comparison of frequencies of stress behaviors observed in kindergarten children in classrooms with developmentally appropriate versus developmentally inappropriate instructional practices. *Early Childhood Research Quarterly, 5*, 407–423.

Buttelmann, D., Zmyj, N., Daum, M. M., & Carpenter, M. (2013). Selective imitation of in-group over out-group members in 14-month-olds. *Child Development, 84*, 422–428.

Carlson, S. M., Davis, A. C., & Leach, J. G. (2005). Less is more: Executive function and symbolic representation in preschool children. *Psychological Science, 16*, 609–616.

Carlson, S. M., & White, R. E. (2013). Executive function, pretend play, and imagination. In M. Taylor (Ed.), *The Oxford handbook of the development of imagination* (pp. 161–174). New York, NY: Oxford University Press.

Carlson, S. M., White, R. E., & Davis-Unger, A. C. (2014). Evidence for a relationship between executive function and pretense representation in preschool children. *Cognitive Development, 29*, 1–16.

Carlson, S. M., Zelazo, P. D., & Faja, S. (2013). Executive function, pretend play, and imagination. In P. D. Zelazo (Ed.), *The Oxford handbook of developmental psychology, vol. 1: Body and mind* (pp. 1–17). New York, NY: Oxford University Press.

Cemore, J. J., & Herwig, J. E. (2005). Delay of gratification and make-believe play of preschoolers. *Journal of Research in Early Childhood Education, 19*, 251–266.

Courage, M. L., Murphy, A. N., Goulding, S., & Setliff, A. E. (2010). When television is on: The impact of infant-directed video on 6- and 18-month-olds' toy play and on parent-infant interaction. *Infant Behavior and Development, 33*, 176–188.

Courage, M. L., & Setliff, A. E. (2010). When babies watch television: Attention-getting, attention holding, and the implications for learning from video material. *Developmental Review, 30*, 220–238.

Csibra, G., & Gergely, G. (2011). Natural pedagogy as evolutionary adaptation. *Philosophical Transactions of the Royal Society of London, Biological Sciences, 366*, 1149–1157.

DeLoache, J. S. (1987). Rapid change in the symbolic functioning of very young children. *Science, 238*, 1556–1557.

DeLoache, J. S. (2004). Becoming symbol-minded. *Trends in Cognitive Sciences, 8*, 66–70.

DeLoache, J. S., Chiong, C., Sherman, K., Islam, N., Vanderborght, M., Troseth, G. L.... O'Doherty, K. (2010). Do babies learn from baby media? *Psychological Science, 21*, 1570–1574.

DeLoache, J. S., Pierroutsako, S. L., Uttal, D. H., Rosengren, K. S., & Gottlieb, A. (1998). Grasping the nature of pictures. *Psychological Science, 9*, 205–210.

Diamond, A. (2012). Activities and programs that improve children's executive functions. *Current Directions in Psychological Science, 21*, 335–341.

Diamond, A., Barnett, W. S., Thomas, J., & Munro, S. (2007). Preschool program improves cognitive control. *Science, 318*, 1387–1388.

Dunbar, R. I. M. (2003). The social brain: Mind, language, and society in evolutionary perspective. *Annual Review of Anthropology, 32*, 163–181.

Dunbar, R. I. M. (2010). Brain and behaviour in primate evolution. In P. M. Kappler & J. B. Silk (Eds.), *Mind the gap: Tracing the origins of human universals* (pp. 315–330). New York, NY: Springer.

Elias, C. L., & Berk, L. E. (2002). Self-regulation in young children: Is there a role for sociodramatic play? *Early Childhood Research Quarterly, 17*, 216–238.

Flynn, J. R. (2007). *What is intelligence?: Beyond the Flynn Effect.* New York, NY: Cambridge University Press.

Friedman, N. P., Miyake, A., Young, S. E., DeFries, J. C., Corley, R. P., & Hewitt, J. K. (2008). Individual differences in executive functions are almost entirely genetic in origin. *Journal of Experimental Psychology: General, 137*, 201–225.

Froese, T., & Leavens, D. A. (2014). The direct perception hypothesis: Perceiving the intention of another's action hinders its precise imitation. *Frontiers in Psychology, 5*, 1–15.

Ganea, P. A., Bloom Pickard, M., & DeLoache, J. S. (2008). Transfer between picture books and the real world by very young children. *Journal of Cognition and Development, 9*, 46–66.

Gardiner, A., Greif, M., & Bjorklund, D. F. (2011). Guided by intention: Preschoolers' imitation reflects inferences of causation. *Journal of Cognition and Development, 12*, 355–373.

Garon, N., Bryson, S. E., & Smith, I. M. (2008). Executive function in preschoolers: A review using an integrative framework. *Psychological Bulletin, 134*, 31–60.

Gauvain, M., & Perez, S. M. (2015). Cognitive development in cultural context. In L. Liben & U. Müller (Eds.) (R. M. Lerner, Gen Ed.), *Handbook of child psychology and developmental science. Vol. 2: Cognitive processes* (pp. 854–896). New York: Wiley.

Geary, D. C. (1995). Reflections of evolution and culture in children's cognition: Implications for mathematical development and instruction. *American Psychologist, 50*, 24–37.

Geary, D. C. (2005). Folk knowledge and academic learning. In B. J. Ellis & D. F. Bjorklund (Eds.), *Origins of the social mind: Evolutionary psychology and child development* (pp. 493–519). New York, NY: Guilford.

Geary, D. C. (2007). Educating the evolved mind: Conceptual foundations for an evolutionary educational psychology. In J. S. Carlson & J. R. Levin (Eds.), *Educating the evolved mind* (Psychological perspectives on contemporary educational issues, Vol. 2, pp. 1–99). Greenwich, CT: Information Age.

Geary, D. C., & Bjorklund, D. F. (2000). Evolutionary developmental psychology. *Child Development, 71*, 57–65.

Gergely, G., & Csibra, G. (2005). The social construction of the cultural mind: Imitative learning as a mechanism of human pedagogy. *Interaction Studies, 6*, 463–481.

Giedd, J. N., Bluenthal, J., Jeffries, N. O., Castellanos, F. X., Liu, H., Zijdenbos, A.... Rapoport, J. L. (1999). Brain development during childhood and adolescence: A longitudinal MRI study. *Nature Neuroscience, 2*, 861 863.

Gilliam, W. S. (2005). *Prekindergarteners left behind: Expulsion rates in state prekindergarten systems*. New Haven, CT: Yale University, Child Study Center.

Gopnik, A., Griffiths, T. L., & Lucas, C. G. (2015). When younger learners can be better (or at least more open-minded) than older ones. *Current Directions in Psychological Science, 24*, 87–92.

Gopnik, A., & Walker, C. M. (2013). Considering counterfactuals: The relationship between causal learning and pretend play. *American Journal of Play, 6*, 15–28.

Gray, P. (2013). *Free to learn: Why unleashing the instinct to play will make our children happier, more self-reliant, and better students for life*. New York, NY: Basic Books.

Greenfield, P. M. (1998). The cultural evolution of IQ. In U. Neisser (Ed.), *The rising cure: Longterm gains in IQ and related measures* (pp. 81–123). Washington, DC: American Psychological Association.

Greve, W., Thomsen, T., & Dehio, C. (2014). Does playing pay? The fitness-effect of free play during childhood. *Evolutionary Psychology, 12*, 434–447.

Groos, K. (1898). *The play of animals*. New York, NY: Appleton. Harlow, H. (1959). The development of learning in the Rhesus monkey. *American Scientist, 47*,459–479.

Hernández Blasi, C., & Bjorklund, D. F. (2003). Evolutionary developmental psychology: A new tool for better understanding human ontogeny. *Human Development, 46*, 259–281.

Herrmann, E., Call, J., Hernández-Lloreda, M. V., Hare, B., & Tomasello, M. (2007). Humans have evolved specialized skills of social cognition: The cultural intelligence hypothesis. *Science, 317*, 1360–1366.

Hirsh-Pasek, K., Golinkoff, R. M., Berk, L. E., & Singer, D. G. (2009). *A mandate for playful learning in preschool: Presenting the evidence*. New York, NY: Oxford University Press.

Hirsh-Pasek, K., Hyson, M. C., & Rescolra, L. (1990). Academic environments in preschool: Challenge or pressure? *Early Education and Development, 1*, 401–423.

Hoehl, S., Zettersten, M., Schleihauf, H., Grätz, S., & Pauen, S. (2014). The role of social interaction and pedagogical cues for eliciting and reducing overimitation in preschoolers. *Journal of Experimental Child Psychology, 122*, 122–133.

Hofferth, S. L., & Sandberg, J. F. (2001). How American children spend their time. *Journal of Marriage and Family, 63*, 295–308.

Horner, V., & Whiten, A. (2005). Causal knowledge and imitation/emulation switching in chimpanzees (*Pan troglodytes*) and children (*Homo Sapiens*). *Animal Cognition, 8*, 164–181.

Humphrey, N. K. (1976). The social function of intellect. In P. P. G. Bateson & R. A. Hinde (Eds.), *Growing points in ethology* (pp. 303–317). Cambridge, NY: Cambridge University Press.

Humphreys, A. P., & Smith, P. K. (1987). Rough and tumble, friendship, and dominance in schoolchildren: Evidence for continuity and change with age. *Child Development, 58*, 201–212.

Hyson, M. C., Hirsh-Pasek, K., & Rescorla, L. (1990). Academic environments in preschool: Challenge or pressure? *Early Education and Development, 1*, 401–423.

Kaplan, H. S., Hill, K., Lancaster, J. B., & Hurtado, A. M. (2000). A theory of human life history evolution: Brains, learning, and longevity. *Evolutionary Anthropology, 9*, 156–185.

Kelly, R., Hammond, S., Dissanayake, C., & Ihsen, E. (2011). The relationship between symbolic play and executive function in young children. *Australasian Journal of Early Childhood, 36*(2), 21–27.

Kenny, P., & Turkewitz, G. (1986). Effects of unusually early visual stimulation on the development of homing behavior in the rat pup. *Developmental Psychobiology, 19*, 57–66.

Kenward, B. (2012). Over-imitating preschoolers believe unnecessary actions are normative and enforce their performance by a third party. *Journal of Experimental Child Psychology, 112*,195–207.

Keupp, S., Behne, T., & Rakocz, H. (2013). Why do children overimitate? Normativity is crucial. *Journal of Experimental Child Psychology, 116*, 392–406.

Kline, M. A. (2015). How to learn about teaching: An evolutionary framework for the study of teaching behavior in humans and other animals. *Behavioral and Brain Sciences, 38*, e31.

Kraft, K. C., & Berk, L. E. (1998). Private speech in two preschools: Significance of open-ended activities and make-believe play for verbal self-regulation. *Early Childhood Research Quarterly, 13*, 637–658.

Lancy, D. (2015). *The anthropology of childhood* (2nd ed.). Cambridge, England: Cambridge University Press.

Lancy, D. (2016). Teaching: Natural or cultural? In David C. Geary & Daniel B. Berch (Eds.) *Evolutionary perspectives on child development and education* (pp. 33–65). Springer.

Lancy, D., & Grove, M. A. (2010). The role of adults in children's learning. In D. F. Lancy, J. Bock, & S. Gaskins (Eds.), *The anthropology of learning in childhood* (pp. 145–179). New York, NY: AltaMira Press.

Lickliter, R. (1990). Premature visual stimulation accelerates intersensory functioning in bobwhite quail neonates. *Developmental Psychobiology, 23*, 15–27.

Lickliter, R., & Lewkowicz, D. J. (1995). Intersensory experience and early perceptual development: Attenuated prenatal sensory stimulation affects postnatal auditory and visual responsiveness in bobwhite quail chicks (*Colinus virginianus*). *Developmental Psychology, 31*,

609–618.

Lillard, D. S., Drell, M. B., Richey, E., Boguszewski, K., & Smith, E. D. (2015). Further examination of the immediate impact of television on children's executive function. *Developmental Psychology, 51*, 92–805.

Lillard, A. S., Lerner, M. D., Hopkins, E. J., Dore, R. A., Smith, E. D., & Palmquist, C. M. (2013). The impact of pretend play on children's development: A review of the evidence. *Psychological Bulletin, 139*, 1–34.

Lillard, A. S., Li, H., & Boguszewski, K. (2015). Television and children's executive function. *Advances in Child Development and Behavior, 48*, 219–247.

Lillard, A. S., & Peterson, J. (2011). The immediate impact of different types of television on young children's executive function. *Pediatrics, 128*, 644–649.

Linebarger, D. L., & Vaala, S. E. (2010). Screen media and language development in infants and toddlers: An ecological perspective. *Developmental Review, 30*, 176–202.

Lipko, A. R., Dunlosky, J., & Merriman, W. E. (2009). Persistent overconfidence despite practice: The roles of task experience in preschooler's recall predications. *Journal of Experimental Child Psychology, 103*, 152–166.

Lyons, D. E., Young, A. G., & Keil, F. C. (2007). The hidden structure of overimitation. *Proceedings of the National Academy of Sciences of the United States of America, 104*, 19751–19756.

McAuley, T., & White, D. A. (2011). A latent variables examination of processing speed, response inhibition, and working memory during typical development. *Journal of Experimental Child Psychology, 108*, 45–468.

McGuigan, N. (2013). The influence of model status on the tendency of young children to overimitate. *Journal of Experimental Child Psychology, 116*, 962–969.

McGuigan, N., & Whiten, A. (2009). Emulation and "over-emulation" in the social learning of causally opaque versus causally transparent tool use by 23-and 30-month-old children. *Journal of Experimental Child Psychology, 104*, 367–381.

Meltzoff, A. N. (1988). Imitation of televised models by infants. *Child Development, 59*, 1221–1229.

Meltzoff, A. N., & Moore, M. K. (1977). Imitation of facial and manual gestures by human neonates. *Science, 198*, 75–78.

Miller, E., & Almon, J. (2009). *Crisis in the kindergarten: Why children need to play in school*. College Park, MD: Alliance for Childhood.

Mills, C. M., & Keil, F. C. (2004). Knowing the limits of one's understanding: The development of an awareness of an illusion of explanatory depth. *Journal of Experimental Child Psy-*

chology, 87, 1–32.

Nathanson, A. I., Aladé, F., Sharp, M. L., Rasmusse, E. E., & Christy, K. (2014). The relation between television exposure and executive function among preschoolers. *Developmental Psychology, 50*, 1497–1506.

Nielsen, M. (2006). Copying actions and copying outcomes: Social learning through the second year. *Developmental Psychology, 42*, 555–565.

Nielsen, M. (2012). Imitation, pretend play, and childhood: Essential elements in the evolution of human culture? *Journal of Comparative Psychology, 126*, 170–181.

Nielsen, M., Mushin, I., Tomaselli, K., & Whiten, A. (2014). Where culture takes hold: "Overimitation" and its flexible deployment in Western, Aboriginal, and Bushmen children. *Child Development, 85*, 2169–2184.

Oppenheim, R. W. (1981). Ontogenetic adaptations and retrogressive processes in the development of the nervous system and behavior. In K. J. Connolly & H. F. R. Prechtl (Eds.), *Maturation and development: Biological and psychological perspectives* (pp. 73–108). Philadelphia, PA: International Medical Publications.

Panksepp, J. (2007). Can play diminish ADHD and facilitate the construction of the social brain? *Journal of the Canadian Academy of Child and Adolescent Psychiatry, 16*, 57–66.

Papousek, H. (1977). The development of learning ability in infancy (Entwicklung der Lernfähigkeit im Säuglingsalter). In G. Nissen (Ed.), *Intelligence, learning, and learning disabilities (Intelligenz, Lernen und Lernstörungen)*. Berlin, Germany: Springer.

Pellegrini, A. D. (2013). Play. In P. Zelazo (Ed.), *Oxford handbook of developmental psychology* (pp. 276–299). New York, NY: Oxford University Press.

Pellegrini, A. D., & Bjorklund, D. F. (2004). The ontogeny and phylogeny of children's object and fantasy play. *Human Nature, 15*, 23–43.

Pellegrini, A. D., & Smith, P. K. (Eds.). (2005). *The nature of play: Great apes and humans*. New York, NY: Guilford.

Periss, V., & Bjorklund, D. F. (2011). Trials and tribulations of childhood: An evolutionary perspective. In C. Salmon & T. Shackelford (Eds.), *Oxford handbook of evolutionary family psychology* (pp. 149–168). Oxford, England: Oxford University Press.

Piaget, J. (1983). Piaget's theory. In J. H. Flavell & E. M. Markman (Eds.), (P. H. Mussen, Gen. Ed.). *Handbook of child psychology: Vol. 1. Cognitive development* (4th ed.) (pp. 703–732). New York: Wiley.

Pierucci, J. M., O'Brien, C. T., McInnis, M. A., Gilpin, A. T., & Barber, A. B. (2014). Fantasy orientation constructs and related executive function development in preschool: Developmental benefits to executive functions by being a fantasy-oriented child. *International Journal of Behavioral Development, 38*, 62–69.

Plumert, J. M., & Schwebel, D. C. (1997). Social and temperamental influences on children's overestimation of their physical abilities: Links to accidental injuries. *Journal of Experimental Child Psychology, 67*, 317–337.

Poirier, F. E., & Smith, E. O. (1974). Socializing functions of primate play. *American Zoologist, 14*, 275–287.

Radesky, J. S., Silverstein, M., Zuckerman, B., & Christakis, D. A. (2014). Infant self-regulation and early childhood media exposure. *Pediatrics, 133*, e1172–e1178.

Ratner, H. H., Foley, M. A., & Gimpert, N. (2002). The role of collaborative planning in children's source-monitoring errors and learning. *Journal of Experimental Child Psychology, 81*, 44–73.

Reed, J., Hirsh-Pasek, K., & Golinkoff, R. M. (2012). A tale of two schools: The promise of playful learning. In B. Falk (Ed.), *Defending childhood: Keeping the promise of early education* (pp. 24–47). New York, NY: Teachers College Press.

Richert, R., Robb, M. B., Fender, J. G., & Wartella, E. (2010). Word learning from baby videos. *Achieves of Pediatric and Adolescent Medicine, 164*, 432–437.

Robb, M. B., Richert, R., & Wartella, E. (2009). Just a talking book? Word learning from watching baby videos. *British Journal of Developmental Psychology, 27*, 27–45.

Rogoff, B. (2003). *The cultural nature of human development*. New York, NY: Oxford University Press.

Ross, J., Anderson, J. R., & Campbell, R. N. (2011). I remember me: Mnemonic self-reference effects in preschool children. *Monographs of the Society for Research in Child Development, 76*(3), Serial No. 300

Roth, G., & Dicke, U. (2005). Evolution of the brain and intelligence. *Trends in Cognitive Sciences, 9*, 249–257.

Röthlisberger, M., Neuenschwander, R., Cimelia, P., Michele, E., & Roebers, C. M. (2012). Improving executive functions in 5- and 6-year-olds: Evaluation of a small group intervention in prekindergarten and kindergarten children. *Infant and Child Development, 21*, 411–429.

Rovee-Collier, C., & Shyi, C.-W. G. (1992). A functional and cognitive analysis of infant longterm retention. In M. L. Howe, C. J. Brainerd, & V. F. Reyna (Eds.), *Development of long-term retention*. New York, NY: Springer.

Rueda, M. R., & Posner, M. I. (2013). Development of attention networks. In P. D. Zelazo (Ed.), *Oxford handbook of developmental psychology* (pp. 683–705). Oxford, England: Oxford University Press.

Schneider, W. (1998). Performance prediction in young children: Effects of skill, metacognition and wishful thinking. *Developmental Science, 1*, 291–297.

Schweinhart, L. J., & Weikart, D. P. (1988). Education for young children living in poverty: Childinitiated learning or teacher-directed instruction? *The Elementary School Journal, 89*, 212–225.

Seligman, M. E. P. (1991). *Learned optimism: How to change your mind and your life*. New York, NY: Pocket Books.

Sellers, P. D., II, & Bjorklund, D. F. (2014). The development of adaptive memory. In B. L. Schwartz, M. L. Howe, M. P. Toglia, & H. Otgaar (Eds.), *What's adaptive about adaptive memory?* (pp. 286–307). New York, NY: Oxford University Press.

Shin, H.-E., Bjorklund, D. F., & Beck, E. F. (2007). The adaptive nature of children's overestimation in a strategic memory task. *Cognitive Development, 22*, 197–212.

Simpson, A., & Riggs, K. J. (2011). Three- and 4-year-olds encode modeled actions in two ways leading to immediate imitation and delayed emulation. *Developmental Psychology, 47*, 834–840.

Spinath, B., & Spinath, F. M. (2005). Development of self-perceived ability in elementary school: The role of parents' perceptions, teacher evaluations, and intelligence. *Cognitive Development, 20*, 190–204.

Stipek, D. (1984). Young children's performance expectations: Logical analysis or wishful thinking? In J. G. Nicholls (Ed.), *Advances in motivation and achievement: Vol. 3. The development of achievement motivation* (pp. 33–56). Greenwich, CT: JAI Press.

Stipek, D., & Daniels, D. (1988). Declining perceptions of competence: A consequence of changes in the child or the educational environment? *Journal of Educational Psychology, 80*, 352–356.

Stipek, D., Feiler, R., Blyer, P., Ryan, R., Milburn, S., & Salmon, J. M. (1998). Good beginnings: What difference does the program make in preparing children for school. *Journal of Applied Developmental Psychology, 19*, 41–46.

Stipek, D., Feiler, R., Daniels, D., & Milburn, S. (1995). Effects of different instructional approaches on young children's achievement and motivation. *Child Development, 66*, 209–223.

Stipek, D. J., Recchia, S., & McClintic, S. (1992). Self-evaluation in young children. *Monographs of the Society for Research in Child Development, 57*, 1–98. Serial No. 226.

Tennie, C., Walter, V., Gampe, A., Carpenter, M., & Tomasello, M. (2014). Limitations to the cultural ratchet effect in young children. *Journal of Experimental Child Psychology, 126*, 152–160.

Tomasello, M. (2000). Culture and cognitive development. *Current Directions in Psychological Science, 9*, 37–40.

Tomasello, M. (2014). *A natural history of human thinking*. Cambridge, MA: Harvard University Press.

Tomasello, M., & Carpenter, M. (2007). Shared intentionality. *Developmental Science, 10*, 121–125.

Tomasello, M., Kruger, A. C., & Ratner, H. H. (1993). Cultural learning. *Behavioral and Brain Sciences, 16*, 495–511.

Tomasello, M., & Moll, H. (2010). The gap is social: Human shared intentionality and culture. In *Mind the gap: Tracing the origins of human universals* (pp. 331–350). New York, NY: Springer.

Turkewitz, G., & Kenny, P. (1982). Limitations on input as a basis for neural organization and perceptual development: A preliminary theoretical statement. *Developmental Psychobiology, 15*, 357–368.

Vygotsky, L. S. (1962). *Thought and language*. Cambridge, MA: The MIT Press.

Vygotsky, L. S. (1978). *Mind in society: The development of higher psychological processes*. Cambridge, MA: Harvard University Press.

Weisberg, D. S., Kittredge, A. K., Hirsh-Pasek, K., Golinkof, R. M., & Klahr, D. (2015). Making play work for education. *Phi Delta Kappan, 98*, 8–13.

Whiten, A., McGuigan, N., Marshall-Pescini, S., & Hopper, L. M. (2009). Emulation, imitation, over-imitation and the scope of culture for child and chimpanzee. *Philosophical Transactions of the Royal Society of London: Biological Sciences, 364*, 2417–2428.

Williamson, R. A., & Markman, E. M. (2006). Precision of imitation as a function of preschoolers' understanding of the goal of the demonstration. *Developmental Psychology, 42*, 723–731.

Williamson, R. A., & Meltzoff, A. N. (2011). Own and others' prior experiences influence children's imitation of causal acts. *Cognitive Development, 26*, 260–268.

Wood, L. A., Kendal, R. L., & Flynn, E. G. (2013). Copy me or copy you? The effect of prior experience on social learning. *Cognition, 127*, 203–213.

Zack, E., Barr, R., Gerhardstein, P., Dickerson, K., & Meltzoff, A. N. (2009). Infant imitation from television using novel touch-screen technology. *British Journal of Developmental Psychology, 27*, 13–16.

Zelazo, P. D., & Carlson, S. M. (2012). Hot and cool executive function in childhood and adolescence: Development and plasticity. *Child Development Perspectives, 6*, 354–360.

Zelazo, P. D., Carlson, S. M., & Kesek, A. (2008). The development of executive function in childhood. In C. A. Nelson & M. Luciana (Eds.), *Handbook of cognitive developmental neuroscience* (2nd ed., pp. 553–574). Cambridge, MA: MIT Press.

Zimmerman, F. J., Christakis, D. A., & Meltzoff, A. N. (2007). Associations between media viewing and language development in children under age 2 years. *The Journal of Pediatrics, 151*, 364–368.

第二章　儿童的自我教育方式依然奏效：即使是对于阅读、写作和算术（3R）

彼得·格雷[①]

我们生活在一个教育失控的时代。在过去的几十年里，美国儿童的课业负担越来越重，形式也更僵化，目的就是提高他们标准化测试的分数。即使在校外，儿童也是越来越多地被安排去参加那些由成人引导、类似于学校的活动。这在一定程度上是因为父母认为童年是一段为进入名牌大学而做积累的时间，而不是一段自由玩耍的时间（另参见 Bjorklund & Beer, 本书；Toub et al., 本书）。根据研究人员的记录，在游戏和探索的自由不断减少的这几十年里，焦虑和抑郁的情绪在年轻人中急剧增长，而他们内部控制和创造力却在下降（Gray, 2011a; Kim, 2011; Newsom, Archer, Trumbetta, & Gottesman, 2003; Twenge et al., 2010; Twenge, Zhang, & Im, 2004）。我认为儿童自由的减少正是造成这些心理健康消极变化的一个原因，相关解释可参见我的其他文章（Gray, 2011a; Gray, 2013）。

这种不断增加教学内容并缩短游戏时间的狂热甚至已经严重影响了幼儿园和学前班的教育。老师越来越多地被要求放弃那些好玩的、有创造性的、令人愉快的活动，以便让儿童在习题和考试上花更多的时间（Lynch, 2015）。尽管不断有研究表明，以这种训练方式所取得的直接学业成果会在两到三年内消失，但情况并没有丝毫改变（Carlsson-Paige, Almon, & McLaughlin, 2015; Darling-Hammond & Snyder, 1992; Katz, 2015）。事实上，一些严格的对照实验研究表明，以学业为主的学前班和幼儿园的学生从四年级开始会在阅读、数学、社会成熟度和情感控制上表现得差于以游戏为主的学前班和幼儿园的学生

① 彼得·格雷（Peter Gray）：美国马萨诸塞州诺福克县，波士顿学院。

（Goldbeck, 2001; Marcon, 2002; Schweinhart & Weikart, 1997）。

教育政策制定者的主流设想就是，在我们的文化中，加强学术教育是成功的必要条件。这可能让人感到不愉快，但就像良药苦口利于病，学术教育就是无知的良药。还有一种设想就是这种药应该越多越好。如果一定剂量的“药”不能达到我们想要的结果，那么解决方案必然是加大剂量。我们一直盲目地走在这条道路上，却没有考虑用药过量可能产生的危害。

一、现代学校的起源

事实上，我们所知道的学校从未有效地推进过大多数开明人士所认为的教育。学校并不是关于儿童如何接受教育的科学知识产物。学校是历史产物，它们的出现是服务于宗教或政治目的，而这和现在的开明思想家所追求的教育理想是相互矛盾的。

如果要说我们教育体系的总设计师是谁的话，那一定是奥古斯特·赫尔曼·弗兰克（August Hermann Francke）。这位虔诚派领袖在 17 世纪的普鲁士建立了世界上第一个大规模的义务教育体系（Melton, 1988）。他建立了一种课堂模式，让儿童一排排地坐在教室中，然后在教师的指导下，在同一时间以同样的方式学习同样的内容。他开发了一套标准化的课程（当时主要由宗教教义组成），以及一套培训和认证教师教授该课程的方法。他在教室里安装沙漏，这样每个人都可以遵循同样的课程安排来上课。

弗兰克在他的著作中非常清楚地阐述了他创办学校的宗旨：教儿童阅读，这样他们就能读圣经了。在他的学校里，宗教教义以一种不容置疑的方式教授。但更明确指出的远大目标就是打破儿童的天性，使他们学会服从——服从校长、父母、领主，最终服从上帝。弗兰克在给教师们的指示中写道：“最重要的是必须打破儿童的天性。尽管有的校长设法使儿童变得更有学识，并且因为培养了儿童的理解力而受到称赞，但他所做的还不够。他忘记了最重要的任务，那就是让儿童服从。”（Melton, 1988: 43）他认为打破儿童天性最有效的方法是持续地监察和监督。他写道：“年轻人不知道如何管理自己的生活，如果让他们放任自流，他们就会变得懒惰和邪恶。因此，学校有一条规定，学生绝对不能脱

离导师的监管。导师的存在会抑制学生犯罪的倾向，并慢慢削弱他们的任性。”（Melton, 1988: 43—44）

弗兰克的方法传遍整个欧洲和美洲殖民地。最终，随着宗教势力的减弱和国家权力的增强，这些学校被国家接管，课程也改成为世俗服务，但教学方法基本没有变化。今天，许多教育工作者希望学校能促进学生的好奇心、创造力、批判性思维、自我引导和学习热情。但是，由于我们的学校在本质上仍然和弗兰克设计的学校一样，因此它们在结构上就无法实现这些目标。所有这些目标都涉及尊重儿童的天性。让所有儿童在同一时间上同样课程的教育方法，即使不能说是完全违背儿童的天性，也必然会压抑他们的天性。

在过去，尽管学校已竭尽全力，但从未成功地打破学生的天性，因为学校只是儿童生活的一小部分。他们大部分时间都在校外，而且并不总是受到成人的监督。即使是在 20 世纪 50 年代我自己还是个孩子的时候，情况也是如此。然而，如今学校是儿童生活的重要组成部分，即使在校外，许多儿童也总是处在成人监督和管理之下。算上家庭作业的话，今天的学校对许多人来说就相当于成人的全职工作——一份久坐不动、非常不愉快的“全职工作”，有一个事无巨细的“老板”，工作经常被评价、被和“同事”比较，还不允许与“同事”交谈，甚至离开座位去洗手间都需要得到许可。关于就业满意度的研究表明，这种极端的工作模式，大多数成人都认为非常不愉快，且会给人造成巨大的压力（Galinsky, Bond, & Friedman, 1993）。有充分证据表明，近来年轻人的抑郁和焦虑情绪有所增加，创造力和内控点有所下降，这可能反映了他们的天性确实被破坏了。

二、生物学教育观

如今，人们普遍把教育等同于学校教育。但是，为了从生物学角度对教育进行有意义的讨论，我们必须将这两者区分开来。学校教育是有意识地使用特殊程序向学生教授一套特定的、预先选定的技能、概念、信仰、知识和（或）价值观（的课程）。而教育是每一代人获得上一代人的任何或所有的技能、概念、信仰、知识和价值观（简而言之，即文化）的一整套过程。教育是文化的传播。

从生物学角度来看，学校教育是新事物，但教育却像人类一样古老，是我们生物构成的一部分。虽然学校教育是发生在特定环境中，在特别指定的教师或学者的指导下进行，但教育却无时无刻发生在每个人的生活中，尽管它在儿童期和青少年时期发生得最快、效果最显著（Lancy，2016）。

至少从200万年前开始，我们的祖先就沿着进化的轨迹前进，使我们变得越来越依赖教育。我们发展了狩猎、采集、加工食物、保护自己不受捕食者侵害、生育、照顾婴儿、应对环境和对抗疾病的方法，这些都依赖于代代相传的知识、理论和技能的积累。我们也越来越依赖于群体内部和跨群体之间的合作，这需要社会习俗、规则、仪式、故事，以及共同的信仰和价值观的文化传播，将群体凝聚起来而形成合作。

在任何一个人类群体中，如果儿童没有掌握其文化的关键方面，那么他将在成年后的生存和繁殖方面处于严重的劣势。他将不知道如何完成基本的经济任务，获得他人的合作，或吸引配偶繁殖。因此，自然选择会强烈支持某些特征，以提升年轻人获得这种文化的欲望和能力。今天，在大多数人看来，教育的责任在于成人，不管儿童是否愿意，他们有责任让儿童获得各方面的文化。但纵观历史，教育的真正责任其实一直都在儿童身上，尽管我们已经有了学校，情况依然如此（参见 Geary & Berch, 本书；Sweller, 本书）。自然选择确保儿童带着自我教育的本能动力来到这个世界上，学习成为有效社会成员所必需的知识。

在19世纪与20世纪之交，大约在达尔文《物种起源》出版40年后，博物学家和哲学家卡尔·格鲁斯（Karl Groos）撰写了两本著作，在书中他发展了达尔文的游戏理论。在第一本著作《动物的游戏》（*The Play of Animals*, 1898）中，他指出，从进化的角度来看，游戏表面上看起来是浪费资源且不适应环境的。游戏耗费体能，但却不是为了直接的生存目标。游戏通常很吵闹，会吸引捕食者，有时可能导致伤害甚至死亡。如果它没有显著的补偿优势，游戏肯定会被自然选择淘汰（参见 Bjorklund & Beers，本书）。根据他自己和其他人的观察，格鲁斯提出，游戏是动物练习和磨练技能的方式，它们必须通过游戏才能活到成年期。

如今，格鲁斯的游戏实践理论为研究非人类动物游戏的研究人员所广泛接受。这一理论解释了为什么幼小的动物比年长的动物更爱玩耍（因为它们有更多的东西要学习），为什么那些最不依靠本能且最依赖学习的动物却最爱玩耍。它还解释了不同物种在游戏形式上的差异。只要知道动物生存的主要限制条件，人们就可以精准地预测它们会玩什么游戏。例如，掠食性动物爱玩追逐、爬行和猛扑，而被捕食动物玩的是逃跑、躲避和摆脱的游戏。

在他的第二本著作《人的游戏》（*The Play of Man*, 1902）中，格鲁斯将他的理论拓展到人类。他指出，与他的理论相一致的是，人类比其他物种有更多的东西要学习，因此比其他物种玩的游戏更多，玩的时间也更长。他还指出了人的游戏和其他动物的游戏的主要区别。其他的动物是以物种特有的技能在玩耍——无论它们生活在哪里，这些技能都表现了它们的生活方式。人类同样用特定物种的技能在玩耍（如两条腿走路和说话），但同时也以特定文化的技能在玩耍——这些技能可能是他们所发展文化中特有的。格鲁斯提出，儿童来到这个世界，就是为了关注同一文化背景下的其他人在做什么，然后将他们所做的融入自己的游戏。格鲁斯将他的理论称之为游戏理论，但我认为它不止于此。它是一种教育理论，或者至少应该是教育理论的基础。

三、狩猎采集部落的教育

我试图通过探究狩猎文化中儿童的游戏和教育来检验和建立格鲁斯（1902）的理论（参见 Lancy, 2016）。大约一万年前，所有人类都是狩猎采集者。然而受现代社会的影响，如今狩猎采集的生活方式已经几乎完全消失了。但就在20世纪60年代和70年代，甚至更晚一些的时候，人类学家长途跋涉到某些与世隔绝的地方，还能找到相对不受现代生活方式影响的狩猎采集者。他们发现的每一种文化都有自己独有的特征——例如自己的语言、捕猎采集方式、故事、仪式和艺术形式。然而，无论是在非洲、亚洲、南美洲或其他地方，还是在热带雨林地区或是沙漠地区，这些文化在某些方面都非常相似（Lee & Daly, 1999）。需要明确的是，我这里所说的“狩猎采集者”更确切地说是指狩猎采集部落，不包括所谓的采集社会，如美洲西北海岸的夸扣特尔人（Kwakiutl）或日本的阿伊努人（Ainu），他们保护着富饶的渔场，生活方式在很多方面更像早期的农业社会，而不是狩猎采集部落。在描述这些文化时，我选择使用过去时态，以表明我所指的是之前我研究时存在的习俗，而今天可能还存在，也可能已不存在了。

无论在哪里，狩猎采集者大都以 15—40 人为一个群体生活。为了追踪可能捕获的猎物和可食的植物，他们在一个很大但有限的区域内不断迁移。在西方人看来，狩猎采集者最显著的社会特征是他们异乎寻常的平等主义（Boehm, 1999; Gray, 2014; Ingold, 1999; Lee, 1988）。他们没有首领或大人物，也没有明显的权力等级制度。他们通常经过长时间的讨论，以达成共识做出集体决定。他们乐于在群体内部分享食物和物质，但很少跨群体这样做。这种平等主义精神部分源自对个体自主性的高度尊重。他们不会命令彼此做什么，特别值得一提的是，这一准则对儿童和成人都是如此。

我从未生活在或直接观察过一个狩猎采集社会。我的信息来自别人的观察和报告，以及乔纳森·奥佳（Jonathan Ogas，当时是我的研究生）和我一起对十个人类学家所做的一项调查，他们当中的一些人住在七种不同的狩猎采集文化中：有四个部落在非洲的不同地区，另三个部落则一个在菲律宾，一个在马来西亚，还有一个在新几内亚（Gray, 2009）。在调查中，我们向每个观察者提出了在他们所观察的文化中儿童是如何生活的问题。通过文献回顾和调查，关于这些文化中儿童的生活和教育，我们得出了以下三个主要结论。

第一个结论就是，**狩猎采集部落的儿童必须学习大量知识才能成为有用的成人**。狩猎采集者的生活方式是高度知识密集型和技能密集型。而且由于缺少职业专门化，每个儿童都必须掌握几乎整个文化系统，或者至少是适合他或她性别的那一部分文化。要成为猎人，男孩们必须学会如何识别和追踪他们群体所猎杀的几十种不同的哺乳动物和鸟类。利本伯格（Liebenberg，1990）提出的一个观点令人信服，即前农业时代的猎人追踪标志着科学推理的起源。猎人们以沙、泥土或树叶上留下的痕迹为线索，结合以往经验所积累的知识，猜想或推断猎物的踪迹。正如一位人类学家（Wanenburgh）所说，“追踪时要注意、考虑和讨论每件事。被踩踏过的草垛里的折裂，灌木丛树枝被折断的方向，以及足迹本身的深度、大小、形状以及分布等，都可能表明所追捕猎物的情况、移动的方向和速度及其未来运动的趋势”（1979: 44）。他们还必须精通制作和使用狩猎工具，如弓和箭、吹枪和飞镖、陷阱和网，这视其文化而定。

要成为采集者，女孩，当然男孩也一样（在男性也采集的情况下），必须学会在无数种类的根、坚果、种子、果实和绿色蔬菜中辨别哪些是可以吃和有营养的，何时何地可以找到这些食物，如何采摘可食用部分，以及如何加工它们。这些能力包括经过多年实践所磨练出来的身体技能，以及记忆、使用、补充和修改大量文化共识的能力（Bock, 2005; Kaplan, Hill, Lancaster, & Hurtado, 2000）。此外，狩猎采集的儿童必须学习建造小屋、生火、做饭、抵御捕食者、预测天气变化、在狩猎和采集中寻找方向、治疗伤口和疾病、协助分娩、照顾婴儿、保持群体和谐、与邻近群体谈判、讲故事、制作音乐，以及参加他们文化中的各种舞蹈和仪式。

第二个结论就是，在狩猎采集部落，成人与儿童的关系是非引导性的且充满信任。平等和自主的精神是成年狩猎采集者与儿童互动的特征，这也是他们与其他成人互动的特征。他们抚养和教育儿童的核心理念就是，儿童的直觉和判断是可以信任的，让儿童按照自己的意愿行事，他们能够学到他们需要学习的东西。当他们有能力并且足够成熟时，他们就会开始为群体经济做出贡献（参见 Lancy，2016）。为了说明这种态度，一组研究人员（Gosso, Otta, de Lima, Ribeiro, & Bussab）写道："狩猎采集者不会对他们的孩子下命令。例如，没有成人会规定睡觉的时间……成人不干涉孩子的生活。他们从不打骂孩子，也不会在身体或语言上对孩子有过激行为。他们也不表扬或时刻关注孩子的成长。"（2005: 218）另一组研究人员（Hewlett, Fouts, Boyette, & Hewlett）写道："狩猎采集者重视自主权和平等主义，所以父母、年长的孩子或其他成人不会觉得他们知道什么对孩子最好或更合适，而且他们通常不会发起、指导或干预孩子的社会性学习。"（2011: 1173）

第三个结论就是，狩猎采集部落的儿童通过自我引导的探索和游戏进行自我教育。鉴于狩猎采集部落信任型的抚育方式，在没有大人指导的情况下，儿童把大部分时间花在游戏和探索上也就不足为奇了。对于我们的问题："在你研究的文化中，儿童有多少自由玩耍的时间？"所有的受访者都说，这些儿童每天都可以整日或几乎整日自由玩耍，从 4 岁断奶离开母亲，一直到十几岁，他们开始承担一些成人的责任的青少年时期（Gray, 2009）。正如一位受访者［研究贝特科特（Batek）］的凯伦·恩迪科特（Karen Endicott）所说：“儿童几乎所有的时间都可以自由玩耍，没人指望儿童在十几岁之前会认真工作。”博克和约翰逊（Bock & Johnson，2004）在一项研究中发现，在博茨瓦纳，一个家庭参与狩猎和采集的时间越多，参与农业的时间就越少，儿童玩耍的时间就越多。

在我们的调查中，我们还询问了儿童的玩耍方式。这些回答证实了格鲁斯的理论，即儿童会自然而然地将特定文化技能融入游戏。所有受访者都告诉我们，男孩们无休止地玩追踪和狩猎。他们会以游戏的方式追寻动物的足迹，以及互相追踪。小孩子们拿着小弓和小箭，去玩打蝴蝶、蟾蜍和小老鼠之类的“游戏”。研究菲律宾阿格塔（Agta，男女都会打猎的文化）的两名受访者表示，在他们观察的群体中，男孩和女孩都会玩打猎游戏。受访者列出其他的游戏活动包括照顾婴儿、爬树、搭藤梯、搭小屋、使用刀具和其他工具、制作工具、搬运重物、搭木筏、生火、抵御假装的捕食者攻击、模仿动物（一种识别动物和学习其习性的方法）、制作乐器、创作音乐、跳舞和讲故事。具体的游戏名目因文化而异，且与成人活动的变化相一致（Gray, 2009）。一些狩猎采集研究人员曾写道：“儿童在一种游戏文化中长大，这种游戏文化来自对儿童所处的大文化的模仿，并与之并行。”（Gosso et al, 2005; Shostak, 1981; Turnbull, 1961）

尽管狩猎采集的成人没有直接指导儿童的活动，也很少明确地教导儿童，但他们认识到儿童是通过观察、倾听和参与来学习的，所以他们并不排斥儿童参加成人活动。从方方面面来说，他们对儿童的干扰非常容忍，即使会耽误他们的工作进度，他们也会允许儿童进入他们的工作场所。儿童常常主动加入母亲的采集之旅，通过观察来学习，有时也会帮忙。在他们刚刚进入青少年时期的时候，想去狩猎的男孩可以加入男人的大型狩猎探险，这样他们就可以观察和学习。到他们十八九岁的时候，他们会积极地为这些成功的狩猎做出贡献，而不是捣乱了。在营地里，孩子们经常挤在大人周围，小孩子则爬到大人的膝盖上，观察或“帮助”他们做饭、制作狩猎武器和其他工具或演奏乐器，而大人很少把他们赶走（Draper, 1976）。

成人还通过回应儿童的要求来帮助他们学习。正如一组研究人员（Hewlett

et al., 2011: 1173）所说："分享和给予是觅食者的核心价值观，因此个体所知道的知识对所有人都是开放的；如果孩子想要学习一些东西，其他人就有义务分享这些知识或技能。"大人可能会向儿童展示挥舞斧头的最佳方式，或者指出近亲动物脚印之间的区别。通常情况下，这种帮助只有在接到儿童的请求时才会给予，但偶尔，特别是当这种帮助有着生死攸关的影响时，成人会主动提供信息，例如，关于可食用蘑菇和毒蘑菇之间的区别（Hewlett et al., 2011）。

四、当今世界的自我教育：民主学校教育与非学校教育

狩猎采集模式的教育在我们今天的社会还行得通吗？我们不难想象它可能行不通的原因。首先，我们拥有阅读、写作和算术（3R）技能，这些技能对狩猎采集者来说是陌生的，因为他们没有书面语言，他们的生活方式几乎不需要任何数字计算。有人可能会说，正如吉尔里（Geary，2008）所言，3R 及我们今天所重视的一些科学思维方式与狩猎采集者必须获得的技能有很大的不同，无论这些技能在他们所处的社会中多么普遍和有价值，现代社会的儿童也不会通过自然探索和游戏来学习这些技能（参见 Geary & Berch, 本书；Sindra & Danielson, 本书；Sweller, 本书）。另一个明显的区别是，在我们的社会中，儿童无法通过他们的日常经历观察到成人谋生的所有方式。我们的社会比狩猎采集社会复杂得多，更不容易让儿童接触。

在没有实践经验证明的情况下，就断言儿童的自我教育方式在今天是行不通的，这只能算是一种猜测。反过来假设也一样。尽管狩猎采集文化彼此之间的相似度比它们与我们当今社会文化之间的相似度都更高，但我们文化中成功所需的基本技能和狩猎采集文化中的可能并没有太大差异。书面表达只是语言表达的另一种方式，所以学习阅读和写作技能可能会有助于我们用来学习理解和产生口语表达的进化认知机制。数学和科学中所包含的各种思维与狩猎采集社会所涉及的思维在功能上没有本质区别。例如，狩猎采集者时常需要根据零星的足迹猜测和判断动物的行动，或在旱季时寻找地下块茎的位置，或根据天上的星星确定方位。进化心理学家（e.g., Tooby & Cosmides, 1992）把人类大脑视为一组特定任务模块，是为特定生存目的而服务的；但我们天生的学习机

制似乎比这些心理学家所假设的适应性更强，更有可塑性，这看起来颇有道理。

在我们的文化中，引导儿童接触成人活动并不是义务教育系统需要解决的问题。学校里，儿童观察老师的工作，而且通常情况下老师是他们唯一可以直接观察的职业。但是通过看电视，儿童可能会对我们文化中的成人行为产生更多的了解。而儿童被电视吸引的一部分原因与狩猎采集部落的儿童被他们文化中的成人活动所吸引的原因相同。儿童不一定非要亲自观察所有的职业，但让他们体验一些成人工作世界中有代表性的技能对他们来说是非常实用的。

如果我们不强制儿童接受学校教育，而是为他们提供在当今时代背景下类似于狩猎采集部落的教育环境，那么我们文化中的儿童会怎样？换句话说，如果我们给儿童提供这样一种环境，让他们可以和不同年龄的儿童在一起随心所欲、自由自在地玩耍、探索，可以观察并参与各种有文化价值的活动，在这样的环境中，成人会提供帮助，但并不强制性地指导儿童做事或评价儿童是否取得了进步，这样的话儿童会变成什么样呢？多年来，我一直在观察儿童在这样一个地方的学习情况，即瑟谷学校（Sudbury Valley School）。

这所学校成立于 1968 年，至今已经半个世纪了。这是美国马萨诸塞州弗雷明汉镇的一所私立走读学校，面向 4 岁至高中年龄的学生。它招收学生时不考虑任何学业成绩，每个学生的培养成本大约是周围公立学校的一半。这所学校目前大约有 160 名学生和 8 名成人教职工。它坐落在一座维多利亚时代的大型农舍和经过改造的谷仓里，占地 10 英亩，属于半农村地带。

从根本上说，这所学校是一个民主的社区。创始人的首要目标是创造一个让儿童体验民主公民的权利和责任的环境。在每周一次的学校会议上，学生和教职工以一人一票的方式共同制定学校的所有规章制度，决定学校的采购事宜，建立委员会监督学校的日常运作，雇用和解雇教职工。所有工作人员都签了一年的合同，每年都必须通过无记名投票选举程序续签合同。在这一过程中留下来并连任的人，必然是那些受学生们钦佩的人。他们是善良、有道德、有能力的人，并对学校的环境做出了显著和积极的贡献。他们也是学生们想要效仿的成人。

校规由司法委员会执行，该委员会成员定期更换，但总是包括一名教职工和一组代表学校各个年龄段的学生。如果某一名学生或教职工被他人指控违反了学校的规定，原告和被告必须在司法委员会面前陈述申辩，并由该委员会判断是否有错。如果确实有过错，则由委员会给出惩罚措施。这些规定是为了维护和平与秩序，保护个人权利和学校，而不是为了教育。

这所学校的教育理念与狩猎采集部落的教育理念基本相同。它的假设是，如果年轻人有充足的机会在一个充满教育机会的环境中玩耍、探索和追随自己的兴趣，他们就会学到在他们的文化中取得成功所必需的东西。学校不进行考试，也不以任何方式评估学生的进步。学校没有课程，教职工也从不激励学生学习。课程只有在一群学生主动组织时，才会出现，并且持续时间也遵循学生的意愿。许多学生从没有参加过任何课程。

学校的工作人员不认为自己是“教师”，而是社区的成年成员。他们是学校会议上更成熟、更有说服力的声音，学生们遇到无法解决的问题时就会去找他们。同时，他们也是学校和更大的社会群体之间的连接。他们的大多数“教学”，如果可以称得上是教学的话，都是在人类的任何环境中可以找到的，包括在谈话中提出想法、回答问题和寻求帮助。在某种程度上，我们可以把瑟谷学校的工作人员看作在狩猎采集部落中较为年长且更有智慧的人。

除了在司法委员会任职之外，学生们每天都是自由的，有时间去追求自己的兴趣。他们不会被学校分成小组，也没有被分配到特定的空间。他们可以和自己喜欢的人交流，可以去学校的任何地方。学校有各种各样的活动场地及设备，包括设备齐全的厨房、木工车间、美术室、操场设施、电脑、玩具、游戏和书籍。学生还可以到池塘、田野和附近的森林进行户外游戏和探索。对大多数学生来说，学校里最有价值的教育资源是其他学生，他们在一些活动中表现出广泛的兴趣和较强的能力。

许多学生，尤其是高年级学生，在学校的探索都是通过谈话进行的。学生彼此之间，以及与工作人员之间可以谈论任何事情，因此会产生大量的想法和论点。因为没有人是官方权威，谈话中所说和听到的一切都只值得思考，而不是需要记忆或考核的教条。谈话不同于死记硬背的考试材料，它能激发智力。维果茨基（Vygotsky, 1962）很早就提出，对话是更高层次思想产生的根源。而我对瑟谷学校学生的观察使我确信，他说的是正确的。思想是内化的对话，与他人真正的对话是思维的起源。

许多年前，我与该校的一名兼职工作人员合作，对该校的毕业生进行了一项跟踪研究（Gray & Chanoff, 1986）。这所学校当时规模较小，只成立了15年，但已经有82名毕业生符合我们的标准——他们在这所学校至少待了2年，在年满16岁之时或之后离开，并且他们都不准备再进一步接受中学教育。我们找到了76名毕业生，其中69人完成了我们全面的问卷调查——在所有能找到的学生中，问卷的回复率为91%，在所有毕业生中，回复率为84%。我们发现，那些接受过高等教育的人（约占总数的75%）表示，进入自己选择的学校并没有特别困难，并在那里取得了好成绩。其中一些以前从未上过正规课程或参加过学业考试（除了大学入学要求的SAT考试）的人，已经成功地进入了非常著名的学院和大学。作为一个群体，不管他们是否接受过高等教育，他们都非常成功地找到了自己喜欢的工作，并以此为生。他们从事的职业多样，包括商业、艺术、科学、医学、其他服务行业和技术行业。鉴于许多人是由于在当地的公立学校考试不及格或表现不佳才来到瑟谷学校的，他们的成功可能非常难能可贵。

许多毕业生都在事业上取得了成功，这些成功正是源于他们在学校里培养的对某些职业的热情和兴趣的延伸。这里有几个例子：一名女子是一艘游轮的船长，她年幼时经常在学校的池塘里玩小船，十几岁的时候，她曾借助学校的校外政策，在科德角的一艘船上当学徒。一名机械师兼发明家，从小就对建筑方面的游戏“着迷”。他会用橡皮泥建造整座城市和整座工厂，所有东西都按比例测量。一位从事高级时装行业制版的女士，她在小女孩的时期做过洋娃娃衣服，然后在十几岁的时候继续为自己和朋友做衣服，之后成为一名制版师的学徒。一位数学教授，在十几岁的时候由于热爱科幻小说而对理论物理产生了浓厚的兴趣，之后迷恋上数学。还有毕业后成为艺术家、音乐家和计算机专家的人，他们都是在学校里通过自由玩耍培养了兴趣和技能。

大多数毕业生都说，他们在瑟谷学校接受的教育使他们获得了责任感和自控力，这对他们生活的各个方面都有所受益。在回答我们问题时，没有人后悔去了这样一所与众不同的学校，而不是一所更传统的学校。最近，该学校对毕业生进行了两项大型研究并出版了两本书，得出了类似的结论（Greenberg & Sadofsky, 1992; Greenberg, Sadofsky & Lempka, 2005）。在美国至少有20多所学校，还有其他国家的大约 12 所学校都已效仿瑟谷学校。

在我们的社会中，进行自我教育的还有那些参与蓬勃兴起的非学校教育运动的儿童和青少年群体。这些年轻人根本不上学，他们通常被登记为在家上学的人，但不接受任何课程或考试，因为他们的父母信奉这样一种教育理念：当孩子们以自己选择的方式追求自己的兴趣时，学习效果是最好的。我和吉娜·莱利（Gina Riley）对非学校教育者进行了两项调查研究。第一项是对 232 名非学校教育的家长进行调查，调查内容包括他们为什么选择这种教育途径，以及他们在孩子的教育中起了什么作用（Gray & Riley, 2013）。根据他们自己的说法，大多数父母会积极帮助他们的孩子与更广大的社区建立联系，这样他们就可以从家庭之外的资源中学到东西。第二项研究是对 75 名成人的调查，这些人并没有接受 12 年的学校教育（Gray & Riley, 2015; Riley & Gray, 2015）。我们的发现与之前研究瑟谷学校毕业生时的发现非常相似。大多数人都不后悔自己没受过学校教育。他们认为，与接受学校教育相比，他们更有自主性、更负责任、更有动力继续学习。对于那些想要继续接受高等教育的人来说，进入学院和大学并没有特别困难，甚至都表现出色。他们后来从事了各种各样的职业，这些职业大都是他们童年游戏的直接延伸。

五、儿童自我教育能力的优化条件：瑟谷学校和狩猎采集部落的相似之处

前文我就提到，就我们所处的时间和空间而言，瑟谷学校在教育方面，在某种程度上相当于一个狩猎采集部落。这里我将深入地阐述这两者都具备的六种儿童自我教育能力的优化条件。这些条件似乎也说明了最令人满意的非学校教育者所处的环境特征（Gray & Riley, 2013, 2015），但我们的标准学校都不具备这些条件。

教育是儿童之责任的社会期望（和现实）。当儿童知道他们要对自己的教育负责时，他们就会承担起这个责任。否则，他们将难以作为一个物种生存下来。但是当成人表现得像是在教育儿童，就像在传统学校里所做的那样，我们就剥夺了儿童的责任。我们迫使他们认为他们的好奇和疑问都不重要，游戏更是不

值一提。他们的教育依赖于按照别人对他们的要求，而不是靠自己的能动性。信念会成为自我实现的预言。瑟谷学校的工作人员和非学校教育家庭的家长，就像狩猎采集文化中的成人一样，没有去削弱儿童的自然假设，即他们负责自我教育。

无限自由地玩耍、探索和追求自己的兴趣。为了自我教育，儿童需要大量的自由时间来交朋友、探索、玩耍、感到无聊和克服无聊。他们需要时间来培养稍纵即逝的兴趣，并全身心地投入到他们热爱的活动中。他们也需要空间来漫游、探索、远离，以及体验独立和权力，而这些只有在没有成人关注的时候才会发生。

玩文化工具的机会。教育在很大程度上与学习如何使用工具有关。想要充分掌握工具的使用方法，就要玩这些工具，也就是创造性地使用它，把你的意志强加于它，让它为你所用。狩猎采集文化的成人正是因为认识到这一点，所以即使是很小的孩子，大人也允许他玩工具，包括那些可能会造成伤害的工具，如火、刀、弓、箭（Gray, 2009; Lancy, 2016）。在瑟谷学校，儿童玩现代文化中的工具，包括书籍、木工设备、烹饪用具和运动器材。毫不意外，如今他们玩得最多的工具就是电脑。儿童都会发现，电脑是我们这个时代迄今为止最有价值的工具，因此也难怪儿童被电脑吸引，就像狩猎采集部落的儿童被弓箭和挖土棒所吸引一样。他们从骨子里知道，他们要在这个世界取得成功，就必须掌握这种工具。

有机会接触到各种充满关怀的成人，他们是帮助者，而不是评判者。在狩猎采集部落中，儿童的世界与成人的世界并没有分隔开来。儿童看到大人的所作所为，并能将其融入他们的游戏。他们也听大人讲故事、讨论和争辩，并从中学习。当儿童需要成人的帮助时，他可以去找部落中的任何一个成人（Hwelett et al，2011）。在瑟谷学校，成人和儿童也可以自由地交流。学校里没有教职工可以去而学生不能去的地方。学生可以听任何成人的讨论，观察他们在做什么，如果学生愿意的话，还可以加入其中。需要帮助的学生可以去找他们认为最能帮助自己的工作人员。非学校教育也是如此，当儿童可以经常接触到除父母以外的其他成人时，非学校教育的效果似乎最佳。

当成人不是儿童的评判者时，他们可以提供最好的帮助。狩猎采集部落的成人、瑟谷学校的工作人员和非学校教育家庭的家长都刻意避免扮演评判者的角色。我们每个人，无论年龄大小，都无法对那些以评判我们为己任的人完全诚实——愿意完全展示我们的脆弱，并向他们寻求帮助。当我们认为自己正在被评判时，就会进入印象管理模式，在这种模式下，我们会炫耀我们知道的和可以做得好的事情，回避我们不知道的或做不好的事情。评判也会引起焦虑，从而干扰学习。印象管理和焦虑与教育相对立，但它们却是传统学校精心设计以促进的特征。

儿童和青少年在年龄上自由混合。狩猎采集部落的儿童必须在年龄混合的群体中玩耍，因为没有足够多的儿童可以按年龄分开玩耍（Konner, 1975）。然而瑟谷学校有足够多的儿童，每个儿童都可以和年龄相近的人一起玩，但他们没有如此做。根据他们自己的选择，他们经常选择跨年龄玩游戏。在一项定量研究中，我们发现，在学生自由组成的群体中，有四分之一都有 4 岁以上的年龄差距（Gray & Feldman, 1997）。丹尼尔·格林伯格（Daniel Greenberg）是瑟谷学校的创始人之一，也是这所学校教育理念的主要倡导者。他一直宣称，自由的年龄混合是这所学校教育成功的秘诀。我在这所学校的研究也有力地证实了这一观点（Gray, 2011b; Gray & Feldman, 2004）。

维果茨基（1978）创造了“最近发展区”（zone of proximal development），这个术语是指儿童无法单独完成或无法仅与其他能力相同的人一起完成，但可以与其他能力更强的人合作完成一系列活动。他认为，儿童很大程度上是通过与他们最近发展区域内的其他人合作来发展新技能和理解力的。杰罗姆·布鲁纳及其同事们（Sylva, Bruner, & Genova, 1976）拓展了这个理念，引入了“支架”（scaffolding）这个术语。支架是指技术熟练的参与者帮助新手参与共同活动的手段。支架包括提示、线索、激励和其他形式的帮助等，从而提升新手的技能使他们能够独立完成更高水平的活动。在瑟谷学校的观察研究中，杰伊·费尔德曼（Jay Feldman）和我记录了许多此类支架的例子（Gray & Feldman, 2004）。我们在几乎所有儿童年龄相差很大的游戏实例中都看到了支架。

例如，我们观察到年幼儿童和年长儿童玩相当复杂的棋盘游戏和纸牌游戏。一般来说，尽管也有例外，9 岁以下的儿童无法和他们的同龄人一起玩这类游戏。他们搞不清游戏规则，也无法时刻集中注意力，因此游戏即使开始了，也很快难以持续下去。但我们却经常看到9岁以下的儿童和比他们大一点的儿童或青少年一起玩棋牌类游戏。年长的玩家会时刻提醒年幼的玩家应该做什么："把你的牌拿起来""注意点儿""试着记住已经出了什么牌""提前思考"。诸如此类的提示都是智力的要素。为了让年幼的玩家能继续玩下去，实际上，年长的玩家会为他们提供智力支架。

年龄混合对年长儿童也有好处，因为这可以让他们练习领导、指导和关心他人。我们观察到在无数案例中，年长儿童会不遗余力地帮助比他们年龄小很多的孩子（Gray & Feldman, 2004）。青少年似乎特别喜欢年龄最小的孩子。从进化的角度来看，这是有道理的，因为他们可能是在练习为人父母的技能。我们还观察到，年长儿童会向年幼儿童解释一些概念，如游戏规则、学校规则或如何寻找丢失的物品等。向别人解释一个概念通常是延伸和巩固自己对概念理解的最好方式。在年龄混合的环境中，所有的儿童都有机会以教促学。

即使他们没有直接互动，年长儿童和年幼儿童也能相互学习。例如，年幼儿童通过旁听年长儿童的谈话来学习新单词和概念，通过观察年长儿童来尝试新的活动。在瑟谷学校，年幼的学生会喜欢阅读、爬树、烹饪和演奏乐器等活动，因为他们看见年长的学生喜爱这些活动。同样，正如年幼儿童会被年长儿童更复杂的活动所吸引，年长儿童也会被年幼儿童富有创造力和想象力的活动所吸引。我们经常看到青少年们在玩颜料、黏土或积木，或者和更小的儿童玩一些"过家家"游戏——这些活动都是大多数青少年不会和他们的同龄人一起玩的活动。但正是通过这些游戏，许多人成了优秀的艺术家、建设者、演说家和创造性思考者。

沉浸在一个稳定、道德高尚、民主的群体中。狩猎采集部落和瑟谷学校都十分民主。狩猎采集部落的所有集体决策都是通过集体讨论达成共识的。无论儿童是否参与这些讨论，他们都亲眼见证了这些讨论，而且知道长大后，他们将在这些决策中发挥越来越大的作用。儿童和成人一样受尊重，所以他们长大后会尊重别人。瑟谷学校通过正式的民主程序管理，包括在学校会议上进行讨论，每个学生和教职工都有同等投票权。非学校教育的家庭也倾向于民主的管理模式，至少在家庭决策时尊重和考虑孩子的意见和想法。在所有这些环境中，儿童在日常生活中就能够认识到社会的道德原则。他们不仅要为自己负责，还要为他人和整个群体负责。

六、非正规教育下的阅读学习

标准的学校体系都假设学习阅读很困难，儿童无法自学，因此，阅读必须特意由懂得如何教阅读的专业人士来教授。事实上，如果熟悉了解儿童在学校学习阅读时那种缓慢而痛苦的过程，人们就知道这一假设的根据在哪儿了。人们做了大量的研究，试图找出最科学的阅读方式，但研究结果却争论不断，有时也被称为“阅读之战”：一些人认为儿童在学习阅读时，应该从一开始就把重点放在自然拼读上，而另一些人则支持 “整体”语言教学法，即在阅读时先整体掌握文章的意思，之后再逐步学习拼读。这个争论已经持续几个世纪之久。诺亚·韦伯斯特（Noah Webster）是早期支持学习拼读法的人，他率先创作了一系列用于世俗学校教授阅读和拼写的书籍。而美国某州（马萨诸塞州）的第一任教育部长霍瑞斯·曼（Horace Mann）则支持整体语言教学法（Lemann, 1997）。近几十年来，许多对照实验对比分析了这两种方法，大多数人都认为应当先学习拼读（Kim, 2008）。

在我看来，拼读法优先比整体语言教学法在学校课堂上效果更好并不令人意外。课堂教学完全是训练过程，在这个过程中，训练者让个体去做或学他们不情愿做或学的东西。因此，在这样的情况下，专注阅读基础的机械过程，尤其是将视觉转化成发音，比试图通过意义促进阅读的效果更好，因为整体语言教学法不仅要求学生关注阅读材料的意义，还需要阅读材料符合学生的兴趣，而这在课堂教学中几乎无法实现。课堂上常用的直接教学和练习方法可以用于教授自然拼读，但不适用于整体语言教学法。

阅读实验基本上都是在课堂进行的，课堂之所以适合做这些实验是因为研究者有受控的参与者，他们习惯按照指令和要求做。在实验时，我们可以很容易地创造条件，让某些班级的学生用一种方式学习，而另一些班级的学生用另一种方式学习，然后让所有学生都接受同样的测试，以检验哪种方法最有效。这类证据支持拼读法优先的方式。相比之下，在课堂之外对自然学习的研究需要非实验性的观察和调查方法，但往往有些固执的研究人员对此不屑一顾。然而，要记住的是，许多最伟大的科学成就都来自多方面的共同观察研究，最好的例子就是达尔文通过不断的研究提出了自然选择的概念。在下文中，我主要介绍了一些对儿童在课堂之外是如何主动学习阅读的系统观察研究结果。

对于早熟阅读者的研究

大约有 1% 的美国儿童被称为早熟阅读者，他们在 4 岁前就能流畅地阅读，也就是说他们还没有在学前班、幼儿园或者小学一年级接受过任何阅读教学（Olson, Evans, & Keckler, 2006）。通过采访他们的父母，研究人员对早熟阅读者进行了系统的个案研究，并将他们与其他儿童进行了比较，以了解他们在其他方面是否有什么独特之处（Forester, 1977; Margrain, 2005; Olson et al, 2006）。研究结果表明，阅读早熟与高智商或任何特定的性格特征都没有关系，与社会经济阶层也没有关系，而是取决于他们的成长环境是否将阅读当作是一种普遍而有价值的活动。早熟阅读者的父母说，他们或家里年长的哥哥姐姐会经常读书给年幼的孩子听，但并没有特意教孩子如何阅读。在典型的情况中，有时候父母会突然惊奇地发现，他们的孩子在阅读，至少是在初步尝试阅读，然后他们通过提供适当的阅读材料和回答孩子关于文字的问题来培养这种阅读习惯。事实上，无论是语音方面还是认字方面，父母都没有提供任何类似于学校里的系统训练。

总而言之，早熟阅读者似乎是那些在有文化家庭中长大的孩子，由于某种不为人知的原因，这些早熟阅读者与自己的兄弟姐妹不同，在早期就对阅读产生了浓厚的兴趣。显然，他们区别于他人的地方是对阅读的兴趣，而不是非同寻常的大脑发育。由于早熟阅读者有很强的内驱力，所以他们会利用任何可以得到的线索来理解书本中的单词和句子的意思。在这个过程中，无论有没有帮助，无论是有意识还是无意识，他们都会推断潜在的语音编码，并以此来阅读新单词。对他们来说，意义阅读应当先于拼读。用一组研究人员的话说："早熟阅读者没有被教授阅读的先决技能，如音字对应（phoneme-grapheme correspondence）或字母发音的方式，而是学会了阅读熟悉而有意义的视觉词汇。阅读的规则是在他们读书的过程中逐渐推断出来的。"（Olson et al, 2006: 215）

事实上，甚至有一小部分不到 4 岁的儿童在没有接受正规教育的情况下也可以学会阅读，并且有证据表明他们中大多数都没有什么异于常人之处，这表明学习阅读并不像在学校里那样困难。这里我不禁要讲一个小故事。我第一次对早熟阅读感兴趣是在我儿子 3 岁，刚开始独立阅读的时候。最初的迹象是在我们参观新英格兰一个村庄的城镇广场时，他走过来对我说："为什么人们会为了拯救一个洋葱（onion）而战斗和牺牲？"这个问题让我很是疑惑，直到我意识到他刚刚读了一座内战纪念碑上的铭文，并且按照发音拼读了"联盟"（union）这个词。我儿子的故事与有关早熟阅读的研究结果非常吻合。他看到我花了很多时间阅读，因为我是一个研究生，他的母亲也经常读书给他听。他经常问我们标志牌上、麦片盒等上的那些单词怎么读，但我们都没特地教他如何阅读。尤其是我们俩都没有向他解释过字母和发音之间的关系，显然，他是自己领悟到的。

瑟谷学校学生和非学校教育学生如何学习阅读

除了早熟阅读者之外，如果儿童沉浸在文学的环境中，并可以随时阅读，那么他们能在没有刻意指导的情况下学会阅读吗？在瑟谷学校，学生没有正式的阅读课，也没有成人强加的学习阅读的压力。然而，据在那里长期工作的教职工说，所有的学生都利用自己的时间学习阅读。

在我对瑟谷学校毕业生的研究中，有两名受访者单独告诉我，他们十几岁刚来瑟谷学校时根本不会阅读。因为被诊断患有阅读障碍症，他们在公立学校时每个年级都是浑浑噩噩地度过。但在到瑟谷学校几个月后，他们就学会了阅读。当我问他们为什么在瑟谷学校学会了以前他们学不会的阅读时，他们告诉我，实际上，这是有生以来第一次没有人真正在乎他们是否会阅读。压力消失了，现在他们就可以集中精力轻松地读书了，再也不必把阅读障碍症当借口。最后两人都考上了大学并且在大学里表现良好，也都没有被认定为阅读障碍症或其他类型的学习障碍。瑟谷学校的工作人员表示，他们在学校里从未见过真正的阅读障碍症患者。

在我研究瑟谷学校毕业生的之后几年，我的两个本科生收集了 16 个在瑟谷学校学习阅读的案例。他们找出在瑟谷学校入学之后才学会阅读的学生，通过采访这些学生、学生家长及学校工作人员，来研究学生在学习阅读时都做了什么、这个过程持续了多久、为什么要学习阅读，以及如何学习阅读。最近，我招募了一群非学校教育者的父母，并向他们问了同样的问题，因此我又获得了另外21个案例。我对这37个案例进行了非正式的定性分析，从而得出了我称之为无正规教育情况下学习阅读的7条原则（Gray, 2010b）。它们具体如下。

学习阅读没有关键期。对于在普通年级制学校的儿童来说，学会按时阅读、避免被贴上失败者的标签、从低年级的“学习阅读”过渡到高年级的“阅读学习”都是非常重要的。但对于瑟谷学校学生和非学校教育者来说，情况完全不同。在我调查的案例中，学习阅读（成为一名流畅的阅读者）的平均年龄是7岁，但大多数都是在4岁到11岁之间，有一个例外是14岁才开始学习。在研究中，没有证据表明，那些学习较早的人比那些学习较晚的人阅读能力更强。例如，一位非学校教育者的母亲指出，她的一个女儿在5岁时学会了阅读，另一个直到8岁才学会阅读，但那个较晚学会阅读的女儿在14岁时“一年读几百本书，写了一本小说，并获得了无数的诗歌奖”。这些父母中绝大多数认为，正是因为他们的孩子从来没有被强迫阅读，所以无论从什么年龄开始学习，孩子都很喜欢阅读。

有动力的儿童可以迅速从表面上的不会阅读变成流畅阅读。有些儿童似乎是在一瞬间学会了阅读。例如，一位非学校教育者的母亲写道；“我的第二个孩子……直到他7岁才学会阅读。多年来，他要么从图画线索中找出自己需要知道的东西，要么就让他的哥哥读给他听。我还记得他开始阅读的那一天，他让他的哥哥读一下电脑上的字，他哥哥说：‘我有比整天给你读书更重要的事情要做。’然后就走了。没过几天，他的阅读能力就变得相当好了。”这种阶梯式进步在显性阅读能力中多少都会发生，因为更早的、更隐蔽的学习阶段很难被观察者注意到，甚至可能没有被学习者注意到。

逼迫儿童阅读的尝试可能会适得其反。3位非学校教育者的母亲指出，她们曾在某一时刻对孩子迟迟都学不会阅读感到不耐烦，因此试图违背孩子的意愿和她们自己的非学校教育理念来教孩子阅读。这三个人都说，这次尝试产生了负面影响。例如，一位母亲写道：“在9岁的时候……阅读成了一场‘战斗’。他拒绝阅读，觉得很无聊，每次阅读时都心烦意乱。所以最后我挣脱了学校教育的思维……我说我再也不会强迫或建议他阅读了……在接下来的几个月里，他安静地回到自己的房间，自学阅读。”

当阅读成为儿童实现某种或某些有价值的目的之手段时，他们就学会了阅读。这一原则在大多数（如果不是全部的话）阅读案例中得到了印证。例如，瑟谷学校的一名学生说，当他开始嫉妒其他正在阅读并谈论他们所读书籍的学生时，他学会了阅读。他说：“我想加入那个俱乐部。”一位非学校教育者的母亲说，她看到女儿阅读的第一个证据是在女儿想做布朗尼蛋糕时，没有人愿意花时间把食谱读给她听。另一个人写道，她的女儿直到 11 岁才开始阅读。她喜欢听故事，而这可以通过让别人读给她听、看电影、从图书馆借光盘和磁带来满足。她最终开始阅读，是因为她想玩电子游戏和读大部头书，这些都需要阅读，但没有人愿意读给她听。

阅读像许多其他技能一样，是通过共同参与在社会中学会的。维果茨基认为，当儿童与更有能力的人合作时，他们的能力就会得到发展，这一观点很适用于阅读。例如，在瑟谷学校，非阅读者和阅读者经常一起玩游戏，包括电脑游戏，而这些电脑游戏都涉及文字。为了让游戏继续，阅读者大声朗读单词，非阅读者就学会了单词。几乎所有非学校教育者的父母都讲述了他们与孩子共同参与阅读的例子。例如，一位母亲说，她的女儿在 5 岁时学习阅读，因为家里有特定的阅读圣经的时间，所以她就对阅读产生了兴趣。在她还不会读的时候，就坚持要让她读一段，“轮到她时，她就自己编词！”共同参与最常见的例子是阅读者给非阅读者读故事。阅读者可能是瑟谷学校的青少年，也可能是非学校教育家庭里的父母或年长的哥哥姐姐。非阅读者在聆听时看着这些文字和图片，然后慢慢学会了一些单词。或者他们记住那些反复读给他们听的书，然后假装自己读这些书，但实际上他们只认识一部分单词，慢慢地，假装阅读就变成了真正的阅读。

有些儿童在阅读之前就对写作产生了兴趣，他们在学习写作的过程中学会了阅读。7 位非学校教育者的家长表示，他们的孩子在喜欢阅读之前或同时就对写作或打字感兴趣。例如，其中一位母亲写道：“他（7 岁的儿子）是一个艺术家。他每天花几个小时画画，尤其喜欢画故事和创意。因此，他想让他的画‘说话’，加上标题、介绍、引言……他经常会问：‘妈妈，超级狗想回家怎么写？’我会帮他拼写出这个句子，然后过了五分钟，他又会问：‘妈妈，超级狗看到他的房子怎么写？’”这个男孩通过读自已写的句子学会了阅读，至少学会了一部分。

儿童学习阅读没有预定的轨迹。每个学习阅读的故事都是独一无二的。在自然学习中，方法没有对错之分。许多受访者对他们的孩子学习阅读的顺序感到惊讶。有些孩子在学会读较为简单的词语之前就学会了读外来词，比如河马或霸王龙。有些孩子在识字之前就学会了写字。有些孩子可能一开始学得很快，但之后停滞了一年或好几年才有进步。大多数孩子似乎在开始学习拼读之前就掌握了大量的视读词汇，但也有少数孩子似乎在学习初期就对字母的读音着迷。从这些不同的案例中，我们最需要吸取的经验就是保持谦逊。我们可以享受看着儿童学习阅读的乐趣，只要我们记住，我们的责任不是强迫儿童学习阅读，或改变他们学习阅读的方式。我们只是观察者，有时也是儿童用来达到自己的目的而选择的工具。

七、非正规教育下的数学学习

如何教授数学引发的争议堪比如何教授阅读。数学教学方面已经尝试过无数次改革，都收效甚微。但唯一不变的是，在美国的标准学校里，不管怎么教数学，人们对数学的厌恶远远超过对它的喜爱，而且很少有人理解数学。数学恐惧症是学院和大学的一个突出问题，导致许多学生——即使不是绝大多数学生，对数学课避之不及（Ashcraft, 2002）。一位数学恐惧症专家（Burns, 1998）称：“超过三分之二的美国成人害怕和厌恶数学。”

一个少教多学的实验

20 世纪 30 年代，路易斯·贝内泽特（Louis Benezet, 1935/1936）在新罕布什尔州曼彻斯特市担任学校负责人，在此期间他进行了一项有趣但鲜为人知的数学教学实验。他在研究报告的前言中写道：“多年来，我已经注意到，不能过早让儿童学习算术，因为这会削弱儿童的推理能力。”他声称，这些训练把儿童头脑中的数学领域与常识领域分开了，所以结果就是，学生们可以按照教授的方式计算，但不理解自己在做什么，也无法将计算应用到现实生活中。

根据这一观察结果，贝内泽特提出了一项实验，这个实验即使在20世纪30年代看来也非常惊人，在今天则可能完全行不通。在曼彻斯特最贫困社区的某些学校里，他要求校长和某些班级的老师把一到五年级的算术课取消。这些实验班级里的孩子在六年级之前不会学习加减乘除，而其他班级的孩子从三年级开始接受算术训练。他之所以选择最贫困的社区，是因为他知道，富裕社区的父母大多是高中或大学毕业生，他们会反对这一实验计划。

作为计划的一部分，他要求老师把通常用于算术教学的时间花在课堂讨论上，鼓励学生们分享和谈论任何他们感兴趣的话题——能引起真诚、生动交流的话题。他认为，这将提高学生的推理能力和沟通能力。他还要求老师给学生们布置一些测量和计数的练习，以确保他们对数字有一些实际经验。

为了对实验进行评估，贝内泽特安排了一名波士顿大学的研究生在六年级的不同时间对这些学校的儿童进行测试。结果是显著的。在六年级开始的时候，在某些用常识和数学基本概念就能解决的应用题上，没有学过算术的实验班的孩子比传统班的孩子表现得好得多，不仅如此，他们的表现也比富裕社区学校的孩子更好。然而，实验班的学生在标准的学校算术测试中表现较差，这些测试中的问题是按照学校常规的教学方式设置的，可以通过死记硬背的算法来解决。但是，据贝内泽特的说法，到六年级结束时，实验班的学生已经完全掌握了这方面的知识，而且在应用题上仍然遥遥领先。

总之，贝内泽特表明，在六年级时，只接受过一年算术训练的儿童，在标准学校算术方面表现得和接受过几年算术训练的儿童一样好，但他们在解决应用题时却可以表现得更加出色。如今，每当我们发现教学行不通时，我们就会想当然地认为我们需要更多地或更早地进行教学。贝内泽特指出，至少对于小学算术来说，最好的做法显然是少教一点，然后再晚一点开始学习！对于贝内泽特的研究结果，我认为一个主要原因就是，儿童在日常生活中自然而然地学习了很多数字知识，所以到六年级时，他们就能对数字在现实生活中的应用有一定的了解，从而使他们能够以有意义的方式学习计算，而不仅仅是死记硬背。

在瑟谷学校学习 SAT[①] 数学

这里有一个关于最低限度数学教学的观察实验，尽管它不算是实验结果，但比贝内泽特的研究更加重要。在瑟谷学校，几乎每年都有一群打算申请热门大学的学生向学校里的工作人员寻求帮助，以备考 SAT 的数学。在一次采访中，这名工作人员告诉我，找他的学生通常都是那些之前对数学既没有多少经验，也没有多少兴趣的人，但他们知道自己只有取得好的成绩才能被心仪的大学录取。有些人甚至从未正式学习过数学，然而，通过日常生活的经验积累，他们已经掌握了加、减、乘、除、分数、小数、百分比等概念。

从他们对这些概念的理解开始，工作人员有效地引导他们进一步了解数学背景知识，以便阅读和理解 SAT 数学备考书，然后每个学生都自己准备。因为学生们在现实生活中已经掌握了基本的数字概念，而且他们力求在 SAT 中取得好成绩，因此他们很专心，也不需要把每种题型都重复做上百遍。工作人员解释每一类问题的解题基本原理，然后学生再做一些样题就能学会了。通常情况下，工作人员每周与学生见面 60—90 分钟，持续 6—10 周，学生们在见面的间隙花 60—90 分钟做作业。对于那些以前从未上过数学课的学生来说，这相当于 12—30 个小时的数学学习。据这位工作人员说，一般来说学生都可以取得令人满意的 SAT 数学成绩，并被心仪的大学录取。

儿童如何在游戏和生活中获得基本的数学概念

没有正规教育，儿童如何获得数学概念？为了解决这个问题，我对非学校教育者的父母进行了一项调查。在这项调查中，我让他们观察孩子是如何获得数学概念的。我收到了 61 位家长的回复。在对这些案例的非正式定性分析中，我根据孩子的学习动机，区分了游戏数学和工具数学（Gray, 2010a）。

游戏数学也可以被称为纯数学，它是为数学而数学，动机就是为了发现乐趣，而不是为了解决实际问题。游戏数学之于数字，就像诗歌之于文字，音乐之于声音，艺术之于视觉感知。当 4 岁的孩子玩有关文字、声音、颜色和形状的游戏时，他们是天生的诗人、音乐家和艺术家，当他们玩数字时，他们就是

① SAT：学业能力倾向测验，美国高考。——译者注

天生的数学家。游戏数学涉及数字模式的发现或产生，就像诗歌、音乐和艺术涉及文字、音乐和视觉空间的发现或产生一样。

在最早的数学游戏中，人们通常会发现数字是以固定的序列出现的，以有规律（以 10 为基数）的方式重复，一旦你理解了重复的模式，你就可以数到无穷无尽。许多非学校教育者的家长都说他们年幼的孩子对数数很痴迷。例如，其中一位写道："当我 4 岁半的孩子发现连线游戏时，他开始意识到数字是如何排列的。于是他开始不停地大声数数……早上、中午和晚上都在不停地数……他现在数到了 5068。当我告诉别人他要数到 100 万，他说：'不，是 1000 万。'我希望我能熬到那时候！"

在他们持续的数学游戏中，儿童经常会发现加、减、乘、除等基本概念。例如，有位母亲讲述了自己的孩子是如何发现加法意义的："我的小儿子（5 岁）在房间里玩乐高积木，他在沙发上跳着，他笑着问我：'妈妈！ 4 加 4 加 4 加 4 等于多少？'我说：'16。'他又笑着说：'8 加 8 等于多少？'我说：'16。'他笑得更厉害了，说：'2 加 2 加 2……等于多少？'我告诉了他正确的答案。很明显，他在提出问题之前就知道了这些问题的答案。这些都不是死记硬背得来的，而是他通过玩乐高玩具，通过大脑和手指自己发现的。他很高兴能独自操纵这些数字。对他来说，这是一场游戏。"

这里有一个关于孩子发现乘法的例子。"他三四岁的时候，有一天他走进我们家有一扇大窗户的客厅，注意到那里有四排七格窗格。'所以，'他说，'如果我从 1 数到 7，数 4 遍，那就是 28。'在那个时候我们还没讨论过乘法，但实际上他已经通过观察正方形的排列，自己弄清楚了乘法的运算原理和方法。他开始自己做实验，把按钮排成一排，就像玻璃板一样。大部分时候他仍然需要计算他的答案，因为他并没有把答案死记硬背，但他真正理解了乘法。"

这里还有一个关于孩子发现平方数概念的故事。"在他 7 岁的时候，有一天晚上，他带回家一盒彩虹糖。和许多孩子一样，他喜欢把它们放在盘子里，按颜色分类，然后再玩。这一天，他还剩下 9 个，把它们排成 3 排，每排 3 个。他说：'你知道，数字 9 是正方形。'我告诉他，这就是所谓的平方数，他也可以做一个 4 乘 4 的正方形。他最终做出了越来越大的正方形……当没法用彩虹糖做正方形时（太大了），或者因为他已经厌倦了这样做的时候，他就用计算器找到更多的正方形数字并把它们写下来。”

工具数学是将数学当作工具用于解决实际问题。我所收到的大多数故事中都包含了一些关于工具数学的描述。一位非学校教育者的母亲列举了她的孩子们学习计算的实际情况：“5 个孩子都学会了算术和阅读菜谱，学会了除法，如何根据实际情况将菜谱的配料翻倍或减半。他们通过看地图学习如何计算里程，通过玩纸牌①和棋盘游戏学习使用数字和推理技能，通过参与体育运动学习如何记分和计算平均数，我有一个儿子学会了用制作电子表格来记录球队的击球率，而且他们都会记录自己银行储蓄账户上的收支情况。”

很多我分类为工具数学的故事都是关于游戏的故事，但数学在这过程中作为一种工具（如用来记分），而不是游戏的主题。下面是一位母亲的话，她的孩子就读于一所仿瑟谷学校的学校：“我的孩子玩了很久的网络游戏，是真正的游戏，而不是那些愚蠢的教育类游戏。我 11 岁的儿子玩冒险岛（MapleStory）时，他已经可以计算关于这款游戏的复杂算式。例如，‘如果我想买这个头盔，我需要玩多少小时才能赚到这么多钱？如果我想出售这个装备，而手续费是一定的百分比，我将剩余多少？如果在现在已有的经验值基础上，每小时赚取一定百分比的经验值，那么我需要多少小时才能升级？’……此外，如果在游戏中，玩家需要使用三种不同的货币，并且需要在这三种货币中来回兑换，那么把货币兑换问题从游戏情境中拿出来，让一群‘真正的’五年级学生做，让他们计算，结果会怎样？”

诸如此类的故事很好地解释了为什么非学校教育者和瑟谷学校里的学生在他们需要的时候，学习 SAT 或 ACT 等大学入学考试所需的正式数学时并没有多少困难。他们是在一个数字的世界里长大的，天生就会利用数字，并且将其用在生活的方方面面，因此他们已经通过真实生活的应用获得了基本的数学概念。他们不会被逼迫或者被批评，而是将数学看作生活的一部分，快乐地学习，所以他们不会像标准学校的儿童一样对数学产生恐惧和厌恶。

---

① 优诺牌（Uno）、漂流者纸牌（Skip-bo）、皮纳克尔（Pinochle）类纸牌游戏。

八、结论

在一篇颇具影响力的文章《进化信息教育科学》中，吉尔里总结道："如果我们的目标是普及教育，包括在进化过程中出现的新学术领域（如数学）和技能领域（如与阅读相关的语音解码），那么对于大多数儿童和青少年而言，并不是只要有好奇心或学习的动机就足够了。"（2008: 187）基于对那些没有上传统学校的儿童的研究，我得出的结论是完全不同的。当儿童成长于一个文字和数字的环境中时，他们经常体验文字和数字，并与阅读和计算的人打交道。他们的确通过天生的好奇心和学习动机来学习阅读、写作和计算。当然，那些选择追求更高水平的数学的人，比如超越日常生活所需要的数学，很有可能要去接受正式的数学教育。只要教育是自己选择的，而不是强迫的，那么教育本身并没有错。

至少在原则上，进化视角的一大优势在于，它将我们的参照系扩展，超越了狭隘的当下。它让我们对人类的可能性提出问题，而不仅仅是基于现有的情况下会发生什么。在我们今天的社会中，很少有儿童不上学，而在学校他们的自然学习之路被刻意切断了，取而代之的是按照他们没有选择的课程接受强制的学术训练。我的研究表明，如果我们不把儿童送到传统学校，而允许他们在一个有丰富的自我教育机会的环境中，一直保持旺盛的好奇心和嬉闹的天性，那么无须刻意训练，儿童就会以自己的方式，在自己的时间里，学会读写和计算。他们还会发现自己的兴趣和爱好所在，并在这些领域发展专业技能，然后利用这些技能获得成功。如果我们为年轻人提供条件，让他们的教育本能以最佳方式运转，那么为了满足前农业时代祖先的需要而进化出的教育本能，今天仍然可以发挥强大的作用。

参考文献

Ashcraft, M. (2002). Math anxiety: Personal, educational, and cognitive consequences. *Current Directions in Psychological Science*, *11*, 181–185.

Benezet, L. (1936). The teaching of arithmetic: The story of an experiment. *Journal of the National Education Association in three parts, 24*(8), 241–244. 24(9), 301–303; 25(1), 7–8 (Original work published 1935).

Bock, J. (2005). What makes a competent adult forager? In B. S. Hewlett & M. E. Lamb (Eds.), *Hunter-gatherer childhoods: Evolutionary, developmental, and cultural perspectives* (pp. 109–128). New Brunswick, NJ: Transaction.

Bock, J., & Johnson, S. (2004). Subsistence ecology and play among the Okavango Delta peoples of Botswana. *Human Nature, 15*, 63–81.

Boehm, C. (1999). *Hierarchy in the forest: The evolution of egalitarian behavior*. Cambridge, MA:Harvard University Press.

Burns, M. (1998). *Math: Facing an American phobia.* Sausalito, CA: Math Solutions.

Carlsson-Paige, N., Almon, J., & McLaughlin, G. (2015). *Reading instruction in kindergarten: Little to gain and much to lose.* Boston, MA: Defending the Early Years. Retrieved fro m https://www.sarahlawrence.edu/cdi/media/pdf/ReadinginKindergartenreport.pdf.

Darling-Hammond, L., & Snyder, J. (1992). Curriculum studies and the traditions of inquiry: The scientific tradition. In P. W. Jackson (Ed.), *Handbook of research on curriculum* (pp. 41–78). New York, NY: Macmillan.

Draper, P. (1976). Social and economic constraints on child life among the !Kung. In R. B. Lee &I. DeVore (Eds.), *Kalahari hunter-gatherers: Studies of the !Kung San and their neighbors*(pp. 199–217). Cambridge, MA: Harvard University Press.

Forester, A. (1977). What teachers can learn from "natural readers". *Reading Teacher, 31*, 160–166.

Galinsky, E., Bond, J., & Friedman, D. (1993). *The changing workforce: Highlights of the national study.* New York, NY: Families and Work Institute.

Geary, D. (2008). An evolutionarily informed education science. *Educational Psychologist, 43*,179–195.

Goldbeck, S. (2001). Instructional models for early childhood. In S. Goldbeck (Ed.), *Psychological perspectives on early childhood education. Reframing dilemmas in research and practice* (pp. 3–31). Mahwah, NJ: Erlbaum.

Gosso, Y., Otta, E., de Lima, M., Ribeiro, F., & Bussab, V. (2005). Play in hunter-gatherer societies. In A. D. Pellegrini & P. K. Smith (Eds.), *The nature of play: Great apes and humans*(pp. 213–253). New York, NY: Guilford.

Gray, P. (2009). Play as the foundation for hunter-gatherer social existence. *American Journal of Play, 1*, 476–522.

Gray, P. (2010a). Kids learn math easily when they control their own learning. Freedom to Learn blog, Psychology Today. Retrieved April 15, 2010 from http://www.psychologytoday.com/blog/freedom-learn.

Gray, P. (2010b). Unschoolers' accounts of how children learn to read. Freedom to Learn blog, Psychology Today. Retrieved February 24, 2010 from http://www.psychologytoday.com/blog/freedom-learn.

Gray, P. (2011a). The decline of play and the rise of psychopathology in childhood and adolescence. *American Journal of Play, 3*, 443–463.

Gray, P. (2011b). The special value of age-mixed play. American Journal of Play, 3, 500–522.

Gray, P. (2013). *Free to learn: Why releasing the instinct to play will make our children happier, more self-reliant, and better students for life.* New York, NY: Basic Books.

Gray, P. (2014). The play theory of hunter-gatherer egalitarianism. In D. Narvaez, K. Valentino, A. Fuentes, J. McKenna, & P. Gray (Eds.), *Ancestral landscapes in human evolution: culture, childrearing and social wellbeing* (pp. 190–213). New York, NY: Oxford University Press.

Gray, P., & Chanoff, D. (1986). Democratic schooling: What happens to young people who have charge of their own education? *American Journal of Education, 94,* 182–213.

Gray, P., & Feldman, J. (1997). Patterns of age mixing and gender mixing among children and adolescents at an ungraded democratic school. *Merrill-Palmer Quarterly, 43,* 67–86.

Gray, P., & Feldman, J. (2004). Playing in the zone of proximal development: Qualities of selfdirected age mixing between adolescents and young children at a democratic school. *American Journal of Education, 110,* 108–145.

Gray, P., & Riley, G. (2013). The challenges and benefits of unschooling according to 232 families who have chosen that route. *Journal of Unschooling and Alternative Learning, 7*, 1–27.

Gray, P., & Riley, G. (2015). Grown unschoolers' evaluations of their unschooling experiences: Report I on a survey of 75 unschooled adults. *Other Education, 4* (2), 8–32.

Greenberg, D., & Sadofsky, M. (1992). *Legacy of trust: Life after the Sudbury Valley School experience.* Framingham, MA: Sudbury Valley School Press.

Greenberg, D., Sadofsky, M., & Lempka, J. (2005). *The pursuit of happiness: The lives of Sudbury Valley alumni.* Framingham, MA: Sudbury Valley School Press.

Hewlett, B., Fouts, H., Boyette, A., & Hewlett, B. L. (2011). Social learning among Congo Basin hunter-gatherers. *Philosophical Transactions of the Royal Society B, 366*, 1168–1178.

Ingold, T. (1999). On the social relations of the hunter-gatherer band. In R. B. Lee & R. H. Daly(Eds.), *The Cambridge encyclopedia of hunters and gatherers* (pp. 399–410). Cambridge, England: Cambridge University Press.

Kaplan, H., Hill, K., Lancaster, J., & Hurtado, A. (2000). A theory of human life history evolution: Diet, intelligence, and longevity. *Evolutionary Anthropology, 9,* 156–185.

Katz, L. G. (2015). *Lively minds: Distinctions between academic versus intellectual goals for young children.* Boston, MA: Defending the Early Years. Retrieved from https://deyproject.files.wordpress.com/2015/04/dey-lively-minds-4-8-15.pdf.

Kim, J. (2008). Research and the reading wars. In F. M. Hess (Ed.), *When research matters: How scholarship influences education policy* (pp. 89–111). Cambridge, MA: Harvard Education Press.

Kim, K. (2011). The creativity crisis: The decrease in creative thinking scores on the Torrance Tests of Creative Thinking. *Creativity Research Journal, 23,* 285–295.

Konner, M. (1975). Relations among infants and juveniles in comparative perspective. In M. Lewis & L. A. Rosenblum (Eds.), *The origins of behavior* (Friendship and peer relations, Vol. 4, pp. 99–129). New York, NY: Wiley.

Lancy, D. (2016). Teaching: Natural or cultural? In David C. Geary & Daniel B. Berch (Eds.) *Evolutionary perspectives on child development and education* (pp. 33–65). Springer.

Lee, R. (1988). Reflections on primitive communism. In T. Ingold, D. Riches, & J. Woodburn (Eds.), *Hunters and gatherers* (Vol. 1, pp. 252–268). Oxford, England: Berg.

Lee, R., & Daly, R. (1999). *The Cambridge encyclopedia of hunters and gatherers.* Cambridge,. England: Cambridge University Press. Lemann, N. (1997). The reading wars. *The Atlantic Monthly, 280*(5), 128–134.

Liebenberg, L. (1990). *The art of tracking: The origin of science.* Claremont, South Africa: Philip.

Lynch, M. (2015). More play, please: The perspective of kindergarten teachers on play in the classroom. *American Journal of Play, 7,* 347–370.

Marcon, R. (2002). Moving up the grades: Relationship between preschool model and later school success. *Early Childhood Research & Practice, 4,* 1–20.

Margrain, V. (2005). Precocious readers: Case studies of spontaneous learning, self-regulation and social support in the early years. Doctoral dissertation, Victoria University of Wellington, School of Education, New Zealand.

Melton, J. (1988). *Absolutism and the eighteenth-century origins of compulsory schooling in Prussia and Austria.* Cambridge, England: Cambridge University Press.

Newsom, C., Archer, R., Trumbetta, S., & Gottesman, I. (2003). Changes in adolescent response patterns on the MMPI/MMPI-A across four decades. *Journal of Personality Assessment, 81,*74–84.

Olson, L., Evans, J., & Keckler, W. (2006). Precocious readers: Past, present, and future. *Journal for the Education of the Gifted, 30,* 205–235.

Riley, G., & Gray, P. (2015). Grown unschoolers' experiences with higher education and employment: Report II on a survey of 75 unschooled adults. *Other Education, 4*(2), 33–53.

Schweinhart, L., & Weikart, D. (1997). The high/scope preschool curriculum comparison studythrough age 23. *Early Childhood Research Quarterly, 12,* 117–143.

Shostak, M. (1981). *Nisa: The life and words of a !Kung woman.* Cambridge, MA: HarvardUniversity Press.

Sylva, K., Bruner, J., & Genova, P. (1976). The role of play in the problem solving of children 3–5 years old. In J. Bruner, A. Jolly, & K. Sylva (Eds.), *Play* (pp. 244–257). New York, NY: BasicBooks.

Tooby, J., & Cosmides, L. (1992). The psychological foundations of culture. In J. Barkow, L. Cosmides, & J. Tooby (Eds.), *The adapted mind: Evolutionary psychology and the generation of culture* (pp. 19–136). Oxford, England: Oxford University Press.

Turnbull, C. (1961). *The forest people.* New York, NY: Simon & Schuster.

Twenge, J., Gentile, B., DeWall, C., Ma, D., Lacefield, K., & Schurtz, D. (2010). Birth cohort increase in psychopathology among young Americans, 1938–2007: A cross-temporal meta-analysis of the MMPI. *Clinical Psychology Review, 30,* 145–154.

Twenge, J., Zhang, L., & Im, C. (2004). It's beyond my control: A cross-temporal meta-analysis of increasing externality in locus of control, 1960–2002. *Personality and Social Psychology Review, 8,* 308–319.

Vygotsky, L. (1962). In E. Hoffman & G. Vaker (Eds. & Trans.), *Thought and language.* Cambridge, MA: MIT Press.

Vygotsky, L. (1978). Interaction between learning and development. In M. Cole, V. John-Steiner, S. Scribner, & E. Souberman (Eds.), *Mind and society: The development of higher psychological processes* (pp. 79–91). Cambridge, MA: Harvard University Press.

Wannenburgh, A. (1979). *The bushmen.* New York, NY: Mayflower Books.

第三章　儿童期的客体使用：发展与功能推导

安冬尼·佩莱格里尼[①]

儿童使用客体的不同方式在众多不同的学科中受到了广泛的理论和实证关注，这些学科从人类学（Bock, 2005; Boyd & Richerson, 1985），到发展心理学（Bjorklund & Gardiner, 2011; Pellegrini & Hou, 2011; Piaget, 1952; Power, 2000），再到动物学（Amant & Horton, 2003; Beck, 1980）。其中最重要的理论或许就是皮亚杰（Piaget, 1952, 1970）提出的，儿童的认知发展根植于他们与客体之间的感知运动互动。然而，发展心理学家关于儿童客体使用的知识，特别是在婴幼儿时期，通常被贴上了“客体游戏”（object play）和“建构”（construction）这两个误导性标签。这些标签的使用过于随意，以至于很难为儿童的各种使用客体方式绘制出个体发展路线或是功能路线。本章的一个基本前提就是行为类别应当通过实验观察而得出，而不是通过预先选择和未经验证的假设。从这一立场出发，假设检验（即演绎）只有在基于直接观察（即归纳）得出经验确定的类别后才能进行（Blurton Jones, 1972; Tinbergen, 1963）。

此外，围绕客体使用的社会互动的重要意义在早期的认知发展中，特别是在皮亚杰的理论中一直都被忽视了。尽管有无数的观察研究，特别是涉及幼儿的观察研究结果表明与客体的互动是发生在社会情境之中，且儿童花了大量时间来观察他人使用客体（参见 Haight & Miller, 1992; Pellegrini & Hou, 2011; Tomasello, 1999; Tomasello & Call, 1997）。然而遗憾的是，现存的关于客体使用的儿童发展文献对不同类型的客体在各种社会情境和非社会情境中的使用方式关注有限（参见 Flynn & Whiten, 2008; Pellegrini & Hou, 2011）。

---

① 安冬尼·佩莱格里尼（Anthony D. Pellegrini）：美国明尼苏达州明尼阿波利斯市，明尼苏达大学双城校区。

本章的目标是首先描述男孩与女孩在儿童期使用客体的不同形式（即探索、建构、游戏、工具使用和工具制造）。考虑到描述儿童与客体互动的不同方式时，使用的标签种类繁多，这项工作非常重要。相应地，我将为每种类型的客体使用制定时间分配，然后对每种客体及其所处的社会环境进行功能推断。

一、儿童期不同类型的客体使用

在儿童发展文献中，也许最常见的就是对儿童表现出的不同类型的客体使用和游戏的努力探讨，研究者经常将客体游戏与不同类型的客体使用混为一谈。具体来说，关于儿童在童年时期与客体互动的研究都受到了司密兰斯基（Smilansky, 1968）对皮亚杰（1962）的游戏理论的歪曲改动（Smith, Takhvar, Gore, & Volstedt, 1986）和她对客体行为分类方式的影响。在她颇有影响力的专著中，她将“建构游戏”（constructive play）列为儿童与客体互动的一个类别。对于司密兰斯基来说，建构游戏是一种目标导向的活动，以客体来建构某些东西。相比之下，皮亚杰并不认为建构是游戏，因为它是以目标而非手段为导向的。我将根据客体使用在个体发育过程中出现的顺序来讨论每一种类型的客体使用。

探索

探索是个体初次接触陌生客体时所表现出的行为。他们操作或探索客体的属性和特性（Hutt, 1966; West, 1977）。例如，通过探索，儿童发现客体是平的还是圆的，是长的还是短的，是用来喝水的还是用来盖头的。虽然探索经常会与玩耍客体（定义见下文）混为一谈，但它们在行为和个体发育上都是不同的（Hutt, 1966; McCall, 1974; West, 1977）。具体来说，相对于游戏，探索的特点是心跳加快，注意力不容易分散和呈现消极 / 平淡情绪（negative/flat affect）。相比之下，儿童在玩耍客体时心跳较慢、注意力容易分散，并表现出积极情绪（positive affect）（Hutt, 1966）。

此外，探索先于其他类型的客体使用，包括在人类个体发育（Belsky & Most, 1981; McCall, 1974）和其他动物（eg., West, 1977）中的游戏。在一项关于7.5个月到21个月大的儿童研究中，贝尔斯基（Belsky）和多数人发现探索玩具是最小的孩子（7.5—10.5个月）最主要的活动，没有出现任何用客体进行假装游戏（pretend play）的情况。大约9个月到10.5个月的孩子会在操作客体时给它们命名。12个月大的孩子则会用客体进行假装游戏，这与探索及命名客体同时发生，然后假装游戏就取代了探索。而且正如赫特（Hutt, 1966）和韦斯特（West, 1977）所说，贝尔斯基和多数人都注意到的是探索客体是早于玩耍客体的。探索过程是客体游戏所必需的，这些研究趋势与这一观点一致。

到了学龄前儿童期，探索在儿童的客体时间分配中所占比例相对较小，大约是占儿童全部观察到的行为的2%至15%（Pellegrini & Gustafson, 2005; Pellegrini & Hou, 2011）。就这一范围的上限而言，当儿童面对新客体时，如他们在假期后回到学前班时，探索会急剧增加。鉴于在学龄前阶段探索行为相对较少，因此，在直接观察到的探索行为中，关于年龄差异的记录寥寥无几（Pellegrini & Gustafson, 2005）；不过，如果将建构概念扩展到包括提问和其他诱发行为时，就会出现差异（Henderson & Moore, 1979）。

虽然对婴幼儿和学龄前儿童的探索实验研究并未一直检验性别差异（Belsky & Most, 1981; Hughes, 1978; Ross, Rheingold, & Eckerman, 1972），但有报告称探索中存在着性别差异，男孩比女孩表现出更多的探索行为（Bornstein, Haynes, O'Reilly & Painter，1996；Pellegrini & Hou，2011）。

对客体的探索既发生在社会情境中，又发生在独处情境中。皮亚杰（1967）描述了独处的婴幼儿（特别是幼儿）是如何探索客体的，但儿童的探索可以得到成人的引导，例如父母的陪伴（Rheingold & Eckerman, 1970）和参与（Belsky, Goode, & Most, 1980）（参见Lancy, 2016）。成人的引导可以持续整个幼年期（至5.5岁），成人的鼓励可以显著提高探索能力（Henderson, 1984）。然而，我们发现当儿童在学前班课堂上探索客体时，他们倾向于在独处情境中这样做（Pellegrini，未发表的数据）。相应地，学龄前儿童的探索也不会吸引同伴的注意力（Pellegrini & Hou, 2011）。

简言之，虽然探索往往是一种独处行为（solitary behavior），但成人的支持可以提高其频率和复杂程度。这可能是由于儿童在探索客体时会被激发兴趣，直到他们彻底探索完，并对其失去新奇感后，才会去找同伴。此外，就本文的主旨而言，更为重要的一点是，探索不同于游戏，它是一种可实证的建构概念（construct）（Belsky et al., 1980; Hutt, 1966; McCall, 1974; Weisler & McCall, 1976），但却经常与游戏相混淆。

玩耍客体

一般说来，按照伯格哈特（Burghardt，2005）所提出的定义，游戏的定义应当是分类的，而不是连续的，且必须满足以下所有的标准：它必须是自愿的；在“轻松的环境”中观察到的；在直接观察的环境中不完全是功能性的；并且与功能性行为相比其具有夸张的、分段的和非顺序的要素（参见 Bjorklund & Beer, 本书）。轻松的环境是让个体（特别是青少年）有充分保障、安全和健康的场域。此外，儿童自愿选择参加一个不完全是功能性的活动。这些行为的性质和顺序应当不同于那些在功能情境中的行为。例如，一个儿童可以“做鬼脸”走近同伴，夸张地对同伴挥拳一击，倒地，然后变换角色，让同伴来打他。我对伯格哈特的定义进行了提炼，认为最重要的标准在于强调手段，而不是目的，以及在直接情境中不完全是功能行为，因为这些标准可能是儿童产生与客体相关的新行为的前提与充分条件。这也就是说，由于不必关注行为的实用性，个体就可以自由地尝试行为的形式和在行为顺序中的位置（Bateson，2005；Bruner，1972；Fagen，1981）。由此产生的不同游戏形式的行为弹性和认知弹性（如夸张的、非顺序性的和分段的行为常规），对于布鲁纳（Bruner，1972）和韦斯特－埃伯哈德（West–Eberhard，2003）所说的行为“模块”发展是至关重要的。这里的模块是一种学习的模块，与“进化心理学家”使用的模块不同。

这一游戏定义与克拉斯诺（Krasnor）和佩培拉（Pepler）提出的定义明显不同，因为他们提倡对游戏进行连续分类，至于游戏性的高低则取决于满足标准的数量：满足的标准越多，行为就越好玩，这暗含了所有特性都相同的假设（1980）。从这个主张来看，一个满足四个标准（如自由选择、无压力、注意手段，以及最小化成人干扰）的行为应当比只满足三个标准的行为更好玩。在此框架下，一个孩子在打盹可以算作符合四个标准的游戏行为，而将铅笔当成火箭飞船玩只能算作符合三个标准的行为，因此不太好玩。然而，绝大多数的观察者都会认为第二个例子是游戏，而非第一个。

按照我的定义，客体游戏通常是指用客体进行假装游戏。在假装中使用客体最初意味着儿童在模仿其他人使用这些客体。这也就是说，儿童使用客体的方式与其他人使用客体的方式相似，但却不是在其功能情境中使用，如假装用一个空杯子喝茶。有了这些经验，儿童就可以学会以其他更抽象的客体来代表其他客体，例如，用笤帚来代表可以骑的马。相应地，儿童玩耍客体的典型表现就是以各种新奇的方式使用客体（Pellegrini & Hou, 2011）。例如，他们可以用一支铅笔代表一个锤子。这开始于亲子互动的情境中，然后发展到与同伴的互动中（Lillard, 2006; Tomasello, 1999）。事实上，在儿童使用客体的所有方式中，玩耍客体和创造性地使用客体的关系最为紧密（Pellegrini & Hou, 2011）。

玩耍客体类似于其他的游戏形式遵循一种倒 U 型函数（Fagen, 1982; Pellegrini, 2009）。玩耍客体第一次出现在 12 个月左右大时（Belsky & Most, 1981），在学前期不断增加，然后会减少（综述参见 Fein, 1981）。在儿童期为玩耍客体确定精准的时间分配并非易事，因为客体游戏通常会与其他形式的客体使用混为一谈。在有些情况下，客体游戏与其他的客体使用形式明显不同，它大约从 1 岁左右开始（Belsky & Most, 1981），在英美学前环境中，3—5 岁儿童的客体游戏时间分配增加到了 18%—30%（McGrew, 1972; Pellegrini & Gustafson, 2005; Pellegrini & Hou, 2001）。

鉴于游戏和探索在前因、个体发育和功能上的明显差异，因此当这两个术语被交替使用或合起来使用时（即探索性游戏），即使是在同一篇研究文章中，要描述本章所定义的探索也会令人困惑（eg., Baldwin, Markman, & Melartin, 1993; Schulz & Bonawitz, 2007）。类似的问题还存在于对“游戏”不准确的使用上，即以此来描述幼儿之间几乎所有形式的社会互动（Fabes, Martin, Hanish, Anders, & Madden-Derdich, 2003; Parten, 1932）：如果幼儿正在社会互动，它通常会被贴上游戏的标签。这种不严谨的词语使用已经并将继续使每个概念的含义混乱，还将进一步混淆有关游戏和客体使用的文献。相应地，当术语使用不准确和前后不一致时，研究人员几乎不可能记录下不同类型行为的时间分配，包括在儿童期的客体游戏和探索。或许最根本的问题就是，当行为类别不是基于经验事实，就像游戏和探索之间存在的那样，我们的理论和随后的假说就会处在科学的边界。在我看来，科学应当既包括归纳（根据经验形成类别），又包括演绎（验证假设）。

客体游戏中的性别差异是模糊的，这与关于假装游戏的一般性文献不一致；在假装游戏方面，相对于男孩，女孩表现出更多更复杂的假装行为（参见 Pellegrini, 2009; Rubin, Fein, & Vandenberg, 1983）。在一项为期一年的观察研究中，研究者运用增长曲线模型（growth curve modeling）对 92 名学前儿童的客体使用（即探索、建构、客体游戏和工具使用）进行了分析，结果显示客体游戏没有性别差异（Pellegrini & Hou, 2011）。这也许是因为，在这项研究中，女孩与更多不同客体（超出了仿制玩具）的互动削弱了她们常规的假装能力，而男孩与某些形式的客体（譬如用耙子假装枪）的玩耍有着显著的增加，从而缩小了性别差异。例如，男孩比女孩更倾向于把客体假装成武器（Pellegrini & Gustafson, 2005），而女孩会更经常性地在扮演更家庭主题的角色时使用仿制品（如玩偶、盘子、锅）（Pellegrini, 2009）。

客体游戏就像一般的假装游戏，会随着年龄的增长而变得越来越社会化（Rubin et al., 1983）。例如，只有不到 2% 的学龄前儿童和幼儿园孩子们的客体游戏是独自进行的，而 12% 和 28% 的学龄前儿童和幼儿园孩子们的客体游戏是社交性的（Rubin, Watson, & Jambor, 1978）。因此，客体游戏不仅在儿童期不断增长，而且还越来越社会化。

建构

如前所述，我们对建构的大部分了解都可归于受司密兰斯基启发的“建构游戏”标签之下；在司密兰斯基看来，建构游戏让儿童学习了“游戏材料的各种用途”和“建造”了一些东西（1968: 6）。然而根据皮亚杰（1962）和其他人（Smith et al.，1986）的许多定义，建构并不是游戏。对皮亚杰而言（司密兰斯基的研究就是以皮亚杰为基础的），建构更具包容性，关注活动的最终结果——建构本身；而游戏则更具同化性，关注的是活动或手段，而不是目的，因此并非是游戏本身（Piaget, 1962; Rubin et al., 1983; Smith et al., 1986; 另参见 Burghardt, 2005）。建构并不像其他游戏形式那样遵循典型的与年龄相关的倒 U 型轨迹，这进一步支持了建构不是一种游戏形式的观点（Smith et al.,1986）。

司密兰斯基（1968）的“游戏”类型被鲁宾及其同事们（Rubin, Maioni, & Hornung, 1976; Rubin et al., 1978）拓展为一种启发性的活动，用以描述游戏的社交维度（孤独的、并行的和互动的）与认知维度（功能的、建构性的和戏剧性的 / 假装的）。鲁宾及其同事们认为“建构游戏”是通过操纵客体来创建某些东西。这被用来生成了大量描述性数据以阐明幼儿使用客体的方式（相关总结参见 Rubin et al.）。鲁宾及其同事们对“建构游戏”作为一种游戏形式的有效性提出了合理的质疑，因为它不符合皮亚杰的理论：“建构游戏可以被视为属于其他一些编码方案。”（1983: 727）尽管有这些限制条件，但很少有研究去区分建构、玩耍客体及其他形式的客体使用之间的差异。

上述定义是由司密兰斯基（1968）提出，后经鲁宾（Rubin et al., 1976; Rubin et al., 1978）修订的，它包括一系列多样化的目标导向和非目标导向的客体使用。例如，用木块搭台阶可以被认为是建构游戏或假装游戏。然而，如果儿童用台阶来扩大他或她可以够到的范围，这种行为实际上也可以被当作“工具使用”（Amant & Horton, 2008）。因此，司密兰斯基模型所生成的描述性数据对儿童的客体使用提供了非常概要的描述。“建构游戏”这个类别太过宽泛，以致它限制了我们对“客体游戏”的作用，以及儿童发展中建构的认识。

以鲁宾及其同事们所定义的“建构游戏”为例，它解释了所有在司密兰斯基—帕尔特纳游戏矩阵（the Smilansky–Parten play matrix）中观察到的行为的 40%（Rubin et al., 1976）至 51%（Rubin et al., 1976; Rubin et al., 1978）。当以更符合皮亚杰（1962）的方式来定义建构时，佩莱格里尼及其同事们发现建构可以解释其中 15%（Pellegrini & Gustafson, 2005）至 17%（Pellegrini & Hou, 2011）左右的行为。鲁宾和佩莱格里尼的研究所得出的不同数据可能反映了以下事实：鲁宾及其同事们所认为的建构游戏可能包括其他形式的客体使用，如工具使用，也可能是独自的客体游戏。

至于“建构游戏”中的性别差异，从司密兰斯基（1968）的定义来看，报告认为，女孩比男孩更多地参与到建构游戏之中（Johnson, Ershler, & Bell, 1980; Johnson & Ershler, 1981; Rubin et al., 1976; Rubin et al., 1978）。然而，男孩的建构往往比女孩更复杂（Erickson, 1977; 相关总结参见 Rubin et al., 1983）；并且相对于女孩，男孩对客体的反应更灵敏，正如他们在韦克斯勒学龄前和学龄初期儿童智力量表（Wechsler preschool and primary scale of intelligence）中积木图案测验中的表现结果所示（Caldera, Huston, & O'Brien, 1989）。对学龄前儿童使用不同类型客体进行的两项自然主义研究数据有助于厘清这种混乱。我们先来看一个样本量有限的观察研究，结果发现比起男孩，女孩在建构上所花的时间更多，而男孩在客体游戏上所花的时间比女孩多（Pellegrini & Gustafson, 2005）。另一个更大样本量的观察研究运用了增长曲线模型，结果发现建构中不存在性别的调节效应[①]（Pellegrini & Hou, 2011）。

工具使用和工具制造

关于工具使用的常见定义就是，个体使用不附属于环境或不属于个体身体一部分的客体去实现目标，诸如获取食物，还包括使用和制造工具（Hansell & Ruxton, 2007; Shumaker, Walkup, & Beck, 2011）。例如，用指甲拧螺丝就不属于工具使用，但用螺丝刀则是；打磨棍子的尖端就是一个工具制造的例子。因此工具使用是一种趋同化的活动（convergent activity），包含儿童根据文化习俗学习使用工具，譬如用叉子。而制造工具是一种更多样化的创造性行为，在这个过程中，个体使用一个客体去解决一个问题，而这个客体的设计初衷原来可能并非如此，如把衣架掰弯以便从远处取回东西。

与制造工具相比，将客体当作工具使用出现在人类个体发育中相对早期的时候（Mounoud, 1996），这些技能从婴幼儿期到儿童期一直在不断地提高（Connolly & Dalgleigh, 1989; Connolly & Elliott, 1972; Cutting, Apperly, & Beck, 2011）。此外，大多数关于儿童期工具使用的研究表明，随着年龄增长而提高的工具使用能力几乎完全来自在实验任务中的表现（Bates, Carlson-Luden, & Bretherton, 1980; Flynn & Whiten, 2008）。对儿童在日常生活中客体使用（包括探索、游戏、建构和工具使用）的发展描述是极度稀缺的（Power, 2000），因此时间分配的信息也是零散的。关于儿童制造工具及其革新的研究则尤为匮乏（Cutting et al., 2011）。然而，有三项研究提供了相对一致的图景，其中两项是关于大学附属幼儿园的学龄前儿童，另一项是关于非洲乡村儿童。首

① 调节效应（moderating effects）：在社会科学研究中，调节效应是指一个变量对另外两个变量之间关系的影响程度。——译者注

先，就大学附属幼儿园的学龄前样本而言，佩莱格里尼及其同事们（Pellegrini & Gustafson, 2005; Pellegrini & Hou, 2011）观察了学龄前儿童在他们课堂上的工具使用和工具制造。儿童使用工具的时间占总观察时间的 19%（Pellegrini & Hou, 2011）至 23%（Pellegrini & Gustafson, 2005）。然而，只有在后来的研究中（Pellegrini & Hou, 2011），样本量才足够大到可以计算增长曲线模型；模型显示，工具使用随着时间推移而显著增加。同样地，博克（Bock，1999，2005）的赞比亚学龄前儿童田园样本研究显示，儿童在客体使用上花费的时间也是 17%，与佩莱格里尼研究中的数据相似。

与工具使用不同，工具制造在儿童期的早期和中期仍在继续发展，这反映了工具制造需要相对复杂的灵巧性和认知能力（Cutting et al., 2011; Mounoud, 1996; Tomasello & Call, 1997; van Schaik, Deaner, & Merrill, 1999）。制造工具在认知上是复杂的，个体必须明确一个目标，找出与目标相关的客体的功能可见性（affordance），并考虑使用工具来实现该目标的手段。此外，制造工具的能力需要一定程度的行为弹性，例如，相对于它们原来的设计目的，较为传统的客体如木棍或清管器等可以被重新设计以满足不同的目的（Cutting et al., 2011）。然而，即使是非常小的孩子（如 30 个月大）观察其他人制造工具时，他们也能够进行模仿（Barr & Wyss, 2008; Hayne, Herbert, & Simcock, 2003）。因此，即使非常小的孩子也具备认知能力和灵巧性来模仿别人制造工具；然而，如果让他们完全依靠自己，则需要到儿童中期，才能成功地制造工具来解决问题（Cutting et al., 2011; Mounoud, 1996）。

成人支持儿童的工具使用和工具制造。具体来说，当儿童观察成人使用客体或与之互动时，就会激发他们对客体的兴趣（Lancy, 2016）。例如，当成人操作客体时，儿童就会对这些客体很感兴趣。他们可能会拿起这些客体，检查它们，学着了解它们（即刺激增强）（stimulus enhancement）（McGuigan & Whiten, 2009; Tomasello, 1999; Tomasello & Call, 1997）。与之相关的是，在效仿中，儿童观察成人操作和使用客体去解决问题，例如用一个衣架拿回玩具。他们由此认识到衣架可以用来解决问题，并使用了衣架，尽管没有像成人演示的那样（即模仿）来解决问题——这是他们可能没法自己发现的东西（Tomasello, 1999; Tomasello & Call, 1997）。与独立使用工具的表现相比，儿童更容易效仿和模仿成人使用工具，这证明了社会情境对学习使用工具的重要性。然而，当我们在学龄前课堂上观察儿童使用工具时，儿童在社交和独处情境时都会使用工具，而且并不会吸引同伴的过多注意（Pellegrini & Hou, 2011）。

在工具使用中，性别差异是模糊的，这或许是由于定义的方式和评估的背景不同。具体来说，对学龄前儿童工具使用的研究要么是自然研究，要么是实验研究，而且在实验研究中，通常都是柯勒式（Köhler-type）（1925）取东西任务启发下的工具制造。在某些任务（即工具使用任务）中，学龄前儿童会看到一组物品，其中一些是可以解决问题（取东西）的工具。在工具选择实验中，只有 2 岁的儿童选择了最理想的物品来取回东西（Brown,1990; Chen & Siegler, 2000）。在这些研究中，男孩似乎比女孩更擅长此道，但只要极少的帮助，性别差异就会减弱（eg., Chen & Siegler, 2000; Gredlein & Bjorklund, 2005）。

就自然研究中工具使用中的性别差异而言，无论是佩莱格里尼及其同事们（Pellegrini & Gustafson, 2005; Pellegrini & Hou, 2011）还是博克，都未曾发现在总的使用工具时间上存在显著的性别差异。然而，当对使用的具体工具进行分类时，还是观察到了性别差异。在乡村儿童中，女孩比男孩花更多的时间"玩捣东西"，这包括使用臼状物，如用棍棒和芦苇来捣碎颗粒状物质（Bock, 2005）。女孩从玩耍似的捣东西转向实际使用工具的年龄比男孩要更早，如帮成人捣谷物。男孩则比女孩花更多的时间去投掷矛状棍棒，而且当他们从这种玩耍似的使用工具过渡到真正打猎时的年龄要更大些。就觅食而言（参见 Gosso et al., 2005），男孩（在巴西亚马逊地区）比女孩更多地使用弓箭和弹弓。相比之下，女孩比男孩更经常性地制作采集相关的工具。例如，在帕拉州的巴拉坎纳，女孩用棕榈叶做篮子是另一种常见的游戏形式（参见 Gosso et al., 2005）。事实上，这种活动只在女孩当中出现。因此，在一些儿童工具使用的实验研究中观察到的性别差异可能是特定于这些任务的，而不是一种更普遍的与性别有关的行为。

客体使用的假定功能（Putative Functions）

对一种行为功能的推断可以有多种方式，包括其有利结果和"最终功能"

即繁殖适合度[①]（Darwin, 1859/2006; Hinde, 1980）。在发展心理学文献中，也许被引用最多的确定客体游戏功能的研究就包含实验性操作——在实验中训练儿童与客体玩耍，然后在趋同型或是发散型的问题解决任务中给他们相似的或不同的客体。

趋同型任务经常模仿柯勒（1925）著名的实验——黑猩猩利用客体去解决问题，例如，把木棍接起来去够挂在它头顶上方的香蕉。在这类儿童发展实验中，凯西·席尔瓦（Kathy Sylva）及其同事们（Sylva, Bruner, & Genova, 1976）给儿童展示了工具中的可拆卸部件（即木棍和夹钳），而要拿回譬如玩具这样的东西，儿童就必须把这些部件组装起来。在不同条件下，儿童会获得各种机会，他们或是玩未组装起来的木棍，观察成人组装木棍，或是观看成人非功能性地使用夹钳（作为对照组）。结果表明，相对于其他条件，游戏条件下的儿童在解决问题时更有条理，从简单行动过渡到复杂行动，并能够更有效地利用提示和失败中的信息。然而，这些发现未能在双盲条件下得到重复（Simon & Smith, 1983; Smith, 1988; Vandenberg, 1980）。

在发散型问题解决任务中或是在一个没有正确答案的任务中使用客体，这些情况在儿童发展文献中也相当普遍（Sutton–Smith, 1967）。具体来说，丹斯基（Dansky）和西尔弗曼（Silverman）经常引用的实验研究就探索了“玩耍”客体对儿童的联想流畅性或对客体的创造性使用方面所产生的影响（1973, 1975）。在第一个研究中，丹斯基和西尔弗曼（1973）给儿童提供了传统但陌生的客体。在一种情况下，他们要求儿童与这些客体玩耍；在其他情况下，儿童观察成人操纵这些客体，或在对照条件下接触客体。这些活动过程持续不到10分钟。然后要求儿童列出他们接触过的某一客体所有的可能用途。例如，火柴盒的创造性用途可能包括把它当作一艘船。他们发现，与其他情况下的儿童相比，在游戏条件下的儿童产生的创造性反应最多。

在丹斯基和西尔弗曼（1975）的第二个实验中，儿童被分派的条件与第一个实验类似，但要求他们创造性地使用在各自实验处理中没有互动过的客体。

---

① 繁殖适合度（reproductive fitness）：作为自然选择过程中的一个重要因素，繁殖适合度指的是一个生物个体将其基因传递给下一代的能力。——译者注

他们再次发现，相对于其他条件，游戏条件下的儿童最具创造性。他们认为这些效应可以归结为一种具有诱导性的“游戏设定”，即对被展示客体的一种临时而有创造性的定位。

虽然这些有关联想流畅性的研究被广泛引用，例如席尔瓦及其同事们的研究，但这些研究在双盲实验过程中并没有得到重复（Smith & Whitney, 1987）。因此，这两个研究的结果都可能是由于实验偏差而产生的。如前所述，这些研究还存在实验处理非常有局限性的问题。此外，特别是由于处理时间有限和实验器材相对陌生，儿童更有可能是在探索这些客体，而不是与它们玩耍。

综上所述，人们有理由质疑一个只有大约 10 分钟的实验处理对儿童行为影响的有效性。那些关于客体游戏和问题解决的实验文献在有效性方面未能达成一致，其原因可能更多的是在于处理方法的局限性，而不是在于玩耍或探索客体缺少有效性。另外一种可能更有效的替代方法就是记录客体使用的功能，包括记录下儿童在其自然状态下相对较长的一段时间内使用不同客体的时间，然后将这些数值与儿童在不同客体使用任务中的表现进行回归分析（Pellegrini & Gustafson, 2005）。相对于上面引用的短期研究，这一更大范围的观察数据应当能够为儿童使用客体能力提供更为可靠有效的指标。这也就是说，根据马丁（Martin）和卡罗（Caro）的观点，如果游戏或者任何其他形式的客体使用是自然选择的话，那么建构相关的收益应当是大于成本的（1985）。从这个角度来说，确定功能的第一步就是记录成本，然后将这些成本与有利结果、适合度或两者都相联系。在儿童期，与客体进行不同类型活动所花费的时间可以以范斯海克等人（van Schaik et al, 1999）提出的行为生态理论为框架来进行研究。从这个观点来看，与活动相关的“成本”描述可以被视为衡量活动重要性或功能推测的指标。例如，高成本行为应当对应高收益的结果（Caro, 1988; Martin & Caro, 1985）。我们通常是根据习得或学习一项技能所花费的资源（时间、能量、生存率，或是受伤和死亡的风险）来记录成本。一项活动的时间通常表示为在总时间分配中用于该活动的部分（Martin, 1982），而能量则通常是以在总热量分配中用于该活动的热量消耗来表示的（Pellegrini, Horvat, & Huberty, 1998）。

这一层面分析的逻辑如下。学习和发展特定技能涉及成本和收益之间的不同权衡，而个体倾向于采用最“有效”或最优策略来解决在个体发育过程中特定阶段的不同问题（Krebs & Davies，1993）。例如，在儿童期学习使用工具时，就需要根据有限的时间和可用的热量在不同的机会之间进行取舍（如玩耍客体与通过观察或直接教学来学习使用客体）。从这个观点来看，时间分配与每项活动支出的相关收益之间应存在对应关系：用于不同类型活动上的时间与使用这些客体解决问题的关系应当是正相关。

就我所知，关于儿童游戏中的时间与能量分配的研究并不多见（关于假装游戏，参见 Haight & Miller, 1993；关于运动游戏，参见 Pellegrini et al., 1998），而有关客体使用的研究则更少（参见 Bock, 2005; Pellegrini & Gustafson, 2005; Pellegrini & Hou, 2011）。如上所述，由于有关客体使用的术语在使用上非常随意，且前后不一致，这就让记录客体使用和客体游戏成本的问题更为雪上加霜。因此，我将对佩莱格里尼的两个研究中的数据进行讨论，因为它们所使用的定义与这里的定义相一致，并且使用了时间分配的术语。佩莱格里尼及其同事们（Pellegrini & Gustafson, 2005; Pellegrini & Hou, 2011）对新奇而富有创造性地使用客体开展了两个短期的纵向研究，他们通过对整个一学年中的每组建构行为的取样，对儿童的客体使用，以及他们对客体创造性的新使用进行了相对大规模的检测。在后来的研究中，他们还记录了每种类型客体使用的社会情境（即独处的、并行的，或社会互动和注意力结构）。

在第一个研究中，佩莱格里尼和古斯塔夫森观察了大学附属幼儿园中的学龄前儿童在整个一学年中的课堂情况，样本数量中等（n=35，每周观察一次）。他们的目的是对儿童全年的客体使用进行抽样来预测客体使用的情况，以解决关于客体的趋同型和发散型问题。实验还要求一个子样本的儿童（n=20）参与三种类型的客体使用任务（两种趋同型工具任务和一种发散型工具任务），并执行空间问题解决的任务（韦克斯勒学龄前和学龄初期智力量表的积木图案分数，对象设计测试）。

发散型的问题解决任务——联想流畅性——要求儿童为普通的家庭用具创造出新用途。两个趋同型的取回任务中的第一个任务就是挑选一个工具（即塑料玩具锄头、没有把手的塑料耙头，以及没有耙头的塑料玩具耙柄）去拿儿童够不到的玩具。

第二个趋同型任务要求儿童用万能工匠[①]的部件来制造一个工具，然后用它去取玩具。如果儿童陷入停顿，他们还会获得一套 7 级提示。这些提示是按顺序提供的，而且要与儿童所处的任务阶段相适宜。在完成第二个任务时，这些提示会逐步为儿童提供更具体的帮助。具体来说，这些提示包括以下内容：①你能想到一种方法利用这些部件拿到玩具吗？②你能试着用一个圆形工件帮你吗？③你能试着用这些圆形工件和棍子一起来帮助你吗？④你能在圆形工件的两端各插一个棍子，做成一根更长的棍子吗？⑤我会拿着这根棍子。（实验者拿起一根棍子给儿童。）你能把这个圆形工件安到棍子的末端吗？⑥你能用其他棍子和圆形工件让它变得更长吗？⑦实验者为儿童把各个部件连接起来，让他 / 她用实验者拼接的工具拿玩具。对每个儿童的表现从以下各个维度进行评分：儿童使用一个或多个部件成功拿到玩具所需的总时间；在完成任务时，实验者对儿童进行提示的数量；以及挥动次数（如试图用一个或多个部件去拿到玩具）。

总体上，当控制了空间智商（spatial IQ）变量后，在联想流畅性任务以及连接工具和不连接工具取东西任务中所观察到的客体使用与任务表现之间缺少预测关系。具体来说，无论是观察到的游戏还是探索都不能预测三个任务中任何一个的问题解决能力。由于儿童的年龄，而且他们对课堂中的物品相对熟悉，探索是一种发生率很低的行为，这可能是造成这些结果的部分原因。

然而，建构和工具使用在预测问题解决任务中的表现上存在差异性。更具体地说，建构是关于联想流畅性任务和连接工具取东西任务中表现的一个重要预测指标，但它不能预测在制作工具（不连接）任务中的表现：观察到的工具使用情况预测了工具制作任务中的提示次数。从解决每个任务所需的时间和提示的差异可以看出，不连接工具任务比连接工具任务更难。完成不连接工具任务所需时间是连接工具任务的 4 倍，需要的提示次数是连接工具任务所需的 2 倍。

考虑到在任何问题解决任务中，客体使用和任务表现之间都缺少关联性，我们可能会对在客体的趋同型和发散型的问题解决任务中经常大肆宣扬的游戏

① 万能工匠（Tinker Toy）：拼装部件结构式玩具，包含 200 个耐用部件，如线轴、旗子、垫圈、连杆和端盖，可搭建城堡、房屋、自行车等 30 多种模型，以锻炼孩子的分析技巧和想象力。——译者注

价值提出质疑。这与史密斯（1988）及其同事们的论点相似，他们认为在取东西任务（Simon & Smith, 1983, 1985）和联想流畅性任务（Smith & Whitney, 1987）中，游戏的作用是值得怀疑的。

虽然游戏对于包括制作工具在内的取东西任务缺少影响也许是真的，但这也可能是因为制作工具取东西任务对于学龄前儿童来说太复杂了。具体来说，儿童直到儿童中期才会展现出独立的工具制作能力，即使他们在年龄很小时就能够选择正确的工具（Mounoud, 1996）。至于与发散型、创造性任务之间缺少关联，这又可能是因为任务的选择本身就不合适。具体来说，根据行为“模块”和他人观察新模块所产生的社会学习影响，去重新定义客体的创造性使用可能会更好。模块——正如布鲁纳（Bruner, 1972）和近来的一些进化生物学家（eg., West-Eberhard, 2003）所定义的——就发展成了对当地生态和物质需求的回应。重要的是，我并不像有些进化心理学家（eg., Cosmides & Tooby, 1987）那样用“模块”来指代“先天的”大脑结构。我所用的术语“模块”是指个体在新环境中建构的相对较新的行为和认知。它们既是新的行为常规，又是重组的常规。这些不同的行为常规会随着经验的增加而变得更突出，并和个体所处的环境以及客体有关联。我们可以大胆地推测，玩耍客体导致了有关客体行为的模块和独立于客体行为的模块的生成。

斯坦普（Stamp, 1995）在运动游戏中的模块发展例子就很有说明性。当个体处于一个新环境时，个体（斯坦普例子中受惊的紫翅椋鸟）会首先探索环境，然后在此玩耍（感谢帕特·贝特森提醒我注意这个例子）。通过探索，个体会发现环境周围的新路线，并最终提炼出觅食和躲避捕食者的最佳路线。在玩耍中，个体会以各种方式来练习这些路线并将之重组为各种可能的路线。同样地，在客体游戏中，个体学习并练习如何把行为模块与不同的客体进行组合和分解，进而解决问题。举例来说，当儿童在用管道清洁器玩游戏时，他将两个单独的清洁器连接在一起并弯成一个假的“隧道”，让他的玩具汽车开过。然后，这种特定连接和弯曲的模块就可以用在类似的材料上去解决问题，例如连接和弯曲管道清洁器可以用来在一个有限的物理空间内去取东西。相应地，在游戏中发展出来的模块可以用于不同类型的客体，例如，把绳子拴在一起，使其长到能拉车。

此外，更重要的是，新客体使用的社会学习意义可能是客体游戏最重要的功能，尽管这实际上被忽视了，帕特·贝特森（Pat Bateson, 2011）则是一个值得注意的例外。他认为在游戏中形成的行为弹性可能是进化的推动力，处于进化变异的前沿。这也就是说，因为游戏的高内在动机和它对工具性的忽视，游戏中可能会生成新行为。这些新行为战胜了其他行为，在人群中传播开来，成为主导行为，对此我称之为游戏的“播种假说”（seeding hypothesis）。这些新的使用方法应该会反过来吸引同伴的注意（Pellegrini & Hou, 2011），并可能根据它们的使用性在人群中传播。这个假说符合早期对黑猩猩的研究（Menzel, Davenport, & Rogers, 1972）；在研究中他们通过记录“注意力结构”——即黑猩猩以不同方式使用客体时，有多少黑猩猩在观察它们——去衡量同伴对其他个体新奇而多样地使用客体做出的反应。

社会学习在客体使用及观察他人使用客体中的中心地位对于人类的幼儿和青少年特别重要，因为人类从出生就对社会线索特别敏感，而且能够模仿他人（eg., Meltzoff & Moore, 1985）。更具体地说，婴儿从 6 个月大就会模仿成人将客体作为工具使用（如 Hayne, MacDonald, & Barr, 2000），而且如前所述，与独立使用工具相比，成人能够很轻易地提高幼儿对客体使用的能力。此外，到了 2 岁，儿童就能够模仿示范者对工具的使用，且这些使用是以链式扩散实验的方式在社会上传播的（Flynn, 2008; Flynn & Whiten, 2008）。

据此，佩莱格里尼与侯（Pellegrini & Hou, 2011）对一个相对数量较大的样本（*n*=92）进行了研究，观察了一个大学附属幼儿园课堂上的幼儿（3—5 岁）在整个一学年的客体使用。他们将客体使用编码为：探索、游戏、建构和工具使用。每种使用还要根据新颖性和多样性进行独立评分。有观点认为客体游戏是一种产生新行为的机制，如赫特和巴哈纳尼（Hutt, Bhavnani, 1972）的观点就与此相吻合，他们发现，只有客体游戏而不是其他类型的客体使用，才能显著地预测新颖性。作为“游戏是新颖性生成器”这一说法的区分效度指标，探索（一种趋同型活动）与新颖性呈显著的负相关。这个研究之所以发现了客体游戏与客体新用途之间有关联，或许是由于该研究中所取样的新行为比其他实验研究中的更为广泛，而其他实验研究通常采用的是单一短期的人为任务。通过最大限度减少测量误差，把大量的行为指标进行汇总，可以最大限度地提高“新颖性”概念的有效性（Cronbach, 1971; Rushton, Brainerd, & Pressley, 1983）。当然，由于佩莱格里尼和侯的研究数据是相关性的研究，而不是实验性的研究，因此应尽量减少因果推论。

关于“播种假说”，佩莱格里尼和侯（2011）还发现，只有新奇且创造性使用客体才会与同伴的注意力结构（peer’s attention structure）呈显著相关。此外，在统计上把早期的注意力结构作为控制变量的前提下，在学年的第一季度观察到的客体游戏中的新颖性和创造性使用预测了儿童在学年最后一个季度创造性地使用物品时同伴的注意力结构。这再次支持了这样的观点：即新颖性会吸引同伴的注意力，而建构作为一种趋同型活动，是一个显著的负向预测因子。

虽然这些结果需要复证，但它们确实表明，在试图确定客体游戏的功能上，研究者可能在两点上有所偏离。第一，他们针对的是特定任务的能力，如联想流畅性任务和取东西任务，而不是以新奇多样的方式使用客体这一更为普遍的趋势。第二，与此相关的是，文献中的研究者实际上是忽略了这种行为的社会动力。客体游戏的一个重要功能，或许也是游戏的一个更普遍的重要功能，就是向表现出这些行为的个体的同类提供榜样，就像人类（Pellegrini, 2008）和非人类（Chance, 1967）的个体关注其群体中的社会主导成员一样。反过来说，关注这些个体可能会有益于个体和群体。相比于让个体花时间和精力来建构自己的模块，通过社会学习来学会以新方式使用客体是一种更为有效的策略。

虽然有此可能性，但研究者还必须解决费根（Fagen，1976）的反对观点。费根认为，对于创新者来说，共享他们的创造是不“经济的”，这会增加创新成本，因此不太可能会选择这样做。具体来说，创新者既付出成本（如时间和热量消耗）也获得收益（如解决问题新方法的发现，社会群体中心性），然而那些模仿者却能以更少的成本，获得同样高的收益。这也就是说，相对于用客体做游戏和试验，观察创新所花的时间和精力要少得多；而且如果同伴能够以更少的成本模仿创新，那么创新者也无法从他们的投入中获得回报。然而，这个论点是依据以下这个假设的：个体之间会相互竞争资源，而且当创新者被模仿时，他们的成本会远超收益。这种假设还对游戏是客体创新使用发展的驱动力这一假说构成了严重威胁。具体来说，客体游戏似乎确实意味着相当大的成本，在大学附属幼儿园的学前班课堂上，它占据了儿童时间分配的18%—30%（McGrew, 1972; Pellegrini & Gustafson, 2005; Pellegrini & Hou, 2011）。

根据上述说法，这个数字只限于大学附属幼儿园的学前班，那里的理念是激励儿童在物品丰富的环境中做游戏（Smith,1988）。要更全面地了解儿童客体游戏的实际时间分配情况，就需要在他们生活时间最多的小生境（niches）——家庭和社区——中对他们进行研究（参见 Lancy，2016）。

即使我们假设客体游戏成本昂贵，而其他人是在观察和模仿具有创新性的客体游戏，但对于“模仿者”来说的确也是有成本的；与所有的社会学习者一样，他们需要花相对大量的时间才能观察到数量很少的创新行为（即保持警惕），因为对客体的创新通常是稀有的（Fagen, 1976; Huffman & Quiatt, 1986）。此外，如果模仿者回报始创者并与之合作，创新者可能还是会从他们被模仿的行为中获得净收益。如前所述，如果“免费搬运工”（free loader），即那些没有任何成本的模仿者，能够利用创新达到他们自己的目的，那么创新的相对成本就会大于收益。然而，根据互惠主义原则（Clutton-Brock, 2009），以及有可能的互惠利他主义原则（Trivers, 1971），如果从这些行为获益的个体（模仿者）对这些有收益的行为有所回报，个体的这些成本高昂的行为（如创新游戏者）就可以减少成本。当我们考虑到幼儿最有可能与其他有着共同兴趣的人在同样的活动中反复互动，而这些共同兴趣就是童年“友谊”的基础，这就变得非常合理了（Hartup, 1996）。相应地，在这些活动过程中，朋友也更可能是互惠互利的，彼此共享信息（Gottman, 1983）。事实上，儿童早期的利他行为最早就是在朋友之间彼此互动的情境中观察到的（Kanfer, Stifter, & Morris, 1981）。虽然这些观点只是假设，但它们是以坚实的理论和辅助数据为基础的，并可以通过实证或理论模型进行检验。

另一种推测是，客体游戏的益处可能与创新者的社会地位有关，而不是与他们在使用客体方面的能力有关。这也就是说，个体以创新方式使用客体能够预测他们在同伴群体中的中心地位，而中心地位是通过同伴的注意力结构来衡量的（Pellegrini & Hou, 2001）并且也是对社会主导地位的衡量（Chance, 1967; Pellegrini et al., 2007）。但是在有些情况下，正如在资源丰富的小生境中（如有丰富的互动客体），大学附属幼儿园中许多儿童都被观察到以下情况：个体并不依靠成本昂贵的竞争策略来获得地位。相反，他们利用自己的能力以创造性的方式使用客体去吸引同伴的关注。此外，这类社会实体的动力机制决定了成人和儿童都不赞同竞争性策略，而更倾向于相对亲和的策略（Pellegrini et al., 2007）。

二、结论

在本章中，我讨论了儿童对客体的使用，并介绍了他们在探索、游戏、建构以及工具使用中对客体使用的描述性数据。这些不同类别之间的区分具有重要的意义，因为就我所知，在有关儿童游戏的文献中，它们经常未能被区分开来。首先，这些类别各有不同，也应按此不同对待，因为它们有着不同的发展历史，对使用客体解决问题有着不同的影响。相应地，学者应注意统一使用标签。综上所述，我们还需要做更多的工作，特别是通过观察来记录在各种客体使用中所耗费的时间。科学应当包括归纳和演绎这两个过程，而这一建议遵循了这个传统。

这篇综述表明，工业化国家中的儿童每天在不同类型的客体使用上所花费的时间从适中到大量不等。按照这个水平的投入，儿童应当有所回报。各个学术学科中有关学生游戏的研究一致认为回报应当与儿童的行为弹性有关联。然而，在实验主义和自然主义的文献中，对客体使用功能的探索一直是难以捉摸的。我认为与客体游戏有关的行为弹性确实是至关重要的，但这不是为了解决人为的问题。相反，客体游戏及与之相关的行为弹性可能为其他儿童树立了榜样，而反过来其他儿童也会效仿和模仿这些行为。通过这些手段，新行为策略可以在整个人群中传播开来。

从本章的讨论中还可以明显地看出，我们需要更多地关注儿童使用客体的社会情境。未来的研究应当尝试复现客体游戏、行为弹性，以及注意力结构之间的关系。此外，利用不同链式扩散的研究应当以实验来检验这一假设。

在儿童客体使用的文献中，可能有一个区分在教育意义上更为重要，但却被忽略了，这就是对游戏和探索的区分。如上所述，两者截然不同。当我们作为教育者和心理学家试图将“游戏”作为一种评估或诊断的形式时，这种区分就显得尤其重要，正如维旎·麦克罗伊德（Vonnie McLoyd，1982）在一篇非常有说服力但却引用很少的论文中指出的那样。具体来说，在她对关于社会经济阶级和假装游戏的发展文献所进行的批判中，麦克罗伊德提出了这样的观点:

当游戏被用来诊断幼儿的社会认知能力时，实验通常会向幼儿展示各种物品，要求他们与之游戏，然后分析他们的行为（如根据抽象度）。有趣的是，在这些情况下，儿童获得的物品通常都是在中产阶级家庭和学校常见的东西，而在社会经济地位低的家庭和学校中罕见的东西，比如，乐高、大型积木，以及手推车和洋娃娃。因此，当社会经济地位低的儿童拿到这些可以“玩”的东西时，他们首先会探索，因为他们对这些东西很陌生。因此，如果研究者和教育者根据其他想象层次的抽象概念来解码这些探索行为，这些儿童就会显得比那些中产阶级儿童“更落后”。然而我们再说一次，正如麦克洛伊德所指出的，在这些社会经济地位低的儿童探索了这些新奇物品后，他们的行为确实变成了假装，这和中产阶级儿童是类似的。因此，这些不同类型客体使用中的区分具有重要的策略含义——这已经超出了关于语义的学术辩论。

与此相关的是，那些用来描述儿童行为和课程实践的标签的具体性和一致性也很重要。这也就是说，作为描述一系列教育实践的术语“游戏”，它的用法是如此的千变万化，以至于这个术语与在本章中皮亚杰所定义的“游戏”几乎没有相似之处。让我们举一个最近的例子，术语“引导性游戏”（guided play）（Fisher, Hirsh-Pasek, Golinkoff, Singer，& Berk, 2011）是一种由成人带着明确目的去引导孩子完成学术任务的教育实践。将引导性游戏置于一系列游戏的定义中来看，相对于我定义游戏的方式，引导性游戏明显更倾向于以目的为导向、以教师为主的活动（参见 Toub et al., 本书）。虽然引导性游戏似乎确实带来了教育红利，但要将其作为更广泛论据的一部分，以宣传游戏的好处时（正如我对它的定义），则应该非常谨慎（参见 Sweller, 本书）。由于“游戏”这个概念经常出现“定义偏移”，这就很成问题，并且正如上文所述：引导性游戏可能会变成游戏，特别是在大众媒体报道中。除非严格地注意其定义，否则这可能会导致各种教育实践千变万化，无法复制。

致谢

谨以此文纪念我的朋友和同事凯文·康诺利（Kevin Connolly）！

Amant, R. S., & Horton, T. E. (2008). Revising the definition of animal tool use. *Animal Behaviour, 75*, 1199–1208.

Baldwin, D. A., Markman, E. H., & Melartin, R. L. (1993). Infants' ability to draw inferences about nonobvious object properties: Evidence from exploratory play. *Child Development, 64*, 711–728.

Barr, R., & Wyss, N. (2008). Re-enactment of televised content by 2-year-olds: Toddlers use language learned from television to solve a difficult imitation problem. *Infant Behavior and Development, 31*, 696–703.

Bates, E., Carlson-Luden, V., & Bretherton, I. (1980). Perceptual aspects of tool use in infancy. *Infant Behavior and Development, 3*, 127–140.

Bateson, P. P. G. (2005). Play and its role in the development of great apes and humans. In A. D. Pellegrini & P. K. Smith (Eds.), *The nature of play: Great apes and humans* (pp. 13–26). New York, NY: Guilford.

Bateson, P. P. G. (2011). Theories of play. In A. D. Pellegrini (Ed.), *Oxford handbook of the development of play* (pp. 41–47). New York, NY: Oxford University Press.

Beck, B. B. (1980). *Animal tool behavior*. New York, NY: Garland.

Belsky, J., Goode, M. K., & Most, R. K. (1980). Maternal stimulation and infant exploratory competence: Cross-sectional, correlational, and experimental analyses. *Child Development, 51*, 1163–1178.

Belsky, J., & Most, R. (1981). From exploration to play: A cross-sectional study of infant free-play behavior. *Developmental Psychology, 17*, 630–639.

Bjorklund, D. F., & Gardiner, A. K. (2011). Object play and tool use: Developmental and evolutionary perspectives. In A. D. Pellegrini (Ed.), *Oxford handbook of the development of play* (pp. 153–171). New York, NY: Oxford University Press.

Blurton Jones, N. (1972). Characteristics of ethological studies of human behaviour. In N. Blurton Jones (Ed.), *Ethological studies of child behaviour* (pp. 3–33). London, England: Cambridge University Press.

Bock, J. (1999). The socioecology of children's activities: A new model for work and play. Paper presented at the biennial meetings of the Society for Research in Child Development, Albuquerque

Bock, J. (2005). Farming, foraging, and children's play in the Okavango Delta, Botswana. In A. D. Pellegrini & P. K. Smith (Eds.), *The nature of play: Great apes and humans* (pp. 254–284). New York, NY: Guilford.

Bornstein, M. H., Haynes, O. M., O'Reilly, A. W., & Painter, K. M. (1996). Solitary and collaborative pretense play in early childhood: Sources of individual variation in the development of representational competence. *Child Development, 67*, 2910–2929.

Boyd, R., & Richerson, P. J. (1985). *Culture and the evolutionary process.* Chicago, IL: The University of Chicago Press.

Brown, A. L. (1990). Domain-specific principles affecting learning and transfer in children. *Cognitive Science, 14*, 107–133.

Bruner, J. (1972). The nature and uses of immaturity. *American Psychologist, 27*, 687–708.

Burghardt, G. M. (2005). *The genesis of animal play: Testing the limits*. Cambridge, MA: MIT.

Caldera, Y., Huston, A., & O'Brien, M. (1989). Social interaction and play patterns of parents and toddlers with feminine, masculine, and neutral toys. *Child Development, 60*, 70–76.

Caro, T. (1988). Adaptive significance of play: Are we getting closer? *Trends in Ecology & Evolution, 3*, 50–54.

Chance, M. R. A. (1967). Attention structure as a basis for primate rank order. *Man, 2*, 503–518.

Chen, Z., & Siegler, R. S. (2000). Across the great divide: Bridging the gap between understanding of toddlers' and older children's thinking. *Monographs of the Society for Research in Child Development, 65*, 1–96. Serial No. 261.

Clutton-Brock, T. (2009). Cooperation between non-kin in animal societies. *Nature, 462*(5),51–56.

Connolly, K., & Dalgleigh, M. (1989). The emergence of a tool-using skill in infancy. *Developmental Psychology, 23*, 894–912.

Connolly, K., & Elliott, J. (1972). The evolution and ontogeny of hand functions. In N. Blurton Jones (Ed.), *Ethological child behavior* (pp. 329–384). London, England: Cambridge University Press.

Cosmides, L., & Tooby, J. (1987). From evolution to behavior: Evolutionary psychology as the missing link. In J. Dupre (Ed.), *The latest on the best essays on evolution and optimality* (pp. 277–306). Cambridge, MA: MIT Press.

Cronbach, L. (1971). Validity. In R. L. Thorndike (Ed.), *Educational measurement* (pp. 443–507). Washington, DC: American Council on Education.

Cutting, N., Apperly, I. A., & Beck, S. R. (2011). Why do children lack the flexibility to innovate tools? *Journal of Experimental Child Psychology, 109*, 497–511.

Dansky, J., & Silverman, I. W. (1973). Effects of play on associative fluency in preschool-age children. *Developmental Psychology, 9*, 38–43.

Dansky, J., & Silverman, I. W. (1975). Play: A general facilitator of associative fluency.

Developmental Psychology, 11, 104.

Darwin, C. (2006). *The origin of species: By means of natural selection of the preservation of favoured races in the struggle for life*. Mineola, NY: Dover (Original work published 1859).

Erickson, E. H. (1977). *Toys and reason*. New York, NY: Norton.

Fagen, R. (1982). Evolutionary issues in development of behavioral flexibility. In P. Bateson & P. Klopfer (Eds.), *Growing points in ethology* (Vol. 5, pp. 365–383). London, England: Plenum.

Fabes, R. A., Martin, C. L., Hanish, L. D., Anders, M. C., & Madden-Derdich, D. A. (2003). Early school competence: The roles of sex-segregated play and effort control. *Developmental Psychology, 39*, 848–858.

Fagen, R. (1981). *Animal play behavior*. New York, NY: Oxford University Press.

Fein, G. G. (1981). Pretend play in childhood: An integrative review. *Child Development, 52*, 1095–1118.

Fisher, K., Hirsh-Pasek, K., Golinkoff, R. M., Singer, D. G., & Berk, L. (2011). Playing around in school: Implications for learning and educational practice. In A. D. Pellegrini (Ed.), *The Oxford handbook of the development of play* (pp. 341–363). New York, NY: Oxford University Press.

Flynn, E. (2008). Investigating children as cultural magnets: Do young children transmit redundant information along diffusion chains? *Philosophical Transactions of the Royal Society, B: Biological Sciences, 363*, 3541–3551.

Flynn, E., & Whiten, A. (2008). Cultural transmission of tool use in young children: A diffusion chain. *Social Development, 17*, 699–718.

Gosso, Y., Otta, E., de Lima, M., Morais, S. E., Ribeiro, F. J. L., & Bussabb, V. S. R. (2005). Play in hunter-gatherer society. In A. D. Pellegrini & P. K. Smith (Eds.), *The nature of play: Play in great apes and humans* (pp. 213–253). New York, NY: Guilford.

Gottman, J. M. (1983). How children become friends. *Monographs of the Society for Research in Child Development, 48*(3), 1–85. Serial No. 201.

Gredlein, J. M., & Bjorklund, D. F. (2005). Sex differences in young children's use of tools in a problem-solving task. *Human Nature, 16*, 211–232.

Haight, W. L., & Miller, P. J. (1993). *Pretending at home*. Albany, NY: State University of New York Press.

Hansell, M., & Ruxton, G. D. (2007). Setting tool use within the context of animal construction behavior. *Trends in Ecology and Evolution, 23*, 73–78.

Hartup, W. W. (1996). The company they keep: Friendships and their developmental significance. *Child Development, 67*, 1–13.

Hayne, H., Herbert, H., & Simcock, G. (2003). Memory retrieval by 18- to 30-mont-olds: Age-related changes in representational flexibility. *Developmental Science, 6*, 254–261.

Hayne, H., MacDonald, S., & Barr, R. (2000). Developmental changes in the specificity of memory over the second year of life. *Infant Behavior and Development, 20*, 237–249.

Henderson, B. B. (1984). The effect of context on individual differences in exploratory behavior. *Child Development, 55*, 1237–1245.

Henderson, B. B., & Moore, S. G. (1979). Measuring exploratory behavior in young children: A factor analytical study. *Developmental Psychology, 15*, 113–119.

Hinde, R. A. (1980). *Ethology*. London: Fontana.

Huffman, M. A., & Quiatt, D. (1986). Stone handling by Japanese Macaques (*Macacca fuscata*): Implications for tool use of stone. *Primates, 27*, 413–423.

Hughes, M. (1978). Sequential analysis of exploration and play. *International Journal of Behavioral Development, 1*, 83–97.

Hutt, C. (1966). Exploration and play in children. *Symposia of the Zoological Society of London, 18*, 61–81.

Hutt, C., & Bhavnani, R. (1972). Predictions from play. *Nature, 237*, 216–219.

Johnson, J. E., & Ershler, J. (1981). Developmental trends in preschool play as a function of classroom program and child gender. *Child Development, 52*, 995–1004.

Johnson, J. E., Ershler, J., & Bell, C. (1980). Play behavior in a discovery-based and a formal education preschool program. *Child Development, 51*, 271–274.

Kanfer, F. H., Stifter, E., & Morris, S. J. (1981). Self-control and altruism: Delay of gratification for another. *Child Development, 52*, 674–682.

Köhler, W. (1925). *The mentality of apes*. New York, NY: Harcourt Brace.

Krasnor, L., & Pepler, D. (1980). The study of children's play. In K. Rubin (Ed.), *Children's play* (pp. 85–95). San Francisco, CA: Jossey-Bass.

Krebs, J. R., & Davies, N. B. (1993). *An introduction to behavioural ecology*. Oxford, England: Blackwell.

Lancy, D. (2016). Teaching: Natural or cultural? In David C. Geary & Daniel B. Berch (Eds.) *Evolutionary perspectives on child development and education* (pp. 33–65). Springer.

Lillard, A. S. (2006). Guided participation: How mothers structure and children understand pretend play. In A. Göncü & S. Gaskins (Eds.), *Play and development: Evolutionary, sociocultural and functional perspectives* (pp. 131–154). Mahwah, NJ: Erlbaum.

Martin, P. (1982). The energy cost of play: Definition and estimation. *Animal Behaviour, 30*, 294–295.

Martin, P., & Caro, T. (1985). On the function of play and its role in behavioral development. In J. Rosenblatt, C. Beer, M.-C. Bushnel, & P. Slater (Eds.), *Advances in the study of behavior* (Vol. 15, pp. 59–103). New York, NY: Academic Press.

McCall, R. B. (1974). Exploratory manipulation and play in the human infant. *Monographs of the Society for Research in Child Development, 39*(2), 1–88. Serial No. 155.

McGrew, W. C. (1972). *An ethological study of children's behaviour*. London, England: Metheun.

McGuigan, N., & Whiten, A. (2009). Emulation and "overemulation" in the social learning of causally opaque versus transparent tool use by 23- and 30- month olds. *Journal of Experimental Child Psychology, 104*, 367–381.

McLoyd, V. (1982). Social class differences in sociodiamatic play. A critical review. *Developmental Review, 2*, 1–30.

Meltzoff, A. N., & Moore, M. K. (1985). Cognitive foundations and social functions of imitation and intermodal representation in infancy. In J. Mehler & R. Fox (Eds.), *Neonate cognition: beyond the booming buzzing confusion*. Hillsdale, NJ: Erlbaum.

Menzel, E. W., Davenport, R. K., & Rogers, C. M. (1972). Protocultural aspects of chimpanzees'responsiveness to novel objects. *Folia Primatologica, 17*, 161–170.

Mounoud, P. (1996). A recursive transformation of central cognitive mechanisms: The shift from partial to whole representation. In A. J. Sameroff & M. M. Haith (Eds.), *The fi ve to seven year shift: The age of reason and responsibility* (pp. 85–110). Chicago, IL: University of Chicago Press.

Parten, M. (1932). Social participation among preschool children. *Journal of Abnormal and Social Psychology, 27*, 243–269.

Pellegrini, A. D. (2009). *The role of play in human development*. New York, NY: Oxford University Press.

Pellegrini, A. D. (2010). Play and games mean different things in an educational context. *Nature,467*, 27.

Pellegrini, A. D., & Gustafson, K. (2005). Boys' and girls' uses of objects for exploration, play, and tools in early childhood. In A. D. Pellegrini & P. K. Smith (Eds.), *The nature of play: Great apes and humans* (pp. 113–138). New York, NY: Guilford.

Pellegrini, A. D., Horvat, M., & Huberty, P. D. (1998). The relative cost of children's physical activity play. *Animal Behaviour, 55*, 1053–1061.

Pellegrini, A. D., & Hou, Y. (2011). The development of preschool children's (*Homo sapiens*) uses of objects and their role in peer group centrality. *Journal of Comparative Psychology, 125*, 239–245.

Pellegrini, A. D., Roseth, C., Mliner, S., Bohn, C. M., Van Ryzin, M., Vance, N., … Tarullo, A. (2007). Social dominance in preschool classrooms. Journal of Comparative Psychology, 121, 54–64.

Piaget, J. (1952). *The origins of intelligence in children*. New York, NY: Norton.

Piaget, J. (1962). Play, dreams, and imitation in childhood (C. Gattengno & F.M. Hodgson, Trans.) New York, NY: Norton (Original work published 1951)

Piaget, J. (1967). *The psychology of intelligence*. London, England: Routledge & Kegan Paul.

Piaget, J. (1970). Piaget's theory. In P. Mussen (Ed.), *Carmichael's manual of child psychology* (Vol. I, pp. 703–732). New York, NY: Wiley.

Power, T. G. (2000). *Play and exploration in children and animals*. Mahwah, NJ: Erlbaum. Rheingold, H. L., & Eckerman, G. O. (1970). The infant separates himself from his mother. *Science, 168*, 78–83.

Ross, H. S., Rheingold, H. L., & Eckerman, C. O. (1972). Approach and exploration of a novel alternative by 12-month-old infants. *Journal of Experimental Child Psychology, 13*, 85–93.

Rubin, K. H., Fein, G., & Vandenberg, B. (1983). Play. In E. M. Hetherington (Ed.), *Handbook of child psychology* (Socialization, personality and social development, Vol. IV, pp. 693–774). New York, NY: Wiley.

Rubin, K., Maioni, T., & Hornung, M. (1976). Free play in middle and lower class preschoolers: Parten and Piaget revisited. *Child Development, 47*, 414–419.

Rubin, K., Watson, R., & Jambor, T. (1978). Free-play behaviors in preschool and kindergarten children. *Child Development, 49*, 534–546.

Rushton, J., Brainerd, C., & Pressley, M. (1983). Behavioral development and construct validity: The principle of aggregation. *Psychological Bulletin, 94*, 18–38.

Russell, B. (1959). *The scientific outlook*. New York, NY: Norton (Original work published 1931).

Schulz, L. E., & Bonawitz, E. B. (2007). Serious fun: Preschoolers engage in more exploratory play when evidence is confounded. *Developmental Psychology, 43*, 1045–1050.

Shumaker, R. W., Walkup, K. R., & Beck, B. B. (2011). *Animal tool behavior: The use and manufacture of tools by animals*. Baltimore, MD: Johns Hopkins University Press.

Simon, T., & Smith, P. K. (1983). The study of play and problem solving in preschool children. *British Journal of Developmental Psychology, 1*, 289–297.

Simon, T., & Smith, P. K. (1985). Play and problem solving: A paradigm questioned. *Merrill- Palmer Quarterly, 31*, 265–277. Smilansky, S. (1968). *The effects of sociodramatic play on disadvantaged preschool children*. New York, NY: Wiley.

Smith, P. K. (1988). Children's play and its role in early development: A re-evaluation of the "play ethos". In A. D. Pellegrini (Ed.), *Psychological bases for early education* (pp. 207–226). Chichester, England: Wiley.

Smith, P. K. (2011). Observational methods in studying play. In A. D. Pellegrini (Ed.), *The Oxford handbook of the development of play* (pp. 138–152). New York, NY: Oxford University Press.

Smith, P. K., & Dutton, S. (1979). Play training in direct and innovative problem solving. *Child Development, 50*, 830–836.

Smith, P. K., Takhvar, M., Gore, N., & Volstedt, R. (1986). Play in young children: Problems of definition, categorization, and measurement. In P. K. Smith (Ed.), *Children's play* (pp. 39–55). London, England: Gordon & Breach.

Smith, P. K., & Whitney, S. (1987). Play and associative fluency: Experimenter effects may be responsible for previous positive findings. *Developmental Psychology, 23*, 49–53.

Stamps, J. (1995). Motor learning and the value of familiar space. *American Naturalist, 146*, 41–58.

Sutton-Smith, B. (1967). The role of play in cognitive development. *Young Children, 22*, 364–369.

Sylva, K., Bruner, J., & Genova, P. (1976). The role of play in the problem-solving of children 3-5 years old. In J. Bruner, A. Jolly, & K. Sylva (Eds.), *Play: Its role in development and evolution* (pp. 244–261). New York, NY: Basic Books.

Tinbergen, N. (1963). On aims and methods of ethology. *Zeitschirift für Tierpsychologie, 20*, 410–413.

Tomasello, M. (1999). *The cultural origins of human cognition*. Cambridge, MA: Harvard University Press.

Tomasello, M., & Call, J. (1997). *Primate cognition*. New York, NY: Oxford University Press.

Trivers, R. (1971). The evolution of reciprocal altruism. *Quarterly Review of Biology, 46*, 35–57.

Van Schaik, C. P., Deaner, R. O., & Merrill, M. Y. (1999). The conditions of tool use in primates: Implications for the evolution of material culture. *Journal of Human Evolution, 36*, 719–741.

Vandenberg, B. (1980). Play, problem solving, and creativity. In K. Rubin (Ed.), *Children's play* (pp. 49–68). San Francisco, CA: Jossey-Bass.

Weisler, A., & McCall, R. (1976). Exploration and play: Resume and redirection. *American Psychologist, 31*, 492–508.

West, M. J. (1977). Exploration and play with objects in domestic kittens. *Developmental Psychobiology, 10*, 53–57.

West-Eberhard, M. J. (2003). *Developmental plasticity and evolution*. New York, NY: Oxford University Press.

第四章　引导性游戏：游戏与学习二元对立的一种解决方案

塔玛拉·斯派沃克·托布、毗奈耶·拉詹、
罗伯塔·米希尼克·戈林考夫、凯西·赫胥-帕赛克[①]

我们面临这样一个基本问题：如何教育21世纪的儿童为一个日益全球化和技术进步的世界做好充分准备。除了发展特定的学术技能或内容（content）之外，儿童必须学会合作（collaborate）、交流（communicate）、批判性思维（critical thinking）和创造性思维（think creatively）。如果他们一开始未能取得成功，他们还必须有坚持不懈的信心（confidence）。戈林考夫和赫胥-帕赛克（Golinkoff & Hirsh-Pasek, 2016）将这些要素称之为6C——如果儿童要成为给世界带来重要影响的领导者，6C就是关键竞争力（Fisher, Hirsh-Pasek, Golinkoff, Singer, & Berk, 2010; HirshPasek, Golinkoff, Berk, & Singer, 2009）。我们是否能够在当前的教育体系中将儿童的学习能力最大化？如果做不到，我们怎样才能创造出使所有儿童都茁壮成长的教育机会？目前来说，几个世纪以来，我们的教育体系一直以一种成人引导的教学法为主，它主要是面向相对被动的儿童的。然而，许多理论家支持以另外一种方法代替直接教学法，这种方法通过游戏优先满足儿童的发现感（sense of discovery），如发现式学习法（discovering learning approaches）。通常，人们认为这些选择彼此之间是相互排斥的，而且几十年来，各方的支持者一直在争论不休（Hirsh-Pasek & Golinkoff, 2011）。在本章中，我们思考了两个核心进化视角，并通过我们所

---

① 塔玛拉·斯派沃克·托布（Tamara Spiewak Toub）：美国宾夕法尼亚州费城，坦普尔大学心理学系。毗奈耶·拉詹（Vinaya Rajan）：美国宾夕法尼亚州费城，坦普尔大学行为与社会科学系。罗伯塔·米希尼克·戈林考夫（Roberta Michnick Golinkoff）：美国特拉华州纽瓦克市，特拉华大学教育学院和心理学、语言学和认知科学系。凯西·赫胥-帕赛克（Kathy Hirsh-Pasek）：美国宾夕法尼亚州费城，坦普尔大学心理学系；美国华盛顿特区布鲁金斯学会。

谓的“引导性游戏”（guided play）让彼此和解（Fisher et al., 2010; Hirsh-Pasek & Golinkoff, 2011; Weisberg, Hirsh-Pasek & Golinkoff, 2013）。通过这种两全其美的方法，我们可以最大限度地提升在全球化时代取得成功所必需的关键认知能力和社会技能。

一、美国的教育问题

与其他工业化国家相比，美国的教育体系在国际排名中一直落后。例如，数学成绩的滞后早在1964年第一次国际评估时就出现了（Husen, 1967）。2012年的国际评估项目（Program for International Assessment，PISA）就是一个很有说服力的例子。在经济合作与发展组织（OECD）的34个工业化国家中，美国在数学方面排名第27，在自然科学方面排名第20，在阅读方面排名第17（OECD, 2012）。就数学而言，美国的表现低于经合组织的平均水平，与斯洛伐克共和国和立陶宛等国家的表现相当。当比较获得大学学位的学生人数时，美国在25个经合组织国家中排名滑到第13位（OECD, 2012）。

对美国全球竞争力以及美国中低收入家庭儿童之间的差距的深切担忧推动了《有教无类法案》（No Child Left Behind，NCLB，2001）的通过。这项法案是教育改革的一次全面尝试，围绕着一个狭义上的课程设置投入新力量，主要侧重阅读和数学，而忽略其他的学科。改革的实施也不尽如人意。它被解读为要求对高度指导性的教学进行反复测试（Miller & Almon, 2009; Singer, Golinkoff 和 Hirsh-Pasek, 2006; Sunderman, Tracey, Kim, & Orfield, 2004）。相对较新的《共同核心标准》则旨在将重点扩大到儿童是如何学习的，以及他们期望学习什么。然而，即使有这些进步，在实践中，新标准仍然只是《有教无类法案》2.0版，狭义地理解教育重点。教师的实践仍然是以作业练习、死记硬背以及枯燥的过程技能复习为主，而没有相关概念理解的培养(Hirsh-Pasek et al., 2009）。

来自纽约和洛杉矶200多名幼儿园教师的数据显示，在每天的课程中，大约有80分钟用于读写教育，47分钟用于数学教育，而儿童每天用于自由游戏的时间不到30分钟（Miller & Almon, 2009）。这些教师还报告说，平均每天花在标准化考试和准备考试上的时间超过 20 分钟。根据游戏价值研究的权威学者埃尔金德（Elkind，2008）的观点，游戏时间的减少和学业学习时间的增加导致每周损失的自由、无组织的游戏时间多达 8 小时。新时代的早期教育将游戏与学习错误地加以对立，迫使教师在让儿童做游戏和教授学术内容之间做出选择（Ochuk & Ratnayaka, 2007; Viadero, 2007）。游戏已经变成一个“4 个字母”的单纯词语（Hirsh–Pasek & Golinkoff, 2003）。

二、游戏与直接教学二元对立的现状

游戏和学业学习之间的这种对立反映了关于儿童如何学习的更深层次的基本争论，而在这里进化视角是最有启发性的。一方面，如彼得·格雷（参见 Peter Gray, 2011, 2013, 本书）等学者强调，幼儿具有从自主游戏（self–directed play）和探索中学习的倾向。另一方面，大卫·吉尔里的研究（Geary, 1995, 2007a；参见 Geary & Berch, 本书；Sweller, 本书）提醒我们，有趣的发现式学习只能让我们止步于此。这样的学习方法对“生物学上的初级”技能可能是最佳选择，服务于进化功能，且在所有的文化类型中都能找到。生物学上的初级技能的例子之一就是数知觉（numerosity），或者说儿童对一组物品相对大小的感知（Feigenson, Dehaene, & Spelke, 2004）。相比之下，发现式学习法肯定无法帮助儿童学习“生物学上的次级”（biologically secondary）技能，这只存在于一些文化中，并由于学校教育和教学的不同而存在差异。复杂的联立方程数学就是次级技能的一个例子，吉尔里（Geary, 1995, 2007a）认为，这些技能是无法只通过自由游戏学会的。

格雷和吉尔里的观点得到了大量的数据支持，这些数据有助于我们去理解目前的教育课程和重要的教学法。格雷的研究以了解儿童如何在“野外”学习为前提，并假设在狩猎采集社会中，人类主要通过自由游戏来学习（Lancy, 2016）。儿童受到与生俱来的本能和驱动力的驱使，天生好奇爱玩，这使得他们能够学习并适应环境。在狩猎采集者的教育模式中，成人并不引导儿童的教育，而是让儿童以自己的方式游戏和探索。格雷指出，自由游戏，特别是儿童选择的自主活动，比成人引导的活动，更能促进丰富的社交、智力和情感发展。

根据这种观点，发生在自由游戏背景下的自主学习是至关重要的。格雷认为，诸如建构主义之类的进步教育理论仍然让成人在儿童学习中占主导地位，尽管教师在既定课程的背景下试图推行游戏和探索。在他看来，孩子们能够成功地引导自己的教育，学校应该采用这种狩猎采集者模式：

> 今天，当大多数人思及教育时，他们想到的是学校教育……他们认为教育是某种由成人对儿童所做的工作。但是教育早在学校教育之前就出现了，即使在今天，绝大多数的教育也是发生在学校之外……今天，在绝大多数人的心中，教育的责任在于成人，无论儿童是否想要学习，他们都有责任让儿童习得文化的一些方面。但纵观人类历史，教育真正的责任一直是由儿童自身承担的，今天依然如此。（Gray, 2013: 113）

吉尔里（Geary, 1995, 2007a）的进化观点同样承认自由游戏的重要性，并强调儿童的天性就是参与支持发展的游戏。他认为自由游戏对于促进生物学上的初级技能是最为有效的，这些技能都是建立在预先存在且以进化为基础的认知骨干结构之上的，吉尔里指出：

> 对于没有广泛的次级知识基础的幼儿，利用初级的学习形式在学习次级知识领域的早期阶段可能特别有用。（2007b: 184）

然而与格雷（2011, 2013）相反的是，吉尔里描述了年长儿童通过自由游戏学习时的关键局限性。具体来说，吉尔里对于游戏是否能有效地教授生物学上的次级技能表示质疑（1995, 2007a）。学习生物学上的次级认知技能是缓慢而刻苦的过程，需要刻意的教授和练习（参见 Sweller, 本书）。吉尔里的观点就是：正规的直接教学是提高这些基于文化的次级认知技能组合的最佳途径。

举例来说，克拉尔（Klahr）和尼格姆（Nigam）研究了三年级和四年级学生在设计科学实验时能够正确地分离变量的发展能力（2004）。他们发现，接受成人指导和模仿实验设计的儿童比那些自己探索类似材料和实践实验设计的儿童进步更大。通过自由游戏的发现式学习只是提供了很多不受约束的可能性，会让幼儿的思路走上歧途。吉尔里认识到成人指导是必要的，他的结论是直接教学是有效的选择。

格雷（2011, 2013）和吉尔里（1995, 2007a）的进化视角拥护者支持比约克隆德的说法："在按年龄划分的教室中，儿童并没有进化发展到安静地坐在课桌前……"（2007: 120）然后我们面临的问题是，我们如何在维持一个好玩但有目标性的学习环境的同时，提供丰富的课程选择。格雷和吉尔里的进化视角共同表明，自由游戏是一种有效而自然的活动，儿童通过自由游戏习得了重要的知识和技能；然而，儿童通过格雷所提倡的自由游戏可以学习到的东西是有局限性的。

我们认为，作为在儿童生活中的成人，当我们心中有学习目标时，自由游戏的相对有效性就会削弱。在这些情况下，我们不能依靠儿童去自然地（及时地）经历发展目标技能所必需的教育经验。然而，吉尔里所建议的正规直接教学法（formal direct instruction）——针对学习生物学上的次级技能的——也可能并不是最好的方法。或许还有某种方法，它可以既抓住富有趣味的发现式学习法中的精髓，又可以同时让那些在学习空间中巧妙引导儿童的成人发挥关键作用。

在本章中，我们认为现在应采取的主张是将格雷（2011, 2013）和吉尔里（1995, 2007a）的观点兼容并蓄、合二为一——成为一种兼具自由游戏优点和直接教学价值的方法。在本文中，我们摆脱了在游戏和学习之间所形成的错误二元对立。这种主张强调了明确的学习目标的必要性，而这正是吉尔里对次级技能正规教学讨论的精髓所在，同时它又充分利用了格雷核心观点中儿童期所特有的能动性、开放性和探索性（Gopnik, Griffiths, & Lucas, 2015; Hirsh-Pasek & Golinkoff, 2011）。自主游戏和直接教学之间的争论不断，而一种融合了两种教学风格元素的方法恰好可以取而代之，这就是引导性游戏（Fisher et al., 2010; Hirsh-Pasek & Golinkoff, 2011; Weisberg, HirshPasek, & Golinkoff, 2013）。引导性游戏可以作为一个实用的行动方案，让我们帮助儿童习得在现代世界中的重要技能，并且同时尊重以儿童为中心的积极探索需要。

三、什么是引导性游戏？

引导性游戏与自由游戏都属于游戏化学习（playful learning）；游戏化学习是一种促进学术、社会情感及认知发展的全人教学方法（whole-child pedagogical approach）（见图 4-1）（Fisher et al., 2010; Hirsh-Pasek & Golinkoff, 2011; Resnick, 2004; Weisberg, Hirsh-Pasek, & Golinkoff, 2013; Weisberg, Kittredge, Hirsh-Pasek, Golinkoff, & Klahr, 2015）。为了更好地理解引导性游戏，我们需要思考两点：首先，"游戏"通常是如何定义的；其次，引导性游戏和儿童的其他学习方法有何不同。

在传统上，理论家们认为游戏是一种缺少外在目标的、有趣灵活且自愿的活动，它涉及儿童的积极参与，并且经常包含虚构假装的东西（Fisher et al., 2010; Johnson, Christie, & Yawkey, 1999; Pellegrini, 2009; Weisberg, Hirsh-Pasek, & Golinkoff, 2013）。引导性游戏保留了游戏中大多数的传统元素，特别是愉悦性、迷人性及儿童的主观能动性，但更注重发展儿童技能和知识的外在目标。

在定义引导性游戏和它与其他教学方法有何不同时，有两个关键维度需要思考（见图 4-1）。一是当成人带着特定的学习目标进入某一个情境时，成人可能会对儿童的环境进行不同程度的限制以促进教育目标的实现（如图 4-1 中的水平箭头所示）。二是成人在多大程度上控制了儿童在该环境中的活动流程（如垂直箭头所示）。游戏化学习中的子类型——自由游戏，既体现了对成人指定学习目标束缚的摆脱，又表现了儿童在那种无拘无束氛围中的完全主观能动性。这正是格雷（2011, 2013）大力提倡的学习机会类型。自由游戏是趣味学习的一部分，因为儿童可以并确实通过这些活动进行学习。在儿童自由游戏的过程中，特别是与其他儿童一起游戏的时候，客体探索或是假装游戏为实践各种技能提供了机会（Fisher et al., 2010; Pellegrini, 2009; Singer et al., 2006; Pellegrini, 本书），例如数学和空间技能（Ginsburg, Pappas, & Seo, 2001; Wolfgang, Stannard, & Jones, 2003），语言和读写技能（Pellegrini & Galda, 1990; Weisberg, Zosh, et al., 2013），以及社会情感技能（Lillard, 2001）。然而，很难预测哪些技能和知识是从自由游戏发展而来的，具体内容取决于儿童的突发奇想和他们所选择的游戏环境。

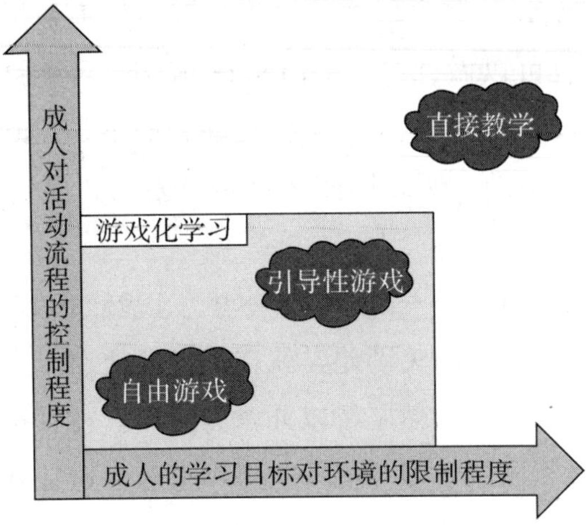

图 4-1　引导性游戏的概念构想和其他儿童学习方法

当成人心怀一个特定的学习目标时，假设儿童会自然而然地在自由游戏环境中发现那些支持学习目标的经验是有风险的。相反，成人可以通过另一种游戏化学习——引导性游戏——提供目标导向支架。在引导性游戏中，成人通过对环境的限制来增加儿童实现指定学习目标的可能性，以确保儿童能接触到相关材料，获得相关体验。儿童依然有选择性和能动性，但是这些选择是由成人制定的，服务于学习目标。莫罗（Morrow）和兰德（Rand）的一项研究表明，当教师对儿童进行初步的指导，并对相关的读写材料进行示范，而不只是简单地提供同样的材料却不给建议时，教师的支持对提高儿童的读写能力卓有成效（1991）。蒙台梭利教育方法（the Montessori educational approach）通常比其他教育方式能取得更好的学习和社会成果，该教育方法就包含了成人引导儿童与客体玩耍以促进学习目标的实现（Lillard, 2013）。这样的引导可能事半功倍，而且还会保留许多游戏的基本要素。

成人除了可以提供相关资料，并给予初步的建议之外，还可以参与儿童的游戏，在引导性游戏中扮演指导者，在游戏中提出发人深省的问题或加以评论，以确保儿童接触到的思想和信息与学习目标有关（Fisher et al., 2010; Weisberg, Zosh, et al., 2013）。组装拼图就是一个十分常见的例子。当儿童努力把一块颠倒过来的拼图放在某一个位置上时，成人可以建议儿童尝试着旋转这块拼图。成人这样做就是在充当儿童尝试行为的支架。通过简单观察一个孩子在做什么，然后说一些类似这样的话："我想知道如果……会发生什么"，或者"有其他方法也可以做到"（Kittredge, Klahr, & Fisher, 2014; Weisberg et al., 2015），成人向儿童建议下一步的行动，而不是控制活动。引导性游戏的挑战是提供轻微的帮助，所以即使选择是有限的，但仍然是由儿童来决定走向。

引导性游戏和其他方法——例如，吉尔里（1995, 2007a）所倡导的用于次级技能学习的直接教学——的关键差异就在于，即便在成人基于学习目标帮助儿童形成经验的情况下，也依然坚持以儿童为导向。在直接教学中，成人的学习目标会在很大程度上限制学习环境，而吉尔里认为这是确保儿童专注于所学内容所必要的。然而，在某些情况下，这种直接的成人参与可能会减少儿童的游戏、探索和学习。博纳维茨等人（Bonawitz et al.，2011）发现，如果明确地教儿童学习一个新玩具的特定因果属性，那么这些儿童就不会发现其他未向他们演示说明的相关属性。相比之下，那些没有见过任何演示的儿童对新玩具探索得更加彻底，并在此过程中发现更多的因果属性。因此，成人指导太多可能会适得其反。

因此，在坚持以儿童为导向和提供足够的指导以促进实现特定学习目标之间存在着一个微妙的平衡。在阿尔菲里（Alfieri）、布鲁克斯（Brooks）、奥德里奇（Aldrich）和泰拉鲍姆（Tenenbaum）对56项研究的综合分析中，与直接教学或自由游戏相比，包含引导性游戏（作者称之为"增强型发现式学习"）的方法可以实现更多的学习（2010）。成人应当更多地发挥指导者的作用，而不是管理者的作用；管理者过多地干涉了儿童的自主性。在拼图游戏的例子中，如果成人一直在指导儿童放每一块拼图，或应当按什么顺序放，儿童就不再能控制活动的方向了。这就偏离了以儿童为导向，转变成儿童消极服从指导（或彻底放弃），即使儿童身体上积极。然而，由于有优秀的指导者会提问题（你认为这块绿色属于红色中间那部分？）或是间接地建议一个策略（先找到图画中的花朵是不是会更容易些？），引导性游戏为儿童提供了一个颇具发展前景的教学方法，它激发儿童去思考，而不仅仅是执行命令。

四、有效学习的原则

引导性游戏的定义特征与大量有关儿童是如何学习研究中的实证证据相一致。诸如心理学、教育学和认知科学的单个领域已经融合发展成为一门更新的跨学科的学习科学，旨在了解推进有效学习的机制，以及如何相应地设计学习环境（Bransford, Brown, & Cocking, 1999; Chi, 2009; Marcon, 1999; Meltzoff, Kuhl, Movellan, & Sejnowski, 2009）。因此，关于如何教育儿童，使其具备在21世纪取得成功所需的技能，我们能够很好地做出有依据的决定。我们在别处对学习科学领域做了更为全面的介绍（Hirsh-Pasek, Zosh，et al.，2015），而且很多作者将这种方法推广到正规教育之中（Ambrose, Bridges, DiPietro, Lovett, & Norman, 2010; Dunlosky, Rawson, Marsh, Nathan, & Willingham, 2013; Mayer, 2011）。齐（Chi, 2009）回顾了相关研究，支持一种分层框架，在这一框架内某些类型的活动比其他活动在促进学习方面更为有效：主动性胜过被动性，建构性优于主动性，并且互动性战胜建构性。在这里，考虑到与引导性游戏的具体关系，我们对齐的研究进行了补充说明，以便简要地对此进行总结，即以下四个“支柱”中的一个或多个存在时，人的学习效果最好（Hirsh-Pasek, Zosh，et al.，2015）：①个体在学习环境中发挥主动性作用；②他们投入其中；③信息是有意义的；④学习者在社会情境中互动。

引导性游戏天然包含这四个有效学习的原则。儿童积极投入，而引导性游戏以儿童为导向的性质确保了在学习目标背景下，儿童以自己的兴趣推动学习日程。因此，新信息与学习者已有的知识和经验在意义上是相关的。引导性游戏还非常符合齐（2019）的建议，即最好的学习环境不仅是主动性的或建构性的，而且还是互动性的。通过引导性游戏，成人在跟随儿童脚步的同时，还提供了有目标性的学习经验。教师可以通过评价儿童的经验，提出开放性的问题，或者与儿童一起玩耍和探讨学习材料来提供高质量的社会互动，而这些互动是具有偶然性和适应性的。因此，这四个支柱可以通过引导性游戏来实现，这解释了其有效性。我们将简要地对这四个支柱进行介绍，并列举我们自己研究中的一些例子来阐明其重要性。

主动学习与被动学习

“学习者并不是等着被填满的空瓶子”（Sawyer, 2006: 2），而且儿童是通过在自身环境中的主动性探索和参与来学习的，这种观点至少可以追溯到皮亚杰和维果茨基的时代。从那时起，我们的教育方法就日渐接受了这种学习观点，即把学习作为知识建构，而不是反应或知识习得（Mayer, 1992）。这种方法与将儿童看作小科学家的观点不谋而合，即他们是以个人经验为基础，进而形成、检验及调整他们对世界的概念（Gopnik, Meltzoff, & Kuhl, 1999）。正如成人是通过积极投入而不是消极投入才能够更好地学习一样（Leopold & Mayer, 2015; Mazur, 2009），儿童从积极投入到自身学习中受益良多（Chi, 2009）。教育环境应当需要涉及包括“知识转换”在内的更高层次的认知过程，而不应满足于对习得知识（知识的传达）没有反思地照本宣科（Bruer, 1993）。

这种主动参与不是身体上的，而是“动脑思考”的活动，在这种活动中，儿童从认知上去处理材料（Hirsh-Pasek, Zosh et al., 2015）。虽然自由游戏过程中会出现积极投入，但引导性游戏中的成人支架可以有效地支持这种动脑思考的参与。多项研究表明，当儿童在参观科学博物馆时参与问答对话或其他相关评论时，他们学到的东西比被动学习时学到的更多（Borun, Chambers, & Cleghorn, 1996; Haden, 2002）。同样地，相比简单地阅读概念或阅读学习已有的相关图形时，儿童边学化学边画相关的图解，就会学到更多的化学知识（Schwamborn, Mayer, Thillmann, Leopold, & Leutner, 2010; Zhang & Linn，2011）。这种现象也适用于其他学科。例如，儿童在阅读过程中包括问答和单词使用，他们从中习得的词汇就比当被动听众时更多（Sénéchal, Thomas, & Monker, 1995）。

主动“动脑思考”的方式之一就是参与认知探索，这是人类相比其他物种拥有相对较长的儿童期的一个重要标志（Gopnik et al., 2015）。高普尼克（Gopnik）及其同事们提出，由于早期的神经可塑性和弹性，儿童在通过开放性的探索进行学习方面有着充分的优势。这些作者用计算机科学中的模拟退火（这是一个从冶金学中借来的术语）过程进行了类比，在这个过程中，最初的“高温”搜索思考了广阔的可能性领域，然后“低温”搜索则专注于更狭窄的、可能性更大的选项子集合。这些作者写道：“儿童期可能是执行模拟退火的进化方式”（2015: 91），因为幼儿通过思考一系列广泛的可能性来处理一个问题，然后，随着年龄的增长，利用他们增长的经验和知识去关注最有可能性的狭小范围。让儿童在认知上积极参与的教学方法，例如游戏化学习，就利用了这种对于幼儿来说非常自然的探索性流动思维。

我们关于主动性支柱影响的例证就来自我们实验室对儿童学习几何形状标准属性的调查研究（Fisher, Hirsh–Pasek, Newcombe, & Golinkoff, 2013）。在这项研究中，儿童被随机分配到三种情况的其中之一。在第一种情况下，实验者和儿童假装成侦探，试图发现几何形状的定义属性（例如，三角形为什么是三角形？）。实验者使用引导性游戏，提出问题和建议，儿童主动参与发现过程。在第二种情况下，实验者变成了侦探，在发现过程中使用更多的讲述教学，而儿童则被动地观看。在最后一种情况下，儿童有机会用相同的材料自由玩耍，但没有任何成人的指导或参与。实验要求儿童对几何形状进行分类。在引导性游戏中的儿童能够正确地识别出标准（如等边三角形）和非标准（如不等边三角形）的几何形状，比其他两组儿童对几何形状的定义属性表现出更多的了解。引导性游戏的学习优势就在于为主动性学习提供了支持，特别是相比于讲述教学法。

对主动性学习的额外支持来自我们的“读—玩—学”干预项目（Dickinson et al., 2016; Toub et al., 2016）。这个迭代的系列研究调查了分享阅读和相关游戏活动在推动低收入家庭学龄前儿童词汇发展的应用情况。通过分享阅读听到新词汇后，儿童通过玩与书有关的玩具参与引导性游戏（Toub et al., 2016）。成人用单词向儿童提出一些与单词有关的封闭式和开放式问题，把单词复习融入儿童游戏。根据厄尔加兹（Ilgaz）、韦斯伯格（Weisberg）、赫胥－帕赛克（Hirsh–Pasek）、戈林考夫（Golinkoff）和尼克洛普罗（Nicolopoulou）的报告，如果儿童在游戏中回答出更多成人所提的关于单词的问题，他们学到的单词就更多，即使成人使用词汇的频率与儿童的词汇量增长无关（2013）。

在另一项研究中，扎什（Zosh）、布林斯特（Brinster）和赫伯达（Halberda）向 3—3.5 岁的儿童展示新物体的图片（2013）。在教学情况下，实验者明确地告诉儿童他们所描述的新物体的标签（例如，这是一辆达克斯摩托车[①]），

① 达克斯（Dax）：一种小体积，低重心和长轴距的摩托车。——译者注

儿童只是听和看。然而，在推理条件下，儿童会更主动地参与动脑思考：成人在已知物体旁向他们展示新物体的图片，并提供一个新标签（例如，你可以指向达克斯摩托车吗？）。这就要求儿童使用一种主动的排除过程才能在标签和新事物之间建立联系。在学习过程中，虽然儿童在教学情况下花更多的时间观察新事物，但却在推理条件下对新物体名称表现出更好的记忆力。这一发现进一步支持了这种观点：当儿童主动参与——认知上的主动性——到学习过程中，他们学习单词的效果更好。

投入式学习与干扰式学习

支持有效学习的第二个原则表明，环境应当促进对学习任务的投入，而不应提供干扰因素。即使对成人来说，多重任务处理也是极其困难的（Watson & Strayer, 2010），并且当个体能够专注相关信息而忽略无关信息时，学习是最有效的。

这个支柱的证据在两篇完全不同的文献中得以证实：一篇的研究重点是干扰的作用和学习，而另一篇则关注认知处理负荷或记忆的认知负荷理论（Cognitive Load Theory, CLT; 另参见 Sweller, 本书）。研究干扰的文献非常明确。儿童在干扰较少的环境中学习效果最好。在很多实验中，研究者发现儿童从具有动手特征（翻页、拉拉书、弹出立体图片）的图书中所学到的文字、标签或事实比从不具有这些特征的同类图书中所学到的要少（Chiong & DeLoache, 2012; Tare, Chiong, Ganea, & DeLoache, 2010）。即使是教室墙上的装饰，也可能干扰学习（Fisher, Godwin, & Seltman, 2014），至少在它们是新的的时候（Imuta & Scarf, 2014）。

我们在研究儿童通过此类具有不同额外功能的书籍进行学习的过程中发现了类似的结果（Parish-Morris, Mahajan, Hirsh-Pasek, Golinkoff, & Collins, 2013）。在一项研究中，父母和他们 3 岁或 5 岁的孩子一起读书。两组当中的一组被随机分配去阅读电子界面（electronic console ，EC）书籍——平板电子书的前身。电子界面可以让儿童激活预先录制的故事叙述、音效、音乐或玩相关的游戏。剩下的一组阅读传统图书。尽管这些图书在故事的复杂度、每页字数、总页数和人物等元素上进行了匹配，但基于不同条件下的阅读经验存在着显著差异：相比读电子书的父母，阅读传统图书的父母会说更多有关故事的逸闻，对儿童的行为则较少进行评论。故事相关的话语包括“抽离提示”，它将故事与儿童自己的生活联系在一起，或要求他们在故事文本外进行推理。这样的提示是对话式阅读的关键要素，并且众所周知，它可以促进儿童的语言发展（Zevenbergen, Whitehurst, & Zevenbergen, 2003）。行为相关的话语经常会将儿童的注意力从按钮重新转移回故事。因此读传统图书的儿童及其父母会更专注于故事，而较少分心。

为了搞清楚投入和干扰之间的差异与儿童学习的关系，帕里什－莫里斯（Parish–Morris）和我们实验室中的其他研究者一起进行了第二项研究。我们测试了儿童以传统图书和电子书这两种方式阅读同样人物故事之后的故事理解力。虽然 5 岁的儿童在两种情况下的表现都是最好，但 3 岁儿童阅读传统图书时对故事的理解明显比他们读电子书时表现得更好。更具体地说，使用传统图书能提高对故事内容和故事时间顺序回答的准确性，这取决于对故事叙述更深层的理解。这两项研究综合表明，3 岁的儿童在阅读传统图书时学习效果更好；传统图书比电子书更能促进儿童投入学习，减少干扰。

在另一项对于干扰与投入价值之争的研究中，我们探索了当儿童的学习经验被一个无关事件干扰时，他们的新词汇学得如何（Reed, Hirsh–Pasek, & Golinkoff, 2016）。在一个组内设计中，母亲教了她们 2 岁的孩子两个可以标注特定动作的新词语[例如，颠动(Blicking)=在膝盖上颠东西的一种特殊方式，事先已经给母亲演示过了]。每次学词语的“课”持续大约 60 秒，母亲每段时间内完成两次课。对于其中的一个词语，学习时有干扰情况：实验者在上课 30 秒后，给母亲打一个 30 秒的电话进行干扰。然后给母亲最后 30 秒来继续上课。对于第二个词语，母亲直到在上课的 60 秒结束后才接到电话。两种情况的顺序在两个词语之间保持恒定。随后的优先注视数据（preferential looking data）表明，儿童在没有干扰的课堂中学会了新词汇，但在被干扰的课堂中没有学会新词汇。这项研究强调，如果我们想要达到最佳的学习效果，无干扰的持续性投入是至关重要的。即使在控制了母亲参与教学的总体时间后，母子互动中的干扰打断并妨碍了儿童的学习。

在某种程度上，研究干扰的文献所关注的是儿童是否能够遏制与任务无关的信息。关于干扰的研究还证明了认知负荷理论，即一种基于进化框架的教育理论，它认为对生物学上的次级知识的处理需要大量的信息存储，但这会被有限的工作记忆容量所阻碍（Sweller, 2004, 2007, 本书）。根据认知负荷理论，教学实践应旨在减少学生的工作记忆负荷。在儿童早期谨记此点尤为重要，因为工作记忆的发展是随着青春期而逐渐发展提高的（Gathercole, Pickering, Ambridge, & Wearing, 2004）。教学实践不应使儿童工作记忆容量不堪重负。有趣的是，阿尔菲里等人（Alfieri et al，2010）的元分析表明，引导性学习比直接教学需要更多的工作记忆。因此，这是一个悖论，因为引导性教学可以导致更深层次的学习，但同时它们又会适得其反地增加记忆处理。

对于发现式学习是否会导致更深层次的学习，还存在一些争议。克斯讷（Kirschner）、斯威勒（Sweller）和克拉克（Clark）发现，基于问题的教学对于有限的工作记忆系统需求较大，特别是在处理新内容信息时，这反而会导致学习更差（2006）。他们的结论是教师在向学生教授新内容和技能时，应当采用直接而明确的教学方式（Kirschner et al., 2006）。然而，在直接跳至使用直接教学之前，可能还有一些方法能够克服记忆负荷的问题。例如，减少工作记忆负荷的方法之一可能就是将新信息与以前所学的概念或是其他相关经验和观察相联系。事实上，这与强调建立有意义联系的学习支柱有关，我们将在下一部分加以讨论。

这些不同的发现强调了进一步研究的需要，而这些研究具体说明了在这些情境中，对于学习一个特定内容领域或目标而言，发现式教学与直接教学相比到底哪个可能是最佳的选择。然而，即使在这一点上，我们知道考虑干扰和工作记忆的负荷对设计出合适的引导性游戏活动来说非常关键。为此，我们提出，当引导性游戏围绕着有效学习的支柱而构建时，它可以采用这样的一种方式来实施：减少无关的细节，降低对工作记忆的要求。

有意义学习与非关联性学习

很多高效学习环境的第三个特点是它们强调获得的新信息与已有的知识或个人经验之间的联系。在没有辨识出这些细节之间的异同和其他有意义关系的情况下，学习各个小块的琐碎信息并不是很有价值或有长远意义的

（Ausubel, 1968; Bransford et al., 1999; Shuell, 1990）。假设一个儿童知道不同种类的恐龙，一旦儿童了解各种有意义的分组，例如，食草动物和食肉动物或两足动物和四足动物，他可以在学习中更为迅速地理解新学习到的恐龙的特点。齐（Chi，2009）的学习框架认为心理模型的建构是学习过程中一个重要组成部分。同样，格雷认为能培养个人对新信息思考的环境比只是让人记住事实的环境，对“教育天赋”更有支持力。这些天赋是经过自然选择保存下来的，其特点就是驱动人们去“观察、探索和实践他们周围的文化基本要素”（2011：29）。因此，只有利用自然天性参与到与个人有关联且有意义的活动中才能更好地实现教育。向学生强调材料是如何与现实世界中的现象，以及他们已有的知识相关联的，会使新材料变得更有关联性和意义。我们需要更多的研究来证实我们的想法：当儿童从他们过去的学习或是其他对世界的经验和观察中找到与新材料之间的千丝万缕的联系时，他们会学得更好。

对新信息来说，有意义的联系可以通过展现的情境来促进，而这些情境本身是有趣的、连贯的或是熟悉的（Hirsh-Pasek, Zosh, et al., 2015）。例如，哈德森（Hudson）和尼尔森（Nelson）发现当活动是较为熟悉的叙述中的一部分，如参加生日晚会与做饼干，儿童可以回忆出更多的故事活动（1983）。有意义的元素还可以涉及以前所讨论的参与元素（engaged elements），并且可以成为一种激励性的报酬。阿尔瓦雷斯（Alvarez）和布思（Booth）也注意到，与获得无意义的信息或实质的奖励相比，当儿童获得具有因果性意义的信息作为奖励时，能够更加坚持不懈地完成一个枯燥的任务（2014）。当一个情境更富有意义时，它也可能会更有吸引力。

我们在“读—玩—学”系列中的研究工作说明，更高级的学习可以发生在更有意义的情境中。在这项研究中，儿童在故事书以及相关的游戏活动情境中对新单词的接受能力和表达能力都取得了很大进步（Dickinson et al., 2016; Hassinger-Das, et al., 2015; Toub et al., 2016）。在一项研究中（Toub et al., 2016），学龄前儿童在参加了涉及介绍新词汇的阅读课程后，他们或用与书配套的玩具自由地玩耍，或参与成人支持型的两种游戏变体中的一种。在成人支持型的游戏中，成人帮助儿童关注游戏（例如，关注故事中的一个场景），用评论将词语和故事与儿童的行为联系起来，并就词语进行提问。然而，当儿童自由玩耍时，只有儿童自己将词语应用到游戏中，才会出现有意义的词汇语境。相比在自由游戏中的儿童，成人支持型游戏中的儿童在词汇测试中的接受能力和表达能力方面都表现出更大的进步。这些研究结果表明，更富有意义的情境会促进更好的词汇学习。

在“读—玩—学”系列的另一项研究中（Hassinger–Das, et al., 2015; Toub et al., 2016），在阅读过程中，成人向儿童展示新词语，然后用两种方式中的一种来复习这些词语。对于其中一半的词语，成人把它们融入儿童的引导性游戏，并就这些词语提出一些开放性的问题，以帮助儿童促进意义的形成。对于另一半词语，儿童玩一种图片卡游戏。这种活动会促进最小的意义形成，因为儿童只是把图片所描述的意义与词语联系在一起，游戏并没有涉及词汇和故事或与儿童生活之间的关系。在测试时，在引导性游戏中复习词语的儿童比在图片游戏活动中复习词语的儿童在表达词语意义能力方面明显更优秀。并不是所有的活动都能同样地促进意义的形成或是学习。

玩棋类游戏提供了另一个实例，说明以游戏为基础的有意义的方法是如何支持词语学习的。拉马尼（Ramani）、西格勒（Siegler）、赫梯（Hitti）等研究人员发现与数字有关的棋类游戏可以促进数学的发展，而我们相同的研究工作探索了作为学龄前儿童词汇发展工具的游戏（2012）。我们使用了类似 “读—玩—学”项目中的阅读活动，并将其与棋类游戏相结合（Hassinger–Das, Ridgeet al.，2016）。在阅读活动中向儿童展示了词汇后，成人就引导儿童玩一个包含词汇的棋类游戏。这个游戏类似于“蛇梯棋”（Snakes and Ladders），儿童在棋盘上移动他们的棋子，周期性地落在方格上，而这些方格则要求他们通过回答实验者所写好的关于词汇的问题来复习故事书中的一个单词。这些问题要么推动儿童去回忆故事的要素，要么刺激他们更深入地思考，从而进行推测或是预测。游戏只有在儿童回答正确后才能继续玩下去，而进行的方式要么是独立开展，要么是在实验者的帮助下。因此，词汇的意义作为游戏过程的一部分获得了个人意义。在对照组中，其他儿童玩同样的棋类游戏，但游戏中并不包含词汇复习。对这些儿童来说，词汇是分开复习的，所以儿童们接触了同样数量的词汇，但却只是在一种有意义的情境中，那就是与书有关的阅读活动。干扰前和干扰后的词汇测试所得出的结果表明，玩整合版本棋类游戏的儿童与对照组的儿童相比，在词汇的接受能力和表达能力上都取得了更大的进步。把词汇学习包含在有趣的游戏中可以很好地帮助儿童记忆词汇。

最后，我们以一项对 3—5 岁儿童的亲子积木游戏研究来说明有意义学习环境的重要性（Ferrara, HirshPasek, Newcombe, & Golinkoff, 2011）。所有的亲子二人组都玩同样的积木，但是被随机分配到三种情况之中的任意一种。在第一种情况下，唯一的指导就是像他们在家里一样玩积木。在第二种引导性游戏的情况下则有更多的成人支架，二人组被要求根据照片按部就班地用积木搭建一个车库或是直升机升降坪。在第三种情况下，二人组被要求自由地玩要预先组装好的车库或直升机升降坪。根据视频片段，我们计算了父母和儿童的空间语言比例——例如提及位置、形状或是尺寸。在有更多成人支架的引导性游戏中，父母使用的空间语言明显多于其他两种情况下的父母。同样，相比通过引导性游戏建造车库和直升机升降坪的儿童或是玩预先组装好的车库和直升机升降坪的儿童，自由玩积木的儿童使用的空间语言没有前两种情况下儿童所用的那样多。总的来说，自由玩积木对于父母和儿童在表达空间关系和性质方面是事倍功半的。虽然这项研究并没有测试儿童在空间支持方面的进步，但是其他纵向研究（Pruden, Levine, & Huttenlocher, 2011）和实验研究（Loewenstein & Gentner, 2005）表明，接触空间语言及个人对空间语言的使用有助于提高空间技能。因此，促进成人和儿童使用相关语言是将有意义的情境与学习相互关联的方式之一。

互动学习与独立学习

我们的第四个也是最后一个与有效学习相关的支柱强调了社会互动学习经验的重要性，这与齐（Chi, 2009）的等级框架相一致，因为该框架的重点就是突出“互动”是学习环境中最有效的特征。进化观点在它们对学习经验中的社会互动与合作的强调方面有所区别。有些观点认为通过社会互动学习可能是由于进化影响而形成的（Herrmann, Call, Hernandez-Lloreda, Hare, & Tomasello, 2007）。在格雷（Gray, 2011, 2013）看来，在混龄游戏中，年长儿童可以为年幼儿童解释概念，所以狩猎采集部落中的儿童能够从中受益。年长儿童在为年幼儿童树立效仿榜样的同时，他们也可以从年幼儿童那些富有创造性和想象力的活动中有所获益。从吉尔里（Geary, 2007a）的观点来看，社会情境中的社会模仿和其他学习方式都有利于初级技能的发展；然而，他再次强调，与其他儿童的社会交往并不足以掌握抽象的概念和技能（如解决线性代数问题）。他认为这种生物学上的次级技能需要教师进行直接或明确的教学。

作为回应，伯奇（Berch, 2007, 2013）宣称教师引导的教学形式并不是儿童习得生物学上的次级知识的唯一方式，学生可以通过与同伴的交往、参加合作学习及解决问题的活动来获得这些技能。伯奇（2007）引用证据表明，这些活动的结构和脚本可以提高合作学习的有效性；然而，引导性游戏兼顾了社会互动的益处与在有限的限制条件下保持儿童的自主性和即时自由的目标。其他的研究已指出了年长的学生从真正合作学习中所获得的好处（参见 Johnson, Maruyama, Johnson, Nelson, & Skon, 1981），而且成人支架能够有助于促进这种互动学习。

在文献中，还出现了一些关于社会互动在学习中的作用的例子——从婴儿和语言发展开始，这是所有进一步学习的基础。根据库尔（Kuhl）的“社会门控”假说（“social gating” hypothesis），语言学习中涉及的计算是由社会性大脑把关的（Kuhl, 2007）。事实上，儿童从社会环境（如父母、老师和同伴们）中获得的语言输入与语言学习呈正相关。具体来说，家长交流输入的数量（Hart & Risley, 1995）和质量（Golinkoff, Deniz Can, Soderstrom, & Hirsh-Pasek, 2015; Hirsh-Pasek, Adamson, et al., 2015; Rowe, 2012; Goldin-Meadow et al., 2014）都与儿童期的语言成长相关。

就学习而言，重要的不仅仅是要有社会伙伴，还要参与具有偶然性和适应性高质量的社会互动（Tamis-LeMonda, Kuchirko, & Song, 2014）。相比面对面的交流，婴幼儿从电视传达的信息中所学到的东西要少得多，这一现象被称为视频缺陷效应（参见 Anderson & Hanson, 2010）。托塞斯（Troseth）、塞勒（Saylor）和阿彻尔（Archer）让幼儿参与一项找东西的任务，测试了社会随机性在视频缺陷效应中的作用（2006）。当有人面对面进行指导和同样的人通过录制视频指导相对比时，儿童在面对面指导的情况下更有可能按照指示找到隐藏的玩具。但是，当人们通过闭路电视的随机互动来指导儿童时，儿童也成功地找到了隐藏的玩具（Troseth et al., 2006）。

我们实验室最近的研究拓展了这些发现。罗斯伯里、赫胥－帕赛克和戈林考夫（Roseberry, Hirsh-Pasek & Golinkoff, 2014）在以下三种情况之一让幼儿接触新词汇：社会偶发的实时互动、社会偶发的视频聊天或一个对照视频——该视频是非偶发预先录制的实验者与另一名儿童的视频聊天。在实时互动及视频聊天情况下，幼儿学习新词语的表现都胜过在对照视频情况下的表现。这些结果表明视频缺陷效应不是由数字传输本身所造成的，而是儿童在那种情境下通常会经历的非偶发互动导致的。

这些研究已远非只局限在婴幼儿期的范围，还涉及了在课堂社会关系中学习的重要性。胡滕洛赫尔（Huttenlocher）、瓦西里耶夫（Vasilyeva）、希曼（Cymerman）、莱文（Levine）的研究指出，儿童听到的教师用语与语言结果有关联（2002）。具体来说，教师用语与 4 岁儿童在一年中对复杂句法理解的增长有关联。在学前期，同伴互动对语言的表达能力和接受能力也产生了巨大的影响（Mashburn, Justice, Downer, & Pianta, 2009）。

五、引导性游戏：一个折中方案的概述

根据儿童如何学习的证据和支持引导性游戏的证据来看，我们认为这种长期以来错误地将游戏与直接教学式学习二元对立的做法应当被摒弃。当儿童是主动（而不是被动）学习时，当他们投入学习（而不是被干扰）时，当信息是有意义（而不是空洞杂乱）时，以及当活动是社会互动时，儿童学得最好（Hirsh-Pasek, Zosh, et al., 2015）。在游戏的环境中出现这四个特征，就使得游戏化学习成为一个有吸引力的选择。引导性游戏就包含这四个支柱，为我们提供了一个特别有发展前景的方法（Weisberg, Hirsh-Pasek, & Golinkoff, 2013），它应当被融入早期教育，进而从小提高儿童的学习和发展。

早期儿童教育项目的短期利益和长期利益是无可争议的（Barnett, 1995; Campbell, Pungello, Miller-Johnson, Burchinal, & Ramey, 2001）。儿童表现出的数学和读写技能是对后来学习成绩的重要预测因素（Duncan et al., 2007; Whitehurst & Lonigan, 1998）。我们面临的问题是，我们如何能够更好地实现这些目标，以及进化视角如何能够帮助我们为所有的人提供优质教育。

格雷（2011, 2013）主张利用儿童的教育本能和与此相关的探索，因为他提倡的是狩猎采集模式的教育，该模式强调自由游戏的重要性。他认为，儿童有能力引导他们自己的教育，而且也应该让他们这样做。吉尔里（1995, 2007a）还描述了各种自然倾向，这些倾向引导儿童通过自然游戏学习了众多重要的基础技能。然而，吉尔里（1995, 2007a）认为游戏的力量对于学习是有限的；儿童无法只通过这些活动来学习生物学上的次级技能。

我们详细回顾了一些证据，它们表明自由游戏并不是促进特定教育结果的最好方法，例如，知道如何识别一个特定的几何形状（如三角形）或是学习一组特定的词语（Fisher et al., 2013; Toub et al., 2015）。对于儿童来说，自由游戏中的自由度太多，以至于他们无法注意到他们应当学习什么。研究结果清楚表明，尽管自由游戏有着诸多益处，有助于儿童的社会技能和自我调节技能（Fisher et al., 2010; Singer & Singer, 2005），但当我们有一个特定的学习目标时，引导性游戏就胜过了自由游戏。另一方面，成人的作用并不需要像吉尔里（1995, 2007a）所偏爱的正规教育认为的那样具有指导性。本章所回顾的研究结果支持这一主张：当有明确的学习目标时，我们必须限制学习的可能性，并帮助幼儿关注最相关的内容。然而，人们可以选择限制学习环境，并通过引导性游戏而非直接教学来帮助次级技能的学习。正如韦斯伯格、赫胥－帕赛克和戈林考夫（2013）所指出的，通过引导性游戏，成人以一种有利于发现学习维度的方式建构环境。“教师可以通过这些方式来提高儿童的探索和学习：评价儿童的发现、与儿童一起玩耍、对儿童的发现提出开放性的问题、或以儿童可能从未想到的方式探索材料。”（Weisberg, Hirsh–Pasek, & Golinkoff, 2013: 105）运用诸如对话探究和提高投入度等支架技巧有助于引导儿童的注意力和探索，并促进他们的“意义构建”过程，而这些都是构成引导性游戏有效性基础的关键要素（Fisher et al., 2013）。因此，引导性游戏不但保留了格雷和吉尔里观点的精华，还提出了问题：这二者应如何协同工作才能优化初级和次级技能的学习？引导性游戏对格雷和吉尔里的进化观点兼而有之，并将对儿童探索的重视与目标导向的成人指导合二为一。

研究证据的效力使我们得出了这样的结论：引导性游戏可以在自由游戏和直接教学之间提供一个首选的折中方案（见图 4–1）。引导性游戏提供了一个基于证据的教学最佳点，在限制学习环境并提供活动支架与在指导儿童游戏并尊重其能动性之间取得了谨慎的平衡。作为一种以儿童为导向的活动，在成人提供的与儿童发展相适应的、有条件的、有支架的和有目标支持的情境下，引导性游戏保持了游戏的愉悦性，很自然地使用了促进更强学习的机制（Weisberg, Hirsh–Pasek, & Golinkoff, 2013）。正如我们在其他地方所论证的（Weisberg, Hirsh–Pasek, Golinkoff, & McCandliss, 2014），引导性游戏还可以在儿童中推广一种积极的学习方法（通过准备工作），而不会将学习宣扬成一种不愉快的、没有乐趣的经验（Resnick, 2004）。引导性游戏的所有这些特点使其成为一种前景广阔的学习方法。

六、结论

美国教育体系因改革而身陷困境，这些改革在无意中将丰富的课程与适龄的教学——学习与游戏二者——对立起来。如今是时候根据学习科学和进化心理学中的丰富文献来重新审视教育改革的问题了。当我们这样做的时候，我们很快认识到儿童在一个社会情境中主动性地、投入地学习有意义的材料时，他们的学习效果最好。这些要素出现在了游戏之中。但是，正如吉尔里所指出的，仅仅有游戏并不足以帮助儿童学习生物学上的次级信息，如联立方程、甚至是文学推断。成人必须提供支架来限制潜在的各种解释和可能性。在这里我们从早期儿童研究中找到了证据，说明儿童既可以成为他们学习的主人，又可以在一个受限制的学习空间中进行导航，以提高他们的表现和实现学习目标。

因此，引导性游戏给我们提供了一种与当前许多教育实践相反的新教学方法。然而，这与学习科学和儿童如何可以学得最好的复合进化理论当中的两个发现是一致的。

未来研究方向

下面我们提出了关于引导性游戏的五个主要问题（见表 4–1）。第一，怎样更好地实施引导性游戏？第二，引导性游戏对于学术和社会成果的长期影响是什么？第三，在什么情况下，引导性游戏的效果更好（或效果较差）？第四，我们如何才能更好地培训教师（和父母），让他们在与儿童的互动中采用引导性游戏？第五，我们如何更好地传播这一信息？我们对这些问题答案的共同追求将会帮助我们阐明引导性游戏的好处，并将之最大化，使其作为一种教学法添加到我们常备的教学法列表之中。

表 4-1　引导性游戏未来研究的关键问题及方向

关键问题	未来研究方向
怎样更好地实施引导性游戏?	我们需要在不干扰儿童学习自主性的情况下，在学习经验中找到成人的指导和支架之间的最佳平衡。
引导性游戏对于学术和社会成果的长期影响是什么?	有证据表明，与直接教学或者综合法相比，参加过欢乐有趣的启发儿童主动学习的学前教育项目的儿童，会在 6 年级有更好的社会成果表现和学业成果表现（Marcon, 1999, 2002）。我们还需要更多的研究工作去探索通过游戏化学习，特别是引导性游戏所获得的潜在长远好处和知识迁移。
在什么情况下，引导性游戏的效果更好（或效果较差）?	年龄是其中一个考虑因素。由于绝大多数的现有研究工作都集中在幼儿上，我们需要研究引导性游戏是否与年长儿童及成人的认知与社会成果有相关性。此外，考虑到引导性游戏的记忆负荷，过程性学习与概念性学习、新奇材料与熟悉材料之间的区别可能会对教学方法产生影响。
我们如何才能更好地培训教师（和父母），让他们在与儿童的互动中采用引导性游戏?	在不剥夺儿童主观能动性的情况下，要想把有关学习目标的点滴内容以有意义的方式编到游戏之中需要一定的熟练技巧。“读—玩—学”项目中的教师得两头兼顾，既要处理具体的词汇复习策略，又要实现我们所寻求的引导性游戏风格，不免困难重重（Toub et al., 2015）。教师或父母需要什么类型的支持才能轻松有效地实施引导性游戏呢?另外，吉尔里（1995）对直接教学的强调是基于全民教育和对个体化教学可行性的实际关注。在大课堂背景中如何实施引导性游戏呢?
我们如何更好地传播这一信息?	遗憾的是，很多政策制定者都受到了错误观念的影响，他们认为僵化的课程和标准化的评估是衡量学生学习的最佳方式（Miller & Almon, 2009）。我们必须激励父母、教育者和政策制定者去接受引导性游戏作为一种有利的替代选择，并与这些利害关系者更好地沟通引导性游戏的优点。

参考文献

Alfieri, L., Brooks, P., Aldrich, N. J., & Tenenbaum, H. R. (2010). Does discovery-based instruction enhance learning? *Journal of Educational Psychology, 103*(1), 1–18.

Alvarez, A. L., & Booth, A. E. (2014). Motivated by meaning: Testing the effect of knowledgeinfused rewards on preschoolers' persistence. *Child Development, 85*(2), 783–791.

Ambrose, S. A., Bridges, M. W., DiPietro, M., Lovett, M. C., & Norman, M. K. (2010). *How learning works: Seven research-based principles for smart teaching*. San Francisco, CA: Jossey-Bass.

Anderson, D. R., & Hanson, K. G. (2010). From blooming, buzzing confusion to media literacy: The early development of television viewing. *Developmental Review, 30*(2), 239–255.

Ausubel, D. (1968). *Educational psychology: A cognitive view*. New York, NY: Holt, Rinehart, & Winston.

Barnett, W. S. (1995). Long-term effects of early childhood programs on cognitive and school outcomes. *The Future of Children, 5*(3), 25–50.

Berch, D. B. (2007). Instructing evolved minds: Pedagogically primary strategies for promoting biologically secondary learning. In J. S. Carlson & J. R. Levin (Eds.), *Educating the evolved mind: Conceptual foundations for an evolutionary educational psychology* (pp. 109–118). Greenwich, CT: Information Age.

Berch, D. B. (2013). *Evolutionary theory can inform the intelligent design of educational policy and practice*. Retrieved from https://evolution-institute.org/project/education/ evolutionary-theory-can-inform-the-intelligent-design-of-educational-policy-and-practice/.

Bjorklund, D. F. (2007). The most educable of animals. In J. S. Carlson & J. R. Levin (Eds.), *Educating the evolved mind: Conceptual foundations for an evolutionary educational psychology* (pp. 119–129). Greenwich, CT: Information Age.

Bonawitz, E., Shafto, P., Gweon, H., Goodman, N. D., Spelke, E., & Schulz, L. (2011). The double-edged sword of pedagogy: Instruction limits spontaneous exploration and discovery. *Cognition, 120*(3), 322–330.

Borun, M., Chambers, M., & Cleghorn, A. (1996). Families are learning in science museums. *Curator: The Museum Journal, 39*, 123–138.

Bransford, J., Brown, A., & Cocking, R. (Eds.). (1999). *How people learn: Brain, mind, experience and school*. Washington, DC: National Academy of Sciences.

Bruer, J. T. (1993). *Schools for thought: A science of learning in the classroom*. Cambridge, Mass: MIT Press. eBook Collection (EBSCOhost), EBSCOhost (accessed August 4, 2015).

Campbell, F. A., Pungello, E. P., Miller-Johnson, S., Burchinal, M., & Ramey, C. T. (2001). The development of cognitive and academic abilities: Growth curves from an early childhood education experiment. *Developmental Psychology, 37*(2), 231–242.

Chi, M. T. H. (2009). Active-constructive-interactive: A conceptual framework for differentiating learning activities.*Topics in Cognitive Science, 1*, 73–105.

Chiong, C., & DeLoache, J. S. (2012). Learning the ABCs: What kinds of picture books facilitate young children's learning? *Journal of Early Childhood Literacy, 13*(2), 225–241.

Dickinson, D. K., Nesbitt, K. T., Collins, M. F., Hadley, E. B., Newman, K., Rivera, B., … HirshPasek, K. (2016). *Using book reading to teach for breadth and depth of vocabulary*. Manuscript in preparation.

Duncan, G. J., Dowsett, C. J., Claessens, A., Magnuson, K., Huston, A. C., Klebanov, P., & Japel, C. (2007). School readiness and later achievement. *Developmental Psychology, 43*(6), 1428– 1446.

Dunlosky, J., Rawson, K. A., Marsh, E. J., Nathan, M. J., & Willingham, D. T. (2013). Improving students' learning with effective learning techniques: Promising directions from cognitive and educational psychology. *Psychological Science in the Public Interest, 14*, 4–58.

Elkind, D. (2008). Can we play? *Greater Good, 4*, 14–17. Retrieved from http://greatergood.berkeley.edu/article/item/can_we_play/.

Feigenson, L., Dehaene, S., & Spelke, E. (2004). Core systems of number. *Trends in Cognitive Sciences, 8*(7), 307–314.

Ferrara, K., Hirsh-Pasek, K., Newcombe, N., & Golinkoff, R. (2011). Block talk: Spatial language during block play.*Mind, Brain & Education, 5*(3), 143–151.

Fisher, A. V., Godwin, K. E., & Seltman, H. (2014). Visual environment, attention allocation, and learning in young children: When too much of a good thing may be bad. *Psychological Science, 25*(7), 1362–1370.

Fisher, K., Hirsh-Pasek, K., Golinkoff, R. M., Singer, D. G., & Berk, L. (2010). Playing around in school: Implications for learning and educational policy. In A. Pellegrini (Ed.), *The Oxford handbook of the development of play* (pp. 341–363). New York, NY: Oxford University Press.

Fisher, K. R., Hirsh-Pasek, K., Newcombe, N., & Golinkoff, R. M. (2013). Taking shape: Supporting preschoolers' acquisition of geometric knowledge through guided play. *Child Development, 84*(6), 1872–1878.

Gathercole, S. E., Pickering, S. J., Ambridge, B., & Wearing, H. (2004). The structure of working memory from 4 to 15 years of age. *Developmental Psychology, 40*(2), 177–190.

Geary, D. C. (1995). Reflections of evolution and change in children's cognition: Implications for mathematical development and instruction. *American Psychology, 50*(1), 24–37.

Geary, D. C. (2007a). Educating the evolved mind: Conceptual foundations for an evolutionary educational psychology. In J. S. Carlson & J. R. Levin (Eds.), *Educating the evolved mind: Conceptual foundations for an evolutionary educational psychology* (pp. 1–99). Greenwich, CT: Information Age.

Geary, D. C. (2007b). Reflections and refinements. In J. S. Carlson & J. R. Levin (Eds.), *Educating the evolved mind: Conceptual foundations for an evolutionary educational psychology* (pp. 177–203). Greenwich, CT: Information Age.

Ginsburg, H. P., Pappas, S., & Seo, K. (2001). Everyday mathematical knowledge: Asking young children what is developmentally appropriate. In S. L. Golbeck (Ed.), *Psychological perspectives on early childhood education: Reframing dilemmas in research and practice* (pp. 181–219). Mahwah, NJ: Lawrence Erlbaum.

Goldin-Meadow, S., Levine, S. C., Hedges, L. V., Huttenlocher, J., Raudenbush, S. W., & Small, S. L. (2014). New evidence about language and cognitive development based on a longitudinal study: Hypotheses for intervention. *American Psychologist, 69*(6), 588–599.

Golinkoff, R. M., Deniz Can, D., Soderstrom, M., & Hirsh-Pasek, K. (2015). (Baby)talk to me: The social context of infant-directed speech and its effects on early language acquisition. *Current Directions in Psychological Science, 24*, 339–344.

Golinkoff, R. M., & Hirsh-Pasek, K. (2016). *Becoming brilliant: What science tells us about raising successful children*. Washington, DC: American Psychological Association.

Gopnik, A., Griffiths, T. L., & Lucas, C. G. (2015). When younger learners can be better (or at least more open-minded) than older ones. *Current Directions in Psychological Science, 24*(2), 87–92.

Gopnik, A., Meltzoff, A. N., & Kuhl, P. K. (1999). *The scientist in the crib: Minds, brains, and how children learn*. New York, NY: Morrow Press.

Gray, P. (2011). The evolutionary biology of education: How our hunter-gatherer educative instincts could form the basis for education today. *Evolution: Education and Outreach, 4*(1), 28–40.

Gray, P. (2013). *Free to Learn: Why unleashing the instinct to play will make our children happier, more self-reliant, and better students for life*. New York, NY: Basic Books.

Haden, C. A. (2002). Talking about science in museums. *Child Development, 4*, 62–67.

Hart, B., & Risley, T. R. (1995). *Meaningful differences in the everyday experiences of young American children*. Baltimore, MD: Brookes.

Hassinger-Das, B., Ridge, K., Parker, A., Golinkoff, R., Hirsh-Pasek, K., & Dickinson, D. K. (2016). *Building vocabulary knowledge in preschoolers through shared book-reading and game play*. Manuscript submitted for publication.

Hassinger-Das., B., Toub, T. S., Ilgaz, H., Weisberg, D., Nesbitt, K. T., Collins, M. F., &

Nicolopoulou, A. (2015). Playing to learn: How book-reading + guided play can improve vocabulary for low-income preschoolers. In T. S. Toub (Chair), *Beyond book-reading: Promoting vocabulary development through innovative activities.* Philadelphia, PA: Society for Research in Child Development.

Herrmann, E., Call, J., Hernandez-Lloreda, M. V., Hare, B., & Tomasello, M. (2007). Humans have evolved specialized skills of social cognition: The cultural intelligence hypothesis. *Science, 317*(5843), 1360–1366.

Hirsh-Pasek, K., Adamson, L. B., Bakeman, R., Owen, M. T., Golinkoff, R. M., Pace, A., ... Suma, K. (2015). The contribution of early communication quality to low-income children's language success. *Psychological Science, 26*, 1071–1083.

Hirsh-Pasek, K., & Golinkoff, R. M. (2003). *Einstein never used fl ashcards: How our children really learn and why they need to play more and memorize less*. Emmaus, PA: Rosedale.

Hirsh-Pasek, K., & Golinkoff, R. M. (2011). The great balancing act: Optimizing core curricula through playful learning. In E. Zigler, W. S. Gilliam, & W. S. Barnett (Eds.), *The pre-K debates: Current controversies and issues* (pp. 110–115). Baltimore, MD: Brookes.

Hirsh-Pasek, K., Golinkoff, R. M., Berk, L. E., & Singer, D. G. (2009). *A mandate for playful learning in school: Presenting the evidence*. New York, NY: Oxford University Press.

Hirsh-Pasek, K., Zosh, J., Golinkoff, R. M., Gray, J., Robb, M., & Kaufman, J. (2015). Putting education in "educational" apps: Lessons from the science of learning. *Psychological Science in the Public Interest, 16*(1), 3–34.

Hudson, J., & Nelson, K. (1983). Effects of script structure on children's story recall. *Developmental Psychology, 19*(4), 625–635.

Husen, T. (Ed.). (1967). *International study of achievement in mathematics: A comparison of twelve countries (Vols. 1 & 2)*. New York, NY: Wiley.

Huttenlocher, J., Vasilyeva, M., Cymerman, E., & Levine, S. (2002). Language input and child syntax. *Cognitive Psychology, 45*(3), 337–374.

Ilgaz, H., Weisberg, D., Hirsh-Pasek, K., Golinkoff, R. M., & Nicolopoulou, A. (2013). Not all play is created equal: When playful learning sparks vocabulary acquisition in low-income children. In D. Dickinson (Chair), *Effects of varied types of adult-supported play on preschool children's receptive vocabulary learning*. Seattle, WA: Society for Research on Child Development.

Imuta, K., & Scarf, D. (2014). When too much of a novel thing may be what's "bad": Commentary on Fisher, Godwin, and Seltman (2014). *Frontiers in Psychology, 5*, 1–2.

Johnson, J. E., Christie, J. F., & Yawkey, T. D. (1999). *Play and early childhood development*. New York, NY: Addison Wesley Longman.

Johnson, D. W., Maruyama, G., Johnson, R., Nelson, D., & Skon, L. (1981). Effects of cooperative, competitive, and individualistic goal structures on achievement: A meta-analysis. *Psychological Science, 89*(1), 47–62.

Kirschner, P. A., Sweller, J., & Clark, R. E. (2006). Why minimal guidance during instruction does not work: An analysis of the failure of constructivist, discovery, problem-based, experiential, and inquiry-based teaching. *Educational Psychologist, 41*(2), 75–86.

Kittredge, A. K., Klahr, D., & Fisher, A. V. (2014). *Direct instruction of discovery*. Poster presented at the annual meeting of the American Educational Research Association, Philadelphia, PA.

Klahr, D., & Nigam, M. (2004). The equivalence of learning paths in early science instruction: Effects of direct instruction and discovery learning. *Psychological Science, 15*(10), 661–667.

Kochuk, N., & Ratnayaka, M. (2007). *NCLB/ESEA: It's time for a change! Voices from America's classrooms*. Washington, DC: National Education Association.

Kuhl, P. K. (2007). Is speech learning "gated" by the social brain? *Developmental Science, 10*(1), 110–120.

Lancy, D. (2016). Teaching: Natural or cultural? In David C. Geary & Daniel B. Berch (Eds.) *Evolutionary perspectives on child development and education* (pp. 33–65). Springer.

Leopold, C., & Mayer, R. E. (2015). An imagination effect in learning from scientific text. *Journal of Educational Psychology, 107*(1), 47–63.

Lillard, A. (2001). Pretend play as twin earth: A social-cognitive analysis. *Developmental Review, 21*(4), 495–531.

Lillard, A. S. (2013). Playful learning and Montessori education. *American Journal of Play, 5*(2), 157–186.

Loewenstein, J., & Gentner, D. (2005). Relational language and the development of relational mapping. *Cognitive Psychology, 50*(4), 315–353.

Marcon, R. A. (1999). Differential impact of preschool models on development and early learning of inner-city children: A three-cohort study. *Developmental Psychology, 35*(2), 358–375.

Marcon, R. (2002). Moving up the grades: Relationships between preschool model and later school success. *Early Childhood Research and Practice, 4*(1), 517–530.

Mashburn, A. J., Justice, L. M., Downer, J. T., & Pianta, R. C. (2009). Peer effects on children's language achievement during pre-kindergarten. *Child Development, 80*(3), 686–702.

Mayer, R. E. (1992). Cognition and instruction: Their historic meeting within educational psychology. *Journal of Educational Psychology, 84*(4), 405–412.

Mayer, R. E. (2011). *Applying the science of learning*. Upper Saddle River, NJ: Pearson.

Mayer, R. E. (2014). Research-based principles for designing multimedia instruction. In V. A. Benassi, C. E. Overson, & C. M. Hakala (Eds.), *Applying science of learning in education: Infusing psychological science into the curriculum*. Retrieved from the Society for the Teaching of Psychology website, http://teachpsych.org/ebooks/asle2014/index.php.

Mazur, E. (2009). Farewell, lecture? *Science, 323*(5910), 50–51.

Meltzoff, A. N., Kuhl, P. K., Movellan, J., & Sejnowski, T. J. (2009). Foundations for a new science of learning. *Science, 325*(5938), 284–288.

Miller, E., & Almon, J. (2009). *Crisis in kindergarten: Why children need to play in school*. College Park, MD: Alliance for Childhood.

Morrow, L. M., & Rand, M. K. (1991). Promoting literacy during play by designing early childhood classroom environments. *Reading Teacher, 44*(6), 396–402.

No Child Left Behind Act (NCLB, 2001). *Public Law* 107–110, USA.

Organisation for Economic Co-operation and Development (2012). *PISA 2012 Results: What Student Know and Can Do—Student Performance in Reading, Mathematics and Science (Volume 1)*. Retrieved from http://www.oecd.org/pisa/keyfindings/pisa-2012-results-volume-I.pdf.

Parish-Morris, J., Mahajan, N., Hirsh-Pasek, K., Golinkoff, R. M., & Collins, M. F. (2013). Once upon a time: Parent-child dialogue and storybook reading in the electronic era. *Mind, Brain, and Education, 7*(3), 200–211.

Pellegrini, A. D. (2009). *The role of play in human development*. New York, NY: Oxford University Press.

Pellegrini, A. D., & Galda, L. (1990). Children's play, language, and early literacy. *Topics in Language Disorders, 10*(3), 76–88.

Pruden, S. M., Levine, S. C., & Huttenlocher, J. (2011). Children's spatial thinking: Does talk about the spatial world matter? *Developmental Science, 14*(6), 1417–1430.

Ramani, G. B., Siegler, R. S., & Hitti, A. (2012). Taking it to the classroom: Number board games as a small group learning activity. *Journal of Educational Psychology, 104*, 661–672.

Reed, J., Hirsh-Pasek, K., & Golinkoff, R. M. (2016). *Learning on hold: Cell phones side-track parent-child interactions*. Manuscript under review.

Resnick, M. (2004). Edutainment? No thanks. I prefer playful learning. *Associazione Civita Report on Edutainment, 14*, 1–4.

Roseberry, S., Hirsh-Pasek, K., & Golinkoff, R. M. (2014). Skype me! Socially contingent interactions help toddlers learn language. *Child Development, 85*(3), 956–970.

Rowe, M. L. (2012). A longitudinal investigation of the role of quantity and quality of child-directed speech in vocabulary development. *Child Development, 83*(5), 1762–1774.

Sawyer, R. K. (Ed.). (2006). *The Cambridge handbook of the learning sciences*. New York, NY: Cambridge University Press.

Schwamborn, A., Mayer, R. E., Thillmann, H., Leopold, C., & Leutner, D. (2010). Drawing as a generative activity and drawing as a prognostic activity. *Journal of Educational Psychology, 102*(4), 872–879.

Sénéchal, M., Thomas, E., & Monker, J. (1995). Individual differences in 4-year-old children's acquisition of vocabulary during storybook reading. *Journal of Educational Psychology, 87*(2), 218–229.

Shuell, T. J. (1990). Phases of meaningful learning. *Review of Educational Research, 60*(4), 531–547.

Singer, D. G., Golinkoff, R. M., & Hirsh-Pasek, K. (2006). *Play: How play motivates and enhances children's cognitive and social-emotional growth*. New York, NY: Oxford University Press.

Singer, D. G., & Singer, J. L. (2005). *Imagination and play in the electronic age*. Cambridge, MA: Harvard University Press.

Sunderman, G. L., Tracey, C. A., Kim, J., & Orfield, G. (2004). *Listening to teachers: Classroom realities and No Child Left Behind*. Cambridge, MA: The Civil Rights Project at Harvard University.

Sweller, J. (2004). Instructional design consequences of an analogy between evolution by natural selection and human cognitive architecture. *Instructional Science, 32*(1–2), 9–31.

Sweller, J. (2007). Evolutionary biology and educational psychology. In J. S. Carlson & J. R. Levin (Eds.), *Educating the evolved mind: Conceptual foundations for an evolutionary educational psychology* (pp. 165–175). Greenwich, CT: Information Age.

Tamis-LeMonda, C. S., Kuchirko, Y., & Song, L. (2014). Why is infant language learning facilitated by parental responsiveness? *Current Directions in Psychological Science, 23*(2), 121–126.

Tare, M., Chiong, C., Ganea, P., & DeLoache, J. (2010). Less is more: How manipulative features affect children's learning from picture books. *Journal of Applied Developmental Psychology, 31*, 395–400.

Toub, T. S., Hassinger-Das., B., Nesbitt, K. T., Unlutabak, B., Wilson, S., Nicolopoulou, A., … Dickinson, D. (2015, March). Playing for words: Best practices for guided play in support of vocabulary development. In B. Hassinger-Das (Chair), *Learning to play: Identifying and assessing key elements of playful learning*. Symposium conducted at the biennial meeting of the Society for Research in Child Development, Philadelphia, PA.

Toub, T. S., Hassinger-Das, B., Nesbitt, K. T., Ilgaz, H., Weisberg, D. S., Collins, M. F., … Dickinson, D. (2016). *The language of play: Developing preschool vocabulary through play following shared book-reading*. Manuscript under review.

Troseth, G. L., Saylor, M. M., & Archer, A. H. (2006). Young children's use of video as a source of socially relevant information. *Child Development, 77*(3), 786–799.

Viadero, D. (2007). Teachers say NCLB has changed classroom practice. *Education Week, 26*, 6–22.

Watson, J. M., & Strayer, D. L. (2010). Supertaskers: Profiles in extraordinary multitasking ability. *Psychonomic Bulletin & Review, 17*(4), 479–485.

Weisberg, D. S., Hirsh-Pasek, K., Golinkoff, R. M., & McCandliss, B. D. (2014). Mise en place: Setting the stage for thought and action. *Trends in Cognitive Sciences, 18*(6), 276–278.

Weisberg, D. S., Hirsh-Pasek, K., & Golinkoff, R. M. (2013). Guided play: Where curricular goals meet a playful pedagogy. *Mind, Brain, and Education, 7*(2), 104–112.

Weisberg, D. S., Kittredge, A. K., Hirsh-Pasek, K., Golinkoff, R. M., & Klahr, D. (2015). Guided play: Making play work for education. *Phi Delta Kappan, 96*, 8–13.

Weisberg, D. S., Zosh, J. M., Hirsh-Pasek, K., & Golinkoff, R. M. (2013). Talking it up: Play, language, and the role of adult support. *American Journal of Play, 6*(1), 39–54.

Whitehurst, G. J., & Lonigan, C. J. (1998). Child development and emergent literacy. *Child Development, 69*(3), 848–872.

Wolfgang, C. H., Stannard, L. L., & Jones, I. (2003). Advanced construction play with LEGOs among preschoolers as a predictor of later school achievement in mathematics. *Early Child Development and Care, 173*(5), 467–475.

Zevenbergen, A. A., Whitehurst, G. J., & Zevenbergen, J. A. (2003). Effects of a shared-reading intervention on the inclusion of evaluative devices in narratives of children from low-income families. *Journal of Applied Developmental Psychology, 24*, 1–15.

Zhang, Z. H., & Linn, M. C. (2011). Can generating representations enhance learning with dynamic visualizations? *Journal of Research in Science Teaching, 48*(10), 1177–1198.

Zosh, J. M., Brinster, M., & Halberda, J. (2013). Optimal contrast: Competition between two referents improves word learning. *Applied Developmental Science, 17*(1), 20–28.

第二部分

儿童社会发展与道德发展

第五章 儿童社会发展的八个迷思：权力、攻击性和社会能力的进化方法研究

帕特丽夏·霍利[1]

神话[2]是表达寓意、道德或动机的故事。

——迈克尔·舍默（Michael Shermer）

科学必然是始于神话，并伴随着对神话的批判。

——卡尔·波普尔（Karl Popper）

人类行为和儿童发展的进化论经常对这些现象的普遍观点提出挑战。例如，我自己近20年来的研究重点是儿童期和青春期的权力关系。我发表的第一篇文章是我理论框架的大纲（Hawley, 1999），该理论框架后来被称为资源控制理论（resource control theory, RCT）（另参见 Geary, 2005; Pellegrini & Long, 2003）。这个框架是建立在巨人的肩膀之上的，他们精心书写了儿童攻击性的发展（Coie, Dodge, Terry, & Wright, 1991; Dodge, Coie, Pettit, & Price, 1990）、合作导致的竞争进化（Alexander, 1979； Charlesworth, 1996; Trivers, 1971），以及社会支配关系（Bernstein, 1981; Maslow, 1936a, 1936b; Strayer & Strayer, 1976）。资源控制理论提出了这样的观点：从动物行为的角度来看，社会支配性依然在人类（不分老幼）当中十分盛行，并且这些进化的权力模式被人类的价值观和语言所遮蔽。也就是说，我提议我们只需将社会支配性称为各种自利的"领导力"。

以进化为依据的儿童发展存在着许多阻碍。第一，人们普遍误认为进化意味着人类在动机上是自私的。这根本就是错误的。第二个就是发展主义者经常

① 帕特丽夏·霍利（Patricia H. Hawley）：美国得克萨斯州拉伯克市，得克萨斯理工大学。

② 神话（myth）："myth"一词有神话的意思，也可以指错误的观点和荒诞的说法，即迷思。——译者注

交替使用“亲社会”（对他人有益的行为；Eisenberg, Fabes, & Spinrad, 2006: 646）和“利他主义”（如出于其他考虑；Eisenberg & Fabes, 1998）这两个术语。这种混淆不仅在发展主义圈中造成了混乱，还阻碍了进化与儿童发展的融合。但误解并不仅限于对进化的错误应用。有时，我们根深蒂固的信念和偏好（如“骗子永远不会成功”）会阻碍我们全面了解人类行为的复杂性。关于人性的本质至今尚未有过定论。

本章将围绕八个与进化及儿童发展相关的“迷思”展开探讨。然而，我们须知每个论述都有一定的道理，例如语义学（社会能力是什么意思？迷思 4）。这就是为什么科学并不是为了揭示“真相”本身的原因之一。

除了从进化和发展（心理学）的角度探讨亲社会性和利他主义之外，我还将讨论为什么“好人”实际上并不是“没好报”，为什么骗子有时混得风生水起，社会能力不一定意味着要一直友好，“坏”孩子如何受到喜爱，以及欺凌者是如何得益于他们的行为。最后，我将论述等级制度并非是首次出现在青春期，为什么社会支配地位和权力并不只是专属于男性，以及最后为什么这些问题真的非常重要。

一、迷思 1：进化意味着我们是利己主义的（或遗传上的利己行为在动机上是自私的）

人们对进化论最常见的误解之一就是进化意味着人是利己主义的（Brem, Ranney, & Schindel, 2003）。科学界内部的交流有时也未见得更好。例如，儿童发展和进化科学的研究人员都试图了解人类的利他主义。对于这些历史上的不同领域来说，利他主义的确是一个重要的连结点。但遗憾的是，诸如利他主义之类的共享术语所指的是非共享的结构（unshared constructs）。因此，人们对于人类行为这一重要的方面就产生了诸多混乱。较为著名的是理查德·道金斯（Richard Dawkins）所举例的“自私基因”（Dawkins, 1989）。这就立即导致许多人（包括道金斯本人）错误地得出结论：人类的动机就是自私的。这个逻辑得到了进一步延伸，也许这就是为什么儿童发展是进化科学的“最后前沿”；儿童研究者、临床医生和医师们可能不太愿意将儿童视为天生的利己主义者。但这个结论是从混乱中得出的，我将试图对此加以澄清（全面的解释请参见 Hawley，2014）。

亲社会行为和利他动机行为不尽相同

首先，即使在我们自己的学科中，也存在着交替使用“利他主义的”（altruistic）和“亲社会的”（prosocial）这两个术语的倾向。我将沿用南茜·艾森博格（Nancy Eisenberg）对亲社会行为的定义：“亲社会行为是旨在利他的自发行为。”（Eisenberg et al., 2006: 646）这个定义包括帮助、共享和合作。利他动机（如出于对他人的同情或移情，Eisenberg & Fabes，1998；增加他人的福利，而不是为了增加自己的福利，Batson，1998）可能是上述行为的基础。然而，艾森博格及其同事们谨慎地指出，亲社会行为可能有若干的潜在动机，如“利己主义、他人导向或实际考虑”（Eisenberg et al., 2006: 646）。由于亲社会性有许多潜在的动机，而利他主义只是其中一种，所以利他动机（亲社会）的行为只是一般亲社会行为中一个较小的子类别。因此，这两个术语不应交替使用。

儿童的利他动机是什么？艾森博格及其同事们讨论了其他的相关动机，（Eisenberg, 1991; Eisenberg, Shea, Carlo, & Knight, 1991），包括移情或同情关心、以他人视角来认知（Eisenberg, 1991）、出于内化价值体系或强烈个人道德认同的行为（Eisenberg, 1991; Eisenberg et al., 1991）。相反，利己动机包括减少不愉快情绪引发的行为（e.g., Eisenberg et al.， 1991）、内疚（e.g., Batson, 2011）、骄傲或正义感（Batson & Shaw, 1991; Eisenberg, 1986）、对当前或未来物质收益的预期（Hawley, Shorey, & Alderman, 2009），或诸如社会认可的声誉收益（Carlo & Randall, 2002; Mestre, Carlo, Samper, Tur–Porcar & Mestre, 2015）。

因为利他动机是心理学领域中的术语，所以进化论者将其称为直接原因层面（心理机制和过程），以此来区分终极原因层面（即一个涉及自然选择形成功能的层面）（Tinbergen, 1963）。从直接原因层面来看，亲社会被认为是利他的，就必须确定动机。但动机是复杂的，并且与意图（自我目标报告）不同，意图容易弄虚作假，操纵他人的印象（参见 Shaw, 本书）。相比之下，动机则是内在的心理力量，它可能是有意识或无意识的（Bargh & Morsella, 2008;

Batson & Shaw, 1991），也正因为如此，评估动机并不仅限于自我报告。有意识的目标及意图与无意识过程的复杂互动，不在本章讨论范围之内。目前来说，我们完全可以认为人类的动机是复杂不可见的，而且不能仅凭假设。受访者可能清楚动机，也可能不清楚动机；此外，动机往往并不与行为密切相关（Webb & Sheeran, 2006）。后一点与行为进化论尤其相关。

亲社会行为和利他行为的进化定义

进化论者和心理学家一样，非常关注“对他人有益的行为”，比如帮助、共享与合作（e.g., Clutton–Brock, 2002, 2009）。事实上，一个多世纪以来，这种行为在进化学界中制造了最大的理论和哲学难题。然而，这种他人导向行为（“利他主义”）的进化定义与其心理学定义有着本质的差异。这也就是说，从生物进化维度来看，“利他主义”与“意图”或“动机”的联系甚微，因为它们严格来说属于心理学或其相邻的领域。

注重适合度代价[①]。相反，进化论方法侧重行为的影响（肌肉运动、认知、情感），特别是关注与繁殖成功有关的筹码（如身体发展、物质和社会资源的获取、等级提升、交配、养育）。这意味着，虽然从心理学角度来看，利他现象是一种有益于他人的导向行为，并且是出于真正的以他人为本的关心（正因为如此才被认为在心理上是无私的），但生物学家将利他主义定义为能够影响终身适合度效应的行为：一种行为是利他性的，是指它给接受者带来了适合度利益，而让行为者付出了适合度代价（Trivers, 1971）。在这个层面上，没有任何表述与意图或动机相关（Hawley, 2014）。

事实上，对第一个迷思至关重要的就是，即使我们知道一种行为是遗传性的利己，还是遗传性的利他，也无法得出关于动机的结论。这也就是说，心理利他主义与生物利他主义彼此间独立。

是否产生了适合度代价？否。生物学的主要观点是遗传上的利他行为（即不以某种方式提高生存或繁殖的代价高昂的行为）是无法进化的。相反，一切

① 适合度代价（fitness cost）：指生物体在进化过程中，为了适应某种环境或生存条件而付出的生物学代价，如生长速度、繁殖能力等方面的损失。——译者注

有据可查的自然选择和性选择机制的结果都是让行动者获得遗传利益。

例如，亲缘选择机制的好处是以“广义适合度”（inclusive fitness）（与后代和非后代亲属共享基因，Hamilton, 1964）来衡量的。亲缘选择解释了相关个体之间的合作，虽然在直接条件（时间、能量）方面可能代价高昂，但在进化收益（生存和生殖）方面却是颇为有利的。同时，这些行为（特别是养育）确实最为接近这点：既是亲社会的，又在动机上是利他的。

直接互惠（以前称为互惠性利他行为，Trivers, 1971）试图解决非血缘关系个体之间合作的难题（如互惠交换）。这种合作形式的进化机制在于行为者日后有可能获得回报。因此，特里弗斯（Trivers）的理论最后也宣称，这样的交换从长远来看是加强适应性的，因此在生物学上并不是利他的，因为它们是由遗传的利己主义驱使的。因此，“互惠利他主义”（reciprocal altruism）无论在生物学还是在心理学意义上都不是利他性的，也正因如此，它造成了很多困惑。间接互惠作为特里弗斯直接互惠理论的延伸，是以互惠利益的筹码为基础而运转的（Alexander, 1987）；那些乐于助人者（如有乐善好施的名声）更有可能会从群体中获得帮助（Nowak & Sigmund, 2005）。引申来说，暗示利他主义的公共信号可以被用来提升地位（如竞争性利他主义；Böhm & Regner, 2013; Frank, 1988; Griskevicius, Tybur, & Vanden Bergh, 2010）。即使是经常被用来解释心理利他主义的多层级选择（群体选择），归根结底来说是关于遗传性利己主义的。在有着多个群体的人群中，参与群体内合作的个体比缺乏群体内合作的个体在繁衍上更胜一筹（Wilson, Van Vugt, & O’Gorman, 2008）。遗传利益则由该群体和群体内的许多个体（其中很多人会是有基因关系的亲属）所享有。

这些混乱不堪和跨学科整合的不成功都是源自人们倾向于将心理学和进化论中的利他主义与心理学和进化论中的自我主义及利己主义相提并论。从早期开始，生物学家就从描述动机的领域（最著名的是理查德·道金斯）中借用了利他主义和自我主义（或利己主义）这两个术语做比喻。因此，很容易将生物体的行为说成是“利他的”或是“利己的”。即使是道金斯对人类利己主义的早期描述也直截了当地指出进化性的利己行为（最终）暗示了心理上的利己动机：“请注意，如果你像我一样，希望建立一个所有个体为了共同利益而慷慨无私合作的社会，那么你不能指望从生物本性中得到什么帮助。让我们努力去教导慷慨无私和利他主义，因为我们生来就是利己的。”（Dawkins, 1976/1989: 3）这种暗示是具有误导性的。

对于进化心理学的随意批评经常是这样描述该领域的，让人觉得我们仿佛认为进化利己与心理利己二者之间息息相关。当然有些研究工作的重点是关注二者之间的交集，但是这可能比多数人想象的要少得多。人类行为的某些不道德的方面可能是存在着心理利己与进化利己的重叠之处（见图 5–1 的象限 1）。性胁迫可能就在于此，还有其他人际剥削的犯罪。但是养育肯定不是。我将抚育自己的孩子放在象限 2。

这里请注意，遗传“利己主义”几乎可以适用于所有的生物体，即使它们并不比单细胞复杂多少。心理利他主义则不然。对于病原菌或甲虫来说，心理利他主义意味着什么？

然而，大多数的进化论者会一致认为象限 3 和象限 4 在生物学家中必然引起很多的争论。相对于繁殖的竞争对手，任何有性繁殖或是无性繁殖是否会进化出基因遗传上的自我牺牲呢？毫无疑问，我们可以想到一个典范——特雷莎修女，她为服务人类而放弃了生育。生物学家并没有宣称不存在个别范例，而是宣称他们不能进化。心理学家可以大费周章地来解开她复杂的动机画卷。她在帮助穷人时，在心理上是否是无私利他的？这是毫无疑问的。她是否会牢记个人救赎信念？很可能是的。诸如此类，等等。

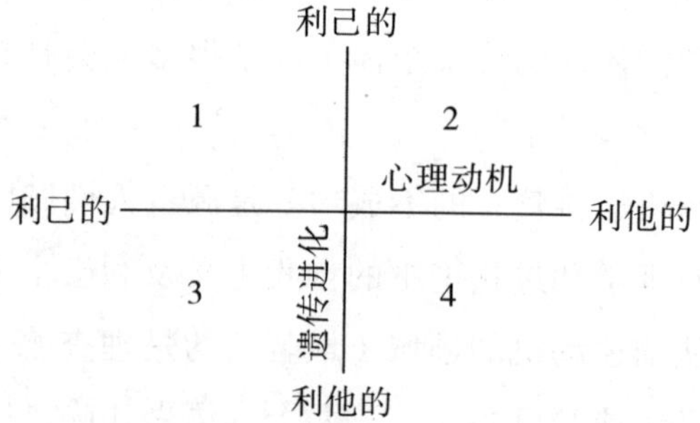

图 5–1 心理动机与遗传进化的利己主义和利他主义四象限 [①]

① 心理动机（利己主义和利他主义）与生物构造的交集有着共同的标签（在生物学中以隐喻的方式使用），但没有共同的含义。一种行为在心理上是利己主义还是利他主义的并不能说明其内在的遗传机制。

关键的一点是我们不能基于行为背后的进化机制来得出心理动机的结论。人们可能会更偏向人性是自私的观点，但这种偏向在逻辑上是无法从进化理论中推导出来的。此外，在本章的开始，我就区分了亲社会行为和利他动机行为，这两种行为类别相互重叠（很可能最利他动机的行为就是亲社会的），但是亲社会性有多重动机驱动（只有一些亲社会行为是利他动机的）。后一点指向了我们的第二个迷思。

二、迷思 2："友善"行为是利他主义的

发展心理学中很多有关亲社会行为的研究都关注利他动机。有时候，由于文献中的紧密联系，我们会不小心地将二者等同（进一步讨论参见 Hawley, 2014）。从进化角度来看，探索有关亲社会性的社会和物质奖励是非常重要的——无论心理动机或意图如何——因为它们可能在历史上与繁殖成功有关联。从进化角度来说，如果没有这种关联，亲社会性将会是无效的。

虽然这并非一个愉快的话题，但在被迫回答时，大多数成人会承认，对他人友善是一种有效的手段，可以让你从他人那里得到你想要的东西。习语"用蜂蜜比用醋能捉到更多的苍蝇"恰好说明了这一点。而"为善者诸事顺"则意味着友善可以获得社会和物质成功。这些习语及我们对此的认可揭露了这一事实，即我们意识到在日常生活中亲社会行为不一定出于利他动机。

事实上，对于自我报告测试中提出的询问"友善行为是为了实现目标吗？"，大学生、青春期前的儿童和青少年很乐意给出他们的回答——"是的"。在资源控制理论（Hawley, 1999）的框架中，我们将这些亲社会策略称为资源控制。因为在有些人看来，当这些策略被直白地付诸文字时，它们看起来像是令人反感的控制行为，所以它们的亲社会性受到了质疑。然而，专题小组中的大学生为这些策略进行了辩解。更进一步来说，他们声称这些策略是互惠关系的强大筹码，因此是良好友谊的一部分。另外，无论是青少年还是过渡期成人，这些策略都与他们自我报告中的目标实现（资源控制）呈正相关（Hawley, 2003a; Hawley et al., 2009）。

或许比自我报告（这里必须明确这一行为是为了实现目标）更有说服力的

是观察研究。在这里我们可以客观地记录“友善”行为（如帮助、馈赠物品、提出建议）与实际资源控制（如在实验游戏中发挥积极作用；Hawley, 2002）之间的联系，并且无需对受访者进行印象管理过滤。

为什么看似友善的行为能有效地实现目标？基于直接或间接互惠（见上文）的进化模式在与他人建立长期（资源产出）纽带的利益中发现了它的通用性。这也就是说，亲社会战略是通过善于利用积极社会关系来获取物质、社会和信息资源，例如，通过建立互惠关系（如友谊、合作联盟），为双方带来长期利益（Charlesworth, 1996; Kropotkin, 1902; Trivers, 1971）。

从心理学角度来看，我们可以合理地假设亲社会策略要奏效，就需要一定程度的社会技能。这些策略不仅需要自我服务的目标导向，还需要有赢得他人尊重的能力。我在其他地方还谈及了人的双重需求，既要和睦相处，又要“出人头地”（Hawley, 2002; Hawley, Little, & Card, 2007; Hawley, Little, & Rodkin, 2007）。

亲社会行为可以用来“出人头地”吗？为了实现目标而明智地采取亲社会行为不仅可以获得社会地位（如在社会群体中受到喜爱或欢迎），还可以获得支配地位（有控制力和影响力的地位）。这一点引出迷思 3。

三、迷思 3：好孩子吃亏

资源控制理论（Hawley, 1999）详细阐述了这个观点：友好合作行为并不需要自我牺牲（即使它费时费力），反而可以产生资源。此外，资源控制理论明确提出在社会群体中成功获取资源是在人类与其他物种之中赢得社会支配地位的基础。

从形式到功能的转变

从历史上看，社会支配地位的概念（源自动物学和行为学）是表现为肆无忌惮的争胜行为（如欺凌）。这也就是说，长期以来等级形成的潜在机制一直被认为是攻击性。事实上，无论过去和现在，行为生态学中的社会支配地位都是通过身体攻击或威胁的次数与方向来评估的，因此当一个人能够欺凌另一个人却相对免于惩罚（性选择的冲突表现，Alcock, 2009: 332; 另参见 Hofer & East, 2003; Krebs & Davies, 1997; Pelletier & Festa-Bianchet, 2006）时，就可以推断其具有支配地位。优先获取资源被视为此类攻击和威胁的理由，即使这些攻击在当时似乎毫无意义。

然而，这种基于争胜行为的社会支配定义，不恰当地只关注了行为的形式，却忽视了其功能。我很早就指出只关注形式是不完整的，因为进化论方法是基于行为的功能和形态特征的（Hawley, 1999）。有些行为明显是截然不同的，以致如果只关注其形式，它们可能就会被错误地描述。事实上，它们可能具有类似的功能。以依恋理论闻名的约翰·鲍尔比（John Bowlby）认识到了进化的这一方面；哭泣（消极情绪）和微笑（积极情绪）同样具有缩小婴儿和照顾者之间距离的功能（Hawley, Little & Card, 2007; Hawley, Little & Rodkin, 2007）。这也就是说，这些情感状态可以说是形式不同，但功能近似。在发展领域，这一点甚至不再有任何争议。

资源控制理论与鲍尔比的逻辑相似，它认为亲社会性和攻击性都有助于实现个人目标。亲社会性以符合规范和道德的方式在群体中达成目的，从而赢得尊重和同伴的敬佩。攻击性则与此相反，它不遵守群体的规范和道德，因此有受到指责的风险（请参阅下面的迷思 5a 和 5b）。

尽管重点关注形式，但对动物行为的早期研究工作仍然表明，强势的支配地位不仅与物质资源的获得有关，还与性行为、身体健康、梳理模式（在灵长类动物中）及社会偏好有关（e.g., Maslow, 1936a, 1936b; Scott, 1956; 参见 Hawley, 1999; Hawley, Little & Card, 2007; 综述参见 Hawley, Little & Rodkin, 2007）。因此，等级制度是社会生活多维度的核心组织特点：占支配地位的动物具有高度的社会中心地位，是他人关注、注视、渴望、社会愿望和模仿的目标（e.g., Chance, 1967; Hawley & Little, 1999; Strayer & Strayer, 1976）。如果亲社会性是一种资源控制策略，而资源控制定义了社会支配，那么使用亲社会策略的人——就如强势的支配者——是否也拥有社会中心地位和权力呢？事实上，攻击行为的工具性是毋庸置疑的。然而，我们需要在一个关注利他动机的学科氛围中证明亲社会行为的工具性。（另参见 Hardy & Van Vugt, 2006; Griskevicius et al., 2010; Van Vugt & Iredale, 2013）。

事实证明，只要你问对了问题，证明合作和友善是物有所值的就并非难事。在威廉·查尔斯沃思（William Charlesworth）（e.g., Charlesworth & La Freniere, 1983）和弗雷德·斯特雷耶（Fred Strayer）（Strayer & Strayer, 1976）的影响下，我和我的同事们设置并拍摄了准实验的游戏情境，详细探究幼儿在同伴面前被极富吸引力的新玩具（即有限的资源）吸引时的表现。在一个为观察研究而设计的学前班中，与动物行为学家使用的传统方法（记录儿童在自由游戏情况中的表现）不同，我们可以将两个已知个体的行为集中在一个简短但信息量极为丰富的五分钟互动上。大卫·肯尼（David Kenny）的社会关系模型（Kenny & LaVoie, 1984）要求我们拍摄每个孩子，并将他们在多次二元互动中的行为编码。在过程中，我们发现亲社会行为（如提出有用的建议、提出礼貌请求、提供“帮助”、发起交易）比胁迫行为更常被采用（是夺取、攻击、侮辱的两倍，这些行为也与资源使用有关），而且与资源使用呈高度正相关（r=0.53），其程度与胁迫行为相同。

此外，从非进化角度来看，胁迫策略和亲社会策略之间高度相关（r=0.67）可能出乎意料，但这正如人们所预期的那样，尽管形式不同，但功能类似。总体而言，采用这些行为的孩子在超过 70% 的时间中控制了新玩具（并因此控制了互动）。因此在我们的研究项目中，亲社会行为的工具性在各个年龄组以多种方法被证明（Hawley, 2002, 2003a, 2003b; 另参见 Green, Cillessen, Rechis, Patterson, & Hughes, 2008; Pellegrini, 2008; Roseth et al., 2011; Teisl, Rogosch, Oshri, & Cicchetti, 2012）。

作为适应性的攻击性（与适应不良相比）

通常来说，亲社会性与反社会性是在截然不同的文献中分别加以探讨的。就人身攻击和社会攻击而言，绝大多数的儿童发展研究都有临床基础，并且这些模式都受到了医学和流行病学方法的强烈影响（e.g., Jessor, 1991）。不少术语被援引，如适应不良行为的“传染”“外化”和“内化”症状，以及对“失调”儿童的“治疗”等（有关进一步论证，请参见 Hawley，2011）。

这些框架中隐含的假设与进化模型中的假设完全不同。例如，进化论者将攻击性解释为一种适应性，因此在某些条件下（如挑衅、保护资源、配偶保护），在某些环境中具有适应性。攻击性表现是无数物种的“正常”行为，也是它们所期望的。发展研究则关注的是让儿童身处反社会行为“风险”的环境输入，以及由此引发的其他“不适应”结果。相比之下，发展领域中的亲社会行为被认为是“适应性的”（它在进化界也是如此）。正如我在其他地方所论述的，人们甚至可以看到“亲社会”和“反社会”这两个词隐含的对立性（Hawley, 2011）。因此，大多数心理学研究都认为亲社会行为和反社会行为呈负相关。然而，资源控制理论则假设它们要么不相关，要么正相关。这代表了在推论、理论和测量方法中的根本性转变。

资源控制者的类型

因为我们没有预期这些行为类型呈负相关，所以我们根据构成社会群体的个体所采用的每一类策略的相对程度来划分类型。个体控制资源采用亲社会策略和胁迫策略的相对程度可以通过观察（Hawley, 2002; La Freniere & Charlesworth, 1987）、自我报告（Hawley, 2003a; Hawley, Little, & Pasupathi, 2002）或者其他报告（如教师、同伴；Hawley, 2003b; Hawley, Little & Card, 2007; Hawley, Little & Rodkin, 2007）来测量，视参与者的年龄而定。从定义来看，亲社会策略者与其他群体成员相比，更频繁地采用亲社会策略，而胁迫策略者则主要采用胁迫策略。两种策略都不怎么采用的孩子则是非控制者，而双策略控制者运用两种策略的程度都相对较高。大多数的孩子都是典型的控制者，因为他们在每个策略上的得分都在平均值左右。

好孩子没有吃亏

我和我的同事们一直在构建一个逻辑，基于此我们可以考量“好人吃亏”这个迷思。我们所有的研究工作都表明亲社会的控制者是好孩子。他们特别擅长社交，道德感充沛，讨人喜欢，尽职尽责，拥有积极亲密的友谊关系，是脱颖而出的佼佼者，因此在各个年龄阶段都会吸引同伴，即他们很受欢迎（Hawley, 2002; Hawley, Little & Card, 2007; Hawley, Little & Rodkin, 2007）。但对于我们研究目的重要的是，他们的地位很高。这也就是说，他们被同伴称为“受欢迎的人”（这是由同龄人群给予的一种地位指标），他们认为自己是成功的资源控制者，而其他人也是如此认为（Hawley, Little & Card, 2007; Hawley, Little & Rodkin, 2007）。在自然选择所认可的筹码中，他们是赢家，因为他们拥有权力，并在物质和信息目标的实现中获得了成功。从这些重要意义来说，好孩子是名列前茅的（或非常接近前茅，参见下文）。我们认为他们是同伴中的领导者，而且从进化和发展观点来看，他们是人类社会能力的光辉典范。这些发现和理念阐述与越来越多的实证文献相吻合，这些文献表明亲社会性是一种行之有效的竞争策略和社会声望信号（e.g., Van Vugt & Iredale, 2013; Zahavi, 1995）。此外，女性认为既有亲社会性又有支配地位的男性具有魅力（JensenCampbell, Graziano, & West, 1995）。

好孩子处于最顶层，这听起来很美好，但是实际上他们并不在最顶层。那些位置显然是留给那些来自人性阴暗面的人。

四、迷思 4a 和 4b："骗子永远不会成功"及其推论"有社会能力的孩子总是很好相处"

与此相对的是胁迫策略，以及使用胁迫策略并赢得资源的儿童类型。动物行为文献长期以来给我们的印象就是，攻击性取得的社会支配地位会带来社会和物质回报。这些结果从进化视角来看是有意义的，因为在进化论看来，攻击性就是适应性的；这也就是说，它增加了获得资源的机会，提高了生存和繁殖。当考虑非人类时，这些结果就更容易接受了。

但大多数的心理学家通常不会从这种角度来看待攻击性，如上所述，一种行为如何在终极意义上（进化的）是适应性的，但在直接意义（心理学的）上却是非适应性的？答案可能就是：也许攻击性并不像我们所想的那样在人类中近乎适应不良。这就是我十多年来的研究所表明的。

具有攻击性的青年是异质的

在过去 15 年左右的时间里，人们迎来了很多关于儿童攻击行为的新思考，它们挑战了攻击性是适应不良的流行模型。凯恩斯的早期研究工作（Cairns, Cairns, Neckerman, Gest, & Gariepy, 1988），斯特雷耶和桑托斯（Strayer &

Santos, 1996），沃恩（Vaughn & Waters, 1981），以及萨顿和史密斯（Sutton, Smith, & Swettenham, 1999）等人尤其为重新思考社会接受攻击性个体的研究奠定了基础。我的研究工作从他们的基础工作中获益良多。无独有偶，这些作者都精通进化论。

胁迫控制者的特征符合适应不良的儿童攻击行为的发展/流行病学模型（如较差的社会技能、不受同伴欢迎，冲动），而双策略控制者则基本上不符合这些临床模型。双策略控制者——就像胁迫控制者一样——把自己描述成有攻击性、赞同欺骗、重物质资源轻友谊（Hawley et al., 2002, 2009）。但是，就像亲社会控制者一样，他们拥有一些关键性的积极社会技能，比如有社会智能和道德意识。

事实上，我将这些特征与行为倾向的结合称为人类的一种社会能力（Hawley, 2002, 2003a; Hawley, Little & Card, 2007; Hawley, Little & Rodkin, 2007）。虽然这一开始令人震惊，但从双策略控制者可以掌控所有类型的资源控制行为来看，这个观点是不无道理的。由于他们掌握了所有的策略，因此他们有可能拥有极高的物质控制和社会地位。

事实上，以从学龄前到青春期少年为对象的这些实证研究显然证明了这种成功。首先，在所有的类型和年龄段中，他们在资源控制方面能力最强（无论是通过观察、自我报告、教师报告或是同伴报告）。其次，他们的社会技能情况与亲社会控制者的情况相似：他们具有社会洞察力，道德高尚，而且性格外向（e.g., Hawley et al., 2002）。在学龄前，他们表现出在认知上对于规则的理解。在大学期间，他们真正重视社会关系（Hawley, 2003b; Hawley & Geldhof, 2012）。在青春期，他们的朋友发现他们很有趣，而且他们热衷于亲密关系（Hawley, Little & Card, 2007; Hawley, Little & Rodkin, 2007）。因此，他们对别人的友谊期望很高（希望谁是朋友，而谁又不是）。最后，他们健康状况良好（Massey, Byrd-Craven, & Swearingen, 2014）。

然而，与此同时，他们与缺乏技能的胁迫控制者拥有共同的特性。例如，同样是青春期“有趣而亲密”的关系，却很容易发生冲突（Hawley, Little & Card, 2007; Hawley, Little & Rodkin, 2007）。学龄前儿童对道德规范很敏感；然而他们的教师报告说他们在有关道德内化的情感——内疚和羞耻方面却很迟钝（Hawley & Geldhof，2012）。在大学期间，他们的社会关系价值被他们的物质资源价值所取代（Hawley et al., 2009）。此外，他们非常明确地将关系视为获取资源的工具途径（Hawley et al., 2009）。

鉴于这种混合特征，你会认为同伴会对他们避而远之。然而，他们的社会接受度与这种传统预期大相径庭。

五、迷思 5a 和 5b："坏"孩子不受待见及其推论"当欺凌者不划算"

尽管胁迫策略看起来很简单明了，但在盛行医学临床模型的学术界中，其相关性一直饱受争议。这也就是说，我们长期以来一直认为，同龄人群对这种无所顾忌、敌视他人的自私行为是怀有偏见的。儿童怎么可能会不这样呢？他们应当远离那些攻击自己或他人的人。然而与此同时，由于自80年代中期以来，随着攻击性青少年的异质性有了越来越多的记录，这种公认有着巨大表面效度（face validity）的普遍看法也已经被动摇了。

例如，社会学研究为青少年的同伴文化提供了启迪性的描述（Eder，1985），还论述了"坏"和受欢迎是如何并行不悖的（Merten，1997）。我们可能很想解释这些年轻人的地位（如他们可能受欢迎，但他们不受喜爱）。虽然资源控制理论并不关注"受欢迎的孩子"本身，但它侧重资源控制类型，并记录了与每种类型相关的受欢迎度和好感度模式（相对于从社会计量学角度研究受欢迎程度和攻击性的关联）。我们发现攻击性的双策略控制者不仅受欢迎（通过人气提名），而且他们也很受喜爱（获得"最喜欢"的提名），并被很多同伴视为"最好的朋友"（Hawley et al., 2007）。与社会计量学的传统不同，资源控制理论预测，那些在群体中占据最高社会支配地位的人（如那些在竞争中获得成功的人）会赢得积极关注，因为他们在物质世界中表现出显著效率。这是一种基于进化理论的假设。换言之，我们（人类）会认为在群体中权力是有吸引力的，即使这种权力的使用具有攻击性。我曾在其他地方将其称为资源控制理论的社会中心性假说（Hawley, 1999; 参见 Massey et al., 2014）。

这里请注意，我们认为双策略控制者体现了一种社会能力，这一论点在以下文献模式中得到了强化：他们不仅在物质上颇有斩获，而且在社交上也大获全胜。因此他们解决了与人相处及“出人头地”的问题。此外，这条推理路线非常契合进化论及生物学观点，即物种之间存在延续性，而不是人类例外论。从这个角度来看，讨论一个适用于所有物种的社会支配力的一般原理，而不是去根据一个物种如何独特地运用其权力模式来创造新的“理论”，不失为一种明智之举（Hawley, 1999）。

当欺凌者是否划算?

欺凌是争夺支配地位的一种不幸的常见情境，它在儿童期和青春期（以及成年期，另参见 Volk，本书）中有着破坏性的表现。关于欺凌，我所指的是发展学术界使用的公认定义，即对一个在体型或社会地位上较弱的受害者（如社会技能、社会经济地位、种族或性别少数群体，Olweus, 1993）反复进行攻击的行为。这种行为在不同的物种和文化中普遍存在，因此欺凌行为本身就足以被当作一种适应性（Volk, Camilleri, Dane, & Marini, 2012）。欺凌是以目标为导向的，并且与地位和资源的获得有关（e.g., Sijtsema, Veenstra, & Salmivalli, 2009），以至于它可以被认为是一种胁迫性资源控制策略。

行为学家（他们也有进化视角）的早期研究工作集中在一些社会回报上，特别是青春期男性通过明显的攻击他人而获得社会回报。与“欺凌者之所以欺凌是因为他们自卑”的传统说法相反，这些作者长期以来一直关注欺凌他人所获得的好处。吸引异性似乎是其中的好处之一（Pellegrini, 2001; Pellegrini & Long, 2003; Sutton et al., 1999）。其他的好处包括被同伴认为地位高和在友谊中受到青睐，即使他们不受群体中的其他人喜欢（Reijntjes et al., 2013; e.g., Rodkin & Berger, 2008）。最后，欺凌影响他们同龄人群的态度和行为（Vaillancourt, McDougall, Hymel, & Sunderani, 2010），从社会心理学角度来说，这种影响正是对权力的定义（e.g., Keltner, Gruenfeld, & Anderson, 2003）。这并不是说欺凌者的欺凌行为是毫无代价的，例如欺凌与学业成绩差有关（Ma, Phelps, Lerner, & Lerner, 2009; Pepler & Craig, 2005）。尽管如此，这种新兴的复杂特征与认为欺凌者是愚拙弃儿的传统观念对比鲜明，说明有必要严谨地对行为进行功能分析。

六、迷思 6：在青春期出现的身份等级

艾德尔（Eder, 1985）在对同伴文化的描述中，强调了青少年对地位的追求，相应地为亟待研究的青少年同伴群体中地位所起的关键作用打开了一扇大门。事实上，青少年重视和追求受欢迎程度与地位是公认的事实（e.g., Adler & Adler, 1998; Cillessen & Rose, 2005; Eder, 1985）。青少年当然能够很好地表达他们群体的政治动态。但是不应给我们这样的印象：只有在能够明确表达时，地位才变得重要。事实上，我们已经证明即使是很小的学龄前儿童也表现得好像他们很了解群体的政治结构，但却无须明确表达（Adler & Adler, 1998; Cillessen & Rose, 2005; Eder, 1985）。这也就是说，他们的行为符合社会支配理论的预测。

婴儿的行为也符合这样的预测。例如，马斯卡罗（Mascaro）和奇布劳（Csibra）都证明（通过凝视模式）婴儿期待的支配结构是线性结构，并且不对称关系是稳定的（2012, 2014）。即使是十个月大的婴儿也会用事物的大小作为线索来预测利益冲突的结果（Thomsen, Frankenhuis, Ingold-Smith, & Carey, 2011）。关于成人的认知研究表明，等级关系是一种“流畅”的关系形式（Zitek & Tiedens, 2012）。这也就是说，它们比非等级关系更容易处理，因此比平等关系（更难以处理；另参见 Van Berkel, Crandall, Eidelman, & Blanchar, 2015）更受喜爱。我们似乎已进化出一种适合解决与权力差异有关问题的认知架构，因此相应地早在婴儿期就为等级生活做好了准备。

七、迷思 7：权力与社会支配是男性专属

正如我们此前所阐述的（Hawley, Little，& Card, 2008），如果像传统做法那样，将支配等同于攻击性，那么支配权及与之相伴的政治结构也就变得男性化了。在生物学领域，有很多文献依据表明，男性特征，如形态武器（如獠牙、鹿角）和行为（如竞赛、炫耀）在竞争比赛中发挥作用。相比之下，女性被描绘成对社会政治不感兴趣，更具群体性且攻击性较弱。

从生物学来看，男性处于支配地位的观点通常是基于性选择理论。与雄性相比，雌性灵长类动物进化是为了保护和繁育后代（Darwin, 1871; Trivers,

1972）。因此，她们通常来说比雄性更厌恶身体伤害的风险（Campbell, 1999; Taylor et al., 2000）。此外，雄性的亲本投资较低，这使他们可以自由地追求多个配偶，并与其他雄性竞争以获得雌性。这些性内过程导致了雌雄两性在体型和力量上的进化差异，以及与之附带的攻击性行为、动机和社会角色（Clutton-Brock, 1983）。

虽然这些选择压力是无法否认的，但可以肯定地说，雌性灵长类动物的政治过程受到的关注在历史上一直远少于雄性。例如，莎拉·布莱弗·赫迪（Sarah Blaffer Hrdy）认为雌性灵长类动物的行为实际上与雄性一样都是为了自我利益、竞争或争夺支配地位。然而，她们的竞争策略比雄性的公开表现和竞争更难以发现和衡量（特别是对于该领域的生物学家）。例如，雌性会相互抑制彼此的生殖周期，对雄性进行性操纵，以及杀死对手家庭的婴儿（虽然同时表现出"拟母亲行为"[①]；另参见 Clutton-Brock, 2007）。此外，这些竞争的结果会影响群体的社会组织，延续几代人。

在赫迪的第一版出版之后不久，在一个迥然不同的文献中，发展主义者忙于勾勒人类女性的政治和攻击性是怎样的（Björkqvist, Österman, & Kaukiainen, 1992; Crick & Grotpeter, 1995; Eder, 1985）。与此同时，探究女孩的攻击性与她们的社会地位之间的关系成为发展界的一个方兴未艾的研究方向（Cillessen & Mayeux, 2004; Rose, Swenson, & Waller, 2004; Zimmer-Gembeck, Geiger, & Crick, 2005）。

在我们对德国青少年的研究中（Hawley et al., 2008），在他们一生中对地位追求最为突出的时期（青春期），我们发现了性别之间的平均差异，通常男孩更有优势。影响力对男孩来说更重要，他们会报告说更成功，他们使用胁迫策略的程度更高，而且他们比女孩更公开地表现出攻击性，更具关系上的攻击性。同伴的判断也与性别刻板印象一致；他们认为男孩比女孩更能控制资源，更具有明显的攻击性。

然而，让我们更感兴趣的一点就是，当观察那些地位最高的青少年（即双

---

① 拟母亲行为（allomothering）：帮助母亲照料婴儿，如在亚洲象群体中，一些母象会因特殊情况暂时允许象群中的其他幼象和自己的宝宝一起喝奶。——译者注

策略控制者）时，我们发现基本没有性别差异。首先，双策略控制者的男性与女性在数量上相同（另参见，Hawley, 2003a, 2003b），同伴们认为他们在资源控制方面同样非常有效，而且认为他们都很有影响力。此外，这两种性别的人，无论男女都非常具有攻击性，这被认为是不符合性别规范的。这也就是说，双策略男孩具有较高的关系攻击行为（这通常被认为是女性的规范），而双策略女孩的外显攻击行为很高（男性的规范）。尤其是地位高的双策略女孩，她们是同伴的社会期望目标。女性竞争的策略和相关因素是一个令人兴奋并富有成果的深入研究方向（更多观点，请参见 Benenson, 2013; Geary, 2010; Geary, Winegard, & Winegard, 2014; Vaillancourt & Sharma, 2011）。

八、迷思 8：归根结底，权力无关紧要

在本章中，我已经提出这样的观点：即使权力被肆意滥用，获胜也会带来利益。当资源控制是筹码时，保持攻击性与亲社会性的平衡并不仅仅是一种优越的特质构成，而且这种构成似乎并不会承担诸如社会排斥的沉重代价。事实上，地位高的攻击性个体似乎享有一定程度的社会尊重。另外，这种观点并没有提出失败的好处，好像从属地位也是某种适应性（参见扩展逻辑，Hawley & Little, 1999）。

事实上，这里所概述的进化思维强调了长期的从属地位（即反复的竞争失败）对人的发展及后来的繁殖成功（Hawley, 2015）所产生的深刻负面影响。例如，当权力者使用欺凌策略时，有大量证据表明他们的受害者经历了急性和长期的伤害，如日益增加的孤独感、情绪困扰、抑郁、身体症状、社交焦虑、适应学校不良，以及糟糕的成绩（Haynie et al., 2001; Juvonen, Graham, & Schuster, 2003; Marini, Dane, Bosacki, & Cura, 2006; Schwartz, Gorman, Nakamoto, & Toblin, 2005）。长期的经济损失（如收入不平等）对于身体健康和疾病也会产生深远的影响（Boyce, 2014; Dowd, Zajacova, & Aiello, 2009; Ziol–Guest, Duncan, Kalil, & Boyce, 2012）。此外，不平等加剧了社交焦虑，滋生了不信任（Wilkinson & Pickett, 2009）。

九、结论

竞争是群体生活所固有的特征，而一个人的竞争合作的程度越高，他的优势就越大。与此同时，权力差异会随之产生，而被赋予的地位则符合这些权力差异（Adler & Adler, 1998）。权力在人际关系中通常被认为是有害的。但是正如我在本章中所示，权力在儿童生活中也可能是一种积极力量。无论哪种情况，权力（支配地位）都无疑是一个核心的组织特征；无论男女，权力很早就开始存在，并一直持续到成年期，且可能对健康产生持久的影响。只要我们明确语义和学科的区别，无论进化角度还是发展角度，都能为我们理解人类发展中的群体动力（group dynamics）做出独特的贡献。

参考文献

Adler, P. A., & Adler, P. (1998). *Peer power: Preadolescent culture and identity*. New Brunswick, NJ: Rutgers University Press.

Alcock, J. (2009). *Animal behavior: An evolutionary approach* (9th ed.). New York, NJ: Sinauer.

Alexander, R. D. (1979). *Darwin and human affairs*. Washington, DC: University of Washington Press.

Alexander, R. D. (1987). *Biology of moral systems* (5th ed.). Hawthorne, NY: Aldine de Gruyter.

Bargh, J. A., & Morsella, E. (2008). The unconscious mind. *Perspectives on Psychological Science, 3*(1), 73–79.

Batson, C. D. (1998). Altruism and prosocial behavior. In D. T. Gilbert, S. T. Fiske, & G. Lindzey (Eds.), *Handbook of social psychology* (4th ed., pp. 282–316). New York, NJ: McGraw-Hill.

Batson, C. D. (2011). *Altruism in humans*. New York, NJ: Oxford University Press.

Batson, C. D., & Shaw, L. L. (1991). Evidence for altruism: Toward a pluralism of prosocial motives. *Psychological Inquiry, 2*(2), 107–122.

Benenson, J. F. (2013). The development of human female competition: Allies and adversaries. *Philosophical Transactions of the Royal Society, B: Biological Sciences, 368*(1631), 20130079.

Bernstein, I. S. (1981). Dominance: The baby and the bathwater. *Behavioral and Brain Sciences, 4*, 419–457.

Björkqvist, K., Österman, K., & Kaukiainen, A. (1992). The development of direct and indirect aggressive strategies in males and females. In K. Björkqvist & P. Niemelä (Eds.), *Of mice and women: Aspects of female aggression* (pp. 51–64). San Diego, CA: Academic Press.

Böhm, R., & Regner, T. (2013). Charitable giving among females and males: An empirical test of the competitive altruism hypothesis. *Journal of Bioeconomics, 15*(3), 251–267.

Boyce, W. T. (2014). The lifelong effects of early childhood adversity and toxic stress. *Pediatric Dentistry, 36*(2), 102–108.

Brem, S. K., Ranney, M., & Schindel, J. (2003). Perceived consequences of evolution: College students perceive negative personal and social impact in evolutionary theory. *Science Education, 87*(2), 181–206.

Cairns, R. B., Cairns, B. D., Neckerman, H. J., Gest, S. D., & Gariepy, J. L. (1988). Social networks and aggressive behavior. Peer support or peer rejection? *Developmental Psychology, 24*, 815–823.

Campbell, A. (1999). Staying alive: Evolution, culture, and women's intrasexual aggression. *Behavioral and Brain Sciences, 22*, 203–252.

Carlo, G., & Randall, B. A. (2002). The development of a measure of prosocial behaviors for late adolescents. *Journal of Youth and Adolescence, 31*(1), 31–44.

Chance, M. R. A. (1967). Attention structure as the basis of primate rank orders. *Man, 2*, 503–518.

Charlesworth, W. R. (1996). Co-operation and competition: Contributions to an evolutionary and developmental model. *International Journal of Behavioral Development, 19*(1), 25–38.

Charlesworth, W. R., & La Freniere, P. (1983). Dominance, friendship, and resource utilization in preschool children's groups. *Ethology and Sociobiology, 4*(3), 175–186.

Cillessen, A. H. N., & Mayeux, L. (2004). From censure to reinforcement: Developmental changes in the association between aggression and social status. *Child Development, 75*, 147–163.

Cillessen, A. H. N., & Rose, A. J. (2005). Understanding popularity in the peer system. *Current Directions in Psychological Science, 14*(2), 102–105.

Clutton-Brock, T. M. (1983). Selection in relation to sex. In D. S. Bendall (Ed.), *Evolution: From molecules to men* (pp. 457–481). London, England: Cambridge University Press.

Clutton-Brock, T. (2002). Breeding together: Kin selection and mutualism in cooperative vertebrates. *Science, 296*(5565), 69–72.

Clutton-Brock, T. (2007). Sexual selection in males and females. *Science, 318*, 1882–1885.

Clutton-Brock, T. (2009). Cooperation between non-kin in animal societies. *Nature, 462*(7269), 51–57.

Coie, J. D., Dodge, K. A., Terry, R., & Wright, V. (1991). The role of aggression in peer relations: An analysis of aggression episodes in boys' play groups. *Child Development, 62*, 812–826.

Crick, N. R., & Grotpeter, J. K. (1995). Relational aggression, gender, and social-psychological adjustment. *Child Development, 66*, 710–722.

Darwin, C. (1871). *The descent of man, and selection in relation to sex*. London, England: John Murray.

Dawkins, R. (1989). *The selfish gene*. Oxford, England: Oxford University Press.

Dodge, K. A., Coie, J. D., Pettit, G. S., & Price, J. M. (1990). Peer status and aggression in boys' groups: Developmental and contextual analysis. *Child Development, 61*, 1289–1309.

Dowd, J. B., Zajacova, A., & Aiello, A. (2009). Early origins of health disparities: Burden of infection, health, and socioeconomic status in US children. *Social Science & Medicine, 68*(4), 699–707.

Eder, D. (1985). The cycle of popularity: Interpersonal relations among female adolescents. *Sociology of Education, 58*, 154–165.

Eisenberg, N. (1986). *Altruistic emotion, cognition, and behavior*. Hillsdale, NJ: Erlbaum.

Eisenberg, N. (1991). Values, sympathy, and individual differences: Toward a pluralism of factors influencing altruism and empathy. *Psychological Inquiry, 2*, 128–131.

Eisenberg, N., & Fabes, R. (1998). Prosocial development. In W. Damon & N. Eisenberg (Eds.), *Handbook of child psychology* (Social, emotional, and personality development, Vol. 3, pp. 701–778). New York, NY: Wiley.

Eisenberg, N., Fabes, R. A., & Spinrad, T. (2006). Prosocial development. In N. Eisenberg (Ed.), *Handbook of child psychology: Social, emotional, and personality development* (pp. 646–718). Hoboken, NJ: Wiley.

Eisenberg, N., Shea, C. L., Carlo, G., & Knight, G. P. (1991). Empathy related responding and cognition: A "chicken and the egg" dilemma. In W. Kurtines & J. Gewirtz (Eds.), *Handbook of moral behavior and development* (Research, Vol. 2, pp. 63–88). Hillsdale, NJ: Erlbaum.

Frank, R. H. (1988). *Passions within reason: The strategic role of the emotions*. New York, NJ: W.W. Norton.

Geary, D. C. (2005). *The origin of mind: Evolution of brain, cognition, and general intelligence*. Washington, DC: American Psychological Association.

Geary, D. C. (2010). *Male, female: The evolution of human sex differences* (2nd ed.). Washington, DC: American Psychological Association.

Geary, D. C., Winegard, B., & Winegard, B. (2014). Reflections on the evolution of human sex differences: Social selection and the evolution of competition among women. In V. A.

WeekesShackelford & T. K. Shackelford (Eds.), *Evolutionary perspectives on human sexual psychology and behavior* (pp. 393–412). New York, NY: Springer.

Green, V. A., Cillessen, A. H. N., Rechis, R., Patterson, M. M., & Hughes, J. M. (2008). Social problem solving and strategy use in young children. *Journal of Genetic Psychology, 169*, 92–112.

Griskevicius, V., Tybur, J. M., & Van den Bergh, B. (2010). Going green to be seen: Status, reputation, and conspicuous conservation. *Journal of Personality and Social Psychology, 98*(3), 392.

Hamilton, W. D. (1964). The genetical evolution of social behaviour. II. *Journal of Theoretical Biology, 7*(1), 17–52.

Hardy, C. L., & Van Vugt, M. (2006). Nice guys finish first: The competitive altruism hypothesis. *Personality and Social Psychology Bulletin, 32*(10), 1402–1413.

Hawley, P. H. (1999). The ontogenesis of social dominance: A strategy-based evolutionary perspective. *Developmental Review, 19*(1), 97–132.

Hawley, P. H. (2002). Social dominance and prosocial and coercive strategies of resource control in preschoolers. *International Journal of Behavioral Development, 26*, 167–176.

Hawley, P. H. (2003a). Prosocial and coercive configurations of resource control in early adolescence: A case for the well-adapted Machiavellian. *Merrill-Palmer Quarterly, 49*, 279–309.

Hawley, P. H. (2003b). Strategies of control, aggression, and morality in preschoolers: An evolutionary perspective. *Journal of Experimental Child Psychology, 85*, 213–235.

Hawley, P. H. (2011). The evolution of adolescence and the adolescence of evolution: The coming of age of humans and the theory about the forces that made them. *Journal of Research on Adolescence, 21*(1), 307–316.

Hawley, P. H. (2014). Evolution, prosocial behavior, and altruism: A roadmap for understanding where the proximate meets the ultimate. In L. Padilla-Walker & G. Carlo (Eds.), *Prosocial development: A multidimensional approach* (pp. 43–69). New York, NY: Oxford University Press.

Hawley, P. H. (2015). Social dominance in childhood and its evolutionary underpinnings: Why it matters and what we can do. *Pediatrics, 135*, S31.

Hawley, P. H., & Geldhof, J. G. (2012). Preschoolers' social dominance, moral cognition, and moral behavior: An evolutionary perspective. *Journal of Experimental Child Psychology, 112*, 18–35.

Hawley, P. H., & Little, T. D. (1999). On winning some and losing some: A social relations approach to social dominance in toddlers. *Merrill-Palmer Quarterly, 43*, 185–214.

Hawley, P. H., Little, T. D., & Card, N. A. (2007). The allure of a mean friend: Relationship quality and processes of aggressive adolescents with prosocial skills. *International Journal of Behavioral Development, 31*(2), 170–180.

Hawley, P. H., Little, T. D., & Card, N. A. (2008). The myth of the alpha male: A new look at dominance-related beliefs and behaviors among adolescent males and females. *International Journal of Behavioral Development, 32*(1), 76–88.

Hawley, P. H., Little, T. D., & Pasupathi, M. (2002). Winning friends and influencing peers: Strategies of peer influence in late childhood. *International Journal of Behavioral Development, 26*(5), 466–474.

Hawley, P. H., Little, T. D., & Rodkin, P. C. (2007). *Aggression and adaptation: The bright side to bad behavior*. New York, NJ: Routledge.

Hawley, P. H., Shorey, H. S., & Alderman, P. M. (2009). Attachment correlates of resource-control strategies: Possible origins of social dominance and interpersonal power differentials. *Journal of Social and Personal Relationships, 26*(8), 1097–1118.

Haynie, D. L., Nansel, T., Eitel, P., Crump, A. D., Saylor, K., Yu, K., & Simons-Morton, B. (2001). Bullies, victims, and bully/victims: Distinct groups of at-risk youth. *The Journal of Early Adolescence*, *21*(1), 29–49.

Hofer, H., & East, M. L. (2003). Behavioral processes and costs of co-existence in female spotted hyenas: A life history perspective. *Evolutionary Ecology, 17*, 315–331.

Hrdy, S.B. (1999). *The woman that never evolved*. Cambridge, MA: Harvard University Press (Original work published 1981).

Jensen-Campbell, L. A., Graziano, W. G., & West, S. G. (1995). Dominance, prosocial orientation, and female preferences: Do nice guys really finish last? *Journal of Personality and Social Psychology, 68*(3), 427–440.

Jessor, R. (1991). Risk behavior in adolescence: A psychosocial framework for understanding and action. *Journal of Adolescent Health, 12*(8), 597–605.

Juvonen, J., Graham, S., & Schuster, M. A. (2003). Bullying among young adolescents: The strong, the weak, and the troubled. *Pediatrics, 112*(6), 1231–1237.

Keltner, D., Gruenfeld, D. H., & Anderson, C. (2003). Power, approach, and inhibition. *Psychological Review, 110*(2), 265.

Kenny, D. A., & LaVoie, L. (1984). The social relations model. In L. Berkowitz (Ed.), *Advances in experimental social psychology* (pp. 141–182). New York, NY: Academic.

Krebs, J. R., & Davies, N. B. (1997). *Behavioral ecology: An evolutionary approach*. Oxford, England: Blackwell Science.

Kropotkin, P. (1902). *Mutual aid: A factor of evolution*. London, England: Doubleday.

La Freniere, P. J., & Charlesworth, W. R. (1987). Effects of friendship and dominance status on preschooler's resource utilization in a cooperative/competitive situation. *International Journal of Behavioral Development, 10*(3), 345–358.

Ma, L., Phelps, E., Lerner, J. V., & Lerner, R. M. (2009). Academic competence for adolescents who bully and who are bullied: Findings from the 4-H study of positive youth development. *The Journal of Early Adolescence, 29*(6), 862–897.

Marini, Z. A., Dane, A. V., Bosacki, S. L., & Cura, Y. L. C. (2006). Direct and indirect bully-victims: Differential psychosocial risk factors associated with adolescents involved in bullying and victimization. *Aggressive Behavior, 32*(6), 551–569.

Mascaro, O., & Csibra, G. (2012). Representation of stable social dominance relations by human infants. *Proceedings of the National Academy of Sciences, 109*(18), 6862–6867.

Mascaro, O., & Csibra, G. (2014). Human infants' learning of social structures: The case of dominance hierarchy. *Psychological Science, 25*(1), 250–255.

Maslow, A. H. (1936a). The role of dominance in the social and sexual behavior of infra-human primates: I. Observations at Vilas Park Zoo. *The Pedagogical Seminary and Journal of Genetic Psychology, 48*(2), 261–277.

Maslow, A. H. (1936b). A theory of sexual behavior in infra-human primates. *Journal of Genetic Psychology, 48*, 310–336.

Massey, A. R., Byrd-Craven, J., & Swearingen, C. L. (2014). Preschool power play: Resource control strategies associated with health. *Child Development Research, 2014*, 1–7.

Merten, D. E. (1997). The meaning of meanness: Popularity, competition, and conflict among junior high school girls. *Sociology of Education, 70*, 175–191.

Mestre, M. V., Carlo, G., Samper, P., Tur-Porcar, A. M., & Mestre, A. L. (2015). Psychometric evidence of a multidimensional measure of prosocial behaviors for Spanish adolescents. *The Journal of Genetic Psychology, 176*, 206–271.

Nowak, M. A., & Sigmund, K. (2005). Evolution of indirect reciprocity. *Nature, 437*, 1291–1298.

Olweus, D. (1993). *Bullying in schools. What we know and what we can do*. Oxford, England: Blackwell.

Pellegrini, A. D. (2001). The roles of dominance and bullying in the development of early heterosexual relationships. *Journal of Emotional Abuse, 2*(2–3), 63–73.

Pellegrini, A. D. (2008). The roles of aggressive and affiliative behaviors in resource control: A behavioral ecological perspective. *Developmental Review, 28*, 461–487.

Pellegrini, A. D., & Long, J. D. (2003). A sexual selection theory longitudinal analysis of sexual segregation and integration in early adolescence. *Journal of Experimental Child Psychol-*

ogy, 85(3), 257–278.

Pelletier, F., & Festa-Bianchet, M. (2006). Sexual selection and social rank in bighorn rams. *Animal Behaviour, 71*, 649–655.

Pepler, D., & Craig, W. (2005). Aggressive girls on troubled trajectories: A developmental perspective. In D. Pepler, K. Madsen, K. Levene, & C. Webster (Eds.), *The development and treatment of girlhood aggression*. Hillsdale, NJ: Ellbaum.

Reijntjes, A., Vermande, M., Goossens, F. A., Olthof, T., van de Schoot, R., Aleva, L., & van der Meulen, M. (2013). Developmental trajectories of bullying and social dominance in youth. *Child abuse & neglect*, *37*(4), 224–234.

Rodkin, P. C., & Berger, C. (2008). Who bullies whom? Social status asymmetries by victim gender. *International Journal of Behavioral Development, 32*(6), 473–485.

Rose, A. J., Swenson, L. P., & Waller, E. M. (2004). Overt and relational aggression and perceived popularity: Developmental differences in concurrent and prospective relations. *Developmental Psychology, 40*, 378–387.

Roseth, C. J., Pellegrini, A. D., Dupuis, D. N., Bohn, C. M., Hickey, M. C., Hilk, C. L., & Peshkam, A. (2011). Preschoolers' bistrategic resource control, reconciliation, and peer regard. *Social Development, 20*, 185–211.

Schwartz, D., Gorman, A. H., Nakamoto, J., & Toblin, R. L. (2005). Victimization in the peer group and children's academic functioning. *Journal of Educational Psychology, 97*(3), 425.

Scott, J. P. (1956). The analysis of social organization in animals. *Ecology, 37*, 213–221.

Sijtsema, J. J., Veenstra, R. L. S., & Salmivalli, C. (2009). Empirical test of bullies' status goals: Assessing direct goals, aggression, and prestige. *Aggressive Behavior, 35*, 57–67.

Strayer, F. F., & Santos, A. J. (1996). Affiliative structures in preschool peer groups. *Social Development, 5*(2), 117–130.

Strayer, F. F., & Strayer, J. (1976). An ethological analysis of social agonism and dominance relations among preschool children. *Child Development, 47*, 980–989.

Sutton, J., Smith, P. K., & Swettenham, J. (1999). Social cognition and bullying: Social inadequacy or skilled manipulation? *British Journal of Developmental Psychology, 17*(3), 435–450.

Taylor, S. E., Klein, L. C., Lewis, B. P., Gruenewald, T. L., Gurung, R. A. R., & Updegraff, J. A. (2000). Biobehavioral responses to stress in females: Tend and befriend, not fight-or-flight. *Psychological Review, 107*, 411–429.

Teisl, M., Rogosch, F. A., Oshri, A., & Cicchetti, D. (2012). Differential expression of social dominance as a function of age and maltreatment experience. *Developmental Psychology, 48*, 575–588.

Thomsen, L., Frankenhuis, W. E., Ingold-Smith, M., & Carey, S. (2011). Big and mighty: Preverbal infants mentally represent social dominance. *Science, 331*(6016), 477–480.

Tinbergen, N. (1963). On aims and methods of ethology. *Zeitschrift für Tierpsychologie, 20*(4), 410–433.

Trivers, R. L. (1971). The evolution of reciprocal altruism. *Quarterly Review of Biology, 46*, 35–57.

Trivers, R. L. (1972). Parental investment and sexual selection. In B. Campbell (Ed.), *Sexual selection and the descent of man* (pp. 136–179). Chicago, IL: Aldinc.

Vaillancourt, T., McDougall, P., Hymel, S., & Sunderani, S. (2010). The relationship between power and bullying behavior. In S. M. Swearer & D. L. Espelage (Eds.), *Handbook of bullying in schools: An international perspective* (pp. 211–222). New York, NY: Routledge.

Vaillancourt, T., & Sharma, A. (2011). Intolerance of sexy peers: Intrasexual competition among women. *Aggressive Behavior, 37*(6), 569–577.

Van Berkel, L., Crandall, C. S., Eidelman, S., & Blanchar, J. C. (2015). Hierarchy, dominance, and deliberation egalitarian values require mental effort. *Personality and Social Psychology Bulletin, 41*, 1207–1222. 0146167215591961.

Van Vugt, M., & Iredale, W. (2013). Men behaving nicely: Public goods as peacock tails. *British Journal of Psychology, 104*(1), 3–13.

Vaughn, B. E., & Waters, E. (1981). Attention structure, sociometric status, and dominance: Interrelations, behavioral correlates, and relationships to social competence. *Developmental Psychology, 17*(3), 275–288.

Volk, A. A., Camilleri, J. A., Dane, A. V., & Marini, Z. A. (2012). Is adolescent bullying an evolutionary adaptation? *Aggressive Behavior, 38*(3), 222–238.

Webb, T. L., & Sheeran, P. (2006). Does changing behavioral intentions engender behavior change? A meta-analysis of the experimental evidence. *Psychological Bulletin, 132*, 249–268.

Wilkinson, R., & Pickett, K. (2009). *The spirit level: Why greater equality makes societies stronger*. New York, NY: Bloomsbury.

Wilson, D. S., Van Vugt, M., & O'Gorman, R. (2008). Multilevel selection theory and major evolutionary transitions implications for psychological science. *Current Directions in Psychological Science, 17*(1), 6–9.

Zahavi, A. (1995). Altruism as a handicap: The limitations of kin selection and reciprocity. *Journal of Avian Biology, 26*, 1–3.

Zimmer-Gembeck, M. J., Geiger, T. C., & Crick, N. R. (2005). Relational and physical aggression, prosocial behavior, and peer relations: Gender moderation and bidirectional associations. *The Journal of Early Adolescence, 25*, 421–452.

Ziol-Guest, K. M., Duncan, G. J., Kalil, A., & Boyce, W. T. (2012). Early childhood poverty, immune-mediated disease processes, and adult productivity. *Proceedings of the National Academy of Sciences, 109*(2), 17289–17293.

Zitek, E. M., & Tiedens, L. Z. (2012). The fluency of social hierarchy: The ease with which hierarchical relationships are seen, remembered, learned, and liked. *Journal of Personality and Social Psychology, 102*(1), 98.

第六章　进化视角下的青少年校园欺凌

安东尼·沃尔克、安妮·法雷尔、普拉桑娜·富兰克林、
金柏莉·穆拉尔奇克、丹尼尔·普罗文扎诺[①]

一、进化视角下的青少年校园欺凌

欺凌对青少年来说是一个重要问题，全世界每年大约有 30% 的青少年会受此影响（Volk, Craig, Boyce, & King, 2006）。欺凌在传统上被定义为“在权力失衡的人际关系中随着时间推移反复发生的一种攻击行为或故意‘伤害行为’”（Olweus, 1993: 8—9）。然而，这一定义备受批评（e.g., Liu & Graves, 2011），进而引出了一个基于进化理论的更新的欺凌定义：“欺凌是在权力不平衡的环境中，个体使用目标导向行为对另一个体造成严重的伤害。”（Volk, Dane, & Marini, 2014）这个新定义的核心是权力、伤害和目标导向性。

二、欺凌的构成要素

权力

权力也许是区分欺凌与其他攻击形式的最重要特点。欺凌是一种关系问题，即个体难以保护自己免受另一个体的攻击侵犯（Olweus, 1993; Volk et al. 2014）。这种权力失衡（power imbalance）改变了攻击行为的成本和收益，使欺凌他人的成本变得相对低廉，同时增加了作为欺凌受害者的成本（Veenstra,

① 安东尼·沃尔克（Anthony A. Volk）、普拉桑娜·富兰克林（Prarthana Franklin）、金柏莉·穆拉尔奇克（Kimberly P. Mularczyk）、丹尼尔·普罗文扎诺（Daniel A. Provenzano）：加拿大安大略省圣凯瑟琳市，布洛克大学儿童与青少年研究系。安妮·法雷尔（Ann H. Farrell）：加拿大安大略省圣凯瑟琳市，布洛克大学心理学系。

Verlinden, Huitsing, Verhulst, & Tiemeier, 2013; Volk et al., 2014）。研究表明，权力失衡会在数量上对欺凌受害者造成更严重的后果（Hunter, Boyle, & Warden, 2007; Ybarra, Espelage, & Mitchell, 2014）。虽然欺凌的结果通常在质量上与其他攻击形式相似，但与权力失衡在数量上的联系更深，这点非常重要，值得我们深思。正如约瑟夫·斯大林（Joseph Stalin）所说："量变引起质变。"我们将在下面讨论欺凌的潜在危害性。

权力失衡也可能激发进化的人类心理适应性，以促进一个群体内的公平和平等（Gavrilets, 2012）。这可能有助于解释一些旁观者会倾向于干预欺凌，即使他们这样做并没有眼前的好处（Cappadocia, Pepler, Cummings, & Craig, 2012; Polanin, Espelage, & Pigott, 2012）。个体都期望阻止一个人获得过多的权力，以免他能够随心所欲地欺凌任何他想欺凌的人。然而，权力不仅影响阻止欺凌的欲望，还影响其他人阻止欺凌的能力，在学校环境中，更受欢迎 / 更强大的欺凌者就不太容易受到阻挠（Garandeau, Lee， & Salmivalli, 2014）。在个体之间和个体内部的权力失衡本质是不同的，这点反映在个体既是欺凌者又是受害者（Haynie et al.， 2001）。唯一不变的事实是，不管受害者可能拥有什么其他优势，欺凌者似乎都善于针对受害者的弱点（如攻击那些对自己社会群体没有任何影响力的人）（Veenstra et al.， 2013）。因此对权力的强调引起了人们对欺凌独特性的关注，这对研究和干预欺凌都很重要。

伤害

欺凌近来受到如此广泛的关注，其重要原因之一就是它可能造成的伤害程度。关于那些欺凌者，也有不同的证据显示，可能会有潜在的身心健康风险（对照性的研究综述参见 Gini & Pozzoli, 2009; Volk, Camilleri, Dane, & Marini, 2012a, 2012b）。而对于他们当下同时参加或未来可能参加其他反社会活动的风险则有着更多的共识（Copeland, Wolke, Angold, & Costello, 2013; Ttofi & Farrington, 2011）。关于那些欺凌受害者，研究结论是清晰的：受欺凌与身心健康问题关系密切（研究综述参见 Gini & Pozzoli, 2009; Volk et al., 2012b）。这些问题在成为受害者之前和之后似乎都有发生（Berger, 2007）。而且，这些健康影响是直接而持久的，在某些情况下会延续到成年（Copeland et al.,

2013, 2014）。最悲剧的是，欺凌能够导致受害者的死亡，这可能是欺凌的直接结果（QMI Agency, 2013），也可能是由欺凌间接引发的自杀结果（Winsper, Lereya, Zanarini, & Wolke, 2012）。后者经常感到无能为力和绝望，这就是欺凌作为一种攻击形式的特征，是对受害者特别具有伤害性的经历（Hunter et al., 2007; Ybarra et al., 2014）。

传统观点认为，这种伤害是通过欺凌事件的数量（即欺凌的反复性）来体现的。坚持欺凌的反复性，最初是为了规避那些没有伤害性的琐碎小事（Olweus, 1993）。后来的定义则放弃了将反复性作为欺凌的必要构成要素，特别是考虑到欺凌频率数据是正偏态分布的（e.g., Pellegrini & Long, 2002）。相反，现代的伤害定义则将伤害概念化为欺凌的严重性及频率与受害者特质及恢复力相结合的产物（Volk et al., 2014; Winsper et al., 2012）。因此一个高度创伤性的事件可能足以被称为欺凌（Slonje & Smith, 2008），而如果一个低强度的事件（一个简短的骚扰电话）重复得极为频繁（如一个月当中每小时一次），它也可能会造成严重的伤害。事实上，人们规避那些有被报复或被发现代价的反复行为，转而凭借单一的创伤性攻击事件来达到欺凌的目标，这很可能是一种适应性行为（Volk et al., 2014）。

目标导向性

目标导向性被认为是欺凌的最后一个必要构成要素（Volk et al. 2014）。它取代了难以测量的意向性（intentionality）概念（Kahneman, 2011），转而给出了具体结果，这些结果本身就显示出了意向性，无论是隐性的还是显性的。欺凌的三个主要目标就是“三 R”，即资源（Resources）、繁殖（Reproduction）和名声（Reputation）。

资源代表了任何对欺凌者有利的非社会结果或繁殖结果。它们可以包括食物、金钱、工作机会或是一个特定的地理区域。当资源竞争处于极端与零和[①]时，欺凌的目标就更为普遍了（Volk et al. 2014）。例如，对于处在饥饿的社

① 零和（zerosum），即加起来总和是零。零和是一种博弈论的概念，指的是在严格竞争下，一方的收益必然意味着另一方的损失，博弈各方的收益和损失相加总和永远为“零”。——译者注

群（Turnbull, 1972）或战俘营中（Harden, 2012）的个体来说，争夺食物的欺凌可能是生死攸关的问题。当收入不平等程度很高时（Elgar et al., 2013），或争夺有限机会时，欺凌其实更为常见。

繁殖代表了提高人的生物适合度（biological fitness）的机会。参与欺凌的青少年有着更强烈的约会欲望并且更早开始约会，以及更多的性伴侣(Connolly, Pepler, Craig, & Taradash, 2000)。出于繁殖动机的欺凌可能以同性个体为目标，这是一种打击竞争对手的手段（Volk et al., 2012a）。在这种性别内部的伪装下，男孩倾向于质疑受害者的男子气概，而女孩则倾向于怀疑其他女孩的性滥交行为（Vaillancourt, 2013; Volk et al., 2012a）。两性的繁殖欺凌通常涉及为了约会或性接触而骚扰异性（Volk et al., 2012b）。

最后，欺凌可能被用来获得暴力名声，进而提高个人的地位和社会权力（Volk et al. 2014）。这有助于解释为什么欺凌在支配等级制度——其功能是减少欺凌，而不是增加欺凌——中仍然存在（Alcock, 1988）。在这些情况下，欺凌者攻击另一个等级比他低很多的人，不是因为这个人构成了威胁，而是作为一种经济实惠的信号来表达他们暴力使用的意愿。这种信号可以阻止与等级更相近的个体之间发生竞争或冲突，因为他们会认为与欺凌者竞争的代价更高昂（Volk et al. 2014）。这似乎是一种有效的策略，因为欺凌者确实获得了更高的社会支配地位和人气（见下文）。

因此欺凌是一种目标驱动的行为，它在权力失衡的背景下利用攻击行为严重地伤害了个体。但这是否是进化选择的结果呢?

三、欺凌是适应性的吗?

要使欺凌成为一种进化的适应过程，它必须满足两个必要但不充分的标准（Williams, 1966）。首先，欺凌必须具有遗传成分，多个基因效应可靠有效地共同作用于适应行为的表现之中（Symons, 1990）。这也就是说，一个物种的基因库应当包含一组与欺凌相关的基因，作用于进化过程（Symons, 1990）。如果没有基因联系，进化将无法作用于欺凌相关的特征上（Volk et al., 2012a）。鲍尔等人（Ball et al., 2008）通过对 1100 多个家庭中的 10 岁双胞胎的研究发现，遗传因素（如遗传系数是0.61）在一定程度上影响儿童的欺凌行为。对于欺凌有潜在遗传基础的间接证据就是它的普遍性。欺凌遍布于历史文化（e.g., Hsiung, 2005; Rawson, 2003）、现代文化（Elgar et al., 2013; Pepler, Jiang, Craig, & Connoally, 2008）及狩猎采集文化，还包括那些明确避免表现出愤怒的文化（Briggs, 1970）。从发展观点来看，这要么表示在所有这些文化中，鼓励欺凌的非文化因素令人吃惊地持久存在，要么表示欺凌（在某种程度上）有着与文化无关的遗传倾向。结合行为遗传学数据和比照数据（见下文），欺凌现象的普遍性表明，在过去的环境中，有足够的"遗传牵引"（genetic traction）来进行自然选择和（或）性别选择（Dawkins, 1989）。因此，欺凌作为一种适应性行为的第一个必要标准似乎已经满足。

作为一种进化的适应过程，欺凌必须满足的第二个标准是，这种行为应当有助于在祖先环境中实现与提高生物适合度有关的特定目标（Irons, 1998; Symons, 1990）。对此，我们必须首先来看非人类动物中的欺凌，这是普遍存在的现象，通常涉及较为强壮的动物反复攻击较弱小的动物（Archer, 1988; Lorenz, 1966）。有证据表明，在数量众多的社会性动物（例如，非洲猎犬：Creel & Creel, 2002; 黑猩猩：Goodall, 1986; 鸡：Masure & Allee, 1934; 狼：Mech, 1970）当中都发现了欺凌行为的适应功能，作为一种获取有关支配地位、食物和交配资源的方式（Book, Volk,& Hosker, 2012）。将欺凌作为社会性动物当中的一种适应功能可能会有助于我们更好地理解人类欺凌的适应功能。接下来，我们将考察相关的研究证据，以证明在工业社会、当代狩猎采集群体及历史上的各种文明中，欺凌对于青少年具有适应作用。

与非人类动物中欺凌的适应功能类似，有证据表明现代社会中的青少年也会为了支配地位、物质资源和伴侣而恃强凌弱（Volk, Della Cioppa, Earle, & Farrell, 2015）。青少年欺凌者往往被他们的同伴认为是更受欢迎（de Bruyn, Cillessen, & Wissink, 2010）、更强壮（Vaillancourt, Hymel, & McDougall, 2003）、更有社会地位（Zimmer-Gembeck, Geiger, & Crick, 2005）的，而所有这些特征可能都是支配性的指标。此外，瑞金特吉斯等人（Reijntjes et al., 2013）发现欺凌与获取社会支配地位有关。在一个同伴群体中获取社会支配地位可能是一种促进获得未来其他重要适应性利益的方式，如有形资源和性伴侣（Flinn & Ward,

2005; Kolbert & Crothers, 2003）。如果欺凌者在同伴群体中拥有强大的支配地位，那么我们认为他也会更容易获得物质资源和伴侣。参与欺凌的青少年能够获得大量的物质资源（如食物、金钱、电子产品，以及更合意的游戏和饮食场所；Volk et al., 2012b）。此外，青少年欺凌者也更有可能约会、发生性行为，对性产生浓厚兴趣，并在更早的年龄发生性行为（Connolly et al., 2000; Volk, Dane, Marini, & Vaillancourt, 出版中）。因此欺凌似乎是一种社会策略，旨在获得有关生存和繁殖的重要适应性利益。

另外，青少年欺凌者似乎并没有饱经忧患（Berger, 2007）。例如，此前的研究表明，欺凌者可能表现出良好的社会技能、思维理论能力、认知移情、领导力、社会能力及自我效能（Caravita, DiBlasio, & Salmivalli, 2009; Vaillancourt et al., 2003）。他们经常被描绘为群体中最强壮和最健康的个体（Juvonen, Graham, & Schuster, 2003）。这些结果表明，无论是男生还是女生，欺凌者可能都具有身体竞争优势（Rigby, 2003）。综上所述，在现代社会中，欺凌对于青少年而言似乎是环境适应性的。

除了技术先进的社会之外，欺凌也可能对狩猎采集群体中的青少年起到了类似的适应作用。在一些非工业化社会中，如当代的狩猎采集群体，都曾有过欺凌现象的描述（e.g., Turnbull, 1972）。例如，他们的一个生存障碍就是死亡率；在狩猎采集者中，将近 50% 的儿童无法活到青春期，这个死亡率明显高于发达国家中 1% 的儿童死亡率（Volk & Atkinson, 2008, 2013）。

因此，在资源稀缺时期，濒临死亡可能使欺凌变得极为有价值，因为它是一种获取即时食物资源而确保生存的方式（Volk et al., 2012b）。在爱克人（IK people）当中，为了避免迫在眉睫的饥饿，青少年会为了争夺食物而欺凌同伴和族群中的人（Turnbull, 1972）。同样地，拉布拉多因纽特人（the Labrador Inuit）在食物短缺时期，也会进行间接的欺凌（Briggs, 1970）。在非工业社会的青少年中，为了资源（如食物）而欺凌可能就是一种适应性行为，因为它可能会提高生存机会。在现代工业化国家中，这可能反映在当收入不平等加剧时，欺凌现象会加剧（Elgar et al., 2013）。

除了工业化社会和现代狩猎采集部落之外，在过去的一些文明和文化中，欺凌可能是一种看似合理的适应方式。历史记载表明，最早可追溯到古希腊

（Golden, 1990）和罗马（Rawson, 2003）时期，欺凌曾经发生过无数次。这些历史文明中的欺凌行为包括在权力失衡环境中，那些有目标导向的身体、语言和社会攻击，导致了受害者被排斥和孤立（Volk et al., 2012a）。此外，欺凌者还会为了获得有限的工作或学徒机会与别人竞争（Cunningham, 2005; Golden, 1990; Hsiung, 2005; Orme, 2001; Rawson, 2003）。通过获得工作职位或学徒机会，个体将获得未来的资源而有助于提高生存和繁殖（Volk et al., 2012a）。

在不同的工业化民族国家、当代狩猎采集部落和历史文化中，都曾经发生过青少年欺凌现象，其目的就是解决（至少是隐性地）与生存和繁殖有关的问题，这些问题无论是在过去的进化过程中还是在今天，都存在。这意味着欺凌作为一种适应性行为的第二个必要标准似乎已得到满足，因为欺凌行为实现了在祖先环境中提高生物适合度的特定目标。关于欺凌的证据表明，这一行为满足了适应性的两个必要标准。因此，我们有理由认为，欺凌至少在一定程度上是一种进化适应的结果。在本章中，我们将在学校背景下，结合与欺凌有关的父母教养、教师、同伴及学校氛围，对欺凌行为作为一种进化适应性表现进行探究。

四、校园欺凌

在学校环境中，有若干结构性和发展性的变化会促进欺凌的高发和适应性。在学校结构方面，青春发育中期通常是以从初中过渡到高中为标志（Juvonen & Graham, 2014）。高中通常与初中不同，因为传统上有多个教师在教授不同的科目，这通常意味着学生在课堂外的学校区域拥有更多的独立性，成人的监督也更少（Kasen, Berenson, Cohen, & Johnson, 2004）。监督的减少使得在课堂外有了丰富的欺凌机会，因为在课堂外的那些地方欺凌的风险或成本（如被抓住）更小。更多的独立性也促进了一些发展性的社会变化。更具体地说，会接触到新同伴，因此，这就需要形成新的社会网络（Totura et al.，2009），这点稍后将在同伴背景下进行探讨。重组同伴网络是一个过渡和不确定的关键时期。这可能会最大限度地增加青少年之间竞争社会权力和地位的机会（Juvonen &

Graham, 2014; Pellegrini & Long, 2002）。在这些情况下，将欺凌作为一种社交策略可能会带来更多的利益，特别是与青春期萌动有关的繁殖资源（Volk et al. 2014）。欺凌的好处从它的高发率可见一斑，特别是在青春中期。

发生率

大多数使用同伴提名法和自我报告措施的研究发现，大约 30%—40% 的青少年以不同的角色参与了校园欺凌（e.g., Espelage & Holt, 2007; Hymel & Swearer, 2015; Kim, Koh, & Leventhal, 2004; Vaillancourt et al., 2010）。例如，艾原道（Espelage）和霍尔特（Holt）发现，大约 15% 的青少年学生是欺凌者，14% 是受害者，4.4% 是欺凌—受害者（bully–victims）（既是欺凌者又是受害者）（2007）。此外，大多数关于欺凌的研究发现，通常青春中期的男孩施暴最多（e.g., Barboza et al., 2009; Kim et al., 2004; Solberg, 2003; Sourander, Helstelä, Helenius, & Piha, 2000; Volk et al., 2006）。还有一点非常重要的是，根据欺凌行为的特定子类型，占比可能会有所不同。

子类型的发生率

在青春期的不同时期，特定子类型的欺凌行为可能更具有适应性。研究者发现，虽然男孩在青春早期更喜欢直接的身体欺凌（如殴打、推搡），但直接的言语欺凌（如威胁、戏弄）在整个青春期的发生率都相对较高和稳定（Hong & Espelage, 2012; Hymel & Swearer, 2015; Scheithauer, Hayer, Petermann, & Jugert, 2006; Smokowski & Kopasz, 2005; Wang, Iannotti, & Nansel, 2009）。从进化角度来看，与女孩相比，男孩可能更倾向于使用身体欺凌来展示身体力量，而女孩则可能倾向于避免身体风险（Archer, 2009; Benenson, 2009），因此她们更喜欢间接的社会欺凌（如“八卦”、排斥；Smokowski & Kopasz, 2005; Wang et al., 2009）。相反，与女孩相比，男孩可能从身体对抗中获益更多（Daly & Wilson, 1988）。如前所述，这可能会带来名声和繁殖方面的利益。除了性别差异外，年龄差异也很明显。复杂而隐蔽的欺凌行为，如传播谣言，在青少年后期使用得越来越多，这或许反映出操纵社会动态的技能提高（Vaillancourt et al.，2010）。这些行为可能对青少年来说更具有适应性，因为它们需要更高的认知技能（年纪较小的儿童可能缺少这些技能），所以更难被权威人物发现（Scheithauer et al., 2006; Wolke, Woods, Bloomfield, & Karstadt, 2000）。在对校园欺凌进行干预时，每种子类型欺凌的适应性使用可能都很重要。

在制定和实施学校反欺凌政策时，认识到每种欺凌子类型的发生率和相关性可能尤为重要。许多反欺凌的举措可能将欺凌视为一种同质性的现象（Volk et al., 2012b）。然而，显然某些子类型比其他子类型更盛行，适应性更强，特别是对于不同年龄和性别的人来说。因此，考虑到每种子类型的相关成本和利益，每种欺凌行为都带来了相关的利益，干预措施应当侧重于青少年如何能以更亲社会的方式获得类似的好处。例如，如果男孩使用身体欺凌行为来展现他们的身体力量或支配地位，以吸引潜在的约会对象，学校可以提供其他选择机会来展现类似的支配地位，如通过参加明显有竞争性的体育运动（Ellis et al., 2012）。此外，如果干预措施能够考虑到其他影响校园欺凌的因素，可能会更加有效。这些因素包括父母教养、教师、同伴和学校氛围，我们将在下文对此加以讨论。

五、父母和校园欺凌

从进化角度研究儿童和青少年的欺凌行为表明，父母可能将欺凌行为传递给他们的孩子。“亲代投入理论”（parental investment theory, Trivers, 1972）是关于父母养育子女的一种普遍的进化理论，它为这一情况的发生提供了解释。该理论指出，抚育后代的成本很高，比如占用了交配机会，并限制了可以帮助自身成长和发展的资源。然而，亲代抚育和培养对于后代的生存非常重要，因此抚育儿女的进化优势保证了高昂的抚育成本是值得的，如通过后代来扩散个人的基因，以及获得额外的劳动力帮助从其他亲族联盟那里夺取资源（Geary & Flinn, 2001）。因此，对最有可能生存和繁衍的后代进行投资符合父母的最大利益。

因此，最有可能生存到繁衍后代的儿童可能就是学会欺凌他人的儿童，他们之所以如此是为了获得更多的资源、性伴侣和名声，这些不仅是欺凌的核心目标（Volk et al. 2014），对个人的生物适合度也有所帮助。因此，欺凌行为从父母传递给孩子可能使儿童受益，并间接让父母受益。同样地，亲属关系网中的欺凌行为，如兄弟姐妹间的欺凌，可能会使整个亲族群体获得好处，通过指导欺凌行为让他们为以政治恐吓和战争手段从无亲缘关系的群体中夺取财产做好准备（Barry, Josephson, Lauer, & Marshall, 1976; Geary & Flinn, 2001）。除了遗传与欺凌有关的基因外，父母还可以通过其他几种方式来影响孩子的欺凌行为。

研究发现，儿童可能只是通过观察和（或）模仿父母的攻击行为来学习欺凌行为（Bandura, 1978）。鉴于他们明显的繁殖成功和遗传相似性，父母对于儿童来说是具有高度影响力的行为榜样（Geary, 2008）。父母与子女之间的巨大权力差异可能会进一步强调这点。这种权力差异让父母处于家庭环境中权力等级结构的最高层，这主要是来自父母对儿童进行奖惩中的作用（Pepler et al., 2008）。因此，同样发生在欺凌者和受害者之间权力失衡情况下的儿童欺凌行为可能会受到权力失衡环境下父母行为榜样的强烈影响。

父母教养方式

在鲍姆林德（Baumrind, 1991）概括的四种教养方式中，专制型（authoritarian parenting）被认为是高要求、高冲突、低热情和低回应。在西方社会中，该方式被证明是儿童欺凌行为早期发展的最强预测因子（Baldry & Farrington, 2000; Barry et al., 1976; Chao, 2001）；而父母涉及家庭暴力、严厉的惩戒措施和体罚则被证实会进一步延续欺凌行为（Espelage, Bosworth, & Simon, 2000）。后者可以用传统的攻击行为理论来解释，该理论认为模仿有攻击性的榜样会影响攻击行为（Bandura, 1978）。当家庭中包含强制性的互动时，父母就充当了有攻击性的榜样（Patterson, Chamberlain, & Reid, 1982）。这些强制性的互动随着时间的推移会变得越来越有攻击性，让儿童感到彷徨无助，这又在不经意间让他们以攻击性的方式做出回应。此外，在高冲突的家庭中，父母的低热情很可能会影响儿童的“防卫性认同”（defensive identification）（Sarnoff, 1951）；在这样的家庭中，儿童没有人可以求助，因此会认同施暴者（Freud, 1989）。然后，儿童模仿这种攻击行为，并将之延伸到学校的同伴关系中，从而导致欺凌。从适应性角度来看，父母用这种教养方式向儿童传递了重要的基本信息，即如何以父母作为成功行为的榜样，在他们的环境中适应性地行事（Konner, 2010）。无论社会认为这可取与否，这种行为都会发生（Ellis et al., 2012）。

亲子依恋（Parent-Child Attachment）

众所周知，儿童对最初看护者的早期依恋会影响其一生的人际关系（Bowlby, 1969）。鲍尔比（Bowlby）的行为学理论通过内化婴儿与看护者的关系质量，强调了婴儿与看护者的依恋关系（infant-caregiver attachment）在培养儿童情绪调节、社会能力及与他人理想关系观念当中的重要性（Elicker, Englund, & Sroufe, 1992）。依恋关系不安全（insecure attachment）的儿童可能经历了没有回应和反复无常的教养方式，因此可能会对自身和他人产生反社会观点（即他们可能认为其他人也反应冷淡和没有回报）。这些儿童可能在社会温暖和共情方面的表现有所不足，这会进一步促进他们参与攻击行为（MacDonald, 1992）。这些对他人的负面偏见会导致他们将社会环境中的模糊暗示理解为故意的负面行为，进而影响他们做出攻击性的反应，这可能会增加他们攻击行为的倾向，比如欺凌（Renken, Egeland, Marvinney, Mangelsdorf, & Sroufe, 1989）。虽然这些反应在社会意义上是不利于适应的，但是却可能符合使用这些反应的青少年的认知目标（Ellis et al., 2012）。

父母对儿童的欺凌行为影响显然极其巨大，这证明了父母有必要广泛参与到欺凌干预之中。然而，在当前欺凌干预（如家长培训、家长见面会和家长教师面谈会）中，父母参与的效果并不理想，已被证明只能将报告中的校园欺凌降低 20%—30%（Ttofi et al., 2012）。这种低效率在很大程度上可能是由于父母对他们的孩子参与校园欺凌认识不充分（Pepler, Craig, Ziegler, & Charach, 1993; Stockdale, Hangaduambo, Duys, Larson, & Sarvela, 2002），因为父母无法直接接触或了解他们的孩子在学校环境中的同伴关系。此外，与受害者的经历相比，儿童也不太可能向父母透露他们的欺凌行为（Houndoumadi & Pateraki, 2001）。

因此，为了进一步减少校园欺凌的发生，我们建议干预措施应专注于对父母进行全面教育，使他们了解自己行为的影响，从而让家长能够意识到他们自已何时在家中实施和支持欺凌行为。不幸的是，如果欺凌对家长就像对学校的青少年一样有用的话，那么要改变家长的行为可能也会很困难。

六、对教育者的欺凌教育

教师是现代的发明，他们要符合一定的标准，完成不同类型的培训，才能在学校系统内执教（Geary, 2008; Lancy, 2016）。他们承担的功能在某种程度上类似于异双亲（alloparents）的进化模型，即作为非亲生父母培养其他人的孩子（Hrdy, 2009）。也许作为一种现代的、人为建构的概念，教师并不具备早期成人在与儿童相处时所拥有的条件，比如，作为一个小型狩猎采集部落的一部分，有着共同的基因和较长的共同生活和（或）彼此相互依存的历史（Konner, 2010）。在这种观点看来，教师可能缺乏有效干预所需的强烈动机（由于缺乏广义适合度，Trivers, 1972）或知识（关于儿童的）。也许这并不奇怪，布拉德肖（Bradshaw）、沃斯德普（Wassdorp）、欧布伦南（O'Brennan）和格雷密特娃（Gulemetova）发现，在他们的样本中，将近一半的教师报告时提到在处理欺凌时感到无能为力，这意味着数以千计的教师在处理年轻人生活中的这些重要事件时感到措手不及，进而说明迫切需要进行更广泛的欺凌问题培训（Bradshaw et al., 2013）。信心是让教师做好准备去应对欺凌的关键因素，因此为了让教师做好准备，欺凌教育必须将教师纳入并作为主要关注点（Collier, Bos, & Sandfort, 2015; Duong & Bradshaw, 2013）。

杜昂（Duong）和布拉德肖以 1062 名教师为样本，探讨了教师对欺凌情况严重性的认知，以及他们对干预能否产生理想结果的看法，是否会影响教师去干预的概率（2013）。经验更为丰富的教师也更有可能会去干预，并同时考虑到感知威胁和感知有效性（Burger, Strohmeier, Sprober, Bauman, & Rigby, 2015; Duong & Bradshaw, 2013）。因此，这些信念和经验与人们对一个由不相关的异双亲组成的社区的预期相符合，他们的任务就是在村里管教儿童（Hrdy, 2009）。然而问题仍然存在，在加拿大的一项大型调查研究就强调，19% 的学生认为老师几乎从未干预过欺凌情况，即使学生以前曾向他们的老师提起过（Craig, Pepler, & Atlas, 2000）。这揭示了教师角色与更为传统的异双亲角色之间潜在的现代错位，在传统的异双亲角色中，成人更有可能自由地干预儿童的事务，也更有可能对其照顾儿童的结果有遗传兴趣（Hrdy, 2009; Konner, 2010）。

但教师还可以通过其他途径来影响学生的欺凌行为。就和与父母相处一样，青少年期望教师能够以身作则来对抗欺凌和支持受害者（Veenstra, Lindenberg, Huitsing, Sainio，& Salmivalli, 2014）。近年来的研究表明，教师采取积极的立场反对欺凌行为［如加强惩罚和（或）对欺凌进行明确谴责］，特别是教师群体能够在全校范围内形成具有影响性的意识，可以有效减少学生中的欺凌行为（Smith & Smith, 2014; Veenstra et al., 2014; Wang, Swearer, Lembeck, Collins, & Berry, 2015）。这再次突显了儿童和青少年是如何通过观察和模仿表现得适应学习（Flinn & Ward, 2005）。

教师干预的有效性和意愿会增加欺凌的成本（减少了纯利益），进而会影响他们学生的行为，从而提高从教师干预项目获得收益的可能性。此外，教师有效干预欺凌的能力取决于他们自身的教育和经验（Bradshaw et al., 2013; Burger et al., 2015）。然而，当谈到以成人为中心的干预措施时，要考虑到一个重要的提醒：成人通常不善于发现欺凌行为。欺凌行为的隐蔽性意味着多达 96% 的校园欺凌缺少任何形式的成人干预（Craig & Pepler, 1998）。与此形成鲜明对比的是，在观察到的 80%—85% 校园欺凌现象中，同伴都扮演了某种角色（Craig & Pepler, 1998; Craig et al., 2000）。这一点非常重要，因为教师如果没有看到或不知道发生的情况，即使他们确实对欺凌十分了解，他们也就无从干预。因此教师应当成为干预的目标，不仅要增加对欺凌者的教育，而且还要提出这样的观点，即教师并不总是能发现欺凌行为（Craig et al., 2000; Veenstra et al., 2014）。这意味着其他发现欺凌的方法具有重要意义，比如建立师生之间的信任关系。此外，从进化角度来看，由于非遗传关系，教师可能不会那么积极地关注学生的幸福，特别是与父母相比，因为父母通常在他们的孩子身上有着更强大的（通常就是遗传）投入（Essock-Vitale & McGuire, 1985）。学生的同伴们是与青少年校园欺凌有关联的另一个现代无亲缘关系群体（Essock-Vitale & McGuire, 1985）。

七、同伴环境中的欺凌

在向青春期的过渡中，同伴群体（peer groups）对个体的态度和行为有着特别重要的影响（Owens, Shute, & Slee, 2000; Rubin, Bukowski, & Parker, 1998），因为他们与同伴在一起的时间更多，而与家人在一起的时间则较少（Ernst & Hardin, 2009）。如前所述，自主性的提高通常意味着接触新同伴群体和形成新社交网络（Totura et al., 2009）。由于年轻人越来越关心受欢迎程度和他们被同伴接受的程度，这些同伴群体的结构就会分层化（Espelage, 2002）。这种在社会群体中被认可与被同伴接受的需求将有助于解释为什么有些个体会在学校里参与欺凌（Burns, Maycock, Cross, & Brown, 2008）。也就是说，有一些个体可能需要彼此竞争，以提高他们自己的地位和社会地位（Gini, 2006; Hawley, 本书）。因此欺凌可能被当作为了在同伴等级结构中获得地位的一种策略（Espelage, Holt, & Henkel, 2003; Scheithauer et al., 2006）。地位是指一个人在同伴群体中相对于其他人的社会地位（Keltner, Gruenfeld, & Anderson, 2003）。从进化角度看，地位较高的个体可能比地位较低的个体优先获得资源（即食物、保护和配偶）（Flinn & Ward, 2005; Hawley, 1999）。对于现代社会的青少年来说，社会地位高的人可能更容易获得亲密关系（Pellegrini & Long, 2002）。考虑到亲密关系在青少年时期变得越来越重要（Pellegrini & Long, 2002），那么青少年欺凌者可能会被迫在同伴群体中去争取较高的地位也就不足为奇了（Pellegrini & Long, 2002; Salmivalli & Peets, 2008）。虽然为了地位而欺凌可能是一种个人动机（Salmivalli, 2010），但它很大程度上是在同伴群体环境中发生的（Espelage et al.，2003）。

换言之，同伴在欺凌环境中的重要性表明，欺凌超越了欺凌者与受害者之间的二元关系（Sutton & Smith, 1999）。这个群体过程由属于该群体的同伴组成，他们扮演了各种角色（Salmivalli, Lagerspetz, Bjuorkqvist, Osterman, & Kaukiainen, 1996），通过加剧问题或试图缓和问题来影响欺凌行为（Hawkins, Pepler, & Craig, 2001）。萨米瓦利等人（Salmivalli et al., 1996）认为，当旁观者目睹欺凌事件时，他们可能会在欺凌过程中扮演四种不同的角色：保护者（即帮助和支持受害者），帮凶（即加入欺凌），助威者（即通过笑声或欢呼给予欺凌者积极回应）和局外人（即保持被动或不参与欺凌）。无论男性还是女性同伴，他们加入欺凌可能都是出于一种适应性。这也就是说，通过模仿地位高的个体（即欺凌者）行为，同伴可以凭借与有权势的人交往来提高自己的地位（Moffitt, 1993）。如果受害者的地位降低，他们也可能会提高自己的相对地位，以减少他们自己成为受害者的概率（Volk et al.，2012a, 2012b）。

例如，男性同伴组成或加入一个欺凌群体可能会起到保护作用（Juvonen & Galvan, 2008）。与地位高的男恶霸交往可能会使其获得一种强硬的名声，这可以作为打败未来竞争对手的一种保护因素，从而减少同性竞争（Benenson, 2009）。不过，名声强硬的男性还可能对女性特别有吸引力，因为这表明他们可以为女性及他们的孩子提供保护（Buss, 1988）。与此同时，欧文斯等人（Owens et al., 2000）发现女性会利用关系欺凌来提高受欢迎度和获得进入小圈子（in-group）的机会，这反过来又赋予了女性某种权力去控制谁会被邀请参加重要的社交聚会（提供了与潜在恋爱伴侣进行社交的机会，如派对），谁会被排除在外。因此，女性同伴之所以加入欺凌群体以提高自己的受欢迎程度可能就是一种社会适应性行为，反过来又有利于她们参加一些独家社会活动，而这些活动中可能包括地位较高的男性。她们还可能开始主动囤积社会资源和物质资源，这将有助于她们给未来孩子提供母性关怀（Geary, 2010）。此外，这些早期恋爱关系可能会持续到成年，在日后成年关系中，它们也可能成为权力和资源博弈的重要实践。无论哪种情况，都可以增强女性抚育她们年幼孩子的能力（Geary, 2010）。虽然同伴可以成为欺凌群体的一员，获得适应性的好处，但他们与教师相似，也具有干预和制止欺凌的潜力（e.g., Hawkins et al., 2001; Smith & Smith, 2014; Veenstra et al., 2014; Wang et al., 2015）。要了解同伴干预的时机和原因，过去的进化环境可能会提供一些解释。

在祖先环境中，联合起来形成一个群体是有可能通过提供安全和保护来确保生存，从而免于其他敌对群体和动物的侵害的（Van Vugt & Schaller, 2008）。如今则可以采取联合同伴的形式来抵抗欺凌。早前的研究已表明，同伴干预通常能够有效地阻止欺凌（Hawkins et al., 2001），保护受害者，以降低校园欺凌事件的发生频率（Salmivalli, Voeten, & Poskiparta, 2011）。这些行为很可能增加了欺凌的成本（如干预），减少了欺凌的好处（如同伴认可）。尽管这些结果令人鼓舞，然而同伴并未认识到他们有能力减少欺凌行为（Salmivalli, 2010）。大多数同伴认为欺凌是错误的，而且假设情况表明，同伴确实会对受害的同伴提供社会支持（Boulton, Trueman, & Flemington, 2002; Rigby & Johnson, 2006）。然而，在同伴报告中，我们发现在实际的欺凌场景中，很少会有同伴出面干预以保护受害者，这可能是因为实际成本远高于假设成本（Salmivalli, 2010）。他们反欺凌的态度与实际上被观察到的行为之间存在着明显差异，而有诸多原因可以解释这种言行不一（O'Connell, Pepler, & Craig, 1999）。

为什么同伴在欺凌事件中不作为？第一种可能的解释是旁观者效应。旁观者效应指的是即使有很多人在场，受害者也得不到帮助的情况（Darley & Latane, 1968）。这种责任的分散可能导致两种结果：第一，期待其他人帮助校园欺凌的受害者会导致同伴认为他们都没有责任（Salmivalli, 2010）。第二，同伴可能会因为其他人没有采取行动阻止欺凌事件，就认为情况没有那样严重（Salmivalli, 2010）。综上所述，责任的分散削弱了干预的动机（O'Connell et al., 1999）。

对于同伴没有表现出保护行为，第二种可能的解释是，大部分在学校对受害者的攻击可能看起来并不严重（如戏弄；Rivers & Smith, 1994），因此没有干预的必要。此外，由于年轻人将自己定位成“小丑”，把欺凌行为定义为“只是开玩笑”，来降低伤害行为的严重性，从而颠覆了欺凌是有害的这一观点（Ryan & Morgan, 2011）。同样，这种策略可能会向同伴表明，欺凌事件并不严重，因此受害者不需要帮助。

为什么当其他人被欺凌时，旁观者可能不会介入？第三种可能的解释是，他们之所以选择袖手旁观，可能是一种适应性行为（Juvonen & Galvan, 2008）。具体几个原因如下。首先，同伴可能会加入欺凌群体，或至少与那些不受欢迎或被排斥的受害者保持距离，以免自己成为欺凌目标（Cillessen & Mayeux, 2007）。换言之，同伴之所以不去干预，是为了避免成为下一个受害者（O'Connell et al., 1999）。其次，欺凌的目击者可能会选择不加干预，因为他们与受害者在基因上没有亲缘关系，这也就是说，阻止对非亲属欺凌所获得的好处是远小于阻止对亲属欺凌所获得的好处的（Barber, 1994; Burnstein, Crandall, & Kitayama, 1994; Fitzgerald & Colarelli, 2009; Kruger, 2001）。在发生欺凌事件时，同伴们可能不愿意互相帮助，因为保护行为的成本可能太高，特别是帮助那些非亲属的人。再次，同伴可能不去干预，甚至可能让其他人成为受害者，是为了在争夺稀缺资源的过程中淘汰他们。在食物短缺时，狩猎采集者（Turnbull, 1972）会为了确保自己的生存而互相欺凌，以获得食物资源（Volk et al., 2014）。在现代社会中，青少年会竞争的可能不是食物，而是稀缺资源，如性伴侣或有限的奖学金（Jonason, Li, Webster, & Schmitt, 2009）。如果不加以干预，同伴可能会让其他人沦为欺凌的目标，从而减少追求理想配偶或是竞争资源的对手数量。更有甚者，旁观者可能会加入欺凌群体去攻击其他人，以减少竞争和增加求偶机会。

同伴不加干预的最后一个可能原因涉及受害者的数量。欺凌者通常只针对少数受害者（Schuster, 1999）。对欺凌者来说，在课堂或学校只针对一两个受害者更有效和更安全，因为受害者不太可能独自进行报复；然而，攻击多名受害者可能会导致他们联合起来相互支持和彼此保护（Garandeau & Cillessen, 2006）。此外，当目标只有一个时，就会让人觉得某个特定受害者有什么"问题"（即负面人格特征），从而导致他受到欺凌（即受害者的错误），并可能会向同伴传递欺凌似乎是合理的信息（Garandeau & Cillessen, 2006）。因此，欺凌单个受害者可能会阻止其他同伴进行干预。

总之，尽管提供了帮助和支持的同伴会受到社会奖励，比如深受喜爱（Salmivalli et al., 1996）和受人欢迎（Caravita et al., 2009），但他们在大多数时候仍然避免去干预欺凌事件（Salmivalli, 2010）。如果欺凌是一个更庞大、更复杂的群体过程中的一部分（Gini, 2006），那么它可能需要在群体层面上采取有同伴参与的干预措施来对抗欺凌者，而不是只在个体层面上关注欺凌者和受害者（Salmivalli, 2010）。这也就是说，让同伴群体准备好正确的策略去保护受害者，帮助旁观者认识到他们在欺凌过程中的作用，并让同伴对受害者的遭遇感同身受，这些都是有助于减少欺凌的关键步骤（Kärnä et al., 2013; Salmivalli et al., 2011）。让我们回顾一下，可能不仅仅是教师需要接受与欺凌有关的教育（Bradshaw et al., 2013），旁观者也同样需要教育。此外，如果说多达 80%—85% 的同伴观察到了欺凌（Craig & Pepler, 1998; Craig et al., 2000），那么相比之下只有 4% 的教师或成人观察到了这一现象（Craig & Pepler, 1998），这说明同伴是有效阻止欺凌的关键所在，因为他们实际上看到了这种行为的发生。因此，群体中的同伴互动及更广泛的社会过程影响在一定程度上会影响欺凌行为（Burns et al., 2008）。就此而言，学校氛围就包含了这些可能助长欺凌的广泛社会过程。

八、欺凌和学校氛围

除了教师和同伴之外，学校有很多方面可能会助长或阻止欺凌行为。学校中的青少年、教师以及管理者之间的互动可能会影响青少年对学校的社会和情感氛围的认识（Kasen et al., 2004; Loukas & Robinson, 2004）。对学校氛围的认识可能会影响青少年决定是否利用学校中越来越多的无人监督区域，并最终欺凌他们的同伴（Craig & Pepler, 1995; Swearer, Espelage, Vaillancourt, & Hymel, 2010）。如果青少年对于学校氛围，特别是对竞争和规范有特殊的认知，青少年可能会学会使用欺凌作为一种适应性工具。

学业竞争可能是会助长青少年欺凌的一个重要方面。学生认为学业竞争较低的看法以前被认为是与较高的社会凝聚力、较低的情绪和行为问题息息相关（Loukas & Robinson, 2004; Loukas, Suzuki, & Horton, 2006）。弗里曼等人（Freeman et al., 2009）的一项研究发现，学业压力较高的学校有着更高的欺凌率，即使这些学校在其他的学校氛围方面评价较高，如联结性（connectedness）和愉悦感。因此，学业竞争较高而凝聚力较低的学校可能会增加对稀缺性的偏爱，并且（或者）教育青少年：竞争是备受鼓励的，特别是与同伴的比较，而欺凌可能就是竞争的方法之一（Roseth, Johnson, & Johnson, 2008）。这也可能表示，在学校中可获得的资源有限，所以必须去竞争，包括受欢迎程度、教师的喜爱和成绩（Butler & Kedar, 1990; Roseth et al., 2008; Sutton & Keogh, 2000）。学校奖励和会员资格各种历史上的先例似乎都支持这一点（Golden, 1990; Rawson, 2003）。

有限的资源可能预示着不平等的环境。研究已表明，总体来看，收入不平等会加剧对有限资源的竞争（Daly & Wilson, 2010）。事实上，收入不平等在过去就曾被认为与较高的校园欺凌有关（Elgar et al., 2013）。同样，在竞争和不平等程度较高的学校中，学生可能会为了社会支配地位而相互竞争，这将进一步增加获得额外资源的机会。正如本章前面所讨论的，支配等级的建立和维持通常会减少欺凌的成本——等级中较弱势个体的报复行为（Volk et al., 2014）。因此，随着时间的推移，如果学生认为他们能够获得更多的直接利益，如社会接受度和受欢迎程度，且付出的直接成本较低，他们就更有可能长期使用欺凌行为（Reijntjes et al., 2013）。最终，如果青少年学会利用欺凌作为一种手段，在竞争激烈的学校中获取有限的资源，欺凌可能就会被视为一种可接受的行为。事实上，在学生认为欺凌行为是一种惯例的学校，欺凌行为往往就较为高发（Bradshaw, Waasdorp, & Johnson, 2015; Espelage et al., 2003; Huitsing & Veenstra, 2012; Salmivalli & Voeten, 2004; Totura et al., 2009）。因此，随着对学校竞争的意识提高，逐渐形成的欺凌惯例可能会进一步强化竞争和欺凌的气氛。因此，竞争程度可能是学校氛围中的一个重要方面，我们在反欺凌干预中应当对症下药。

由于在学校氛围中，让学生学会使用欺凌的主要方面是竞争程度，因此干预措施可能需要有针对性地采用减少竞争的方法，转而以使用亲社会行为来促进更高的联结性（Sutton & Keogh, 2000; Volk et al., 2012a, 2012b）。例如，强调班级成绩而不是个体成绩可能会在减少个体欺凌动机的同时，仍然鼓励成功或取得成就（尽管这可能会导致社会惰化）。此外，在学校中形成积极的社会关系可能有助于增加竞争性欺凌行为的成本（Erickson, Mattaini, & McGuire, 2004; Sutton & Keogh, 2000）。鉴于奖惩示范常常会刺激校园欺凌的循环，这可能比通过学校采取惩罚措施来防止校园欺凌更为有效（Erickson et al., 2004）。因此，研究者和实践者必须认识到干预不能被当作学校单一特征的“附加物”（Erickson et al., 2004）。相反，预防和干预措施应试图将循证实践（evidence-based practices）（Erickson et al., 2004）融入更广泛的学生文化。这包括父母、教师、同伴、学校及更宽泛的社群等在内的多个重要参与者的贡献。

九、结论

总而言之，欺凌似乎是一种适应性行为，至少部分是由进化倾向（类似于攻击；Hawley，本书）引起的。这意味着要充分理解和预防欺凌，就需要采用进化视角来解释青少年欺凌行为的形式和功能。虽然本文主要关注的是青少年，但我们认为同样的适应性假设也普遍适用于年龄较大和较小的人群（当然，我们不认为年幼儿童会认真竞争约会对象，即使他们确实会争夺其他的资源）。有些关于欺凌更传统的观点已认识到欺凌可能具有适应性，但未能探索出这种行为最初发生的原因，或者从中可以获得哪些具体的好处（e.g., Olweus, 1993）。

进化视角还强调了生态环境在理解欺凌行为中的重要性。欺凌是一种环境现象（Hong & Espelage, 2012），受到很多社会和环境因素的影响。在青少年的学校环境中，我们认为父母、教师、同伴和学校氛围对欺凌行为的影响最强。进化视角进一步突出和阐明了这些因素的重要性，以及它们是如何在现代环境中与青少年在我们过去进化历程中所形成的适应性相互作用的。

更清楚地了解欺凌是至关重要的，因为全世界数百万青少年的生活都受到了欺凌的负面影响。通过运用进化方法，我们相信研究人员可以加强他们对欺凌的研究，进而对制定更为有效的反欺凌举措有所助益（Ellis et al., 2012）。在我们过去的进化中，欺凌可能是一种重要的适应性行为，但这并不意味着它在未来也必须仍然如此。进化分析有望让欺凌在未来的青少年生活、发展和进化中不再成为一个举足轻重的因素。

参考文献

Alcock, J. (1988). *Animal behavior* (4th ed.). Sunderland, MA: Sinauer.

Archer, J. (1988). *The behavioral biology of aggression*. Cambridge, England: Cambridge University Press.

Archer, J. (2009). Does sexual selection explain human sex differences in aggression? *Behavioral and Brain Sciences, 32*, 249–311.

Baldry, A. C., & Farrington, D. P. (2000). Bullies and delinquents: Personal characteristics and parental styles. *Journal of Community and Applied Social Psychology, 10*, 17–23.

Ball, H. A., Arseneault, L., Taylor, A., Maughan, B., Caspi, A., & Moffitt, T. E. (2008). Genetic and environmental influences on victims, bullies and bully‐victims in childhood. *Journal of Child Psychology and Psychiatry, 49*(1), 104–112.

Bandura, A. (1978). Social learning theory of aggression. *Journal of Communication, 28*, 12–29.

Barber, N. (1994). Machiavellianism and altruism: Effect of relatedness of target person on

Machiavellian and helping attitudes. *Psychological Reports, 75*(1), 403–422.

Barboza, G. E., Schiamberg, L. B., Oehmke, J., Korzeniewski, S. J., Post, L. A., & Heraux, C. G. (2009). Individual characteristics and the multiple contexts of adolescent bullying: An ecological perspective. *Journal of Youth and Adolescence, 38*(1), 101–121.

Barry, H., Josephson, L., Lauer, E., & Marshall, C. (1976). Traits inculcated in childhood: Crosscultural codes 5. *Ethnology, 15*, 83–106.

Baumrind, D. (1991). Parenting styles and adolescent development. In J. Brooks-Gunn, R. Lerner, & A. Petersen (Eds.), *The encyclopedia of adolescence* (pp. 746–758). New York, NY: Garland.

Benenson, J. F. (2009). Dominating versus eliminating the completion: Sex differences in human intrasexual aggression. *Behavioral and Brain Sciences, 32*, 268–269.

Berger, K. S. (2007). Update on bullying at school: Science forgotten? *Developmental Review, 27*, 90–126.

Book, A., Volk, A. A., & Hosker, A. (2012). Adolescent bullying and personality: An adaptive approach. *Personality and Individual Differences, 52*, 218–223.

Boulton, M. J., Trueman, M., & Flemington, I. (2002). Associations between secondary school pupils' definitions of bullying, attitudes towards bullying, and tendencies to engage in bullying: Age and sex differences. *Educational Studies, 28*, 353–370.

Bowlby, J. (1969). *Attachment and loss* (Attachment, Vol. 1). New York, NY: Basic Books.

Bradshaw, C. P., Waasdorp, T. E., & Johnson, S. L. (2015). Overlapping verbal, relational, physical, and electronic forms of bullying in adolescence: Influence of school context. *Journal of Clinical Child & Adolescent Psychology, 44*(3), 494–508.

Bradshaw, C. P., Wassdorp, T. E., O'Brennan, L. M., & Gulemetova, M. (2013). Teachers' and education support professionals' perspectives on bullying and prevention: Findings from a national education association study. *School Psychology Review, 42*(3), 280–297.

Briggs, J. L. (1970). *Never in anger: Portrait of an Eskimo family (Vol. 12)*. Cambridge, MA: Harvard University Press.

Burger, C., Strohmeier, D., Sprober, N., Bauman, S., & Rigby, K. (2015). How teachers respond to school bullying: An examination of self-reported intervention strategy use, moderator effects, and concurrent use of multiple strategies. *Teaching and Teacher Education, 51*, 191–202.

Burns, S., Maycock, B., Cross, D., & Brown, G. (2008). The power of peers: Why some students bully others to conform. *Qualitative Health Research, 18*(12), 1704–1716.

Burnstein, E., Crandall, C., & Kitayama, S. (1994). Some neo-Darwinian rules for altruism: Weighing cues for inclusive fitness as a function of the biological importance of the decision.

Journal of Personality and Social Psychology, 67, 773–789.

Buss, D. M. (1988). The evolution of human intrasexual competition: Tactics of mate attraction. *Journal of Personality and Social Psychology, 54*(4), 616.

Butler, R., & Kedar, A. (1990). Effects of intergroup competition and school philosophy on student perceptions, group processes, and performance. *Contemporary Educational Psychology, 15*(4), 301–318.

Cappadocia, M. C., Pepler, D., Cummings, J. G., & Craig, W. (2012). Individual motivations and characteristics associated with bystander intervention during bullying episodes among children and youth. *Canadian Journal of School Psychology, 27*, 201–216.

Caravita, S. C. S., Di Blasio, P., & Salmivalli, C. (2009). Unique and interactive effects of empathy and social status on involvement in bullying. *Social Development, 18*, 140–163.

Chao, R. K. (2001). Extending research on the consequences of parenting style for Chinese Americans and European Americans. *Child Development, 72*, 1832–1843.

Cillessen, A. H. N., & Mayeux, L. (2007). Developmental changes in the association between aggression and status in the peer system. In P. Hawley, T. Little, & P. Rodkin (Eds.), *Aggression and adaptation: The bright side to bad behavior* (pp. 135–156). Mahwah, NJ: Lawrence Erlbaum.

Collier, K. L., Bos, H. M. W., & Sandfort, T. G. M. (2015). Understanding teachers' responses to enactments of sexual and gender stigma at school. *Teaching and Teaching Education, 48*, 34–43.

Connolly, J., Pepler, D., Craig, W., & Taradash, A. (2000). Dating experiences of bullies in early adolescence. *Child Maltreatment, 5*, 299–310.

Copeland, W. E., Wolke, D., Angold, A., & Costello, E. J. (2013). Adult psychiatric outcomes of bullying and being bullied by peers in childhood and adolescence. *Journal of the American Medical Association Psychiatry, 70*, 419–426.

Copeland, W. E., Wolke, D., Lereya, S. T., Shanahan, L., Worthman, C., & Costello, E. J. (2014). Childhood bullying involvement predicts low-grade systemic inflammation into adulthood. *Proceedings of the National Academy of Sciences, 111*, 7570–7575.

Craig, W. M., & Pepler, D. J. (1995). Peer processes in bullying and victimization: An observational study. *Exceptionality Education Canada, 5*, 81–96.

Craig, W. M., & Pepler, D. J. (1998). Observations of bullying and victimization in the school yard. *Canadian Journal of School Psychology, 13*, 41–59.

Craig, W. M., Pepler, D., & Atlas, R. (2000). Observations of bullying in the playground and in the classroom. *School Psychology International, 21*(1), 22–36.

Creel, S., & Creel, N. M. (2002). *The African wild dog*. Princeton, NJ: Princeton University Press.

Cunningham, H. (2005). *Children and childhood in western society since 1500* (2nd ed.). Toronto, ON, Canada: Pearson-Longman.

Daly, M., & Wilson, M. (1988). *Homicide*. New Brunswick, NJ: Aldine Transaction.

Daly, M., & Wilson, M. (2010). Cultural inertia, economic incentives, and the persistence of "southern violence". In M. Schaller, A. Norenzayan, S. J. Heine, T. Yamagishi, & T. Kameda (Eds.), *Evolution, culture and the human mind* (pp. 229–241). New York, NY: Psychology Press.

Darley, J., & Latane, B. (1968). Bystander intervention in emergencies: Diffusion of responsibility. *Journal of Personality and Social Psychology, 8*, 377–383.

Dawkins, R. (1989). *The selfish gene* (2nd ed.). Oxford, England: Oxford University Press.

de Bruyn, E. H., Cillessen, A. H., & Weisfeld, G. E. (2012). Dominance-popularity status, behavior, and the emergence of sexual activity in young adolescents. *Evolutionary Psychology, 21*(10), 296–319.

de Bruyn, E. H., Cillessen, A. H., & Wissink, I. B. (2010). Associations of peer acceptance and perceived popularity with bullying and victimization in early adolescence. *Journal of Early Adolescence, 30*, 543–566.

Duong, J., & Bradshaw, C. P. (2013). Using the extended parallel process model to examine teachers' likelihood of intervening in bullying. *Journal of School Health, 83*(6), 422–429.

Elgar, F. J., Pickett, K. E., Pickett, W., Craig, W., Molcho, M., Hurrelmann, K., & Lenzi, M. (2013). School bullying, homicide and income inequality: A cross-national pooled time series analysis. *International Journal of Public Health*, 58(2), 237–245.

Elicker, J., Englund, M., & Sroufe, L. A. (1992). Predicting peer competence and peer relationships in childhood from early parent-child relationships. In R. D. Parke & G. W. Ladd (Eds.), *Family-peer relations: Modes of linkage* (pp. 77–106). Hillsdale, NJ: Erlbaum.

Ellis, B. J., Del Giudice, M., Dishion, T. J., Figueredo, A. J., Gray, P., Griskevicious, V., … Wilson, D. S. (2012). The evolutionary basis of risky adolescent behavior: Implications for science, policy, and practice. *Developmental Psychology, 48*, 598–623.

Erickson, C. L., Mattaini, M. A., & McGuire, M. S. (2004). Constructing nonviolent cultures in schools: The state of the science. *Children & Schools, 26*(2), 102–116.

Ernst, M., & Hardin, M. G. (2009). Goal-directed behavior: Evolution and ontogeny. In J. M. Rumsey & M. Ernst (Eds.), *Neuroimaging in developmental clinical neuroscience* (pp. 53–71). New York, NY: Cambridge University Press.

Espelage, D. L. (2002). Bullying in Early Adolescence: The Role of the Peer Group. *ERIC Digest*, 1–7.

Espelage, D. L., Bosworth, K., & Simon, T. (2000). Examining the social environment of middle school students who bully. *Journal of Counseling and Development, 78*, 326–333.

Espelage, D. L., & Holt, M. K. (2007). Dating violence & sexual harassment across the bully victim continuum among middle and high school students. *Journal of Youth and Adolescence, 36*(6), 799–811.

Espelage, D. L., Holt, M. K., & Henkel, R. R. (2003). Examination of peer-group contextual effects on aggression during early adolescence. *Child Development, 74*(1), 205–220.

Essock-Vitale, S. M., & McGuire, M. T. (1985). Women's lives viewed from an evolutionary perspective. II. Patterns of helping. *Ethology and Sociobiology, 6*(3), 155–173.

Fitzgerald, C. J., & Colarelli, S. M. (2009). Altruism and reproductive limitations. *Evolutionary Psychology, 7*, 234–252.

Flanagan, R. (2008). Lucifer goes to law school: Towards explaining and minimizing law student peer-to-peer harassment and intimidation. *Washburn Law Journal, 47*, 453–469.

Flinn, M. V., & Ward, C. V. (2005). Ontogeny and evolution of the social child. In B. J. Ellis & D. F. Bjorklund (Eds.), *Origins of the social mind: Evolutionary psychology and child development* (pp. 19–44). New York, NY: Guilford Press.

Freeman, J. G., Samdal, O., Klinger, D. A., Dur, W., Griebler, R., Currie, D., & Rasmussen, M. (2009). The relationship of schools to emotional health and bullying. *International Journal of Public Health, 54*(2), 251–259.

Freud, A. (1989). *Normality and pathology in childhood: Assessments of development.* London, England: Karnac Books.

Garandeau, C. F., & Cillessen, A. H. (2006). From indirect aggression to invisible aggression: A conceptual view on bullying and peer group manipulation. *Aggression and Violent Behavior, 11*(6), 612–625.

Garandeau, C. F., Lee, I. A., & Salmivalli, C. (2014). Differential effects of the KiVa anti-bullying program on popular and unpopular bullies. *Journal of Applied Developmental Psychology, 35*, 44–50.

Gavrilets, S. (2012). On the evolutionary origins of the egalitarian syndrome. *Proceedings of the National Academy of Sciences, 109*, 14069–14074.

Geary, D. C. (2008). An evolutionarily informed education science. *Educational Psychologist, 43*, 179–195.

Geary, D. C. (2010). *Male, female: The evolution of sex differences* (2nd ed.). Washington, DC: American Psychological Association.

Geary, D. C., & Flinn, M. V. (2001). Evolution of human parental behavior and the human family. *Parenting, 1*(1–2), 5–61.

Gini, G. (2006). Bullying as a social process: The role of group membership in students' perception of inter-group aggression at school. *Journal of School Psychology, 44*, 51–65.

Gini, G., & Pozzoli, T. (2009). Association between bullying and psychosomatic problems: A metaanalysis. *Pediatrics, 123*, 1059–1065.

Golden, M. (1990). *Children and childhood in classical Athens*. Baltimore, MA: The John Hopkins University Press.

Goodall, J. (1986). *The chimpanzees of Gombe*. Cambridge, MA: Harvard University Press.

Harden, B. (2012). *Escape from Camp 14*. Toronto, ON, Canada: Viking.

Hawkins, D. L., Pepler, D. J., & Craig, W. M. (2001). Naturalistic observations of peer interventions in bullying. *Social Development, 10*(4), 512–527.

Hawley, P. H. (1999). The ontogenesis of social dominance: A strategy-based evolutionary perspective. *Developmental Review, 19*, 97–132.

Haynie, D. L., Nansel, T., Eitel, P., Crump, A. D., Saylor, K., Yu, K., & Simons-Morton, B. (2001). Bullies, victims, and bully/victims: Distinct groups of at-risk youth. *The Journal of Early Adolescence, 21*, 29–24.

Holt, M. K., & Espelage, D. L. (2007). Perceived social support among bullies, victims, and bullyvictims. *Journal of Youth and Adolescence, 36*(8), 984–994.

Holt, M. K., Kaufman Kantor, G., & Finkelhor, D. (2008). Parent/child concordance about bullying involvement and family characteristics related to bullying and peer victimization. *Journal of School Violence, 8*(1), 42–63.

Hong, J. S., & Espelage, D. L. (2012). A review of research on bullying and peer victimization in school: An ecological system analysis. *Aggression and Violent Behavior, 17*, 311–322.

Houndoumadi, A., & Pateraki, L. (2001). Bullying and bullies in Greek elementary schools: Pupils' attitudes and teachers'/parents' awareness. *Educational Review, 53*, 19–26.

Hrdy, S. B. (2009). *Mothers and others: The evolutionary origins of mutual understanding*. Cambridge, MA: Harvard University Press.

Hsiung, P. C. (2005). *A tender voyage: Children and childhood in late imperial China*. Stanford, CA: Stanford University Press.

Huitsing, G., & Veenstra, R. (2012). Bullying in classrooms: Participant roles from a social network perspective. *Aggressive Behavior, 38*(6), 494–509.

Hunter, S. C., Boyle, J. M., & Warden, D. (2007). Perceptions and correlates of peer - victimization and bullying. *British Journal of Educational Psychology, 77*, 797–810.

Hymel, S., & Swearer, S. M. (2015). Four decades of research on school bullying: An introduction. *American Psychologist, 70*(4), 293–299.

Irons, W. (1998). Adaptively relevant environments versus the environment of evolutionary adaptedness. *Evolutionary Anthropology, 6*, 194–204.

Jonason, P. K., Li, N. P., Webster, G. D., & Schmitt, D. P. (2009). The dark triad: Facilitating a short-term mating strategy in men. *European Journal of Personality, 23*(1), 5–18.

Juvonen, J., & Galvan, A. (2008). Peer influence in involuntary social groups: Lessons from research on bullying. In M. Prinstein & K. Dodge (Eds.), *Peer influence processes among youth* (pp. 225–244). New York, NY: Guilford Press.

Juvonen, J., & Graham, S. (2014). Bullying in schools: The power of bullies and the plight of victims. *Annual Review of Psychology, 65*, 159–185.

Juvonen, J., Graham, S., & Schuster, M. A. (2003). Bullying among young adolescents: The strong, the weak, and the troubled. *Pediatrics, 112*(6), 1231–1237.

Kahneman, D. (2011). *Thinking, fast and slow*. New York, NY: Macmillan.

Kärnä, A., Voeten, M., Little, T. D., Alanen, E., Poskiparta, E., & Salmivalli, C. (2013). Effectiveness of the KiVa Antibullying Program: Grades 1–3 and 7–9. *Journal of Educational Psychology, 105*, 535.

Kasen, S., Berenson, K., Cohen, P., & Johnson, J. G. (2004). The effects of school climate on changes in aggressive and other behaviors related to bullying. In D. L. Espelage & S. Swearer (Eds.), *Bullying in American schools: A social-ecological perspective on prevention and intervention* (pp. 187–210). Mahwah, NJ: Lawrence Erlbaum.

Keltner, D., Gruenfeld, D. H., & Anderson, C. (2003). Power, approach, and inhibition. *Psychological Review, 110*, 265–284.

Kim, Y. S., Koh, Y. J., & Leventhal, B. L. (2004). Prevalence of school bullying in Korean middle school students. *Archives of Pediatrics & Adolescent Medicine, 158*(8), 737–741.

Kolbert, J. B., & Crothers, L. (2003). Bullying and evolutionary psychology: The dominance hierarchy among students and implications for school personnel. *Journal of School Violence, 2*, 73–91.

Konner, M. (2010). *The evolution of childhood: Relationships, emotion, mind*. Cambridge, MA: Harvard University Press.

Kruger, D. J. (2001). Psychological aspects of adaptations for kin directed altruistic helping behaviors. *Social Behavior and Personality: An International Journal, 29*(4), 323–330.

Lancy, D. (2016). Teaching: Natural or cultural? In David C. Geary & Daniel B. Berch (Eds.) *Evolutionary perspectives on child development and education* (pp. 33–65). Springer.

Liu, J., & Graves, N. (2011). Childhood bullying: A review of constructs, concepts, and nursing implications. *Public Health Nursing, 28*, 556–568.

Lorenz, K. (1966). *On aggression*. Toronto, ON, Canada: Bantam.

Loukas, A., & Robinson, S. (2004). Examining the moderating role of perceived school climate in early adolescent adjustment. *Journal of Research on Adolescence, 14*(2), 209–233.

Loukas, A., Suzuki, R., & Horton, K. D. (2006). Examining school connectedness as a mediator of school climate effects. *Journal of Research on Adolescence, 16*(3), 491–502.

MacDonald, K. (1992). Warmth as a developmental construct: An evolutionary analysis. *Child Development, 63*, 753–773.

Masure, R. H., & Allee, W. C. (1934). The social order in flocks of the common chicken and the pigeon. *The Auk, 51*, 306–327.

Mech, D. L. (1970). *The wolf: The ecology and behavior of an endangered species*. Garden City, NY: Natural History Press.

Moffitt, T. E. (1993). Adolescence-limited and life-course-persistent antisocial behavior: A developmental taxonomy. *Psychological Review, 100*(4), 674–701.

Monks, C. P., Smith, P. K., Naylor, P., Barter, C., Ireland, J. L., & Coyne, I. (2009). Bullying in different contexts: Commonalities, differences and the role of theory. *Aggression and Violent Behavior, 14*(2), 146–156.

O'Connell, P., Pepler, D., & Craig, W. (1999). Peer involvement in bullying: Insights and challenges for intervention. *Journal of Adolescence, 22*(4), 437–452.

Olweus, D. (1993). *Bullying at school: What we know and what we can do*. New York, NY: Wiley-Blackwell.

Orme, N. (2001). *Medieval children*. New Haven, CT: Yale University Press.

Owens, L., Shute, R., & Slee, P. (2000). "I'm in and you're out": Explanations for teenage girls indirect aggression. *Psychology, Evolution & Gender, 2*(1), 19–46.

Patterson, G. R., Chamberlain, P., & Reid, J. B. (1982). A comparative evaluation of a parenttraining program. *Behavior Therapy, 13*(5), 638–650.

Pellegrini, A. D., & Long, J. D. (2002). A longitudinal study of bullying, dominance, and victimization during the transition from primary school through secondary school. *British Journal of Developmental Psychology, 20*(2), 259–280.

Pepler, D. J., Craig, W., Ziegler, S., & Charach, A. (1993). A school-based anti-bullying intervention: Preliminary evaluation. In D. Tattum (Ed.), *Understanding and managing bullying* (pp. 76–91). Oxford, England: Heinemann.

Pepler, D., Jiang, D., Craig, W., & Connolly, J. (2008). Developmental trajectories of bullying and associated factors. *Child Development, 79*(2), 325–338.

Polanin, J. R., Espelage, D. L., & Pigott, T. D. (2012). A meta-analysis of school-based bullying prevention programs' effects on bystander intervention behavior. *School Psychology Review, 41*, 47–65.

Pöyhönen, V., & Salmivalli, C. (2008). New directions in research and practice addressing bullying: Focus on defending behavior. In D. Pepler & W. Craig (Eds.), *Understanding and ad-*

dressing bullying: An international perspective (pp. 26–43). Bloomington, IN: Author House.

QMI Agency. (2013). More heartache for Myles Neuts' family. London Free Press. Retrieved from http://www.lfpress.com/2013/03/24/more-heartache-for-myles-neuts-family.

Rawson, B. (2003). *Children and childhood in Roman Italy*. Toronto, ON, Canada: Oxford University Press.

Reijntjes, A., Vermande, M., Goossens, F. A., Olthof, T., van de Schoot, R., Aleva, L., & van der Meulen, M. (2013). Developmental trajectories of bullying and social dominance in youth. *Child Abuse & Neglect, 37*(4), 224–234.

Renken, B., Egeland, B., Marvinney, D., Mangelsdorf, S., & Sroufe, L. A. (1989). Early childhood antecedents of aggression and passive-withdrawal in early elementary school. *Journal of Personality, 57*, 257–281.

Rigby, K. (2003). Consequences of bullying in schools. *Canadian Journal of Psychiatry, 48*, 583–590.

Rigby, K., & Johnson, B. (2006). Expressed readiness of Australian schoolchildren to act as bystanders in support of children who are being bullied. *Educational Psychology, 26*, 425–440.

Rivers, I., & Smith, P. K. (1994). Types of bullying behavior and their correlates. *Aggressive Behavior, 20*, 359–368.

Roseth, C. J., Johnson, D. W., & Johnson, R. T. (2008). Promoting early adolescents' achievement and peer relationships: The effects of cooperative, competitive, and individualistic goal structures. *Psychological Bulletin, 134*(2), 223–246.

Rubin, K.H., Bukowski, W.M., & Parker, J.G. (1998). Peer interactions, relationships, and groups. In W. Damon (Series Ed.) & N. Eisenberg (Vol. Ed.), *Handbook of child psychology, Vol. 3: Social, Emotional, and Personality Development* (5th ed., pp. 619–700). New York, NY: Wiley.

Ryan, A., & Morgan, M. (2011). Bullying in secondary schools: An analysis of discursive positioning. *New Zealand Journal of Educational Studies, 46*(1), 23–34.

Salmivalli, C. (2010). Bullying and the peer group: A review. *Aggression and Violent Behavior, 15*(2), 112–120.

Salmivalli, C., Lagerspetz, K., Bjuorkqvist, K., Osterman, K., & Kaukiainen, A. (1996). Bullying as a group process: Participant roles and their relations to social status within the group. *Aggressive Behavior, 22*, 1–15.

Salmivalli, C., & Peets, K. (2008). Bullies, victims, and bully-victim relationships. In K. Rubin, W. Bukowski, & B. Laursen (Eds.), *Handbook of peer interactions, relationships, and groups* (pp. 322–340). New York, NY: Guilford Press.

Salmivalli, C., & Voeten, M. (2004). Connections between attitudes, group norms, and behavior in bullying situations. *International Journal of Behavioral Development, 28*(3), 246–258.

Salmivalli, C., Voeten, M., & Poskiparta, E. (2011). Bystanders matter: Associations between reinforcing, defending, and the frequency of bullying behavior in classrooms. *Journal of Clinical Child & Adolescent Psychology, 40*(5), 668–676.

Sarnoff, I. (1951). Identification with the Aggressor: Some personality correlates of anti-semitism among Jews. *Journal of Personality, 20*(2), 199–218.

Scheithauer, H., Hayer, T., Petermann, F., & Jugert, G. (2006). Physical, verbal, and relational forms of bullying among German students: Age trends, gender differences, and correlates. *Aggressive Behavior, 32*(3), 261–275.

Schuster, B. (1999). Outsiders at school: The prevalence of bullying and its relation with social status. *Group Processes & Intergroup Relations, 2*, 175–190.

Slonje, R., & Smith, P. K. (2008). Cyberbullying: Another main type of bullying? *Scandinavian Journal of Psychology, 49*, 147–154.

Smith, P. K., Mahdavi, J., Carvalho, M., Fisher, S., Russell, S., & Tippett, N. (2008). Cyberbullying: Its nature and impact in secondary school pupils. *Journal of Child Psychology and Psychiatry, 49*, 376–385.

Smith, R. W., & Smith, K. (2014). Creating the cougar watch: Learning to be proactive against bullying in schools. *Middle School Journal, 46*(1), 13–19.

Smokowski, P. R., & Kopasz, K. H. (2005). Bullying in school: An overview of types, effects, family characteristics, and intervention strategies. *Children & Schools, 27*(2), 101–110.

Solberg, M. E. (2003). Prevalence estimation of school bullying with the Olweus Bully/Victim Questionnaire. *Aggressive Behavior, 29*(3), 239–268.

Sourander, A., Helstelä, L., Helenius, H., & Piha, J. (2000). Persistence of bullying from childhood to adolescence: A longitudinal 8-year follow-up study. *Child Abuse & Neglect, 24*, 873–881.

Stewart-Williams, S. (2007). Altruism among kin vs. non-kin: Effects of cost of help and reciprocal exchange. *Evolution and Human Behavior, 28*, 193–198.

Stockdale, M. S., Hangaduambo, S., Duys, D., Larson, K., & Sarvela, P. (2002). Rural elementary students', parents' and teachers' perceptions of bullying. *American Journal of Health Behavior, 26*, 266–277.

Sutton, J., & Keogh, E. (2000). Social competition in school: Relationships with bullying, Machiavellianism, and personality. *British Journal of Educational Psychology, 70*, 443–456.

Sutton, J., & Smith, P. K. (1999). Bullying as a group process: An adaptation of the participant role approach. *Aggressive Behavior, 25*, 97–111.

Swearer, S. M., Espelage, D. L., Vaillancourt, T., & Hymel, S. (2010). What can be done about school bullying? Linking research to educational practice. *Educational Researcher, 39*(1),

38–47.

Symons, D. (1990). Adaptiveness and adaptation. *Ethology and Sociobiology, 11*, 427–444.

Totura, C. M. W., MacKinnon-Lewis, C., Gesten, E. L., Gadd, R., Divine, K. P., Dunham, S., & Kamboukos, D. (2009). Bullying and victimization among boys and girls in middle school. *Journal of Early Adolescence, 29*(4), 571–609.

Trivers, R. L. (1972). Parental investment and sexual selection. In B. Campbell (Ed.), *Sexual selection and the descent of man* (pp. 136–179). London, England: Heinemann.

Ttofi, M. M., & Farrington, D. P. (2011). Effectiveness of school-based programs to reduce bullying: A systematic and meta-analytic review. *Journal of Experimental Criminology, 7*, 27–56.

Ttofi, M. M., Farrington, D. P., & Lösel, F. (2012). School bullying as a predictor of violence later in life: A systematic review and meta-analysis of prospective longitudinal studies. *Aggression and Violent Behavior, 17*(5), 405–418.

Turnbull, C. M. (1972). *The mountain people*. New York, NY: Touchstone.

Vaillancourt, T. (2013). Do human females use indirect aggression as an intrasexual competition strategy? *Philosophical Transactions of the Royal Society, B: Biological Sciences, 368*(1631), 20130080.

Vaillancourt, T., Hymel, S., & McDougall, P. (2003). Bullying is power: Implications for schoolbased intervention strategies. *Journal of Applied School Psychology, 19*, 157–176.

Vaillancourt, T., Trinh, V., McDougall, P., Duku, E., Cunningham, L., Cunningham, C., Short, K. (2010). Optimizing population screening of bullying in school-aged children. *Journal of School Violence, 9*, 233–250.

Van Vugt, M., & Schaller, M. (2008). Evolutionary approaches to group dynamics: An introduction. *Group Dynamics: Theory, Research, and Practice, 12*(1), 1.

Veenstra, R., Lindenberg, S., Huitsing, G., Sainio, M., & Salmivalli, C. (2014). The role of teachers in bullying: The relation between antibullying attitudes, efficacy, and efforts to reduce bullying. *Journal of Educational Psychology, 106*(4), 1135–1143.

Veenstra, R., Verlinden, M., Huitsing, G., Verhulst, F. C., & Tiemeier, H. (2013). Behind bullying and defending: Same-sex and other-sex relations and their associations with acceptance and rejection. *Aggressive Behavior, 39*, 462–471.

Volk, T., & Atkinson, J. (2008). Is child death the crucible of human evolution? *Journal of Social, Evolutionary, and Cultural Psychology, 2*(4), 247.

Volk, A. A., & Atkinson, J. A. (2013). Infant and child death in the human environment of evolutionary adaptation. *Evolution and Human Behavior, 34*, 182–192.

Volk, A. A., Camilleri, J. A., Dane, A. V., & Marini, Z. (2012a). Is adolescent bullying an evolutionary adaptation? *Aggressive Behavior, 38*(3), 222–238.

Volk, A., Camilleri, J., Dane, A., & Marini, Z. (2012b). If, when, and why bullying is adaptive. In T. Shackelford & V. Shackelford (Eds.), *Oxford handbook of evolutionary perspectives on violence, homicide, and war* (pp. 270–288). Toronto, ON, Canada: Oxford University Press.

Volk, A., Craig, W., Boyce, W., & King, M. (2006). Adolescent risk correlates of bullying and different types of victimization. *International Journal of Adolescent Medicine and Health, 18*(4), 575–586.

Volk, A. A., Dane, A. V., Marini, Z. A., & Vaillancourt, T. (in press). Adolescent bullying, mating, and dating: Testing an evolutionary hypothesis. *Evolutionary Psychology*.

Volk, A. A., Dane, A., V., & Marini, Z. A. (2014). What is bullying? A theoretical redefinition. *Developmental Review, 34*, 327–343.

Volk, A. A., Della Cioppa, V., Earle, M., & Farrell, A. H. (2015). Social competition and bullying: An adaptive socioecological perspective. In V. Zeigler-Hill, L. Welling, & T. Shackelford (Eds.), *Evolutionary Perspectives on Social Psychology* (pp. 387–399). New York, NY: Springer.

Wang, J., Iannotti, R. J., & Nansel, T. R. (2009). School bullying among adolescents in the United States: Physical, verbal, relational, and cyber. *Journal of Adolescent Health, 45*(4), 368–375.

Wang, C., Swearer, S. M., Lembeck, P., Collins, A., & Berry, B. (2015). Teachers matter: An examination of student-teacher relationships, attitudes toward bullying, and bullying behavior. *Journal of Applied School Psychology, 31*, 219–238.

Williams, G. C. (1966). *Adaptation and natural selection*. Princeton, NJ: Princeton University Press.

Winsper, C., Lereya, T., Zanarini, M., & Wolke, D. (2012). Involvement in bullying and suicide-related behavior at 11 years: A prospective birth cohort study. *Journal of the American Academy of Child & Adolescent Psychiatry, 51*, 271–282.

Wolke, D., Woods, S., Bloomfield, L., & Karstadt, L. (2000). The association between direct and relational bullying and behavior problems among primary school children. *Journal of Child Psychology and Psychiatry, 41*(08), 989–1002.

Ybarra, M. L., Espelage, D. L., & Mitchell, K. J. (2014). Differentiating youth who are bullied from other victims of peer-aggression: The importance of differential power and repetition. *Journal of Adolescent Health, 55*, 293–300.

Zimmer-Gembeck, M. J., Geiger, T. C., & Crick, N. R. (2005). Relational and physical aggression, prosocial behavior, and peer relations: Gender moderation and bidirectional associations. *Journal of Early Adolescence, 25*, 421–452.

第七章　公平性是什么，不是什么，又可能是为了什么？

亚历克斯·肖 [①]

儿童和成人似乎都很关心资源分配的公平性。他们厌恶资源分配不公，有时自己会平均分配资源。例如，如果两个孩子把教室打扫得很干净，而教师有 4 个糖果要分发，大多数人会认为最好的办法就是给每个孩子 2 个。在这里，公平地分配糖果是非常合理的，因为这样做也是最高效大方的分配方式。然而，公平性（fairness）并不总是如此合理。想象一下，教师有 5 个糖果要发。在给了每个孩子 2 个之后，为了公平起见，她决定把额外多出来的那个糖果扔进垃圾桶。为什么会有人选择这样做呢？

从进化的角度来看，浪费资源尤其令人不解：为什么人类会进化出一种机制，使他们为了公平而浪费完全可用的资源？如果一个心理系统是由自然选择形成的，那么它一定解决了一些适应问题——一个经常反复出现的问题，它影响了一个人的基因遗传或是在亲属中的基因复制（Tooby & Cosmides, 1992）。

在本章中，我回顾了最近发展研究的成果，还有一些关于人们如何以及为什么与其他人分享资源的研究，并开始勾勒人们为什么关注公平性（即使在它违反慷慨或是相互合作的情况下）的原因。更具体地说，我认为人们对公平性的关注与他们的结盟心理是无法分割的，而且人们在最终层面上的公平，是为了避免因凭借优先分享来展现或发起结盟而受到第三方谴责。最后，我想通过这种对公平性的解释，就教师如何能够在他们的学生中提高公平性以减少欺凌提出相关建议（参见 Hawley, 本书；Volk, 本书）。

我将在最广泛的层面试图回答关于公平性的两大问题：公平性解决了什么

① 亚历克斯·肖（Alex Shaw）：美国伊利诺伊州芝加哥市，芝加哥大学心理学系。

适应问题？公平关注（fairness concerns）是如何发展出现的？在回答这些问题之前，尤为重要的是将公平与嫉妒区分开来，而嫉妒则是另一种可能导致资源破坏和不平等减少的动机。

一、嫉妒关注与公平关注的区别

喜剧演员路易斯（Louis C. K.）很好地诠释了嫉妒和公平之间的矛盾："我5岁的孩子……有一天，她的一个玩具坏了，她要求我搞坏她姐姐的玩具，这样才公平……我照做了。"事实上，尽管研究表明儿童和成人都有动机创造平等结果（Hook & Cook, 1979），但并非所有减少不平等的行为都会创造平等——在有些情况下，不平等的减少可以用其他原因来解释，而不是公平。例如，路易斯的女儿可能是出于公平动机，但是似乎她的行为也可以简单地用嫉妒来解释。为了研究公平性，将公平与其他相关因素区分开是非常重要的，特别是嫉妒，因为嫉妒也可能使人想去减少不平等（要了解为什么人们还必须控制社会福利优待的原因，参见 Shaw & Olson, 2012）。例如，成人甚至幼儿都宁愿自己和他人什么都得不到，也不愿意让别人得到的比自己多（Blake & McAuliffe, 2011; Fehr & Schmidt, 1999）；如果他们获得的报酬与其他人相同，而不是比其他人更少，他们会更高兴（Boyce, Brown, & Moore, 2010; LoBue, Nishida, Chiong, DeLoache, & Haidt, 2011）。诸如此类的发现已经被用来证明像这些公平关注行为会导致不平等的减少（Fehr, Bernhard, & Rockenbach, 2008）。

然而，这些行为既可以用公平解释，也可以很容易用嫉妒解释（Nichols, 2010; Shaw & Olson, 2012）。嫉妒，即对其他人拥有更多东西的负面反应，显然是很多人生活中的一种激励因素，它助长了社会的军备竞赛，还刺激了在名牌服装、大屏幕电视和其他奢侈品上的过度消费（Frank, 1985）。这种"攀比"形式的人类嫉妒通常可以减少自己和他人之间的不平等；然而，创造平等结果似乎不是嫉妒真正的目的，因为人们可能更乐于超越他人，而不是与他们平分秋色（Frank, 1985）。

发展和比较研究提出：比别人拥有得少而引发的负面反应并不一定就与公平有关。当幼儿（3—5岁）和非人类动物得到的东西比别人少时，他们会做出负面反应，但却乐于得到的比别人多（Brosnan, 2011; LoBue et al., 2011）。这些结果表明，幼儿和一些非人类动物可能有嫉妒心理，但并不系统性地关注公平，因为他们只有得到的较少的时候才会关注不公平。事实上，在没有嫉妒的情况下，关注公平问题可能直到人类的发展后期才会出现。布莱克（Blake）和麦考利夫（McAuliffe）调查了儿童对公平的关注（2011）。他们将 4—8 岁的儿童分成二人一组，让其中一个孩子选择决定接受还是拒绝实验者规定的不同糖果分配方法。如果决定者接受分配方法，两个孩子都会得到糖果；如果决定者拒绝了，两个孩子就都得不到。与之前的研究一致，作者发现 4—7 岁的孩子拒绝了他们比别人少的不平等分配方法，但是却乐于接受他们能得到更多的分配方法——这展现了嫉妒，而不是公平。只有 8 岁的决定者为了支持平等而拒绝接受意味着他们可以得到更多的分配方法（参见 Shaw & Olson, 2012），这表明，到了这个年龄，儿童已有了一种超越嫉妒的公平感（即他们似乎很关心不平等或偏袒）。

与公平不同，以嫉妒的名义破坏资源具有一个相对直接的进化理论依据。从自然选择的角度来看，传宗接代最重要的是他的基因是否比竞争对手的基因表现得相对更好（West, El Mouden, & Gardner, 2011）。因此，建立一种激励机制来推动他们，促使他们看到竞争对手比自己拥有更多时而不甘于落后，这是非常有益的，而且很容易就能够发展进化（详见 Flinn, Geary, & Ward, 2005）。这些对于别人得到更多的负面反应在谈判和议价时也可能非常有用，但并不一定需要任何公平感。事实上，果断的商人无须任何公平感就可以游刃有余地谈判和议价。在本章的其他部分，我将试图阐述在一些无法用嫉妒解释的情况下，为什么儿童（和成人）会有积极追求公平的动机，在这些情况下，通常是人们被迫牺牲自己的资源去支持公平的资源分配，或是在涉及第三方的情况下。

二、公平的构建似乎并非是为了促进合作

有些人认为对公平的关注是为了促进合作（e.g., André & Baumard, 2011; Fehr et al., 2008）。合作可以让人获益良多——如果两个人相互合作，他们的情况通常会好于不合作。合作也可能是有风险的，因为在任何一次互动中，都有可能要为背叛付出代价——获得了合作的好处，却没有付出合作的代价

（Axelrod & Hamilton, 1981）。这一事实可能使合作看起来是一个糟糕的策略；然而，如果其他个体采用互惠策略（Trivers, 1971），例如一报还一报，即以德报德，以怨报怨；或者，如果个体能够分辨并避开背叛者，那么合作可能是大有裨益的（Barclay & Willer, 2007）。事实上，数学模型已表明，即使在未来不可能有互动，避免背叛他人也是一种有益的策略，因为错失潜在富有成效的长期合作的成本要远超短期背叛的收益（Delton, Krasnow, Cosmides, & Tooby, 2011）。有些人认为，公平关注已发展为一种抑制个体自私倾向的手段，使他们变得更为慷慨大方，从而促进互惠互利，吸引合作者（进一步讨论可参见 Baumard, André, & Sperber, 2013）。

如果公平关注的功能是最大限度地促进合作（或基于互惠的）互动，那么有公平感会导致什么样的行为呢？首先，公平合作论预示一个人会喜欢并选择与慷慨大方的人进行交往，尤其是与那些慷慨并愿意与其合作的人——互惠性要求这种区别性的慷慨。其次，公平合作论预示人们应当待人慷慨，以促进与他人的合作互动。

通过对人慷慨和喜欢那些慷慨的人来促进合作当然十分重要，但我们必须要问，对公平的关注是否真的会让人们重视慷慨和偏袒。人类可能确实已经进化出某些系统，促使人类对他人慷慨，以促进互惠和与他人的合作互动（Barclay & Willer, 2007; Delton et al., 2011），并促使人类避免其他人获得特别差的结果（Aktipis, Cronk, & de Aguiar, 2011; Charness & Rabin, 2002; Engelmann & Strobel, 2004）。然而，其他人应当获得同等回报（即公平关注）的观念对于促进合作似乎并不是必要的，而且可能实际上还会阻碍合作、互惠以及综合经济效益。

确实，当我们只考虑双方之间的相互合作时，在互惠的基础上公平与合作是完全一致的。例如，假设亚当对比尔很慷慨，让他使用自己的海滨别墅。后来比尔被要求在他自己和亚当之间分配作为工作奖励的棒球票。如果比尔对亚当十分慷慨，把大部分票给他，那么比尔就是公平的，是一个很好的互惠合作者。然而，一旦涉及第三方，就会打破公平和互惠之间的紧密关系。再假设一下，亚当对比尔很慷慨，让他使用自己的海滨别墅。后来比尔被要求分配作为工作奖励的棒球票，但这次是在亚当和另外一个同事之间进行分配。根据互惠理论，比尔应该给亚当更多的票，以回报他之前的慷慨（Trivers, 1971）。然而，公平性意味着比尔应当给两个同事数量相同的票（Shaw & Keysar, 2015; Shaw & Knobe, 2013）。

肖（Shaw）、德西奥利（DeScioli）和奥尔森（Olson）对儿童进行了类似的情况调查，以检验合作论的第一个预测（2012）：公平关注会使一个人喜欢那些慷慨的人，尤其是那些有选择性地对自己慷慨的人。研究者在 6—8 岁的儿童中检验了这个假设，6—8 岁的儿童是研究公平直觉的理想群体，因为他们已经年龄足够大，拥有与别人分享资源的经验，但很有可能还未接触过关于公平的哲学或经济理论。如上所述，这个年龄段的儿童似乎在发展对公平更深刻的认识（Hook & Cook, 1979）。在这些实验中，实验者会给儿童安排两个分配者，让他们给参加实验的孩子和另一个不在场的孩子分配玩具橡皮。然后要求儿童选出他们更喜欢的分配者。在一个实验中，两位分配者同样慷慨大方（给每个人都发了 4 个玩具橡皮）；但在另一个实验中，其中一个分配者表现出偏袒，优先给参加实验的孩子更多的橡皮（把 4 个都给了参加实验的孩子），而另外一个分配者则还是在两个孩子之间平分（给参加实验的孩子 2 个，给另外一个孩子 2 个）。如果公平感旨在通过互惠来促进合作，那么儿童应当对偏袒他们的分配者表现出强烈的喜爱，因为这个分配者对他们特别慷慨合作。

然而，与这一想法相反，研究者假设公平关注反而会干扰互惠，使儿童的反应出现分歧：公平感应促使他们喜欢平均分配者，而互惠和偏袒感应促使他们喜欢给他们更多的分配者。研究者的发现确实如此。大约有一半的儿童喜欢偏袒的分配者，另一半的儿童喜欢公平的分配者。研究者进一步发现，如果让每一位分配者给参加实验的孩子分配的资源总数相等（即一个分配者给参加实验的孩子 4 个，给其他孩子 4 个，而另一个分配者给参加实验的孩子 4 个，给其他孩子 0 个），来减少偏袒的好处，这样就会增加儿童选择公平分配者的倾向。至少当儿童处在非竞争的环境中，当每个分配者给他们的总体利益相同时，儿童就会选择公平的分配者。然而，当儿童处在竞争环境中，这种偏好就消失了。这也就是说，竞争导致参加实验的孩子更喜欢给予自己资源比其他孩子多的分配者，而不是公平分配者，即使两个分配者分给参加者的资源绝对数量是相同的。最后，肖及其同事们（2012）发现公平有时比慷慨更重要。例如，他们发现，比起另一个更慷慨的（总体上给的资源更多）但分配不均的分配者，儿童更喜欢在两个第三方之间平均分配资源的分配者。最近关于成人的研究也指出一种在公平和互惠之间类似的矛盾——成人认为，如果分配者在两个接受者之间平均分配资源，而不是采取互惠方式，把资源更多地分配给那些以前对他们慷慨的人，那么分配者就更为公平（至少在有些情况下是这样）（Shaw & Keysar, 2015）。

这些发现是不利于公平合作论的。它们表明公平性实际上破坏了合理的进化逻辑——即希望与那些慷慨大方的人、有区别地为自己提供利益的人交往——这是基于互惠合作的基本特征。

此外，如果公平是为了促进合作而进化的，那么目前尚不清楚它为什么会导致个体破坏资源，而不是将资源分配给其他人。把资源分给其他人是吸引他人互惠的一种有效手段（e.g., Trivers, 1971），因此公平合作论认为，支持公平会阻止人们破坏本可以分给其他人的资源。肖和奥尔森（2012）认为，儿童支持公平胜过慷慨。具体来说，他们发现 6—8 岁的儿童为了避免不平等而愿意将资源扔进垃圾桶。在一种情况下，实验者要求儿童把 5 个玩具橡皮分发给两个第三方的接受者。儿童被告知，每个接受者都已收到了两个玩具橡皮，然后被问及实验者应当如何处理多出来的一个玩具橡皮——把它送给其中一个潜在的接受者，还是扔进垃圾桶。在这项研究中，绝大多数的儿童都会选择把多余的玩具橡皮扔进垃圾桶，而不是分配不均，即使在后续的研究中，他们被告知两个接受者彼此互不相识，也不知道对方收到了什么。后一种结果表明，儿童并不是因为他们担心处于弱势地位的接受者会伤心难过（因为他不会知道不公平）而支持公平，而是他们是想避免在两个接受者之间制造不公平（在类似的任务中，如果不会造成不公平时，他们非常乐于给其他的孩子更多的资源）。在另一项研究中也有类似的情况，实验要求在参加实验的孩子和另一个孩子之间分配 5 个玩具橡皮，如果这种做法会造成不公平，孩子们甚至愿意把玩具橡皮扔进垃圾筒（参见 Blake & McAuliffe, 2011）。成人也支持这种具有破坏性的公平感，如果无法给两名同样勤奋的员工同时加薪，他们宁愿不给其中任何一个人加薪（Choshen-Hillel, Shaw, & Caruso, 2015; Shaw & Knobe, 2013）。同样，如果公平具有促进合作的功能，那么目前仍不清楚，既然对他人慷慨是促进未来合作的有效方式，为什么个体会放弃本可以分给其他人的资源。因此问题仍然悬而未决：公平性解决的是何种适应性问题？

公平是为了避免表面上的偏袒

为什么儿童关心公平？解决这个问题的初步探讨就是确定儿童是否对公平有偏好，还是他们表现出公平是为了向他人传递某种信号。一种可能是儿童和成人对公平结果有一种社会性偏好（喜好）——为公平而公平。另一种可能则是他们有动机在实验者面前显得很公平，从而向他人表现某种品质。后一种观点预测，当有信号传递良机时（如当其他人在观看时），人们就更可能会表现得公平。

当生物体要表达一种难以被观察到的潜在特质，而对其他生物体来说表现代价又很高的情况下，信号就显得有用且重要。关于传递这些难以被观察到的潜在特质的一个问题就是，如果信号是免费的，那就很容易伪造（Zahavi, 1975）。例如，试图从一个忠诚伴侣那里受益，任何人都可以说“我爱你”，但说这些甜言蜜语并不意味着感情是真诚的。要降低信号造假的一个方法就是让伪造信号变得代价高昂，这样只有真正具有这种潜在特质的个体才会愿意或是能够展现这种信号。

这类信号的一个著名例子就是某些瞪羚的蹦跳行为（e.g., FitzGibbon & Fanshawe, 1988）——当捕猎者靠近时，瞪羚会做出跳向空中的特殊动作。这种行为看似不合理，因为蹦跳的瞪羚肯定会吸引更多的注意力，但事实上，捕猎者很少会去追逐做出这种跳跃动作的瞪羚。原因就是这种信号传递的成本昂贵：只有特别健康、精力充沛的瞪羚（可能比捕猎者跑得更快）才能耗费必要的资源跳向高空（Zahavi & Zahavi, 1997）。瞪羚大概不会因为只是喜欢蹦跳而做出这种成本高昂的动作。它们这样做就是为了向捕猎者发出信号，“嘿，我真的跑得很快，你不可能抓到我，所以为什么你不去追我的那些跳不起来的朋友”（Bird & Smith, 2005）。有三个证据支持这种行为是由信号驱动的：①捕猎者更有可能追捕不蹦跳的瞪羚；②瞪羚蹦跳的行为几乎只在捕猎者面前做；③如果捕猎者追逐蹦跳的瞪羚，成功的可能性要远低于追逐不蹦跳的瞪羚（FitzGibbon & Fanshawe, 1988）。

这里我详细地回顾了瞪羚的蹦跳是为了阐明一个观点：尽管瞪羚一生中只是花了一小部分时间在蹦跳，蹦跳还是非常有趣的现象——这种明显的浪费行为需要解释，而信号传递似乎是最佳的解释。同样，即使人类只在一小部分互动中浪费资源，这种行为仍然令人着迷，需要加以解释。

平分（equal sharing）有可能成为一种昂贵的公平关注信号，因为它满足了信号传递的必要条件。当一个社会群体的成员在某些基本属性或动机（表现公平的倾向）上有所不同时，当观察者能够从关于这种动机的准确信息中获益时（观察者应该会选择与公平的人互动），当信号发出者有理由欺骗其他人时（如果不公平的人能够欺骗其他人，让其他人认为自己是公平的，那么他们就可能从中受益）（Bird & Smith, 2005），那么信号传递就会受到青睐。社会信号传递模型的一个特点就是，当其他人可以观察到信号的质量时，成本昂贵的信号应当会被更突出地展示。应用到公平关注上，就可以预测：正如瞪羚在捕猎者能观察到它们时更有可能会蹦跳一样，人们应该会在其他人能观察到他们的行为时更有可能表现出公平。与信号传递假说一致的是，当成人认为其他人不知道他们的行为时，他们的公平表现就会大打折扣（Andreoni & Bernheim, 2009）。

最近，肖及其同事们（2014）发现，儿童同样会为了在其他人面前显得公平而改变他们的行为。当儿童知道实验者会关注他们的选择时，他们宁愿把资源扔进垃圾桶，也不会据为己有而造成不平等（就像他们在肖和奥尔森 2012 年实验中的情况那样）。然而，当儿童认为实验者不知道他们的选择时，他们就非常有可能把多余的资源据为己有。此外，儿童会选择一种程序（抛硬币）让他们在实验者面前看起来公平，以此来决定更好的奖励是给自己还是给另一个接受者；但很多儿童为了把更好的奖励据为己有，对结果撒了谎（结果只有他们自己知道）。这些实验表明，儿童对公平关注至少在一定程度上是由向他人传递某种信息的动机所驱使的，但这并没有回答人们试图用自身的公平行为向其他人传递何种信号的问题。

一种可能性就是，公平是一种人们向别人表明自己不会偏袒的方式。人们可能希望避免表现出偏袒，因为其他人对偏袒会有负面反应（Tyler, 2000），而且公开表现出偏袒可能会导致朋友间的冲突（DeScioli & Kurzban, 2011）。因此，隐藏公开的偏袒可能是一个不错的策略（DeScioli & Kurzban, 2011;

Shaw, 2013）。当然，这并不能解释为什么人们会首先对偏袒和徇私做出负面反应，这一点我将稍后继续讨论。

这种公平偏袒论（Shaw, 2013），即人们表现公平是为了避免出现偏袒，与目前为止所回顾的数据研究是相符的，并解释了为什么人们会支持用公正程序决定的不平等结果。公平推动人们去避免偏袒的这种假设可以解释为什么儿童会选择公平的分配者，而不是那些可能对他们更好的合作者，以及为什么他们会浪费资源来维护表面上的公平。虽然通过浪费资源来实现公平会迫使人放弃可能的合作机会，但它也能让人避免因不公平而遭受他人的谴责和愤怒。如果公平关注是为了避免他人的谴责，那么在某些情况下（比如那些更容易受到谴责的情况），即使牺牲合作机会，人们也应当继续保持公平。

公平偏袒论认为，那些让分配不公的因素如果看起来不是很偏袒，那么就应当被视为比较公平的。与"公平就是不偏不倚"相一致的是，成人认为如果不公平是通过公正程序实现的，那么它就是可接受的（Bolton, Brandts, & Ockenfels, 2005; Choshen–Hillel et al., 2015; Tyler, 2000）。肖和奥尔森（2014）调查了5—8岁的儿童是否也支持由公正程序决定的不公平结果。儿童被告知两个接受者拥有相等数量的资源，并询问他们如何处理额外的资源：扔掉它（保持公平），或者用转幸运轮盘的方式把资源分给其中一个接受者。在公正的情况下，轮盘被一分为二，让两个接受者都有50%（平等）的机会获得资源。在不公正的情况下，轮盘上只有一个接受者，让他获得资源的机会是100%。在所有的年龄组中，儿童都使用了公平轮盘，而不是扔掉资源，而且儿童都更倾向于使用公平轮盘，而非不公平轮盘。此外，随着年龄的增长，儿童选择去转动不公平轮盘的可能性也越来越小，这表明对先前研究所展示的对偏袒的理解在日益提高（Mills & Grant, 2009）。这项研究为以下假设提供了初步的支持：即公平关注更多的是出于对偏袒的厌恶，而并非是对不公平本身的厌恶，这意味着如果不公平是由公正程序决定的，那么儿童就会认为不公平是公平的。

为什么人们会在意他人的偏袒？

目前为止，我一直在讨论人们是为了避免因偏袒受到他人的谴责而选择公平，但是我并未解释为什么人们会首先因偏袒而谴责他人。为了理解为什么人们会有动机去阻止其他人偏袒（至少在某些情况下），最重要的第一步就是了解人类联盟（友谊）的结构，并思考新联盟的形成对联盟之外的人来说，构成了怎样的潜在威胁（DeScioli & Kurzban, 2009a, 2013）。人类是一种极其社会化的物种，非常依赖他人。在自然环境中，一个人被社会关系排斥在心理上可能是毁灭性的，并且危及生命（相关研究综述参见 Kurzban & Leary, 2001）。人们参与了基于亲属、交换、配偶以及友谊等多种关系。心理学和进化理论对人类的前三种关系类型进行了大量的探索（相关研究综述参见 Buss, 1999）。虽然有研究探索了非人类的灵长动物的友谊独特性（Chapais, 1992; Harcourt, 1992; Schino, 2001; Seyfarth, 1977; Silk, 1999; Tomasello & Call, 1997）；然而，关于人类友谊独特性的研究相对较少（对于其中的一些例外，参见 Benenson, 2014; Clark & Mills, 1979, 1993; DeScioli & Kurzban, 2009a; Silk, 2003; Tooby & Cosmides, 1996）。心理学还对同伴关系进行了大量研究（e.g., Rose & Asher, 1999; Rose & Rudolph, 2006），但其中大部分并没有受到进化理论影响。关于友谊的心理学研究大部分倾向于从交换关系、互惠性或是简单的熟悉程度来解释友谊（Cole & Teboul, 2004; Homans, 1958; McPherson, Smith-Lovin, & Cook, 2001）。然而，这些解释都未能抓住友谊的独特之处。

虽然，人们可能会喜欢那些可以给他们提供资源的人，但这种倾向并不能解释友谊的诸多关键特征，如友谊排名的重要性，以及这项发现——人们在不太可能得到回报时还是会向他们的朋友提供帮助。德西奥利（DeScioli）和库尔茨班（Kurzban）调查了人们是如何给他们的朋友排名的，并且发现，衡量相似性、互惠性或未来交换潜力这些变量并非是一个人对他或她的朋友进行排名的最佳预测指标（2009a）。相反，预测一个人如何给朋友排名的最佳指标是他认为朋友对他排名有多高（利用社交网站“我的空间”重复在自然环境下的这种效应，参见 DeScioli, Kurzban, Koch, & Liben-Nowell, 2011）。关于友谊交换论的另一个问题就在于它们无法预测友谊的另一个重要特征：即使某个人因为疾病、受伤或其他困难而不可能有所回报时，朋友依然愿意帮助他（Tooby & Cosmides, 1996）。如果友谊是在未来有可能交换的基础上进行的良好投资，那么人们应该只做酒肉朋友，并且在当朋友变成不良投资或需要特别帮助时，迅速抛弃他们。然而，这种观点并不符合绝大多数人对友谊的认识。相反，人们看重的是那些在他们失意时仍愿意患难与共的朋友，而不是那些在不久的将来带给他们好处的朋友（DeScioli & Kurzban, 2011）。

德西奥利和库尔茨班（2009a）借鉴了国际关系研究的观点，认为人类的友谊功能更像是联盟，而不是像交换关系。联盟的重要特点之一就是它们明确关注相对的排名地位，这意味着联盟一直是零和（zerosum）的——在这个意义上，如果一个人更看重一个盟友，那么他就必然对另一个盟友不是很重视（Liska, 1962）。如果友谊的功能类似一个联盟，那么一个人用其他人对自己的相对排名来决定如何给自己的朋友排名就讲得通了（DeScioli & Kurzban, 2009a）。这样做的原因就在于，与交换伙伴相比，拥有盟友的目的在于在有困难或潜在冲突的时候，有人支持自己。一个自称是所有人盟友的人，实际上并不是任何人的盟友，因为这个人在潜在冲突中没有理由站在任何人的一边。显然，从某种程度上来说如果一个人地位高、令人敬畏并且盟友强大，那么他就会成为更有用的盟友。然而，笼统地说某人是一个好盟友是没有什么意义的；盟友只有在与特定盟友的特定关系中才是好盟友。一个人的好盟友对另一个人来说可能是敌人，因为他愿意伤害那些伤害他盟友的人（DeScioli & Kurzban, 2011）。

联盟（友谊）是人类生活的重要组成部分，拥有相对薄弱的联盟会使一个人处于战略劣势。拥有一个庞大的朋友联盟网络，就可以在赢得潜在冲突和控制信息方面拥有巨大优势。虽然身体强壮肯定会影响一个人赢得冲突的机会（Parker, 1974; Sell et al., 2009），但一个人拥有的盟友的绝对数量是一个更好的预测指标（Adams & MestertonGibbons, 2003; Harcourt, 1992），特别是在人类冲突中。拥有更大的联盟网络不仅在身体对抗中会带来明显的优势，而且还可以通过散布流言蜚语在名誉战中提供明显的优势（Lind, Da Silva, Andrade, & Herrmann, 2007），并可以从容地应对不可预测的事件，如生病、受伤或是遭遇不幸（Aktipis, Cronk, & de Aguiar, 2011）。在某种程度上，如果一个人盟友很少或盟友地位很低，那么他可能就会错失联盟的利益，并面临被其他人群起而攻之的风险。

尽管拥有盟友是极其有益的，但这往往会引发冲突，因为人们都希望自己比别人拥有更多的盟友（Snyder, 1984）。因为联盟是零和的，无论何时一个非盟友形成一个新联盟，自己的地位就会被削弱（Liska, 1962）。当对手组成新联盟或在现有联盟中增加新成员时，新联盟的形成明显是一种威胁；即使在不熟悉结盟双方的情况下，新联盟的形成也应当是有威胁性的。在某种程度上，如果结盟成功，那么联盟成员现在就拥有了额外的社会权力，他们可以利用这些权力剥削那些不属于联盟的人。即使组建新联盟或是加强现有联盟的人是自己的盟友，但如果他因这个新联盟而失去与现有盟友的相对地位，这可能也会对他构成一种威胁。因为新联盟的形成所构成的威胁，人们可能会特别关注联盟的形成或对联盟的巩固，并有动机去阻止这种联盟的建立。遏制其他联盟形成的有效方式之一就是去谴责那些有这种行为的人，并动员其他的第三方也去谴责这种行为(DeScioli & Kurzban, 2013)。第三方应该有参与这种谴责的动机，因为他们也将联盟的形成视为一种潜在威胁。

他人的谴责应当能从两方面有效地阻止强大联盟的形成。第一，谴责会让人们在参与建立联盟的行为时更加犹豫不决，因为至少会在某些情况下害怕被谴责，这就直接减少了新联盟的力量。第二，当人们参与建立联盟行为时，谴责可能会迫使他们在私下进行，而不是公开予以优待。这种私下建立的联盟效果有限，因为联盟网络中的其他成员或是联盟之外的成员并非对此全盘了解。缺乏共识在发生潜在冲突时就会造成协调问题。如果一个人的某些盟友不知道他还有其他强大的盟友，那么他们可能也就不太愿意支持他。这种共济失调对联盟来说可能是灾难性的（DeScioli & Kurzban, 2013）。

如果这种“厌恶偏袒”（对偏袒的负面反应）的作用是为了谴责结成联盟，那么为什么人们把他们对偏袒的指责集中在资源分配不公上呢？答案可能就是，在资源分配中，偏袒可以用来发起新联盟或是加强已有的联盟，而且它是一种明确而公开的徇私标志（即人们可以很容易地追踪到一个人拥有和被分配了多少资源），人们可以对此谴责。显然，时间上的偏袒——帮助其他人所花费时间的多少——也可以作为一种偏袒标志而受到谴责，但资源分配不公似乎在所有偏袒指责中更常见（至少从相关研究来看是如此的：Adams, 1965; Fehr & Schmidt, 1999; Shaw, 2013）。事实上，分配不公很容易被观察到，这或许就是资源分配经常受到谴责的原因之所在。人们经常将谴责火力集中在那些公开可观察到的行为上，因为这些行为向谴责者提供了证据，让他用来说服第三方有侵害行为发生。（DeScioli, Bruening, & Kurzban, 2011）。

人们很容易观察到资源分配不公，因此很容易号召其他人来谴责这种偏袒表现。据此，研究者使用的绝大多数任务（Hook & Cook, 1979）都会强调，有一些资源可以分配给一个或两个接受者，这就会使偏袒更为明显。因此，当分配者分配不公时，很明显，分配者选择把资源给了其中一个接受者而不是另一个。然而，值得注意的是，公平偏袒论并不是特别针对资源的。任何一种类型的偏袒都会受到负面评价，无论这种偏袒是通过分配不公或是其他优待表现出来的（事实上，我将在下文指出，避免偏袒的一个特别重要的情况就是惩罚罪行）。

这种论证思路解释了为什么人们会因为资源分配不公而谴责他人，还可以解释为什么人们自己会做出公平的行为。当然，如果第三方因为担忧联盟的形成，而开始谴责其他人偏袒，这就直接解释了为什么人们至少会在公开场合不表现出偏袒行为：他们这样做就是为了避免谴责（DeScioli & Kurzban, 2009b）。形成新联盟显然是有利的，但避免受到他人的谴责也是有利的，因为被他人谴责会对人的声誉造成负面影响，在某些情况下甚至会影响人的生活（DeScioli & Kurzban, 2009b, 2013）。因此，虽然人们仍然努力建立联盟，但他们一般都会以更隐秘的方式来进行，让其他人不会明显注意到他们正在试图建立这种联盟。这就是为什么人们会在公开场合避免偏袒，特别是在给予优待可能会被理解为试图发起或加强联盟的情况下。

总之，联盟的形成可能对任何非联盟成员形成威胁，因为联盟是零和的，而一个人的联盟网络规模就是在冲突中获得胜利的决定性因素（DeScioli & Kurzban, 2011; Harcourt, 1992）。因此，人们应该对偏袒行为做出负面反应，谴责这种行为，而且会号召其他人也这样做。一旦人们开始批评他人的偏袒，为了避免被谴责，个体就会开始行事公正——至少是在公开场合中。在下一节中，我将讨论，对于公平（公正）关注是如何从谴责他人偏袒的倾向中发展而来的不同可能性。

发展与跨文化研究的重要性

要全面评价公平偏袒论，这几个关键问题仍需解决：哪些确切的内在规则限制了人们的公平关注？需要什么相关经验才能培养出成人的公平关注？一个人的文化是如何影响与公平有关的情况？要回答这些问题就必须理解公平关注的发展，以及这种发展在不同文化中是如何变化（或保持不变）的。

虽然儿童直到六七岁才会以公平的名义破坏资源，但即使婴幼儿也表现出了对公平关注的预兆。人类似乎很早就会出现期待，认为资源会在不同主体之间平均分配，而婴幼儿会对那些制造不平等的人有着负面反应。使用注视时间法（looking-time measures）对婴幼儿进行的研究表明，早在12个月大的时候，婴儿就期望在两个主体之间平均分配资源（Geraci & Surian, 2011; Schmidt & Sommerville, 2011; Sloane, Baillargeon, & Premack, 2012），而15个月大的婴儿也更喜欢那些平均分配的人（Burns & Sommerville, 2014）。到了3岁，儿童会对给第三方分配不均的那些分配者做出负面评价（Svetlova & Brownell, 2013），并且在这个年龄段，当儿童被要求在两人之间分配资源时，儿童自己也会把资源平均分配给第三方（Olson & Spelke, 2008）。这些数据提供了初步的证据，证明可能存在着一种对他人制造的不平等产生内在的负面反应，或者说至少婴幼儿很早就学会了这些反应，并对于资源分配非常敏感。

儿童对偏袒的反应明显受到他们社会环境的影响，这进而可能会影响儿童对避免偏袒或不平等的重视。虽然3岁的儿童会选择平均分配资源（Olson & Spelke, 2008），但他们直到5岁或6岁才会愿意为避免偏袒而付出很大的个人代价（Hook & Cook, 1979）。在一些文化中，即使成人也不愿意为了避免偏袒而付出代价（Henrich, Heine, & Norenzayan, 2010）。这也就是说，即使所有的人在早期就厌恶不平等或偏袒，但他们对偏袒的重视程度则可能有所不同。人们避免偏袒的驱动力在发展与跨文化方面的差异，可能是由于他们所面临的对不公平的指责（以及对不公平的负面反应）的程度不同。相比经常谴责偏袒的环境，在很少谴责偏袒的环境中，人们就更不愿意为避免偏袒而付出高昂代价。

换句话说，他人对偏袒（抑或相对没有偏袒）的负面反应可能对调整系统有所帮助，让人们知道公平（即避免被指责偏袒）在一个社会群体中有多珍贵，因此为了避免出现偏袒，应当付出什么样的代价。为了支持这一观点，斯维特诺娃（Svetlova）和布劳内尔（Brownell）（2013）应用了一个类似于肖及其同事们（2012）在实验中所设置的任务，这也是一个关于“公平与偏袒之争”的任务。在实验中，他们发现3岁的儿童压倒性地喜欢对他们偏袒的人，而不是公平（不偏不倚）的人。然而，到了5岁，儿童就会越来越喜爱公平的人，这再次说明儿童对偏袒的喜欢正在削弱（至少在观察的时候是如此），这可能是因为他们从所处的环境中获得的信息让他们清楚地认识到公平的重要性。此外，人们当前的环境也可能会降低他们对公平的关注程度——当资源稀缺、竞争激烈或群体冲突迫在眉睫时，人们可能会更关注建立联盟，而不是表现他们的公平（e.g., Macfarlan, Walker, Flinn, & Chagnon, 2014）。支持这一观点的就是，在竞争环境中，儿童更看重偏袒，而不是公平（Shaw et al., 2012）。

幼儿早期出现的默认平等的偏好（Baumard, Mascaro, & Chevallier, 2012; Hook & Cook, 1979; Olson & Spelke, 2008）可能表明至少在有第三方的情况下，儿童一开始就对公平（或平等）有所偏向。然而，有两件事似乎是在较晚的阶段才发展出来的：一是认识到不平等并不总是意味着不公平（偏袒表现）的这一事实；二是逐渐了解哪些因素能够让不平等被原谅。早在 3 岁，儿童就理解了功绩与资源分配之间的联系，但这种理解只能延伸到儿童更愿意与人同工同酬（例如，他们会把本可以独占的奖励分给另一个对他们工作有所帮助的人），而不愿意给那些做了额外工作的人更多的酬劳（Hamann, Warneken, Greenberg, & Tomasello, 2011; Kanngiesser & Warneken, 2012）。换言之，儿童理解同工同酬的原则（Hamann et al., 2011），但是他们直到 5 岁或 6 岁才认为不同工可以不同酬（Hook & Cook, 1979; Sigelman & Waitzman, 1991）。

虽然三四岁的儿童在没有同等报酬可供选择的情况下，会奖励那些做了更多工作的人更多报酬（Baumard et al., 2012），但他们会极不情愿这样做；而且如果可以选择同等报酬的话，他们都会默认平均分配，而不是基于功绩来分配，直到他们长到五六岁（Hook & Cook, 1979）。这种对平等的默认（至少是对群体内成员来说）可能是颇有道理的，因为成人和儿童有时都会将不公平（偏袒）的意图归结给造成分配不均的人，即使这是偶然的（Donovan & Kelemen, 2011）。事实上，当人们遇到两者之间的不平等时，他们可能会首先将此归结为偏袒，然后才会推翻最初认为是偏袒的判断（例如，如果他们确定不平等是基于某种文化上认可的理由）。在整个幼儿期，儿童可能会生成为不平等寻找理由的动机和能力，并了解那些文化认可的理由是什么。

重要的是，偏袒论预示了不平等本身不应当被视为不公平——只有那些可能基于某种偏袒形式的不平等才是不公平，譬如基于个体忠诚的不平等。换言之，如果不平等是基于某个社会公认的不平等分配因素（如需求或工作），那么这种不平等就应当被视为是公平的。

由这种“偏袒论”引发的最有趣的跨文化研究问题之一就是，不同文化中让人可接受的不平等理由会有什么不同。所谓“可接受的理由”是在一个群体内人们普遍公认的不平等的正当理由，而且这些理由并不基于个体身份或忠诚。在很多社会中，关于不平等的正当理由的一个公认原则就是“功绩”观念——人们通常认为，如果一些人工作得更努力，那么给他们的报酬比别人高就是公平的（Adams, 1965; Hook & Cook, 1979）。相应地，在两个人工作量不同的情况下，人们往往不会认为给工作更多的人更多的报酬是偏袒行为。对于公平偏袒论而言，功绩之所以能成为不平等的正当理由，就在于它是人们普遍公认的一个因素，并不代表偏袒或是偏向。

虽然功绩可能是关于不平等的一种特殊正当理由（人们在发展的相对早期就认识到这一理由，并且在文化上很普遍），但原则上，只要一个社会中很多人都认同这条规则，任何事物都可以用作不平等的正当理由。（即你可以制定这样一条规则“因为我有更多的需要，所以我得到的更多”，而不是“因为我是我，所以我得到的更多”，因为人们不太可能同意后一个规则。）为了检验这一说法，对不同文化中的公平关注进行调查具有重要的意义，因为在我们的社会中有些并不被认为是合法理由的正当因素（如裙带关系、性别、种族、群体地位或是社会地位），但在那些文化中却被用作合法理由，而且那些文化中的个体也不认为这些因素是偏袒。如果人们缩小了将不平等视为偏袒的范围，但却没有导致关于不公平主张相应减少，那么公平偏袒论就会被证伪（DeScioli & Kurzban, 2013; Shaw, 2013）。然而，如果这个观点是正确的，那么在证明偏袒的行为与通常公认的不公平行为之间应当存在着相当大的对应关系。

公平偏袒论还可以潜在地解释，一个社会中不同群体之间在公平行为是由什么构成的这个问题上存在的分歧。不同的群体可能有不同的利益，这会影响他们支持的规则。人们通常会试图让他人同意有利于自己的规则（DeScioli & Kurzban, 2013）。事实上，如果他们恰巧做了更多工作，他们会更愿意支持公平而非平等（DeScioli, Massenkoff, Shaw, Petersen, & Kurzban, 2014）。在许多情况下，人们会认为偏袒是一件坏事，但对于什么构成偏袒则各持己见。例如，公平偏袒论或可解释自由派和保守派对福利项目和平权措施（affirmative action）的一些态度差异。自由派或许认为这些项目减少了偏袒（让对贫困人群不利的竞争环境趋于公平），而保守派认为这是一种偏袒（把资源分给那些没有获得资源的人）。未来的研究应当调查这种可能性。

另一个有趣的问题是这些偏袒问题的普遍性。虽然从跨文化角度探讨公正在资源分配中的具体作用的研究很少，但有大量证据表明，即使小型社会也很重视道德和惩罚领域中的公正性，特别是当某人处在权威地位时（Beckett, 1967; 研究综述参见 DeScioli & Kurzban, 2009b）。一种可能性就是，当一个人置身于权力地位或被迫在有争议的道德问题上选择支持某方，就会突出他选择的是这个人而不是另一个人，从而使他的潜在偏袒变得更为明显。在这种情况下，当一个人的决定会受到更严格的审查时，人们可能会羞于证实这种偏袒。如果这种解释是正确的，那么人们就应当能通过更加凸显资源分配中的偏袒和建立联盟的动机（除非较低的公正率是由稀缺性、冲突以及竞争等因素造成的），来增加人们对偏袒的指责。未来的研究应当探讨公平偏袒论中的这些细微差异。

避免偏袒还只是自私自利？

具体来说，我们不知道公平关注代表的意义是什么；然而，人们对公平的关注似乎并不代表他们关注福利或慷慨，因为把资源扔进垃圾桶显然不能反映这些关注。虽然我在这里探索了公平偏袒论，但人们为什么可能会以公平的名义来浪费资源，至少在不公平涉及把更多资源分配给自己时，还有第二种切实的可能性。

儿童和成人可能会展现公平，是为了避免因自己拿得更多而显得自私。经济模型表明，人们有动机积极地与他人分享，是因为他们不喜欢给他人的东西少于他们的合理期待，或是少于他人通常所给予的（Andreoni & Bernheim, 2009; Bicchieri & Mercier, 2013; Bicchieri & Xiao, 2009）。人们可能会避免打破他人对公平和慷慨的期待，以免显得像个自私的背叛者。为了支持这个观点，大量来自实验室的证据表明，人们会惩罚那些不合作且自私的人（DeScioli, Bruening, et al., 2011; Kurzban, DeScioli, & O'Brian, 2007; Yamagishi, 1986），而田野研究的证据则表明，人们会用孤立排斥和流言蜚语来惩罚自私的背叛者（相关研究回顾，参见 Guala, 2012）。根据这种观点，人之所以会平均分配资源，是因为他认为其他人期待平均分配资源，因为他知道其他人经常会羡慕那些比自己拥有更多资源的人（Festinger, 1954）。这种解释是基于人们不想让自己看起来自私，所以才决定以公平的名义放弃自己的资源。人们之所以想避免为自身谋取更多可能是因为这样的隐忧：其他人会认为一个人为自己谋取更多资源是自私的，即使如在上述一些实验中那样，另一种选择是把资源扔进垃圾桶。在多数社会环境中，为自己获取更多资源与背叛高度相关。因此人们可能会担忧，如果他们为自己索取更多，就会获得背叛者之名，因为其他人可能会怀疑为什么不把资源一分为二，甚至分给其他接受者。这种观点认为，人们显得公平以及更喜欢与公平的人交往只是为了避免表面上看起来自私。

这种公平论为儿童的公平关注发展轨迹提供了一个简单解释。例如，布莱克（Blake）和麦考利夫（McAuliffe）（2011）就提出，儿童的那些看起来公平的行为，其发展是以抑制性控制（inhibitory control）的发展为基础的（Davidson, Amso, Anderson, & Diamond, 2006; Knoch, Pascual-Leone, Meyer, Treyer, & Fehr, 2006）。他们认为，为了防止儿童追求他们自身的利益，这种抑制性控制是必要的。因此随着年龄的增长，儿童会变得越来越公平的原因就是，他们变得越来越能够抑制自身的利益，从而在他人面前是无私的或表现出无私（Blake & McAuliffe, 2011）。这种观点可能是正确的，但最近的证据表明，当儿童被要求与别人分享一些贴纸时，在分配行为中那些与年龄有关的变化并没有受到儿童抑制性控制能力变化的影响（Smith, Blake, & Harris, 2013）。

人们当然会竭力避免显得自私，但是这并不能解释全部问题，因为它无法解释为什么人们在第三方之间分配资源时，为了公平甚至不惜牺牲慷慨。从表面上看，把额外的资源分配给第三方不能被当作是自私的行为。如果有什么区别的话，那就是这种分配可以让给予者看起来更为慷慨。然而，由于在二元共享互动中，人们希望表明自己不是偏袒的愿望与希望表明自己不是自私的愿望之间存在着重叠，因此研究公平关注最好是在两个第三方之间分配资源的情况下。这将消除避免表现出偏袒和避免表现出自私之间的重叠，因为在第三方分配中，不公平并不意味着自私。然而，在第三方之间分配会带来另一个潜在问题：在完全由第三方参与的互动中，可能很难发现信号传递动机，因为即使在没人监察他们时，只要他们没有从不公平中获得任何利益，人们就会默认是公正的。换言之，因为人们非常厌恶不公平，所以如果对他们自己来说是零成本，他们就会表现得很公平。只有当行为成本高昂时，信号传递才有可能发挥相关作用。

我们可以通过研究个人如何给他们的盟友进行分配来解决这个问题。在这种情况下，人们有不公平的动机，但这种动机与只为自己获取额外的资源无关，因此不太容易用简单的自私自利来解释。（请注意，如前所述，给一个人比另一个人更多的东西，肯定是对给予者有利的，因为这会加强现有的联盟或是形成一个新联盟。然而，如果人们想把这种联盟形成解释为自私，并认为人们试图避免与这种联盟形成有关的自私，那么自私论与偏袒论就没什么让人感兴趣的不同之处了。）这样的实验可以让人探讨个体是否明确地试图避免表现出偏袒他人的情况。例如，设想一个这样的实验，参与者被要求给他的盟友和另一个陌生人分配一些完成任务的奖励。同时，设想参与者看到他的盟友比陌生人要做得更好。在一种情况下，没有人察觉到参与者别有用心（没有人知道他们俩是盟友）。在这种情况下，参与者可能会分更多的奖励给他的盟友。事实上，即使他的盟友和别人做了相同的工作，特别是在谁做得更好些的问题上比较模糊的情况下，他都有可能会给他盟友更多一些的奖励。另一种情况是他的私心（他的联盟）众所周知，我们将这两种情况进行比较。在第二种情况下，即使他的盟友做得更好，然而因为担心他会表现得偏袒，参与者可能反而会平均分配资源。诸如此类的实验明确操控了参与者的偏袒，以及其他人对这种偏袒的了解，为公平偏袒论提供了最好的验证。

三、结论和对教育者的启示

在本章中，我论证了人们表现公平是为了避免被人指责偏袒。我进一步提出，人们不喜欢偏袒的潜在原因，首先在于偏袒可以被用来形成联盟，而这可以威胁到其他人。我探讨了这些对公平的关注是如何在发展中形成和出现的。儿童早期关于公正的观念更重视平等，但随着年龄的增长，他们开始理解并非所有的不平等都意味着偏袒（根据工作成绩和公正程序而分配资源不平等，可以让不平等变得可接受）。最后一个问题：教育者和家长如何利用这些观点来提高儿童与其他人的互动？我们可以从本章吸取三个潜在的教益。

首先，儿童的不平等观念随着成长而变化。当在课堂上分配资源不均时，很重要的一点就是要强调这样的资源分配并不一定意味着偏袒。到了儿童6岁时，他们就会理解工作和奖励之间的关系，因此避免负面社会后果的一种方法就是明确地将不同的表现或工作（如交作业、上课参与度）与不同的奖励挂钩。虽然消除偏袒并不能消除儿童出于妒忌的负面反应，但应当能大幅度减少他们对资源分配不均的负面反应。

其次，如果儿童早期对公平的关注主要集中在避免别人（特别是同伴）对其不公平行为的指责，那么这就意味着教师可以采用一个有趣的策略来增加儿童对公平的关注。这种观点表明，教师仅仅是告诉儿童他们应当公平，这可能并不是激励儿童表现公平的最有效方式。相反，家长和教师应当努力让儿童清楚地认识到，他们的同伴对不公平行为有着怎样的负面反应——强调他们会因此而受到指责。只要家长可以让儿童更为明确地认识到同伴会对不公正做出负面反应，那么儿童就可能会更强烈地支持公平准则，这可能有助于对抗竞技场上十分常见的狭隘小团体。研究人员应尝试一些简单的干预研究，以确定这些干预类型是否有用。

最后，重要的是要了解，公平有时可能会导致破坏行为（以公平的名义浪费资源），这并不总是一种美德。虽然公平和公正可能是防止偏袒和小团体的强而有用的概念，但在某些情况下，如果儿童过分执着于公正理念，就可能会产生问题。很多人似乎将公正视为慷慨或善良的同义词。然而，正如上述研究所表明的，公正可能经常会导致浪费资源等狭隘行为。因此，教师对儿童使用的语言应当清晰明确。在“对一个孩子友善”可能意味着排斥其他孩子的情况下，告诉孩子对他人友善就可能是错误信息。同样，如果要鼓励儿童与他人进行分享，那么告诉儿童要慷慨或友好，而不是要公平，可能会更好。因为“公平”并不一定需要建议分享，特别是在如果与他人分享会导致偏袒的情况下。

关于资源分配的公平性及相关问题，还有很多研究工作有待进一步完成。在本章中，我重点关注了其中的一个问题：公平性。我证明在没有嫉妒的情况下，甚至在公平与慷慨相悖的情况下，公平关注也会激励人的行为。然后我论证了，这些关注部分源于向他人传递某种特质信号的动机，而人们的公平行为正是旨在传递公正的信号。我希望未来的研究可以基于这里所概述的理论和实证研究，对人们是如何决定将时间和资源花费在他人身上这一问题勾勒出一个更为完整的图景。

参考文献

Adams, J. (1965). Inequity in social exchange. In L. Berkowitz (Ed.), *Advances in experimental social psychology* (Vol. 2, pp. 267–299). New York, NY: Academic.

Adams, J., & Mesterton-Gibbons, M. (2003). Lanchester's attrition models and fights among social animals. *Behavioral Ecology, 14*, 719–723.

Aktipis, C. A., Cronk, L., & de Aguiar, R. (2011). Risk-pooling and herd survival: an agent-based model of a Maasai gift-giving system. *Human Ecology, 39*, 131–140.

André, J. B., & Baumard, N. (2011). Social opportunities and the evolution of fairness. *Journal of Theoretical Biology, 289*, 128–135.

Andreoni, J., & Bernheim, B. D. (2009). Social image and the 50–50 norm: A theoretical and experimental analysis of audience effects. *Econometrica, 77*, 1607–1636.

Axelrod, R., & Hamilton, W. D. (1981). The evolution of cooperation. *Science, 211*, 1390–1396.

Barclay, P., & Willer, R. (2007). Partner choice creates competitive altruism in humans. *Proceedings of the Royal Society B, 272*, 749–753.

Baumard, N., André, J. B., & Sperber, D. (2013). A mutualistic approach to morality: The evolution of fairness by partner choice. *Behavioral and Brain Sciences, 36*, 59–78.

Baumard, N., Mascaro, O., & Chevallier, C. (2012). Preschoolers are able to take merit into account when distributing goods. *Developmental Psychology, 48*, 492–498.

Beckett, J. (1967). Elections in a small Melanesian community. *Ethnology, 6*, 332–344.

Benenson, J. F. (2014). *Warriors and worriers: The survival of the sexes*. New York, NY: Oxford University Press.

Bicchieri, C., & Mercier, H. (2013). Self-serving biases and public justifications in trust games. *Synthese, 190*, 909–922.

Bicchieri, C., & Xiao, E. (2009). Do the right thing: But only if others do so. *Journal of Behavioral Decision Making, 22*, 191–208.

Bird, B. R., & Smith, E. A. (2005). Signaling theory, strategic interaction, and symbolic capital. *Current Anthropology, 46*, 221–248.

Blake, P. R., & McAuliffe, K. (2011). "I had so much it didn't seem fair": Eight-year olds reject two forms of inequity. *Cognition, 120*, 215–224.

Bolton, G. E., Brandts, J., & Ockenfels, A. (2005). Fair procedures: Evidence from games involving lotteries. *Economic Journal, 115*, 1054–1076.

Boyce, C. J., Brown, G. D. A., & Moore, S. C. (2010). Money and happiness: Rank of income, not income, affects life satisfaction. *Psychological Science, 21*, 471–475

Brosnan, S. F. (2011). A hypothesis of the co-evolution of cooperation and responses to inequity. *Frontiers in Neuroscience, 5*, 43

Burns, M. P., & Sommerville, J. A. (2014). "I pick you": The impact of fairness and race on infants' selection of social partners. *Frontiers in Psychology, 5*, 93.

Buss, D. M. (1999). *Evolutionary psychology: The new science of the mind*. Boston, MA: Allyn & Bacon.

Chapais, B. (1992). The role of alliances in social inheritance of rank among female primates. In A. H. Harcourt & F. B. M. de Waal (Eds.), *Coalitions and alliances in humans and other animals* (pp. 29–59). Oxford, England: Oxford Science.

Charness, G., & Rabin, M. (2002). Understanding social preferences with simple tests. *Quarterly Journal of Economics, 117*, 817–869.

Choshen-Hillel, S., Shaw, A., & Caruso, E. (2015). Waste management: How reducing partiality can promote efficient resource allocation. *Journal of Personality and Social Psychology, 109*(2), 210–231.

Clark, M. S., & Mills, J. (1979). Interpersonal attraction in exchange and communal relationships. *Journal of Personality and Social Psychology, 37*, 12–24.

Clark, M. S., & Mills, J. (1993). The difference between communal and exchange relationships: What it is and is not. *Personality and Social Psychology Bulletin, 19*, 684–691.

Cole, T., & Teboul, J. C. B. (2004). Non-zero-sum collaboration, reciprocity, and the preference for similarity: Developing an adaptive model of close relational functioning. *Personal Relationships, 11*, 135–160.

Davidson, M. C., Amso, D., Anderson, L. C., & Diamond, A. (2006). Development of cognitive control and executive functions from 4 to 13 years: Evidence from manipulations of memory, inhibition, and task switching. *Neuropsychologia, 44*, 2037–2078.

Delton, A. W., Krasnow, M. M., Cosmides, L., & Tooby, J. (2011). Evolution of direct reciprocity under uncertainty can explain human generosity in one-shot encounter. *Proceedings of the National Academy of Sciences, 108*, 13335–13340.

DeScioli, P., Bruening, R., & Kurzban, R. (2011). The omission effect in moral cognition: Toward a functional explanation. *Evolution and Human Behavior, 32*, 204–215.

DeScioli, P., & Kurzban, R. (2009a). The alliance hypothesis for human friendship. *PLoS One, 4*, e5802.

DeScioli, P., & Kurzban, R. (2009b). Mysteries of morality. *Cognition, 112*, 281–299.

DeScioli, P., & Kurzban, R. (2011). The company you keep: Friendship decisions from a functional perspective. In J. I. Krueger (Ed.), *Social Judgment and Decision Making* (pp. 205–224). New York, NY: Psychology Press.

DeScioli, P., & Kurzban, R. (2013). A solution to the mysteries of morality. *Psychological Bulletin, 139*, 477–496.

DeScioli, P., Kurzban, R., Koch, E. N., & Liben-Nowell, D. (2011). Best friends, alliances, friend ranking, and the MySpace social network. *Perspectives on Psychological Science, 6*, 6–8.

DeScioli, P., Massenkoff, M., Shaw, A., Petersen, M. B., & Kurzban, R. (2014). Equity or equality? Moral judgments follow the money. *Proceedings of the Royal Society of London B: Biological Sciences, 281*, 20142112.

Donovan, E., & Kelemen, D. (2011). Just rewards: Children and adults equate accidental inequity with intentional unfairness. *Journal of Cognition and Culture, 11*, 137–150.

Engelmann, D., & Strobel, M. (2004). Inequality aversion, efficiency, and maxim in preferences in simple distribution experiments. *American Economic Review, 94*(4), 857–869.

Fehr, E., & Schmidt, K. M. (1999). A theory of fairness, competition, and cooperation. *The Quarterly Journal of Economics, 114*, 817–868.

Fehr, E., Bernhard, H., & Rockenbach, B. (2008). Egalitarianism in young children. *Nature, 454*, 1079–1083.

Festinger, L. (1954). A theory of social comparison processes. *Human Relations, 7*, 117–140.

FitzGibbon, C. D., & Fanshawe, J. H. (1988). Stotting in Thomson's gazelles: An honest signal of condition. *Behavioral Ecology and Sociobiology, 23*, 69–74.

Flinn, M. V., Geary, D. C., & Ward, C. V. (2005). Ecological dominance, social competition, and coalitionary arms races: Why humans evolved extraordinary intelligence. *Evolution and Human Behavior, 26*, 10–46.

Frank, R. H. (1985). *Choosing the right pond. Human behavior and the quest for status.* New York, NY: Oxford University Press.

Geraci, A., & Surian, L. (2011). The developmental roots of fairness: Infants' reactions to equal and unequal distributions of resources. *Developmental Science, 14*, 1012–1020.

Guala, F. (2012). Reciprocity: Weak or strong? What punishment experiments do (and do not) demonstrate. *Behavioral and Brain Sciences, 35*, 1–15.

Haidt, J., & Graham, J. (2007). When morality opposes justice: Conservatives have moral intuitions that liberals may not recognize. *Social Justice Research, 20*, 98–116.

Hamann, K., Warneken, F., Greenberg, J. R., & Tomasello, M. (2011). Collaboration encourages equal sharing in children but not in chimpanzees. *Nature, 476*, 328–331.

Harcourt, A. H. (1992). Cooperation in conflicts: Commonalities between humans and other animals. *Politics and the Life Sciences, 11*, 251–259.

Henrich, J., Heine, S. J., & Norenzayan, A. (2010). The weirdest people in the world? *Behavioral and Brain Sciences, 33*, 1–75.

Homans, G. C. (1958). Social behavior as exchange. *American Journal of Sociology, 63*, 597–606.

Hook, J., & Cook, T. D. (1979). Equity theory and the cognitive ability of children. *Psychological Bulletin, 86*, 429–445.

Kanngiesser, P., & Warneken, F. (2012). Young children consider merit when sharing resources with others. *PLoS One, 7*, e43979.

Knoch, D., Pascual-Leone, A., Meyer, K., Treyer, V., & Fehr, E. (2006). Diminishing reciprocal fairness by disrupting the right prefrontal cortex. *Science, 314*, 829–832.

Kurzban, R., DeScioli, P., & O'Brien, E. (2007). Audience effects on moralistic punishment. *Evolution and Human Behavior, 28*, 75–84.

Kurzban, R., & Leary, M. R. (2001). Evolutionary origins of stigmatization: the functions of social exclusion. *Psychological Bulletin, 127,* 187–208.

Lind, P. G., da Silva, L. R., Andrade Jr, J. S., & Herrmann, H. J. (2007). Spreading gossip in social networks. *Physical Review E, 76*, 036117.

Liska, G. (1962). Nations in alliance: The limits of interdependence. Baltimore, MD: Johns Hopkins Press.

LoBue, V., Nishida, T., Chiong, C., DeLoache, J., & Haidt, J. (2011). When getting something good is bad: Even three-year-olds react to inequality. *Social Development, 20*, 154–170.

Macfarlan, S. J., Walker, R. S., Flinn, M. V., & Chagnon, N. A. (2014). Lethal coalitionary aggression and long-term alliance formation among Yanomamö men. *Proceedings of the National Academy of Sciences, 111*, 16662–16669.

McPherson, M., Smith-Lovin, L., & Cook, J. M. (2001). Birds of a feather: Homophily in social networks. *Annual Review of Sociology, 27*, 415–444.

Mills, C. M., & Grant, M. G. (2009). Biased decision-making: Developing an understanding of how positive and negative relationships may skew judgments. *Developmental Science, 12*, 784–797.

Nichols, S. (2010). Emotions, norms, and the genealogy of fairness. *Politics, Philosophy & Economics, 9*, 275–296.

Olson, K. R., & Spelke, E. S. (2008). Foundations of cooperation in young children. *Cognition, 108*, 222–231.

Parker, G. A. (1974). Assessment strategy and the evolution of fighting behaviour. *Journal of Theoretical Biology, 47*, 223–243.

Rose, A. J., & Asher, S. R. (1999). Children's goals and strategies in response to conflicts within a friendship. *Developmental Psychology, 35*, 69–79.

Rose, A. J., & Rudolph, K. D. (2006). A review of sex differences in peer relationship processes: Potential trade-offs for the emotional and behavioral development of girls and boys. *Psychological Bulletin, 132*, 98–131.

Schino, G. (2001). Grooming, competition and social rank among female primates: a meta-analysis. *Animal Behaviour, 62*, 265–271.

Schmidt, M. F., & Sommerville, J. A. (2011). Fairness expectations and altruistic sharing in 15-month-old human infants. *PLoS One, 6*, e23223.

Sell, A., Cosmides, L., Tooby, J., Sznycer, D., von Rueden, C., & Gurven, M. (2009). Human adaptations for the visual assessment of strength and fighting ability from the body and face. *Proceedings of the Royal Society B, 276*, 575–584.

Seyfarth, R. M. (1977). A model of social grooming among adult female monkeys. *Journal of Theoretical Biology, 65*, 671–698.

Shaw, A. (2013). Beyond "To share or not to share": The impartiality account of fairness. *Current Directions in Psychological Science, 22*, 413–417.

Shaw, A., DeScioli, P., & Olson, K. R. (2012). Fairness versus favoritism in children. *Evolution and Human Behavior, 33*, 736–745.

Shaw, A. & Keysar, B. (2015). Fairness vs. reciprocity: When retaliation is better than quid pro quo. Talk presented at the Society for Personality and Social Psychology Conference, Long Beach, CA.

Shaw, A., & Knobe, J. (2013). Not all mutualism is fair and not all fairness is mutualistic. *Behavior and Brain Sciences, 36*, 100–101.

Shaw, A., Montinari, N., Piovesan, M., Olson, K. R., Gino, F., & Norton, M. I. (2014). Children develop a veil of fairness. *Journal of Experimental Psychology: General, 143*, 363–375.

Shaw, A., & Olson, K. R. (2012). Children discard a resource to avoid inequity. *Journal of Experimental Psychology: General, 141*, 382–395.

Shaw, A., & Olson, K. R. (2014). Fairness as an aversion to partiality: The development of procedural justice. *Journal of Experimental Child Psychology, 119*, 40–53.

Sigelman, C. K., & Waitzman, K. A. (1991). The development of distributive justice orientations: Contextual influences on children's resource allocations. *Child Development, 62*, 1367–1378.

Silk, J. B. (1999). Male bonnet macaques use information about third party rank relationships to recruit allies. *Animal Behaviour, 58*, 45–51.

Silk, J.B. (2003). Cooperation without counting: The puzzle of friendship. In P. Hammerstein (Ed.), *The genetic and cultural evolution of cooperation* (pp. 37–54), Dahlem Workshop Report 90. Cambridge, MA: MIT Press.

Sloane, S., Baillargeon, R., & Premack, D. (2012). Do infants have a sense of fairness. *Psychological Science, 23*, 196–204.

Smith, C. E., Blake, P. R., & Harris, P. L. (2013). I should but I won't: Why young children endorse norms of fair sharing but do not follow them. *PLoS One, 8*, e59510.

Snyder, G. H. (1984). The security dilemma in alliance politics. *World Politics, 36*, 461–495.

Svetlova, M. & Brownell, C. (2013). Fair or nice? Preschoolers prefer fair partners, but only when it doesn't affect their own interests. Talk presented at Society for Research in Child Development Conference, Seattle, Washington.

Tomasello, M. J., & Call, J. (1997). *Primate cognition*. Oxford, England: Oxford University Press.

Tooby, J., & Cosmides, L. (1992). The psychological foundations of culture. In J. H. Barkow, L. Cosmides, & J. Tooby (Eds.), *The adapted mind* (pp. 19–136). New York, NY: Oxford University Press.

Tooby, J., & Cosmides, L. (1996). Friendship and the Banker's Paradox: Other pathways to the evolution of adaptations for altruism. In W. G. Runciman, J. Maynard Smith, & R. I. M. Dunbar (Eds.), *Evolution of social behaviour patterns in primates and man. Proceedings of the British academy* (Vol. 88, pp. 119–143).

Trivers, R. (1971). Evolution of reciprocal altruism. *Quarterly Review of Biology, 46*, 35–57.

Tyler, T. R. (2000). Social justice: Outcome and procedure. *International Journal of Psychology, 35*, 117–125.

West, S. A., El Mouden, C., & Gardner, A. (2011). 16 common misconceptions about the evolution of cooperation in humans. *Evolution and Human Behavior, 32*, 231–262.

Yamagishi, T. (1986). The provision of a sanctioning system as a public good. *Journal of Personality and Social Psychology, 51*, 110–116.

Zahavi, A. (1975). Mate selection—A selection for a handicap. *Journal of Theoretical Biology, 53*, 205–214.

Zahavi, A., & Zahavi, A. (1997). *The handicap principle: A missing piece of Darwin's puzzle*. New York, NY: Oxford University Press.

第三部分

现代世界中的进化偏差、认知与学习

第八章　进化与儿童的认知及学业发展

大卫·吉尔里、丹尼尔·伯奇[①]

自然选择是所有生命科学的统一理论，也是人类最重要的科学成就之一（Darwin, 1859）。作为生物体（living organisms），人类的行为、认知偏差（cognitive bias）等其他特征必然反映了其祖先所经历的生存和繁殖压力，因此，对这些特征的当前发展和表现的研究可以在进化的背景下进行。这并不是说社会环境就不影响人类行为；社会环境确实对人类行为有所影响。然而，深入地理解进化是如何发挥作用的，将为人类的行为和发展提供深刻的见解，这是从其他理论角度无法完全实现的。遗憾的是，许多心理学家或社会学家并没有充分地认识到进化论的力量，当然本书和其他一些书中介绍的例外情况除外。在本章中，我们将从进化论的角度考察认知发展与学业发展，为理解儿童在现代学校中学习进化上的新技能（如阅读、写作和算术）的能力和动机提供一个凝聚性框架。

一、认知发展

正如廷伯根（Tinbergen，1963）概括指出的那样，要完全理解任何一个特征，需要从四个层面对该特征做进化分析：导致该特征进化的最终选择压力；该特征在提高生存前景中的作用；支持该特征在当前运作的近似还原机制；以及该特征的发展。正如廷伯根所说："所有相关人员都认为，要完全理解行为，

---

① 大卫·吉尔里（David C. Geary）：美国密苏里州哥伦比亚市，密苏里大学。丹尼尔·伯奇（Daniel B. Berch）：美国弗吉尼亚州夏洛茨维尔市，弗吉尼亚大学。

就必须理解其个体发育，正如形态学家都认为，只了解成年形态是不够的，还需要了解其在个体发育过程中的发展方式。”（Tinbergen, 1963: 423）我们的重点是关注发展，特别是儿童认知发展中那些可能具有普遍性的方面，以及支持这种发展的经验和机制。如果不能首先确定或至少推测发展是什么，就无法真正研究发展。我们将在接下来的两个部分中探索发展，然后转而讨论儿童的认知如何发展，并在最后探讨工作记忆和流体智力（fluid intelligence）这两种领域通用能力（domain-general abilities）的进化与功能。

心脑功能

进化塑造了大脑和思维，使它们在物种进化史上偏向关注和处理与生存繁殖结果有关的信息。大脑和思维还会组织行为以成功实现这些结果，吉尔里（Geary, 2005）将其描述为一种“控制动机”。这不是一个明确的动机，而是一种启发，让我们能够更容易地理解行为的功能。以加拉帕戈斯群岛上的雀鸟为例，如图 8-1 所示，它们在喙的大小和形状上都存在差异，这有着广泛的记录（Darwin, 1845; Grant,1999）。这些差异反映了它们对不同类型食物（如较小或较大的种子）的种属特化（species's pecialization）。当这些身体特征与对合适种子的偏好以及相关觅食行为（如啄破种子的外壳）相结合时，鸟类就可以控制这些食物。当然拥有鸟脑的鸟类并没有明确意识到自己在做什么，也没有明确的控制动机。尽管如此，这种启发还是让我们很容易看到，这些感知、行为和身体的特征是如何共同进化的，因为它们使鸟儿能够成功地觅食种子，或者更抽象地说，能够成功控制资源。

图 8-1　加拉帕戈斯群岛的四种雀鸟[①]

① *Journal of researches into the natural history and geology of the countries visited during the voyage of H.M.S. Beagle round the world, under the Command of Capt. Fitz Roy, R.N. (2nd edition)*, by C. Darwin, 1845, London: John Murray, p. 379.

发育期本身就具有一种进化特征，任何延长这一时期的行为都必然会导致繁殖延迟。延迟繁殖的代价通常包括在繁殖期内后代数量的减少，以及在有繁殖机会之前的死亡风险增加。因此，不成熟期的延长必然会导致认知、行为或社会方面的变化以加强成年期的资源控制。比约克隆德和比尔斯（本书）将其称为延迟适应性——在发展过程中出现的技能，其主要作用就是为了改善成年期的结果——这也正是我们本章的重点所在；虽然个体发育适应性——使发育中的生物体能够完成特定发育任务—— 也很重要，但其不在我们的考虑范围内（参见 Bjorklund & Ellis, 2014）。我们首先概述了广义类的信息，或常识领域(folk domains），这对我们研究进化历史中的生存和繁殖前景来说可能非常重要；随后，我们讨论了儿童的行为偏差和认知偏差，以及有可能提高这些前景的发展变化。

常识领域

所有的生物体都必须应对同类间的利益竞争，需要去掠夺（猎物）和避免被其他物种（捕食者）掠夺，以及应对物质世界的现实。此类信息还会出现在对儿童非学校教育认知的研究中，以及对传统人群中的非学校教育研究中，它们通常被称为常识心理学、常识生物学和常识物理学（Atran, 1998; Geary, 2005; Gelman, 2003; Leslie, Friedman, & German, 2004; Medin & Atran, 1999; Mithen, 1996; Wellman & Gelman, 1992）。常识领域代表了知识和技能的普遍形式，结合了内在的认知偏差和进化上的预期经验。如下文在“机制”那部分所述，后者产生于自发的活动，这些活动所产生的经验又反过来阐明了内在偏差，充实了常识知识，使之能因地制宜（Gelman, 1990; Greenough, Black, & Wallace, 1987）。在图 8–2 中，我们介绍了常识技能和知识的分类法（Geary, 2005; Geary & Huffman, 2002）。从功能上来说，这些能力的进化是因为它们使我们的祖先能够将他们的行为集中到试图获取和控制社会资源（如寻找配偶）、生物资源（如食物）和物质资源（如富饶地区）上。在人类进化过程中，这些资源往往会改善生存或繁殖的前景。

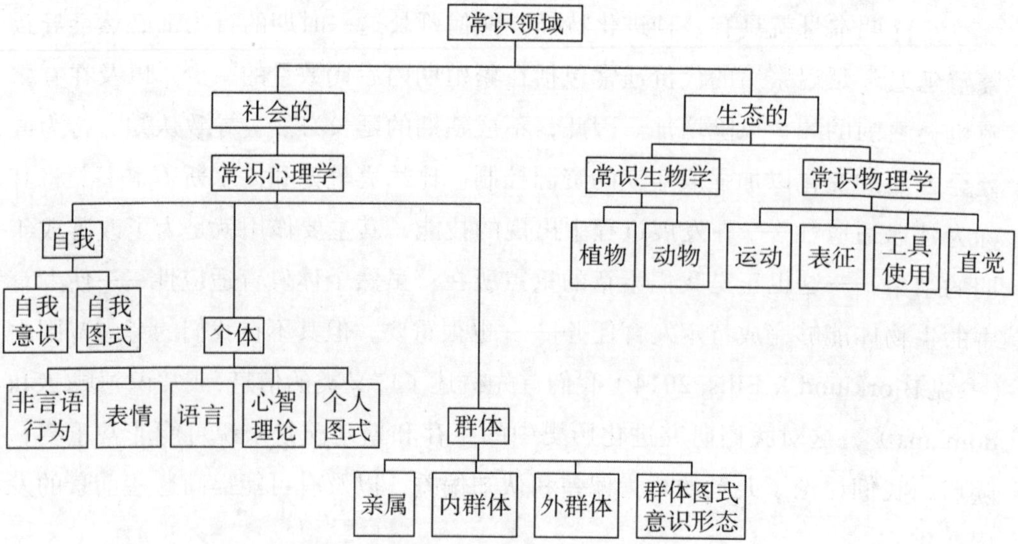

图 8-2　进化上显著的信息处理领域和相关认知模块①

常识心理学

这种由认知、情感和行为特征组成的复杂系统的进化几乎可以肯定是由激烈的社会竞争和经常促进竞争能力的合作所推动的（e.g., Alexander, 1989; Bailey & Geary, 2009; Dunbar, 1998; Flinn, Geary, & Ward, 2005; Geary, 2005; Humphrey, 1976）。这些特征让人们可以协商社会交往和人际关系，相应的社会认知主要是围绕着自我、关系、与他人的互动以及群体层面的关系而组织的（另参见 Shaw，本书；Hawley，本书）。

自我。人类在所有物种中可能都是独一无二的，他们能够意识到自己的情感和精神状态，并能够将自己难以觉察的特征（如性格、智力）与他人相比较和对照。自我意识是对作为社会存在的自我和与他人关系的有意识表征（在工作记忆中）（e.g., Harter, 2006），并且在进化过程中，它可能先于视觉自我认知（visual self-recognition）（Butler & Suddendorf, 2014）。正如我们在“领域通用能力的变化与进化”中所阐述的那样，自我意识与精神上的时间旅行的能力紧密相关；具体

① 进化上显著的信息处理领域和相关认知模块，它们构成了常识心理学、常识生物学和常识物理学领域。改编自“*The origin of mind: Evolution of brain, cognition, and general intelligence*”, by D. G. Geary, 2005, p.129. Copyright 2005 by American Psychological Association。

来说就是，在时间上将自己向后投射，以回忆和重温具有个人重要意义的事件；以及在时间上将自己向前投射，对潜在未来状态创造一个以自我为中心的心理模拟（Suddendorf & Corballis, 1997; Tulving, 2002）。自我图式是一个长期记忆信息网络，它能组织有关自我的知识和信念，包括积极的（强调的）和消极的（忽视的）特征（如热情）、个人经历的记忆（Fiske & Taylor, 1991; Markus, 1977）以及自我效能——对于自己在各个领域实现目标的能力的信念（Bandura, 1997）。自我图式至少在一定程度上可以调节与目标相关的行为；具体来说，可以调节将一个人的精力集中在哪里，以及在面对失败时是否会坚持不懈。

个体。在各个社会中一对一的人际关系很常见，包括父母与孩子之间的依恋关系和友谊（Bugental, 2000; Caporael, 1997）。尽管这些关系在情感和动机上存在差异，但它们都受到图 8–2 所示的同一套常识技能的支持，包括解读非言语交流信号（如身体姿势）、面部表情、语言和心智理论（Adolphs, 2003; Baron–Cohen, 1995; Brothers & Ring, 1992; Humphrey,1976; Leslie, 1987; Pinker, 1994; Wellman, 2014: Wellman, Fang, Liu, Zhu, & Liu, 2006; Wellman, Fang, & Peterson, 2011; Wellman & Liu, 2004）。心智理论描述了对他人欲望、信念和情绪状态做出推断的能力，并意识到他人在这些方面存在差异。这可能是一组在人类中特别发展的能力（Leslie et al., 2004），在教育环境中尤其重要（例如，学生对教师意图的推断和教师对学生信念的理解）（Gopnik & Wellman, 2012）。在任何情况下，所有这些能力都参与了一对一的社会互动动态，并为理解和调节互动动态提供了所需的实用能力。

这些认知系统与动机情感系统的整合，为长期关系的发展和维持以及个人图式的发展奠定了基础。人们会为熟悉的人以及未来期望建立社会关系的人开发这些图式（Fiske & Taylor, 1991）。图式是一个长期记忆网络，包括对他人的身体特点，特别是种族、性别和年龄的表征，同时还包括对特定行为事件的记忆，以及同样与自我图式有关的热情和能力特征（Schneider, 1973）。这种知识使人们能够更好地理解和预测熟人的行为（Kahneman & Tversky, 1982）。

群体。在所有的文化中，人们主要是根据亲属关系、内群体（in–groups）与外群体（out–groups），以及群体图式（group schema）将世界划分为各种社会群体。在所有的物种当中都会发现一种进化偏差，即亲缘关系在不同程度上胜过非亲缘关系，这并不奇怪（Hamilton, 1964）。内群体和外群体分别指的是与自己有共同利益及合作关系的人群，以及与自己存在竞争利益的人群；外群体不一定是相互竞争的群体，但“我方群体”和“他方群体”的显著性在冲突时期更为突出（Fiske, 2002）。在传统社会中，内群体和外群体通常由亲属关系决定，但情况并非总是如此（e.g., Macfarlan, Walker, Flinn, & Chagnon, 2014）。人们对内群体成员的态度和信念更为积极，对外群体成员的态度和信念则更为消极，且往往充满敌对，尤其是当各个群体相互竞争时（Fiske & Taylor, 1991; Hewstone, Rubin, & Willis, 2002; Horowitz, 2001）。群体图式是一种基于意识形态的社会认同，例如民族和宗教信仰的归属（Abrams & Hogg, 1990）。这些意识形态可以形成的群体比只基于个体关系形成的群体要更大。这些大型合作群体在群体冲突中特别具有优势，因为作为一个大群体的成员，他们具有竞争优势（Alexander, 1990）。

常识生物学

就像达尔文所发现的雀鸟在喙的大小上存在物种差异，存在着物种特有的大脑、认知和行为的特化，使它们能够定位和处理可食用的植物、水果和坚果（如浣熊、清理食物），以及对猎物进行定位和捕获（e.g., Barton & Dean, 1993; Huffman, Nelson, Clarey, & Krubitzer, 1999）。常识生物能力代表了最基本的认知特化，支持人类在广泛的生态位（ecological niches）中学习、识别和保护生物资源的能力（Atran, 1998; Caramazza & Shelton, 1998; Malt, 1995; Medin & Atran, 2004）。这些能力源自生态学中的偏差与经验的结合，支持着传统社会中的狩猎、采集和园艺。

常识生物知识的范围和组织中既存在跨文化差异，又有普遍性核心。作为后者的一种反映，全世界的人们都能够对当地生态系统中的动植物进行分类，并在对这些物种进行思考时表现出类似的分类和推论偏差（Atran, 1998; Berlin, Breedlove, & Raven, 1966）。通过研究传统社会中的这些现象，“显而易见，尽管各个社会在对动植物的概念化上可能千差万别，然而在常识生物分类中，有一些常规结构原则是非常普遍的”（Berlin, Breedlove, & Raven, 1973: 214）。拜尔逊（Bailenson）、沈（Shum）、阿特兰（Atran）、梅丁（Medin）和科利（Coley）

要求来自美国的新手、鸟类专家以及危地马拉的伊萨玛雅美洲印第安人对他们所在地区以及另一组所在地区的大约 100 只鸟类进行分类（2002）。这三个小组的分类结果既有相似之处，又有不同之处。与美国新手相比，美国鸟类专家和伊萨玛雅人的分类系统更接近这些物种的科学分类。对于伊萨玛雅人来说，“他们的共识分类（consensual sorting）比美国的那些非专家的共识分类更符合（西方的）科学分类法。美国鸟类和蒂卡尔鸟类都存在着这种差异”（Bailenson et al., 2002: 24）。

拜尔逊等人（2002）对新手的研究发现并不是唯一的。不具备足够的自然世界经验（例如，生活在现代城市里的儿童），就只能发展出常识生物学的基本方面（Medin & Atran, 2004）。拥有足够的经验的话，人们对生物世界的知识至少会发展成三级组织结构。最一般的层级相当于科学分类中的界（kingdom），如图 8–2 所示。人们进一步将动植物群细分为相关的种类，包括鸟类、哺乳动物和植物；然后是更具体的物种，如蓝知更鸟（蓝鸫属）和知更鸟（鸫属）。

对物种的形态、行为、生长模式和生态位（如树栖与陆栖）的了解有助于定义物种的本质（Atran, 1994; Malt, 1995）。物种本质就是一个物种图式，类似于人的图式，包括对突出和稳定特征的知识（e.g., Medin et al., 2006）。这些知识使我们可以运用动植物的心智模式（mental models）来表现和预测这些生物体的可能行为（如植物的季节性生长）。将常识生物分类、推论偏差和物种本质知识相结合，使人们能够以具有进化意义的方式利用这些物种（Figueiredo, Leitão–Filho, & Begossi, 1993, 1997）。

常识物理学

如前所述，常识物理学使生物体能够顺利地与物质世界打交道，如寻找食物、居所或配偶，以及避免潜在的威胁（Dyer, 1998）。我们在图 8–2 中加入运动和表征是基于米尔纳（Milner）和古德尔（Goodale）对视觉系统功能和解剖组织的分析（1995）。他们认为，运动系统和表征系统在功能和解剖上是不同的，但却相互影响。事实上，有一些例子表明，不同的视觉运动路径可以实现各种与运动相关的功能，比如躲避捕食者和绕过障碍物。例如，巴顿（Barton）和迪恩（Dean）研究了四组哺乳动物（啮齿类、灵长类、食肉类和有袋类）的一种特定视觉通路中的神经元数量和大小与捕食行为之间的关系（1993）。在每组类群中，物种被划分为掠食性较强的动物（即主要依靠捕获猎物）和掠食性较弱的动物（即主要依赖水果）。与掠食性较弱的动物相比，掠食性较强的动物在视觉通路中拥有更多更大的神经元，但与捕食猎物无关的邻近视觉通路的容量却没有跨物种差异。

寻找猎物、居所和其他资源需要在三维空间中导航的系统（Gallistel, 1990; Shepard, 1994）。对很多哺乳类物种的研究表明，生物体对三维空间有自我中心和客体中心（allocentric）这两种空间观（Byrne, Becker, & Burgess, 2007; Maguire et al., 1998）。自我中心的表征就是生物体所看到的，包括与自身有关的物体和位置（Byrne et al., 2007）。客体中心系统就是指对与生物体无关的大规范几何关系和物体在空间中的定位进行编码。这两个系统协同工作，使生物体在空间行动时保持方向和目标性。客体中心表征可以生成隐性的三维模拟地图，对环境特征之间的几何关系进行编码，并通过航迹推算来实现导航；进而能够根据几何坐标从一个地方活动到另一地方（Gallistel, 1990）。人类的导航既包括自我中心系统，又包括客体中心系统，但它们所涉及的是导航的不同方面（Gallistel, 1990）。少数物种，特别是人类，也可以在工作记忆中生成明确的以自我为中心和以客体为中心的物理空间的认知表征（Kuhlmeier & Boysen, 2002）。

在所有的人类文化中，工具使用都以这种或那种形式存在，使人们能够更充分地控制当地生态中的生物资源（Murdock, 1981）。支持工具使用的神经、感知和认知系统还没有像支持空间活动和表征的系统那样获得系统性研究。根据脑成像研究和脑损伤后的认知缺陷研究，约翰逊－弗雷（Johnson-Frey, 2003）总结说，人类和其他灵长类动物在基本物体的抓取和操作方面的脑部区域是相同的。与此同时，显然人类对如何将物体用作工具有更好的概念性理解（Pellegrini, 本书；Povinelli, 2000），而且潜在工具使用者的推测意图会影响他们对如何使用这些物体的定义（Bloom, 1996）。从核心上看，人类工具使用包括在心理上将物体表征为潜在工具的能力，操纵这种心理表征（mental representation）以探索物体不同使用方式的能力，以及最终将这些表征与主动的工具使用相结合的能力（Lockman, 2000; Pellegrini, 本书）。

最后，我们将生物体对时间和数量的直觉归类为常识物理学的一个方面，例如，在两个不同觅食区可获得的大致食物数量。这些能力支持表征和区分小型物品集合的准确数量以及较大集合或连续数量（如面积）的近似数量（Feigenson, Dehaene, & Spelke, 2004; Geary, Berch, & Mann Koepke, 2015），并且似乎与表示时间流逝的系统融为一体（Meck & Church, 1983）。

常识启发法和归因偏差

常识领域的行为特征可以被描述为“经验法则”（Gigerenzer, Todd, & ABC Research Group, 1999）。常识系统是通过内隐方式处理敏感信息的，而行为部分或多或少是通过自动方式执行的（Simon, 1956），尽管人们有能力在必要时覆盖这些信息（见下文）。巴顿（Barton）和迪恩（Dean）对哺乳动物视觉运动通路与猎物捕获关联性的分析说明了这一点（1993）。该系统中的细胞可能对猎物的运动模式很敏感，并可以使这些感知与捕获该猎物所需的行为相协调。这种综合神经系统的组织结构导致了内在的注意偏差和知觉偏差，以及对如何捕捉猎物的隐性理解。捕猎能力会随着经验的增长而提高，包括许多哺乳动物在发育过程中的玩耍行为，但其基础却是内在的（Burghardt, 2005）。

这同样适用于更普遍的常识知识。例如，在面部表情的处理过程中，眼睛和鼻子的形状所产生的图像提供了有关个体性别的信息，而嘴巴的形状所产生的图像提供了有关个体情绪状态的信息（Schyns, Bonnar, & Gosselin, 2002）。信息接收者会自动隐形地处理这些信息，并反过来表达相应的情感以及其他社会信号（如微笑）。接收者还可能对互动做出隐性决定，但这些决定不需要明确地表现在工作记忆中，也不需要自觉地意识到（见下文）。这些快速的、凭经验法则做出的决定可以基于自动生成的感觉和其他社会信息。例如，愤怒的面部表情通常会产生恐惧和行为回避，并且可以在几秒钟内就完成（Damasio, 2003）。

明确的推论偏差和归因偏差也是常识启发法的特征，至少对人来说是如此。例如，人们常常把自己未能实现预期目标归咎为运气不好或他人的偏见。这种归因倾向的优势是，在面对不可避免的失败时，可以保持努力并控制相关的行为策略（Heckhausen & Schulz, 1995）。众所周知，社会归因偏差是偏袒群体内成员而贬损群体外成员的（Fiske, 2002），它会促进群体间的竞争（Horowitz, 2001）。常识生物学的本质是让人们（如在狩猎过程中）能够推断熟悉物种的行为以及一些不太熟悉但有亲缘关系物种的可能行为（Atran, 1998）。关于物质世界因果关系的归因也十分常见（Clement, 1982）。

从教育的角度来看，需要注意的是，这些偏差可能为日常生活提供了充分的解释，并为社会和其他现象提供了自利性的解释。然而，正如西纳特拉（Sinatra）和丹尼尔森（Danielson）贴切描述的那样，就传统环境中的日常生活而言，功能效用的进化并不意味着这些解释必然是科学准确的（Shtulman, 2006）。事实上，对心理、物理和生物现象的描述通常是正确的（Wellman & Gelman, 1992），但对这些现象原因的具体解释很多在客观上和科学上都是不准确的。例如，人们可以描述抛掷物的轨迹，但他们并不了解产生这种运动的力（Clement, 1982）。

机制

鉴于人类所处的生态位和社会小生境的广阔领域，大多数常识知识都不会是完全“预先包装”的，也不会在发展过程中以预先确定的方式展开。相反，固有限制或发展可塑性的程度可能会随着相关生态或社会压力的时间和空间变化以及随之而来的为应对这些变化而需要处理的相关信息模式而变化（Geary, 2005; Geary & Huffman, 2002）。这些权衡如图 8–3 所示。强大的神经生物限制和认知限制使注意力和行为集中在对进化有重要意义的信息模式上，这样做可以减少误报（false positives）的数量（Gelman, 1990）。代价是降低了这些系统的可塑性。弱限制会增加误报的风险，但却能提高系统的弹性。成本—效益权衡应当根据相关信息模式变化进行调节。

物质世界的三维结构产生了稳定的信息模式，从理论上讲，这将导致发现并采用这些信息的受限系统的进化（Gallistel, 1990; Shepard, 1994）。当然，空间运动会使生物体接触到的信息发生变化，并使记忆位置和导航系统获得优势，而这些系统则是由更受限制的常识物理系统所支撑的（O’Keefe & Nadel, 1978）。相比之下，人类社会动力必然更为动态，我们预计常识心理系统会有更好的可塑性，但仍然需要限制。如前所述，面部表情的变化提供了有关个体当前情绪状态的动态信息，但如果不将注意力集中在具体面部特征上，就会错过这些信息（BaronCohen, 1995; Schyns et al., 2002）。

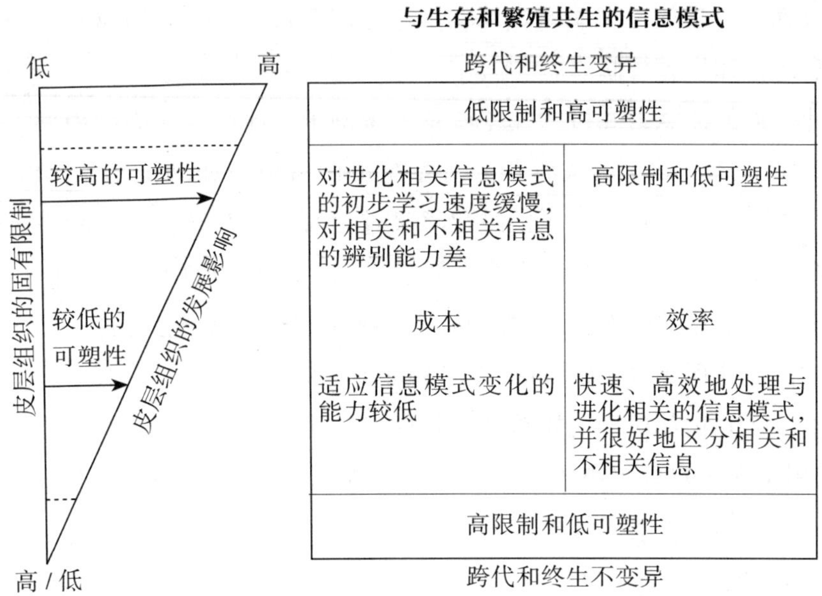

图 8-3　大脑和认知功能的成本—效益权衡 ①

在限制性与可塑性相权衡的背景下，发展期为常识系统调整适应当地的地理、动植物和社会关系的细微差异提供了机会（Geary, 2004; Geary & Bjorklund, 2000）。这种机制是为了让常识系统适应当地变异，所以必须包括接触这种变异的行为，就像我们在第一部分中描述的那样。在第二部分，我们讨论了常识系统在认知发展过程中的可塑性本质。

行为方面。从理论上讲，儿童自发地参与到他们所处的生态和社会环境中，可为他们提供丰富常识领域可塑部分所需的经验（Bjorklund & Pellegrini, 2002; Gopnik & Wellman, 2012; Greenough et al., 1987; Scarr, 1992）。这些行为偏差是很常见的青少年活动，包括社交游戏、生态探索、实验以及与客体玩耍（另参见 Bjorklund & Beers, 本书；Lancy, 2016; Toub et al., 本书；Pellegrini, 本书）。

① 三角形表示了固有限制与发展可塑性之间的关系对大脑组织和认知功能的影响。带箭头的线段长度表示相应的可塑性程度。虚线上方（无固有限制）和下方的区域（无可塑性）代表极端观点，很少有理论家会假设人类是如此的。矩形框突出了成本—效益权衡，这种权衡预计会影响大脑和认知可塑性的进化。改编自“*Brain and cognitive evolution: Forms of modularity and functions of mind*”, by D. C. Geary and K. J. Huffman, 2002, Psychological Bulletin, 128, p. 668. Copyright 2002 by the American Psychological Association。

这些经验期待过程的一个关键之处就是，它们能自动轻松地对常识系统中的可塑特征和隐性知识进行修改。

婴儿早期的注意力和行为偏差就是一个例子。他们关注人的面部、运动模式和言语的方式反映了相关常识心理系统的固有组织和动机结构（Freedman, 1974）。这些偏差由社会关系的进化意义进化而来，并导致了与相应系统进化有关的微观条件（如亲子互动）的再创造（Caporael, 1997）。对这些信息的关注和处理提供了对类别内变化的接触，这些变化是这些系统架构适应父母面部、行为等方面变化所需的（Gelman & Williams, 1998）。在本例中，这些依赖经验的调整让婴儿稍加接触就能够区分父母与其他人的声音。当人类胎儿（妊娠期约 38 周）在子宫内接触人类的声音时，他们的心率模式表明他们对母亲的声音模式很敏感，并能了解母亲的声音模式，将母亲的声音与其他女性的声音区分开（Kisilevsky, 2003）。

常识系统中经验依赖性的充实在某些方面与建构主义学习观相类似，但两者有一个非常重要的区别（Geary, 1995）。严格的建构主义观点不会区分学校学习与参与进化预期活动所获得的对常识知识的细化（参见 Gray, 本书）。在我们看来，例如，虽然存在着让儿童学习了解他们世界的锚点和社会偏差，但这并不能说明存在着同样的固有锚点和行为偏差来引导代数学习或大多数其他进化中新学术材料的学习（参见 Geary, 2007; Sweller, 2012, 2015, 本书）。正如我们在下文中所阐述的，这里可能存在着一个灰色区域，在这个灰色区域中进化预期活动（如游戏）可用于促进生物次级（即在进化上是新颖的）学习的某些方面，正如比约克隆德和比尔斯以及托布等人在本书中所论及的那样。然而，这并不意味着次级学习的所有方面都可以通过这种方式习得，而且在促进次级学习过程中，确定进化的行为偏差的优缺点对如何提高教育结果具有深远的启发意义。

认知方面。关于人类知识起源的争论已经跨越数千年，并一直持续至今（Carey, 2009; Gelman, 1990; Gelman, 2003; Gopnik & Wellman, 2012; Newcombe, 2011; Spelke & Kinzler, 2007, 2009; Spencer et al., 2009）。关于人类认知和认知发展是否会受到固有限制的影响还存在着一些争论（Spencer et al., 2009），但其焦点主要集中在这些限制因素的程度和性质上，这与上述的限制性和可塑性之间的权衡是一致的（图 8–3）。

人们一致认为，在某些领域中存在着固有限制，而其他领域则不存在；它们至少是基于应用于自然事物（与人造事物）的隐含概念（如数量或者生物对非生物），并支持与这些事物有关的因果关系的推论。例如，幼儿甚至婴儿都会区分自发运动的物体（如生物体）与只有在其他物体或人的作用下才会移动的物体（如被另一物体撞击后产生运动的物体）。此外，他们还暗中推断生物具有因果意图——婴儿和幼儿的行为就好像他们期待生物的运动会指向一个目标——生物拥有代表其“本质”的“内部结构”（如所有大象都有相同的本质），它们的行为以目标为导向（e.g., Gelman, 1990;Gelman, 2003; Setoh, Wu, Baillargeon, & Gelman, 2013）。非生物本身没有本质，但它们确实具有物理属性，如实体性（两个物体不能在同一时间占据同一个空间），这似乎是隐含在婴儿的预期中的（Spelke, Breinlinger, Macomber, & Jacobson, 1992）。

人们还一致认为，婴幼儿早期概念上的限制或在发展过程中随着经验积累而不断完善，或被更强大的概念所取代（Carey, 2009; Gelman, 1990; Gelman, 2003; Gopnik & Wellman, 2012; Spelke & Kinzler, 2007），即对生物体或物体有更具功能性和准确理解的概念；这并不一定意味着原始的纯朴概念消失了，因为它可能与新的概念理解同时并存。如何最好地体现最初的限制和相关的概念变化是有争议的，但不管细节如何，关键在于，固有限制和概念形成了儿童对自然事物（即物理世界、其他物种和我们所属的物种）新理解的支架。关于核心领域范围及其组织尚未达成共识，但我们认为图 8–2 所表现的常识领域是一个合理的近似。

在任何情况下，经验依赖性的初期常识领域的细化很容易与人类的漫长发展期（Bogin, 1999）以及上文所述的儿童自主行为相融合。根据这种观点，行为发展和认知发展是共同进化的，并在儿童期共同表现出来。早期的限制因素导致了注意力和行为的偏差，而这反过来产生了使这些系统适应当地条件细微变化所需的经验。与兰西对人种学记录的描述相一致，在传统社会中，无须太多的成人干预，儿童通过自发活动确实就能让他们习得成年期获得成功所需的人类普遍技能（如语言）和特定文化技能。一个根本性的关键问题就是，在传统社会中，习得特定文化技能的活动是否足以使儿童在现代社会中习得特定文化技能。

领域通用能力的变异与进化

人类可以居住在多种多样的社会和生态位中，部分原因是常识系统可以在发展过程中适应当地情况的变化。这些常识系统和相关的启发法使人们能够轻松应对各种生态和社会需求，如图 8-4 左侧部分所示。相关的常识启发法趋向于连续体的不变端，因为这些系统的发展适应过程是在固有限制情况下发生的，换言之，这些系统（如语言）是可塑的，但仅限于在一定程度上。如果不是如此的话，图 8-2 所示的常识能力就不具备普遍性，但它们似乎具有普遍性。可以肯定的是，对某一个常识领域（如常识生物学）或另一个领域的阐述，以及关于某些归因偏差比其他偏差更受欢迎的程度（例如，认为其他群体是敌对的而不是合作的），在不同的语境下会各有不同，但所有这些变化都是由相同的常识结构骨架所支撑的。然而，这些系统不足以应对意外的（或缺乏经验的）情况，即新颖。新颖性被定义为只靠进化或学习的启发法无法处理的情况。例如，大多数社会动态是常规的，并不需要对他人的行为和意图进行明确的评估。然而，在冲突期间，行为可预测性可能会造成一种劣势，而使用新奇的论点或行为策略（例如，大规模冲突期间的策略）可能会产生一种优势，因为竞争对手不会有现成的应对策略可以使用。

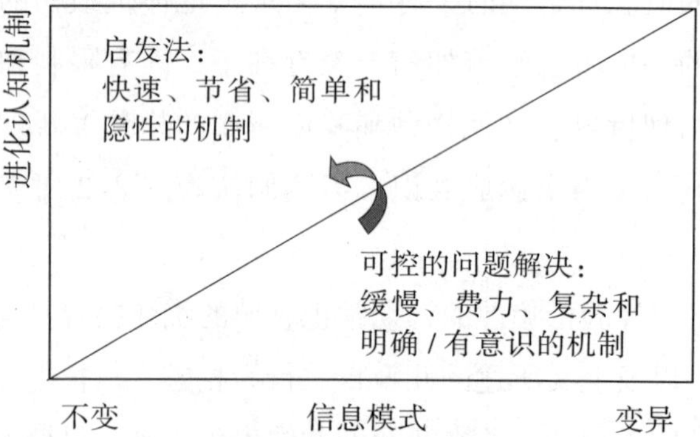

图 8-4　作用于生态或社会信息的认知机制类型[①]

图 8-4 所示连续体的变异端表示了进化启发法不容易应对的情况。应对这

① 在物种进化历史以及典型的生命周期中，这些机制会随着信息趋于不变（形成进化的启发法）或变异（形成进化的问题解决机制）的程度而变化。改编自 "The origin of mind: Evolution of brain, cognition, and general intelligence," by D. C. Geary, p. 168. Copyright 2005 by the American Psychological Association。

些情况需要明确的问题解决能力。关于驱动这些能力进化的压力理论还存在着争议，这超出了本章的讨论范围，不过本章涵盖了气候变化（如冬季）、狩猎需求和社会竞争（Alexander, 1989; Ash & Gallup, 2007; Bailey & Geary, 2009; Geary, 2005; Kaplan, Hill, Lancaster, & Hurtado, 2000; Potts, 1998）。所有这些模式的核心思想是，可以预测和计划行为策略以应对新事物和变化是有好处的。吉尔里（2005）提出应对新奇性和变化的核心机制是自知心智模式（autonoetic mental model）。这些都是由工作记忆支持的明确的注意力驱动的心理表征，以自我、与他人的关系或可获得的生物和物理资源的情况为中心，并支持生成和演练以获得这些资源的行为策略。如前所述，这些表征通常涉及一种心理时间旅行；具体来说，就是模拟过去、现在或潜在未来状态，这些模拟可以转换为图像、语言或个人经历的记忆（Paivio, 2007; Suddendorf & Corballis, 1997; Tulving, 2002）。

其中的一个关键就是创造一个理想状态或幻想状态的心理表征能力，并将其与个人当前状况的心理表征进行比较的能力。幻想世界是这样的一个世界，个体在其中能够控制社会（如社会动态）、生物（如获得食物）和物质（如住所）的资源，从而在人类进化过程中提高生存或繁殖前景。心理模拟创造了一个问题空间，包括一个初始状态（人的当前情况）和一个目标状态（幻想的结果）。我们的建议就是，人们明确解决问题的能力应当以某种方式缩减初始状态和目标状态之间的差异，并进化成为自知心智模式的核心特征。具体细节详见吉尔里（2005），但关键要点在于问题解决的弱方法的进化，诸如手段—目的分析（means–ends analysis）（Newell & Simon, 1972）是由竞争优势驱动的，而这种优势则是来自抑制已进化或已学会的启发法的能力，然后生成并在头脑中反复练习更新的社会竞争策略，并在头脑中产生能支持更好地控制非社会资源的策略，如建造工具和庇护所以及计划狩猎。

尽管人们有着非凡的能力在头脑中模拟未来情况，并通过解决问题来制定行为的目标导向策略，但人们对这些情况的推断会受到许多有依据的偏差影响，而这些偏差通常会导致错误的推论或不是很理想的解决方案（e.g., Evans, 2002; JohnsonLaird, 1983; Oaksford & Chater, 1998; Tversky & Kahneman, 1974）。其中一些偏差是由进化新情境中出现的实验任务所造成的（Cosmides, 1989），另外一些偏差只是反映了一些足以适用于日常生活的观点，尽管从科学的角度来看，它们往往是不准确的（Clement, 1982; Sinatra & Danielson, 本书）。无论如何，在抑制进化或学习的启发法和先验知识，以及对当前问题生成抽象的、非语境化的表征能力方面，都存在着个体差异。就使用形式逻辑（如基于一组前提的推理）操纵这些抽象表征的能力而言，可能会存在更多的个体差异（Stanovich, 1999）。能够如此做的人可以消除很多推理偏差，进而产生更优化的解决方案（Stanovich & West, 2000）。

但即便如此，有能力进行形式逻辑推理的人经常会犯下常见的推理错误（Stanovich & West, 2008）。这是因为使用形式逻辑和明确的问题解决方法需要努力地抑制启发法和先验知识，所以人们只有在必要时才使用这些系统。这是颇有道理的，因为常识和所学知识以及启发法通常足以实现大多数的日常目标，只有在当前的可用策略无效（即图 8-4 中的情况处于变异端）时，才有必要抑制这些知识以构建新策略。在抑制启发法、先验知识和信念能力方面，以及参与形式逻辑思维能力方面，个体差异分别与一般流体智力（下文）、三段论推理以及认知弹性的衡量有关，换言之，这就是对新思想和同一现象其他解释的开放性（Stanovich & West, 2000; West, Toplak, & Stanovich, 2008）。

对我们来说，重要的一点就是，有逻辑性地、批判性地评估证据的能力并参与其他类型的形式问题解决，这是学校学习所必要的，但对大多数人来说并不容易，并且需要抑制常识偏差（参见 Sinatra & Danielson, 本书; Sweller, 本书）。在理论上，进化得越新颖的学术内容，比如代数中的方程组与理解数量的基数，在学习时就越需要努力（Geary, 2007）。这是因为学术领域的概念基础（如自然选择原则）与作为常识系统（如常识生物学）组成部分的概念基础和偏差之间的差距越大（参见 Shtulman, 2006; Sinatra & Danielson, 本书），常识观念就越有可能干扰学术内容的学习；在这种情况下，要形成对物种如何跨代变化的科学准确的看法，就必须抑制常识偏差，并让有明确目标导向的问题解决机制参与进来。

工作记忆、智力和进化新学习

吉尔里（2005）提出，支持自知心智模式的工作记忆和问题解决的能力界定了一般流体智力的核心。换言之，一个多世纪以来对一般智力的研究已经发现了能够让人类应对进化中的新情况并从中学习经验教训的进化机制，即图 8–4 中连续体的变异端，与卡特尔（Cattell, 1963: 3）的最初描述一样，“流体的一般能力……更多地表现在需要适应新情况的测试中，在这种情况下，晶体技能没有特别的优势”。详情参见吉尔里的研究（2005）：关键的一点就是，图 8–4 中心部分箭头所表示的结果，即把从努力可控的问题解决中学习到的信息、程序和启发法转移到长期记忆中，包括语义记忆和程序性记忆。与斯威勒的认知负荷理论一致（2015，本书），最终结果就是学习到了新知识或解决问题的启发法，这些可以用来轻松地解决曾经的新问题。

我们的主要观点就是，学习进化新信息（包括阅读、写作和算术）的能力是两种类型大脑和认知可塑性的结果，二者的进化都是为了使人类能够应对生态和社会的条件变化。首先是常识系统的可塑性，使其能够在发展过程中适应当地的条件。其次是在工作记忆中对信息进行心理表征和操作的能力，这反过来创造了心理体验（如对信息的演练），从而能够自上而下地调整常识系统（Damasio, 2003; Geary, 2005）。此外，对多个常识系统的同时激活以及在工作记忆中表征相应信息似乎能产生以新方式联结这些系统的能力（Garlick, 2002; Sporns, Tononi, & Edelman, 2000），并借此创造出进化上的新学术能力（Geary, 2007）。

二、学业发展

与普遍的常识知识相比，现代学校传授的知识大多是特定文化；换言之，没有正规教育，就不会出现这种知识。吉尔里（1995）将这些技能称为生物学上的次级技能，因为它们是通过前面讨论的生物学上初级的常识领域构建的。在第一部分中，我们说明了常识领域与次级能力之间的关系；在第二部分，我们将概述进化教育心理学的相应前提和原则。

学习阅读

我们认为，根据常识系统建立次级能力和知识是可能的，是因为上述两种形式的可塑性：常识系统自身的可塑性以及通过自上而下的过程——这些过程支持人们生成自知心智模式——调整常识系统的能力。这种观点与斯威勒（Sweller，2015, 本书）的认知负荷理论一致，即次级知识学习要依靠在工作记忆中明确表征信息的能力，还有利用可控的问题解决方法来学习学术材料的能力。阅读就是一个范例。

我们假设阅读和写作系统最初产生的动机是与他人进行社会交流并试图影响他人行为的文化情境；如果是这样的话，它们应该是根据常识心理系统建立的（Geary, 2008a; Mann, 1984; Rozin, 1976）。事实上，儿童学习阅读难易程度的核心预测因素表现出对语言系统的强烈依赖性（e.g., Bradley & Bryant, 1983; Hindson et al., 2005; Mann, 1984; Stevens, Slavin, & Farnish, 1991; Wagner & Torgesen, 1987）。最初，关键技能包括音素意识——对不同语言发音的明确意识——以及对不熟悉的书面文字的解码能力（如 ba、da）。解码需要在音位短期记忆中对发音进行明确的表征，并将该发音及混音发音与字母（例如，b、d）及字母组合分别联系起来（Bradley & Bryant, 1983）。

幼儿园小朋友语音处理系统的个体差异（如辨别类似发音音素的技能）预测了他们在一年级学习基本单词解码技能的难易程度（Wagner, Torgesen, & Rashotte, 1994）。对基本语言发音有着强烈明确意识的儿童比其他儿童更善于将这些声音与书面语言符号系统地联系起来。与习得自然语言不同，大多数儿童要通过关于音素识别、混合和单词解码的（系统的、有组织的以及教师主导的）显性教学，才能最为有效地习得这些基本的阅读能力（e.g., Hindson et al., 2005; Stevens et al., 1991）。熟练地进行阅读还需要流畅性和文本理解。流畅性是指在阅读时快速自动地检索词义，这在一定程度上与过去见过或接触单词的频率有关（Sereno & Rayner, 2003）。文本理解需要理解文本的含义，部分取决于识别文本主题和区分与主题高度相关及不太相关段落的能力。与更基本的阅读技能一样，很多儿童需要显性教学才能运用这些策略以帮助理解文本（Connor, Morrison, & Petrella, 2004; Stevens et al., 1991）。

如果社会交流是书面系统发展的动力，那么阅读理解还是应当依靠心智理论和其他常识心理领域，至少对于涉及人际关系的主题来说是如此（Geary, 2010）。这类主题大多涉及社会关系的再创造、复杂的社会动态模式，甚至是有关主要人物的精心设计的图式知识，这正是文学达尔文主义的要旨（Carroll,

2011）。许多受欢迎的主题涉及配对关系的动态性（如浪漫小说）和配偶竞争，并经常包括使用自知心理模式构建社会场景。这就暗示着一旦人们学会了阅读，他们就会参与次级活动，因为阅读可以表现进化上突出的主题，特别是社会动态的心理表征和演练。常识生物学和常识物理学还会使一些人对生物现象（如《自然史》杂志）和机械事物（如《大众机械》杂志）感兴趣。

文化创造

现代研究型大学中发生的所有学术活动（政治除外）都涉及进化新信息的创造，尤其是在工程和科学领域。事实上，在过去的几千年里，学者们一直在进行前所未有的信息和知识存储（Murray, 2003; Simonton, 2009）。默里（Murray）的分析揭示了历史上爆发的创造性活动（如文艺复兴）往往会出现在较富裕的文化中，这些文化支持个人自由，并在社会和经济上对创造性表达进行奖励。那些身处这些文化中的个体创造了现代世界的非凡成就，他们将这些独有的特征集于一身；具体来说就是高流体智力、创造力（如远距离联想的能力）、掌握领域基础知识的较长时间准备期、漫长的工作时间、在某些常识领域的优势、雄心壮志以及与领域相关产品的可持续产出，如科学出版物（Ericsson, Krampe, & Tesch–Römer, 1993; Lubinski, 2004; Sternberg, 1999）。

这些成就的组成部分说明了常识知识、流体智力、动机和次级知识生成之间的相互作用，并说明了为什么儿童的直觉常识知识和学习偏差不足以进行次级学习。现代物理学是人类最重要的成就之一，但只有小部分人理解它。其中一个原因就是人们对物理现象的幼稚理解受到了偏差的影响，而这些偏差属于常识物理学的一个方面，但它又不同于对同一现象的科学理解（McCloskey, 1983）。当问及一个抛出的球的运动时，大多数人相信有一种力量推动它前进，类似于一个看不见的引擎，还有另一种力量推动它向下运动。这个向下的力就是重力，但事实上，一旦球离开投掷者的手，就没有推动球向前的力了（Clement, 1982）。前向力的概念被称为“动力”，它与前牛顿主义关于运动的观点相类似，这种观点在 14 世纪至 16 世纪十分突出。该观点认为，物体开始运动就会产生一种内在力量（动力），使物体一直保持运动，直到这种动力逐渐消失。尽管成人甚至学龄前儿童经常可以描述抛掷物或移动物的正确轨迹（e.g., Kaiser, McCloskey, & Proffitt, 1986），这反映了他们隐含的常识能力，然而他们的明确解释则体现了他们对作用于物体上的力的幼稚理解。

仔细观察、科学方法的使用（次级知识本身；Geary, 2012），以及归纳和演绎推理的使用，是从直观的常识理解转变成科学理论和知识的必要条件。牛顿在他的杰作《原理》（Newton, 1995: 13）中这样说道："我没有定义时间、空间、位置和运动，因为它们是众所周知的。我唯一必须指出的是，普通人除了根据他们与可感知客体的关系之外，是无法用其他观念来想象这些量的。""普通人"只是根据常识知识理解物理现象，而牛顿则超越了这一点。他纠正了关于作用在物体上的力的前牛顿观点，但似乎仍然依赖于常识物理系统的其他方面来完成这项工作。他对运动中的物体以及基于这种运动模式的重力和直线力的概念化，是基于他能明确地使用视觉空间系统来构造运动的几何表征，然后运用欧几里得几何和形式逻辑在数学上证明这些表征的科学准确性的能力。如前所述，形式逻辑明确而严格的使用与很高的一般流体智力有关（Stanovich, 1999）。尽管流传着一些通俗故事和一个"顿悟"的假说，但牛顿仍对这项工作投入了长时间的关注和持续努力，似乎一直痴迷于理解物理现象（e.g., Berlinski, 2000; White, 1999）。

关键在于牛顿的努力改变了物理科学，并同时也在对重力和运动的科学理解与关于这些现象的常识信念之间造成了巨大鸿沟。在牛顿之后，14 世纪自然哲学家的常识直觉无法再满足需求了。幸运的是，学生们没有必要重复牛顿的努力；事实上，也很少有人能做到这一点。但是，他们有必要了解牛顿物理学的基础知识。认知和脑成像研究表明，即使对于大学生来说，放弃常识物理直觉来理解牛顿关于运动的见解也并非易事（Dunbar, Fugelsang, & Stein, 2007; Zimmerman, 2005）。进化论、科学方法和许多其他进化上的新创新与知识也是同样如此（Klahr & Li, 2005; Klahr & Nigam, 2004; Shtulman, 2006; Sinatra & Danielson, 本书）。

进化教育心理学

牛顿和其他人的创新贡献改变了我们生活的社会和文化，包括对正规教育需求的大幅增长。为了成功地生活在现代世界中，现在的孩子们必须学习广博的进化新知识。必备的知识是不断变化的，因为科学和技术的变革正在迅速加快，文学、诗歌、剧本、戏剧等知识储备亦是如此。那么，我们如何才能让孩子们准备周全从而在现代世界取得成功呢？当然，现代教育领域一直聚焦于这个问题，但却没有从进化角度来了解认知发展，也未考虑过如何调整常识能力以创造次级技能的问题。进化教育心理学试图在进化观点与教育科学之间搭起一座桥梁（Geary, 2007, 2008a）。我们将在以下的部分中概述这种方法的基本前提和原则。

前提。进化教育心理学是一门研究教育干预如何与儿童的常识能力、偏差和动机相互作用，以创造次级能力和知识的学科。第一个前提来自我们对常识领域的讨论（图 8–2）；儿童具有先天的但尚未充分发展的注意力系统、知觉系统和认知系统，这些系统支持了他们对普遍的社会、生物和物理现象的理解。相关的概念和能力足以支持其在传统环境中的良好运行，但这并不等同于对相同现象的科学理解。

第二个前提是基于儿童行为和认知发展的共同进化，这与常识领域适应当地情况的过程有关；具体而言，儿童自发的行为偏差创造了相同类型的经验，导致了常识系统进化，并为这些能力的正常发展提供了所需的进化预期经验（Caporael, 1997; Greenough et al., 1987; Scarr, 1992）。关键点在于，儿童的初级行为活动是针对人类进化过程中的那些社会、生物和物理世界的特征；尽管这些特征在人类进化中是反复出现和多变的（如不同人的面部特征）但不是与次级学习相关的信息。正如兰西（2016）所描述的，儿童还会关注并模仿成人和更有能力的年长儿童，并以这种方式学习特定文化的知识和技能，如烹饪和狩猎（e.g., Blurton Jones, Hawkes, & O’Connell, 1997）。我们相信，儿童有一种进化动机，以习得他们文化中获得成功所需的技能，但要注意的是，传统文化中成功所需的技能与融入现代发达经济所需的技能之间存在着鸿沟。观察到父母在阅读可能会激发孩子们对书籍的兴趣，但玩书籍无法像玩弓箭有助于学习使用这种武器那样，让儿童提高对文字的语音解码能力（Gurven, Kaplan, & Gutierrez, 2006; Toub et al., 本书）。

第三个前提源于前两个前提以及创新者的特征。几乎可以肯定的是，在他们的洞察力和次级知识生成的过程中，这些创新者使用了支持自知心智模式的认知系统——注意力控制、工作记忆、流体智力、明确的问题解决方法。我们不知道学生如何能够在不明确地使用相同系统的情况下学习这些相同的知识（Sweller, 本书）。

原则。创新者通过运用流体智力和其他不太为人所知的过程（如创造力），以新方式去调整和连接常识系统，从而生成新知识和技术进步。这些有用的进步通过人工制品（如书籍）和传统（如学徒制）代代相传，不断积累。

进化教育心理学的第一个原则是，这些进步的跨代累积导致了对常识心理学、常识生物学和常识物理学中的重点现象更科学准确的理解。达尔文的自然选择原则与牛顿的万有引力及运动理论，导致了人们的常识生物学和常识物理学知识与现代生物学和现代物理学中的这些核心原则之间的巨大差距(Clement, 1982; Sinatra & Danielson, 本书）。换言之，在人类进化的大部分时期中，足以满足日常生活的常识知识和启发法与在现代世界发挥作用的知识和能力差距，发展到现在已是天壤之别，并且这种差距还在日益扩大。

第二个原则是，学校本身即文化创新。传统社会中是没有学校的（Lancy, 2016），只有在常识知识与成功所需的能力及知识之间存在鸿沟的社会中才会出现学校。在这种观点看来，学校的职能是组织儿童的活动，使他们能够获得缩小这种鸿沟的次级技能，以弥合常识能力与在现代世界成功所需知识之间的差距。

第三个原则是，次级技能是建立在初级的常识系统之上的，但是与使常识系统适应当地情况的快速隐性的学习不同，大多数次级学习需要工作记忆、明确的问题解决方法和流体智力的努力参与以调整初级系统。正如我们将在下一节中所阐述的，也如比约克隆德和比尔斯以及托布等人在本书中指出的那样，这并不意味着儿童不能通过参与初级活动来学习一些次级技能，但我们怀疑这种方法有局限性（格雷在本书提供了反对观点）。

第四个原则是，儿童固有的动机偏差使他们倾向于参与那些能使常识知识适应当地情况的活动，但这经常会与能够产生次级学习活动的需要相互冲突。我们可以看到，普通青少年对同伴关系要比对高中代数更感兴趣。

三、教学干预研究的启示

在大多数情况下，进化教育心理学的前提和原则都关注的是认知和动机偏差的进化特征，这些偏差可能会干扰对次级知识的习得，以及这些倾向对设计有效的教学方法以提高次级学习的启示（另参见 Sinatra & Danielson, 本书；Sweller, 本书）。正如吉尔里（2008a）之前所指出的，进化教育心理学还没有准备好应用到学校课程，尽管斯威勒（2015，本书）指出，该框架确实有助于解释许多以前研究所记录的教学效果。更笼统地说，“它为以下几方面提供了理论基础：①概念化儿童在学校的学习及其参与学习的动机；②提出关于学习和动机的可实证验证的假设；③讨论进化心理学对教育结果所提供的理解以及最终改善的一些启示（Geary, 2008a: 179）”。在本节中，在对教育启示的讨论之余，我们还提出了一个基于进化理论的教学框架，以便为这些最有可能改善次级知识习得的教学类型提出明确假设，考虑到的几点有：①次级信息的进化新颖程度；②学习这些技能的背景和环境（物理和社会）的物种典型性；③在认知能力、动机倾向、个性特征和人口统计特征方面的个体差异性，这些差异性可能会影响任何特定教学法的有效性。

哪种方法更好：显性正规教学还是发现式学习？

学术教育文献和大众媒体对不同教学策略的相对有效性有过激烈辩论，本书的许多章节也有所涉及（Lancy，2016; Bjorklund & Beers; Gray; Sweller; Toub et al., 本书）。两种对立的方法通常相互抵触，这种情况并不少见，例如，直接或显性的教学是否比非结构化的发现式学习能带来更好的教学效果（参见 Kirschner, Sweller, & Clark, 2006）。伯奇（Berch, 2007）讨论了采用这种二元方法处理这些问题的局限性，正如纽厄尔（Newell, 1973）最初概述的那样，他认为这是一种糟糕的科学研究模式。伯奇总结道，更有效的方法是研究特定类型的教学法在什么条件下能最有效地促进不同年龄和能力的儿童学习各种类型的次级知识。

另外，伯奇（2007）探讨了大卫·克拉尔（David Klahr）在其早期发表的极具争议的报告之后做出的一些有趣评论，该报告表明，就儿童在进行实验操作中对控制变量（CVS）的理解来说，显性教学明显优于发现式学习（Klahr & Nigam, 2004）。这也就是说，克拉尔承认，基于他和其同事们所进行的一系列此类研究，他们最多只能说，“对于学习控制变量来说，通过显性教学的特定规范学习比通过发现式学习的极端形式学习更有效”（2004: 234）。他们得出的结论是：“[我们]当然不知道我们的控制变量教学是否是教授控制变量的‘最佳方式’，或者直接教学是否是教授所有过程技能（process skills）的最佳方式。”（Klahr & Li, 2005: 234）同样，吉尔里之前也得出过这样的结论，“教师指导、同伴帮助或自我发现，任何一种单独教学法都不可能是学习次级学术材料的最有效方式”（2008b: 224），而且“只有通过实证研究才能让我们确定关于不同学术领域和不同儿童的最佳方法组合”（2008b: 224）。虽然这个论断肯定是正确的，但更全面的进化教育心理学应该能够提供一个理论框架，从而生成明确可检验的假设来指导此类实证研究的设计。

吉尔里（2008a）还曾在其他地方讨论过他之前概述的机制（Geary, 2005, 2007），“提供了一种方法，以便对儿童的学习动机和他们学校学习的难易程度做出可以实证验证的假设，并对其他教学方法的有效性做出了同样重要的假设”（2008a: 192）。在下一节中，我们将详细阐述这些观点对于形成可检验的教学假设做出了怎样的贡献（另参见 Sweller, 2015, 本书）。

转向一个以进化为依据的教学框架

图 8–5 说明了我们所说的以进化为依据的教学框架。正如所见，它有三个坐标轴：① x 轴是系统化教学程度（Degree of Systematic Instruction，DSI），从低到高，最低的形式是非结构化或以儿童为中心的教学，最高的形式是教学导向的显性教学；② y 轴是课堂环境（Classroom Context，CC），反映了物理和社会背景以及与目标相关的方向，范围从物种典型到现实世界的问题解决（例如，如何与玩伴平分所获的有限资源）（Shaw, 本书）再到为学习而学习的物种非典型的学习（如阅读流行小说）（Bjorklund & Bering, 2002）；③ z 轴是次级技能与支撑性初级系统的接近度（Proximity of Secondary Skills，PSS），范围从近（如语言和阅读）到远（如常识生物学和自然选择）。最后，还提出一些变量，包括年级、性别和工作记忆能力等，它们将调节系统化教学程度、

课堂环境和次级技能接近度。

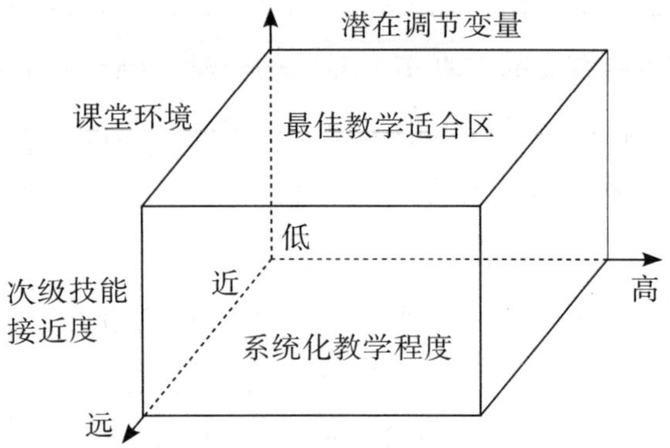

图 8-5 转向一个以进化为依据的教学框架（Berch，2008）

综合来看，这一框架可以用于生成可检验的假设——我们所认为的“最佳教学适合区”。换言之，当考虑检验哪种教学类型可能最有效地提高学习效果时，还应当同时考虑课堂环境的性质、次级技能的接近度以及可以潜在调节其影响值的多种因素。例如，根据上文概述的教学框架，我们认为，在习得那些与支撑初级系统没什么关系的次级技能，且当这种习得是发生在为获取知识而获取知识的物种非典型的课堂环境之中时，结构化的显性教师导向的教学应该是最有效的。不过需要注意的是，这个框架不是规定性的，而是为研究人员提供了一个详细而系统的多维工具，既可以对具体假设进行实证检验，也可以组织和整合这些研究的结果，从而对“最佳教学适合区”做出判断。

这个框架引发的其他问题还有各种潜在的调节变量在多大程度上影响特定的教学方法的有效性，无论它们是单一的教学方法还是与其他方法相结合。例如，如果使用一种相对非结构性的技巧（如引导式发现）来学习远离支持性初级系统的抽象信息需要高工作记忆容量的话，那么对于工作记忆容量较低的学生和工作记忆容量较高的学生来说，其有效性很可能会不同。另一个例子就是格雷（Gray, 2013, 本书）主张，儿童在混龄环境中学习效果最好。从某种意义上说，他认为这是一个比当代按年龄分级的课堂更具“物种典型的环境”。然而，这一假设的成立很可能取决于：①待习得的次级内容与支持性初级系统之间的距离；②所采用的主要教学方法在多大程度上是结构化的或显性的；③学生的个性特征、认知能力、动机倾向或其他潜在调节因素的可变性。据我们所知，还没有任何验证这些观点的实证研究发表在权威期刊上。

再比如，为了激励学生学习抽象概念和符号，数学教育一直在推动学生学会解决与日常物品和环境有关的“真实世界”的数学问题。一方面，可以这么说，尝试将抽象概念具体化可以缩小习得次级知识（即抽象符号）的距离性，从而帮助学生调用他们的支持性初级系统；但即使如此，有证据表明，与抽象符号相比，学习具体实例会限制将知识迁移到新问题上（Kaminski, Sloutsky, & Heckler, 2006, 2008）。另一方面，使用关于真实世界的问题可能会激发学生学习抽象数学的兴趣，如果解决问题的情境能唤起儿童的进化动机偏差，让他们参与活动，诸如与同伴社交或群体间竞争等，能达到更好的效果。换言之，即使是一个关于现实世界环境（如体育）的数学问题，如果它涉及要使用即将习得的计算技能来确定棒球队击败其主要对手的可能性，而不仅仅是计算大联盟体育场外场的面积，那么这个问题就有可能会引起动机偏差。据我们所知，对使用现实世界情境解决问题的动机有效性进行比较，就会发现这些情境的不同之处，不是在于现实情境本身的真实程度，而是在于这些情境在进化过程中引起的进化动机偏差的程度不同，然而还没有此类相关研究公开发表过。

总之，我们在这里所提出的框架让我们得以为上述的进化教育心理学的前提和原则增加一些假设。这些假设将有助于把该领域转向以理论为依据的实证研究，如表 8-1 所示（另参见 Sweller; Toub et al., 本书）。

表 8-1　进化教育心理学的假设

1. 具体教学方法的有效性取决于： ①次级技能与其支持性初级系统的接近度 ②课堂环境（即物理和社会环境，以及目标导向） ③各种发展因素（如年级水平）、人口因素（如社会经济地位）和个体差异因素（如工作记忆能力、学习动机倾向、个性特征）的调节影响
2. 采用或多或少有些非结构化的（即非正式的、以儿童为主的、以发现为导向的）方法来提高次级知识学习的有效性将直接取决于： ①需要习得的内容与其支持的主要常识领域的接近度（其他条件相同） ②课堂环境的物理和社会环境在多大程度上是物种典型 ③解决问题的目标在多大程度上是面向现实世界的，而不是为学习而学习
3. 利用真实情境来学习次级抽象知识的潜在优势将直接取决于这些情境在多大程度上激发了进化的动机偏差

四、结论

人类拥有非凡的能力可以创造知识型文化，这种文化是由共同信仰（如群体起源）和社会行为规则所支持的，进而推动形成了大型合作群体（Baumeister, 2005; Richerson & Boyd, 2005）。几乎可以肯定的是，儿童和成人都有相应的学习和动力机制来支持这些信念和其他有用的文化知识的跨代传递。这些机制包括由儿童发起的游戏、观察性学习以及成人用故事向儿童传达文化知识（Lancy, 2016）。然而，在过去的几千年中，群体的规模和经济多样化都有了显著增长，而这些群体中的一些人发现了更好的方法来生产食物（如农作物）、开展商业活动（如货币体系）和了解自然世界（即科学）。这些进步带来了许多好处，然而其中很多进步已经超过了让儿童能够调整认知和动机系统进而轻松学习相关技能的进化能力。换言之，文化创新与大脑以及认知进化是不同步的，这就在我们的学习动机和易学内容与在现代世界中生活成功所需的技能之间出现了鸿沟。

学校就是这些创新中的一种。传统社会中并没有学校存在，因为传统社会中的日常生活不需要阅读、写作或算术（Lancy, 2016）。在现代世界中，这些技能被认为是最基本的技能，我们希望所有的儿童都能习得这些技能，而不仅仅是精英。普及学校教育的目标是最近（不到 200 年）才提出的，就进化时间而言，人类支持学习阅读、写作和算术的认知和动机偏差不太可能与形成和维持社会关系的那些偏差（即常识心理学）相同。然而，学习这三种技能必须立足于可以调整常识系统的能力，以获得这些进化新能力。

进化教育心理学主要是研究儿童在认知、学习和动机方面的偏差是如何影响他们在学校习得新学术能力和知识的能力和动机。对于将进化偏差与教育目标相结合的最佳方法是哪种方法，本书各章都各抒己见，讨论激烈。与此同时，本书所有的作者都一致认为，在进化背景下制定教育目标（以及其他目标）是具有增值作用的，而最重要的是，它们为未来的实证研究提供了方向。可以说，这种方法的最终好处在于它能够生成关于教学方法的可检验假说，并基于此来改善所有儿童的教育效果。换言之，进化教育心理学是方兴未艾还是艰难挣扎，这取决于它对我们实现普通教育目标的能力所做的贡献。

参考文献

Abrams, D., & Hogg, M. A. (Eds.). (1990). *Social identity theory: Constructive and critical advances*. New York, NY: Springer.

Adolphs, R. (2003). Cognitive neuroscience of human social behaviour. *Nature Reviews Neuroscience, 4*, 165–178.

Alexander, R. D. (1989). Evolution of the human psyche. In P. Mellars & C. Stringer (Eds.), *The human revolution: Behavioural and biological perspectives on the origins of modern humans* (pp. 455–513). Princeton, NJ: Princeton University Press.

Alexander, R. D. (1990). *How did humans evolve? Reflections on the uniquely unique species*. Museum of Zoology (Special Publication No. 1, pp. 1–38). Ann Arbor: The University of Michigan.

Ash, J., & Gallup, G. G., Jr. (2007). Paleoclimatic variation and brain expansion during human evolution. *Human Nature, 18*, 109–124.

Atran, S. (1994). Core domains versus scientific theories: Evidence from systematics and Itza-Maya folkbiology. In L. A. Hirschfeld & S. A. Gelman (Eds.), *Mapping the mind: Domain specificity in cognition and culture* (pp. 316–340). New York, NY: Cambridge University Press.

Atran, S. (1998). Folk biology and the anthropology of science: Cognitive universals and cultural particulars. *Behavioral and Brain Sciences, 21*, 547–609.

Bailenson, J. N., Shum, M. S., Atran, S., Medin, D. L., & Coley, J. D. (2002). A bird's eye view: Biological categorization and reasoning within and across cultures. *Cognition, 84*, 1–53.

Bailey, D. H., & Geary, D. C. (2009). Hominid brain evolution: Testing climatic, ecological, and social competition models. *Human Nature, 20*, 67–79.

Bandura, A. (1997). *Self-Efficacy: The Exercise of Control*. San Francisco, CA: Freeman.

Baron-Cohen, S. (1995). *Mindblindness: An essay on autism and theory of mind*. Cambridge, MA: MIT Press/Bradford Books.

Barton, R. A., & Dean, P. (1993). Comparative evidence indicating neural specialization for predatory behaviour in mammals. *Proceedings of the Royal Society of London B, 254*, 63–68.

Baumeister, R. F. (2005). *The cultural animal: Human nature, meaning, and social life*. New York, NY: Oxford University Press.

Berch, D. B. (2007). Instructing evolved minds: Pedagogically primary strategies for promoting biologically secondary learning. In J. S. Carlson & J. R. Levin (Eds.), *Educating the evolved mind* (Psychological perspectives on contemporary educational issues, Vol. 2, pp. 109–118). Greenwich, CT: Information Age.

Berch, D. B. (2008, November). *The emerging field of "evo-edu": Questions, challenges, constraints, and caveats*. Presented at the Evolution Institute Workshop on Early Childhood Education, Miami, FL.

Berlin, B., Breedlove, D. E., & Raven, P. H. (1966). Folk taxonomies and biological classification. *Science, 154*, 273–275.

Berlin, B., Breedlove, D. E., & Raven, P. H. (1973). General principles of classification and nomenclature in folk biology. *American Anthropologist, 75*, 214–242.

Berlinski, D. (2000). *Newton's gift*. New York, NY: Touchstone.

Bjorklund, D. F., & Bering, J. M. (2002). The evolved child: Applying evolutionary developmental psychology to modern schooling. *Learning and Individual Differences, 12*, 347–373.

Bjorklund, D. F., & Ellis, B. J. (2014). Children, childhood, and development in evolutionary perspective. *Developmental Review, 34*, 225–264.

Bjorklund, D. F., & Pellegrini, A. D. (2002). *The origins of human nature: Evolutionary developmental psychology*. Washington, DC: American Psychological Association.

Bloom, P. (1996). Intention, history, and artifact concepts. *Cognition, 60*, 1–29.

Blurton Jones, N. G., Hawkes, K., & O'Connell, J. F. (1997). Why do Hadza children forage? In N. L. Segal, G. E. Weisfeld, & C. C. Weisfeld (Eds.), *Uniting psychology and biology: Integrative perspectives on human development* (pp. 279–313). Washington, DC: American Psychological Association.

Bogin, B. (1999). *Patterns of human growth* (2nd ed.). Cambridge, England: Cambridge University Press.

Bradley, L., & Bryant, P. E. (1983). Categorizing sounds and learning to read—A causal connection. *Nature, 301*, 419–421.

Brothers, L., & Ring, B. (1992). A neuroethological framework for the representation of minds. *Journal of Cognitive Neuroscience, 4*, 107–118.

Bugental, D. B. (2000). Acquisition of the algorithms of social life: A domain-based approach. *Psychological Bulletin, 126*, 187–219.

Burghardt, G. M. (2005). *The genesis of animal play: Testing the limits*. Cambridge, MA: Bradford/ MIT Press.

Butler, D., & Suddendorf, T. (2014). Reducing the neural search space for hominid cognition: What distinguishes human and great ape brains from those of small apes? *Psychonomic Bulletin & Review, 21*, 590–619.

Byrne, P., Becker, S., & Burgess, N. (2007). Remembering the past and imagining the future: A neural model of spatial memory and imagery. *Psychological Review, 114*, 340–375.

Caporael, L. R. (1997). The evolution of truly social cognition: The core configurations model. *Personality and Social Psychology Review, 1*, 276–298.

Caramazza, A., & Shelton, J. R. (1998). Domain-specific knowledge systems in the brain:

The animate-inanimate distinction. *Journal of Cognitive Neuroscience, 10*, 1–34.

Carey, S. (2009). *The origin of concepts*. New York, NJ: Oxford University Press.

Carroll, J. (2011). *Reading human nature: Literary Darwinism in theory and practice*. Albany, NY: SUNY Press.

Cattell, R. B. (1963). Theory of fluid and crystallized intelligence: A critical experiment. *Journal of Educational Psychology, 54*, 1–22.

Clement, J. (1982). Students' preconceptions in introductory mechanics. *American Journal of Physics, 50*, 66–71.

Connor, C. M., Morrison, F. J., & Petrella, J. N. (2004). Effective reading comprehension instruction: Examining child X instruction interactions. *Journal of Educational Psychology, 96*, 682–698.

Cosmides, L. (1989). The logic of social exchange: Has natural selection shaped how humans reason? Studies with the Wason selection task. *Cognition, 31*, 187–276.

Damasio, A. (2003). *Looking for Spinoza: Joy, sorrow, and the feeling brain*. Orlando, FL: Harcourt.

Darwin, C. R. (1845). *Journal of researches into the natural history and geology of the countries visited during the voyage of H.M.S. Beagle round the world, under the Command of Capt. Fitz Roy, R.N* (2nd ed.). London, England: John Murray.

Darwin, C. (1859). *The origin of species by means of natural selection*. London, England: John Murray.

Dunbar, R. I. M. (1998). The social brain hypothesis. *Evolutionary Anthropology, 6*, 178–190.

Dunbar, K., Fugelsang, J., & Stein, C. (2007). Do naïve theories ever go away? In M. Lovett & P. Shah (Eds.), *Thinking with Data: 33rd Carnegie Symposium on Cognition* (pp. 193–205). Mahwah, NJ: Erlbaum.

Dyer, F. C. (1998). Cognitive ecology of navigation. In R. Dukas (Ed.), *Cognitive ecology: The evolutionary ecology of information processing and decision making* (pp. 201–260). Chicago, IL: University of Chicago Press.

Ericsson, K. A., Krampe, R. T., & Tesch-Römer, C. (1993). The role of deliberate practice in the acquisition of expert performance. *Psychological Review, 100*, 363–406.

Evans, J. S. B. T. (2002). Logic and human reasoning: An assessment of the deduction paradigm. *Psychological Bulletin, 128*, 978–996.

Feigenson, L., Dehaene, S., & Spelke, E. S. (2004). Core systems of number. *Trends in Cognitive Sciences, 8*, 307–314.

Figueiredo, G. M., Leitão-Filho, H. F., & Begossi, A. (1993). Ethnobotany of Atlantic forest coastal communities: Diversity of plant used in Gamboa. *Human Ecology, 21*, 419–430.

Figueiredo, G. M., Leitão-Filho, H. F., & Begossi, A. (1997). Ethnobotany of Atlantic forest coastal communities: II. Diversity of plant uses at Sepetiba Bay (SE Brazil). *Human Ecology, 25*, 353–360.

Fiske, S. T. (2002). What we know now about bias and intergroup conflict, the problem of the century. *Current Directions in Psychological Science, 11*, 123–128.

Fiske, S. T., & Taylor, S. E. (1991). *Social cognition* (2nd ed.). New York, NY: McGraw-Hill.

Flinn, M. V., Geary, D. C., & Ward, C. V. (2005). Ecological dominance, social competition, and coalitionary arms races: Why humans evolved extraordinary intelligence. *Evolution and Human Behavior, 26*, 10–46.

Freedman, D. G. (1974). *Human infancy: An evolutionary perspective*. New York, NY: Wiley.

Gallistel, C. R. (1990). *The organization of learning*. Cambridge, MA: MIT Press/Bradford Books.

Garlick, D. (2002). Understanding the nature of the general factor of intelligence: The role of individual differences in neural plasticity as an explanatory mechanism. *Psychological Review, 109*, 116–136.

Geary, D. C. (1995). Reflections of evolution and culture in children's cognition: Implications for mathematical development and instruction. *American Psychologist, 50*, 24–37.

Geary, D. C. (2004). Evolution and cognitive development. In R. Burgess & K. MacDonald (Eds.), *Evolutionary perspectives on human development* (pp. 99–133). Thousand Oaks, CA: Sage.

Geary, D. C. (2005). *The origin of mind: Evolution of brain, cognition, and general intelligence*. Washington, DC: American Psychological Association.

Geary, D. C. (2007). Educating the evolved mind: Conceptual foundations for an evolutionary educational psychology. In J. S. Carlson & J. R. Levin (Eds.), *Educating the evolved mind* (Psychological perspectives on contemporary educational issues, Vol. 2, pp. 1–99). Greenwich, CT: Information Age.

Geary, D. C. (2008a). An evolutionarily informed education science. *Educational Psychologist, 43*, 279–295.

Geary, D. C. (2008b). Whither evolutionarily educational psychology? *Educational Psychologist, 43*, 217–226.

Geary, D. C. (2010). *Male, female: The evolution of human sex differences* (2nd ed.). Washington, DC: American Psychological Association.

Geary, D. C. (2012). The evolved mind and scientific discovery. In J. Shrager & S. M. Carver (Eds.), *From child to scientist: Mechanisms of learning and development* (pp. 87–115). Washington, DC: American Psychological Association.

Geary, D. C., Berch, D. B., & Mann Koepke, K. (Eds.). (2015). *Evolutionary origins and early development of number processing* (Mathematical cognition and learning, Vol. 1). San Diego, CA: Elsevier Academic Press.

Geary, D. C., & Bjorklund, D. F. (2000). Evolutionary developmental psychology. *Child Development, 71*, 57–65.

Geary, D. C., & Huffman, K. J. (2002). Brain and cognitive evolution: Forms of modularity and functions of mind. *Psychological Bulletin, 128*, 667–698.

Gelman, R. (1990). First principles organize attention to and learning about relevant data: Number and animate-inanimate distinction as examples. *Cognitive Science, 14*, 79–106.

Gelman, R., & Williams, E. M. (1998). Enabling constraints for cognitive development and learning: Domain-specificity and epigenesis. In D. Kuhl & R. S. Siegler (Vol. Eds.), *Cognition, perception, and language, Vol. 2* (pp. 575–630). W. Damon (Gen. Ed.), *Handbook of child psychology* (5th Ed.). New York, NY: Wiley.

Gelman, S. A. (2003). *The essential child: Origins of essentialism in everyday thought*. New York, NY: Oxford University Press.

Gigerenzer, G., Todd, P. M., & ABC Research Group (Eds.). (1999). *Simple heuristics that make us smart*. New York, NY: Oxford University Press.

Gopnik, A., & Wellman, H. M. (2012). Reconstructing constructivism: Causal models, Bayesian learning mechanisms, and the theory theory. *Psychological Bulletin, 138*, 1085–1108.

Grant, P. R. (1999). *Ecology and evolution of Darwin's finches*. Princeton, NJ: Princeton University Press.

Gray, P. (2013). *Free to learn: Why unleashing the instinct to play will make our children happier, more self-reliant, and better students for life*. New York, NY: Basic Books.

Greenough, W. T., Black, J. E., & Wallace, C. S. (1987). Experience and brain development. *Child Development, 58*, 539–559.

Gurven, M., Kaplan, H., & Gutierrez, M. (2006). How long does it take to become a proficient hunter? Implications for the evolution of extended development and long life span. *Journal of Human Evolution, 51*, 454–470.

Hamilton, W. D. (1964). The genetical evolution of social behaviour. II. *Journal of Theoretical Biology, 7*, 17–52.

Harter, S. (2006). The self. In N. Eisenberg (Vol. Ed.), *Social, emotional, and personality development, Vol.* 3 (pp. 505–570). W. Damon & R. M. Lerner (Gen. Eds.), *Handbook of child psychology* (6th Ed.). New York, NY: Wiley.

Heckhausen, J., & Schulz, R. (1995). A life-span theory of control. *Psychological Review, 102*, 284–304.

Hewstone, M., Rubin, M., & Willis, H. (2002). Intergroup bias. *Annual Review of Psychology, 53*, 575–604.

Hindson, B., Byrne, B., Shankweiler, D., Fielding-Barnsley, R., Newman, C., & Hine, D. W. (2005). Assessment and early instruction of preschool children at risk for reading disability. *Journal of Educational Psychology, 97*, 687–704.

Horowitz, D. L. (2001). *The deadly ethnic riot*. Berkeley, CA: University of California Press.

Huffman, K. J., Nelson, J., Clarey, J., & Krubitzer, L. (1999). Organization of somatosensory cortex in three species of marsupials, *Dasyurus hallucatus, Dactylopsila trivirgata*, and *Monodelphis domestica*: Neural correlates of morphological specializations. *Journal of Comparative Neurology, 403*, 5–32.

Humphrey, N. K. (1976). The social function of intellect. In P. P. G. Bateson & R. A. Hinde (Eds.), *Growing points in ethology* (pp. 303–317). New York, NY: Cambridge University Press.

Johnson-Frey, S. H. (2003). What's so special about human tool use? *Neuron, 39*, 201–204.

Johnson-Laird, P. N. (1983). *Mental models*. Cambridge, England: Cambridge University Press.

Kahneman, D., & Tversky, A. (1982). The simulation heuristic. In D. Kahneman, P. Slovic, & A. Tversky (Eds.), *Judgment uncertainty: Heuristics and biases* (pp. 201–208). Cambridge, England: Cambridge University Press.

Kaiser, M. K., McCloskey, M., & Proffitt, D. R. (1986). Development of intuitive theories of motion: Curvilinear motion in the absence of external forces. *Developmental Psychology, 22*, 67–71.

Kaminski, V. M., Sloutsky, V. M., & Heckler, A. F. (2006). Do children need concrete instantiations to learn an abstract concept? In R. Sun & N. Miyake (Eds), Proceedings of the 27th Annual Conference of the Cognitive Science Society (pp. 411–416). Mahwah, NJ: Lawrence Erlbaum.

Kaminski, J. A., Sloutsky, V. M., & Heckler, A. F. (2008). The advantage of abstract examples in learning math. *Science, 230*, 454–455.

Kaplan, H., Hill, K., Lancaster, J., & Hurtado, A. M. (2000). A theory of human life history evolution: Diet, intelligence, and longevity. *Evolutionary Anthropology, 9*, 156–185.

Kirschner, P. A., Sweller, J., & Clark, R. E. (2006). Why minimal guidance during instruction does not work: An analysis of the failure of constructivist, discovery, problem-based, experiential, and inquiry-based teaching. *Educational Psychologist, 41*, 75–86.

Kisilevsky, B. S., Hains, S. M. J., Lee, K., Xie, X., Huang, H., Ye, H. H., … Wang, Z. (2003). Effects of experience on fetal voice recognition. *Psychological Science, 14*, 220–224.

Klahr, D., & Li, J. (2005). Cognitive research and elementary science instruction: From the laboratory, to the classroom, and back. *Journal of Science Education and Technology, 14*, 217–238.

Klahr, D., & Nigam, M. (2004). The equivalence of learning paths in early science instruction: Effects of direct instruction and discovery learning. *Psychological Science, 15*, 661–667.

Kuhlmeier, V. A., & Boysen, S. T. (2002). Chimpanzees (*Pan troglodytes*) recognize spatial and object correspondences between a scale model and its referent. *Psychological Science, 13*, 60–63.

Lancy, D. (2016). Teaching: Natural or cultural? In David C. Geary & Daniel B. Berch (Eds.) *Evolutionary perspectives on child development and education* (pp. 33–65). Springer.

Leslie, A. M. (1987). Pretense and representation: The origins of "theory of mind". *Psychological Review, 94*, 412–426.

Leslie, A. M., Friedman, O., & German, T. P. (2004). Core mechanisms in "theory of mind". *Trends in Cognitive Sciences, 8*, 528–533.

Lockman, J. J. (2000). A perception-action perspective on tool use development. *Child Development, 71*, 137–144.

Lubinski, D. (2004). Introduction to the special section on cognitive abilities: 100 years after Spearman's (1904) "general intelligence, objectively determined and measured". *Journal of Personality and Social Psychology, 86*, 96–111.

Macfarlan, S. J., Walker, R. S., Flinn, M. V., & Chagnon, N. A. (2014). Lethal coalitionary aggression and long-term alliance formation among Yanomamö men. *Proceedings of the National Academy of Sciences USA, 111*, 16662–16669.

Maguire, E. A., Burgess, N., Donnett, J. G., Frackowiak, R. S. J., Frith, C. D., & O'Keefe, J. (1998). Knowing where and getting there: A human navigational network. *Science, 280*, 921–924.

Malt, B. C. (1995). Category coherence in cross-cultural perspective. *Cognitive Psychology, 29*, 85–148.

Mann, V. A. (1984). Reading skill and language skill. *Developmental Review, 4*, 1–15.

Markus, H. (1977). Self-schemata and processing information about the self. *Journal of Personality and Social Psychology, 35*, 63–78.

McCloskey, M. (1983). Intuitive physics. *Scientific American, 248*, 122–130.

Meck, W. H., & Church, R. M. (1983). A mode control model of counting and timing processes. *Journal of Experimental Psychology: Animal Behavior Processes, 9*, 320–334.

Medin, D. L., & Atran, S. (1999). *Folkbiology*. Cambridge, MA: MIT Press.

Medin, D. L., & Atran, S. (2004). The native mind: Biological categorization and reasoning in development and across cultures. *Psychological Review, 111*, 960–983.

Medin, D. L., Ross, N. O., Atran, S., Cox, D., Coley, J., Proffitt, J. B., & Blok, S. (2006). Folkbiology of freshwater fish. *Cognition, 99*, 237–273.

Milner, A. D., & Goodale, M. A. (1995). *The visual brain in action*. New York, NY: Oxford University Press.

Mithen, S. (1996). *The prehistory of the mind: The cognitive origins of art and science*. New York, NY: Thames and Hudson.

Murdock, G. P. (1981). *Atlas of world cultures*. Pittsburgh, PA: University of Pittsburgh Press.

Murray, C. (2003). *Human accomplishment: The pursuit of excellence in the arts and sciences, 800 B.C. to 1950*. New York, NJ: HarperCollins.

Newcombe, N. S. (2011). What is neoconstructivism? *Child Development Perspectives, 5*, 157–160.

Newell, A. (1973). You can't play 20 questions with nature and win: Projective comments on papers of this symposium. In W. G. Chase (Ed.), *Visual information processing* (pp. 283–308). New York, NY: Academic.

Newell, A., & Simon, H. A. (1972). *Human problem solving*. Englewood Cliffs, NJ: Prentice-Hall.

Newton, I. (1995). *The principia*. Amherst, NY: Prometheus Books. [Translated by A. Motte]. (Original work published in 1687).

O'Keefe, J., & Nadel, L. (1978). *The hippocampus as a cognitive map*. New York, NY: Oxford University Press.

Oaksford, M., & Chater, N. (1998). *Rationality in an uncertain world: Essays on the cognitive science of human reasoning*. East Sussex, England: Psychology Press.

Paivio, A. (2007). *Mind and its evolution: A dual coding theoretical approach*. Mahwah, NJ: Erlbaum.

Pinker, S. (1994). *The language instinct*. New York, NY: William Morrow.

Potts, R. (1998). Variability selection in hominid evolution. *Evolutionary Anthropology, 7*, 81–96.

Povinelli, D. J. (2000). *Folk physics for apes: The chimpanzees theory of how the world works*. New York, NY: Oxford University Press.

Richerson, P. J., & Boyd, R. (2005). *Not by genes alone: How culture transformed human evolution*. Chicago, IL: University of Chicago Press.

Rozin, P. (1976). The evolution of intelligence and access to the cognitive unconscious. In J. M. Sprague & A. N. Epstein (Eds.), *Progress in psychobiology and physiological psychology* (Vol. 6, pp. 245–280). New York, NY: Academic.

Scarr, S. (1992). Developmental theories of the 1990s: Developmental and individual differences. *Child Development, 63*, 1–19.

Schneider, D. J. (1973). Implicit personality theory: A review. *Psychological Bulletin, 79*, 294–309.

Schyns, P. G., Bonnar, L., & Gosselin, F. (2002). Show me the features! Understanding recognition from the use of visual information. *Psychological Science, 13*, 402–409.

Sereno, S. C., & Rayner, K. (2003). Measuring word recognition in reading: Eye movements and event-related potentials. *Trends in Cognitive Sciences, 7*, 489–493.

Setoh, P., Wu, D., Baillargeon, R., & Gelman, R. (2013). Young infants have biological expectations about animals. *Proceedings of the National Academy of Sciences USA, 110*, 15937–15942.

Shepard, R. N. (1994). Perceptual-cognitive universals as reflections of the world. *Psychonomic Bulletin & Review, 1*, 2–28.

Shtulman, A. (2006). Qualitative differences between naïve and scientific theories of evolution. *Cognitive Psychology, 52*, 170–194.

Simon, H. A. (1956). Rational choice and the structure of the environment. *Psychological Review, 63*, 129–138.

Simonton, D. K. (2009). Varieties of (scientific) creativity: A hierarchical model of domainspecific disposition, development, and achievement. *Perspectives on Psychological Science, 4*, 441–452.

Spelke, E. S., Breinlinger, K., Macomber, J., & Jacobson, K. (1992). Origins of knowledge. *Psychological Review, 99*, 605–632.

Spelke, E. S., & Kinzler, K. D. (2007). Core knowledge. *Developmental Science, 10*, 89–96.

Spelke, E. S., & Kinzler, K. D. (2009). Innateness, learning, and rationality. *Child Development Perspectives, 3*, 96–98.

Spencer, J. P., Blumberg, M. S., McMurray, B., Robinson, S. R., Samuelson, L. K., & Tomblin, J. B. (2009). Short arms and talking eggs: Why we should no longer abide the nativist-empiricist debate. *Child Development Perspectives, 3*, 79–87.

Sporns, O., Tononi, G., & Edelman, G. M. (2000). Connectivity and complexity: The relationship between neuroanatomy and brain dynamics. *Neural Networks, 13*, 909–922.

Stanovich, K. E. (1999). *Who is rational? Studies of individual differences in reasoning.* Mahwah, NJ: Erlbaum.

Stanovich, K. E., & West, R. F. (2000). Individual differences in reasoning: Implications for the rationality debate? *Behavioral and Brain Sciences, 23*, 645–726.

Stanovich, K. E., & West, R. F. (2008). On the relative independence of thinking biases and cognitive ability. *Journal of Personality and Social Psychology, 94*, 672–695.

Sternberg, R. J. (Ed.). (1999). *Handbook of creativity*. Cambridge, England: Cambridge University Press.

Stevens, R. J., Slavin, R. E., & Farnish, A. M. (1991). The effects of cooperative learning and direct instruction in reading comprehension strategies on mean idea identification. *Journal of Educational Psychology, 83*, 8–16.

Suddendorf, T., & Corballis, M. C. (1997). Mental time travel and the evolution of the human mind. *Genetic, Social, and General Psychology Monographs, 123*, 133–167.

Sweller, J. (2012). Human cognitive architecture: Why some instructional procedures work and others do not. In K. R. Harris, S. Graham, & T. Urdan (Eds.), *Educational psychology handbook* (Theories, constructs, and critical issues, Vol. 1, pp. 295–325). Washington, DC: American Psychological Association.

Sweller, J. (2015). In academe, what is learned, and how is it learned? *Current Directions in Psychological Science, 24*, 190–194.

Tinbergen, N. (1963). On aims and methods of ethology. *Zeitschrift für Tierpsychologie, 20*, 410–433.

Tulving, E. (2002). Episodic memory: From mind to brain. *Annual Review of Psychology, 53*, 1–25.

Tversky, A., & Kahneman, D. (1974). Judgment under uncertainty: Heuristics and biases. *Science, 185*, 1124–1131.

Wagner, R. K., & Torgesen, J. K. (1987). The nature of phonological processing and its causal role in the acquisition of reading skills. *Psychological Bulletin, 101*, 192–212.

Wagner, R. K., Torgesen, J. K., & Rashotte, C. A. (1994). Development of reading-related phonological processing abilities: New evidence of bidirectional causality from a latent variable longitudinal study. *Developmental Psychology, 30*, 73–87.

Wellman, H. M. (2014). *Making minds: How theory of mind develops*. New York, NY: Oxford University Press.

Wellman, H. M., Fang, F., Liu, D., Zhu, L., & Liu, G. (2006). Scaling of theory-of-mind understandings in Chinese children. *Psychological Science, 17*, 1075–1081.

Wellman, H. M., Fang, F., & Peterson, C. C. (2011). Sequential progressions in a theory-of-mind scale: Longitudinal perspectives. *Child Development, 82*, 780–792.

Wellman, H. M., & Gelman, S. A. (1992). Cognitive development: Foundational theories of core domains. *Annual Review of Psychology, 43*, 337–375.

Wellman, H. M., & Liu, D. (2004). Scaling of theory-of-mind tasks. *Child Development, 75*, 523–541.

West, R. F., Toplak, M. E., & Stanovich, K. E. (2008). Heuristics and biases as measures of critical thinking: Associations with cognitive ability and thinking dispositions. *Journal of Educational Psychology, 100*, 930–941.

White, M. (1999). *Isaac Newton: the last sorcerer*. New York, NY: Basic Books.

Zimmerman, C. (2005). *The development of scientific reasoning skills: What psychologists contribute to an understanding of elementary science learning*. Report to the National Research Council's Board of Science Education, Consensus Study on *Learning Science, Kindergarten through Eighth Grade*.

第九章　适应性记忆：适合度相关的“调谐”对学习与记忆的推动

詹姆斯·奈恩[①]

我们的学习能力是一种进化而来的特征。很少有人对这一宽泛的说法持有异议，但主流教育者或心理科学学者们却很少思考它的含义。作为进化的适应器[②]，学习系统和记忆系统之所以被自然“选择”，是因为它们具有提高适合度（fitness–enhancing）的特性：这些通过促进生存或成功的择偶策略来增加成功繁衍可能性的特征，会在一个进化群体中得以延续并获得认可。从进化角度来看，学习之所以很重要，是因为它产生的行为会最终提高适合度（Klein, Cosmides, Tooby, & Chance, 2002; Paivio, 2007）。

如果我们的存储系统（retention system）是以自然标准来“建立”的——提高适合度——那么人们可能有理由期待在目前的功能中发现自然标准的痕迹。毫无疑问，学习并记住食物的地点、捕食者的行动、未来交配对象的行为等，这会对我们的祖先有利（Nairne & Pandeirada, 2008）。因此，人们可以预测，相比于进化上最近或无关的问题，例如记住二次方程式，我们在处理适合度相关问题时的记忆力会更好。在本章中，我将回溯符合这一推论的佐证，并表明在习得和存储过程中似乎存在着内容偏向（content bias）或调谐（tunings）。

举一个简单的实例，我们已证明有生命的概念（animate concepts）（如婴儿）要比无生命的概念（inanimate concepts）（如小提琴）更容易学习和记忆。为了让学生能有效地学习，我们的教育策略应当符合自然的认知系统设计。因此在可行的情况下，人们可以有效地利用自然调谐去促进学习过程。事实上，

① 詹姆斯·奈恩（James S. Nairne）：美国普渡大学心理科学系。

② 适应器（adaptation）：为进化而来的、用于解决与生存和繁衍有直接或间接关系的特定问题的应对机制。——译者注

我们发现在外语词汇学习中，当一个新词语与有生命的翻译目标语（translation target）联系在一起时，学习就会更容易（VanArsdall, Nairne, Pandeirada, & Cogdill, 2015）。虽然对我们的研究在教育领域的应用做出宽泛的断言尚为时过早，但在教育科学中进化论却潜力无限（参见 Geary, 2002, 2008）。

在这里，我选择关注三种有关学习和记忆的特定认知调谐——生存加工、生命性和潜在污染。在每种情况中，我都将证明与适合度有关的处理过程会带来极好的记忆效果，事实上，比绝大多数已知编码策略带来的记忆效果更出色。当然，从进化角度来看，由于记忆是根据自然标准进化的，这一结果并不令人惊讶。但我们的发现在主流认知研究中依然存在争议，他们倾向于认为存储系统容量有限，而且是领域通用的，不管是输入或是学习问题，其运作方式都基本相同。

一、记忆的功能性设计

虽然心理科学家经常对进化的影响小题大做，并认为祖先的选择压力要么无法确定，要么与现在的功能毫不相关，但在某种意义上，我们都是进化心理学家（尽管不可否认的是，这个结论会令人有些意外）。例如，每个人都认为自然为我们提供了基本的感官工具和知觉工具，它们经过调谐，能够以特定的方式处理特殊类型的输入，同时还提供了基本的学习、记忆以及推理系统。在时间和空间中连续发生的事情会被相互联系，而学习过程遵循明确的规则（Rescorla & Wagner, 1972）。没有学习理论家会声称邻近原则（the principles of contiguity），甚至是信息性原则（Kamin, 1969）是“学习而来的”或需要经验的。相反，我们一致认为自然选择创造了一套认知工具，使人们和其他物种能够学习事件的重要信号特性（Rescorla, 1988）。

自然还给我们提供了“作弊的小纸条”（crib sheets），具体指明了需要学习的刺激类型有哪些（Ermer, Cosmides, & Tooby, 2007）。中性刺激（neutral stimuli）更容易与适合度相关的事件联系在一起。铃声很容易成为食物或电击的条件反射，但砖头或书籍则不然。从定义上看，“无条件刺激”（unconditioned stimulus）就是指在没有任何学习或条件的情况下自动引起反应的事件。无论狗和人都不需要通过教导，就会对着食物流口水，或在受惊时反射性地后退。我们也知道，味觉很容易与反胃有关，但却不容易与其他事件有关，如足底电击（foot shock）（Garcia & Koelling, 1966）。这些调谐或偏向被认为是我们遗传学习工具的一部分。几乎可以肯定的是，同样的调谐也存在于其他认知系统中，例如我们的注意力系统倾向于被有生命的运动、新奇事物、有威胁的事物所俘获（Scholl & Gao, 2013），或对婴儿来说，他们更乐意转向人脸而不是墙上的挂饰（Kanwisher, 2010）。

这些被广为接受的假设在任何心理学的入门教科书中都可以找到，但令人奇怪的是，为什么心理学家和教育者没有把进化逻辑推理作为他们研究议程的中心？部分原因就在于认知心理学家，至少是那些研究学习和记忆的心理学家，很少从功能角度思考他们的主题。认知分析通常是结构性的，这意味着其重点是解释关于特定任务的实证结果，即“如何”记忆，而非所研究现象的功能和目的，即“为何”记忆（参见 Nairne, 2005）。记忆教科书里充斥着各种记忆效果的例子，例如：分散练习比集中练习效果要更好，检索练习有利于长期记忆，形成交互的视觉图像有助于回忆，诸如此类，等等，但却很少有人（如果有的话）尝试解释为什么我们的记忆系统是如此运作的。

结构主义传统源于艾宾浩斯（Ebbinghaus，1885/1964），他通过系统地分析他自己的记忆材料，尝试对记忆进行逆向工程研究。通过一系列艰苦的自我研究，艾宾浩斯总结出一套经验规律，比如负加速遗忘曲线（negatively accelerated forgetting function），心理学家至今仍对这些规律颇感兴趣。正如我在其他地方所讨论的（Nairne, 2015），这个方法有一定的意义，但不了解功能知识是难以进行逆向工程的。你可以查询一个装置——让其“运转”——但却没有很明显的方法来确定观察到的行为意味着什么，甚至无法确定它是否与系统的最终设计有关。只有在解决功能问题的情况下，逆向工程才有意义。例如，一旦考虑到功能时（如心脏是一个血泵），我们对身体器官的理解才会明显加深。

正如身体器官的进化是为了解决特殊的适应性问题（如过滤血液中的杂质），我们的认知能力可能展现出同样的功能特异性。对于某些认知系统来说，例如感官系统，我们知道情况确实如此。视网膜中的细胞专门处理特殊形式的电磁能量，而视觉通路的各个组成部分也是特化的（e.g., Ungerleider &

Haxby, 1994）。很多众所周知的问题尚待解决，如提取颜色、距离和维持恒定性等，对这些问题的认识反而可以使研究人员建立衡量进步可依照的刚性标准（Shepard, 1994）。然而，就学习和记忆系统而言，要解决的问题暂时还不明确。我们都一致认为记忆是适应性的，但是推动学习和存储系统进化的特定记忆问题仍然不明。

我即将描述的这项研究就是从功能角度出发的——也就是说，我们首先假设我们的存储系统像身体的其他结构一样，是为了解决环境中的特别问题而精心设计的。考虑到我们对自然标准的了解，我们还假设我们的记忆能力在祖先的某个时间得到了发展，因为它有助于解决有关生存和繁殖方面的问题。一个有能力记住食物的地点、潜在捕食者或伴侣类别的生物比不具备此能力的生物更有可能生存和繁殖。因此，我们的存储系统是特化的，在很大程度上是专门用来解决有关生存和繁殖适合度问题的。

关于我们的研究项目，还有一点在开始就值得多加注意。进化心理学家经常因为对行为进行事后适应性解释而饱受批评，这种事后解释就是所谓的“正好如此的故事”——即根据可能的适应性后果对被观察到的行为进行解释。这种推理逻辑几乎没有什么限制，这意味着人们可以为任何实证效应去编造一些令人信服的适应性故事（Gould & Lewontin, 1979）。相反，我们的研究则是依靠一种正向工程，其中功能性问题起着推动作用。我们不是试图“解释”已有的经验现象，而是专注于我们的记忆系统可能需要解决的那些反复发生的适应性问题，如记住食物的地点，然后对记忆行为产生一个先验的预测。例如，我们提出对有生命物（animated things）存在着一种记忆偏向。有生命物本质上就与适合度相关——例如，作为捕食者、猎物或是伴侣——因此应当予以关注并谨记在心。这并非是一个正好如此的故事，而是一种可以在实验室进行严格检验的经验预测。

二、生存加工的记忆价值

正如前所述，我们的功能进化观点产生了一种直接的经验预测：人们能够特别有效地学习、储存和传递与适合度相关的信息。例如，除了一种对生命性的偏向之外，学习和储存方面还存在着一种对基本生存信息的偏向。人们可以用这种方式来阐释“提示—后果效应”（cue-to-consequence effects）——味觉和胃痛之间的联系很容易学会，通常只需要一次尝试，在长时间延迟之后就能学会（参见 Domjan & Galef, 1983）。相比于中性刺激（如鲜花；Ohman & Mineka, 2001），人们对与进化有关的刺激——如蜘蛛和蛇引起的条件性恐惧反应，形成得较快，消失得较慢。与现代威胁相比（如枪；参见 Wilson, Darling, & Sykes, 2011），人们还能够更准确地记住捕食祖先的动物（蛇）的出没地点。

事实上，很多与适合度相关的刺激物都令人耿耿于怀。诸如都市传说和史诗民谣的口头叙事的传播（Rubin, 1995）就是一个佐证。许多都市传说都围绕着生存相关的信息，特别是食物污染（例如，肯德基油炸老鼠或万圣节糖果中的剃须刀片；参见 Erickson & Coultas, 2014）。斯塔布菲尔德（Stubbersfield）、德黑兰尼（Tehrani）和弗林（Flynn）最近以一版经典的“传声筒”游戏（也被称为“私语游戏”）证明了生存传播的偏向（2015）。人们被要求阅读和回忆一些之前就被认为包含高生存信息量的都市传说或与生存无关的对照材料。实验采用了一种线性传播链的设计，即向链条中的每个参与者提供前一个参与者的回忆材料；只有链条最开始的参与者阅读了原来的传说。经过若干参与者的不同回忆，与对照材料相比，对生存相关传说的回忆更为准确，这意味着原始传说材料保留在了回忆输出中。有趣的是，包含社会信息的传说，比如父女间发生了“网恋”，在所有的传说中保持率最好，当然人们也可以认为社会信息是与适合度相关的。

情绪和记忆之间也存在公认的联系。情绪刺激经常会让人记得更牢，而生物相关性似乎是情绪记忆优势的一个重要组成部分（akaki, Niki, & Mather, 2012）。相比于与情绪的唤醒度（arousal）和愉悦度（valence）相匹配的社会刺激（如微笑的人），与生存和繁殖相关的刺激（如美女图像或捕食者）能吸引到更多的注意力，并引起更多的自动加工过程。闪光灯记忆（flashbulb memories, Brown & Kulik, 1977）通常也与生存相关。这些记忆栩栩如生、充满自信，通常都是围绕着不平常的、受情感驱动的事件，诸如 2001 年 9 月 11 日在美国发生的恐怖袭击。闪光灯记忆主要包括“时间和地点”的信息，而不是事件本身的细节——换言之，就是当我第一次听说恐怖袭击时，我在哪里，我在做什么。多年来，有几项研究一直在追踪调查这些记忆（e.g., Hirst et al., 2015），尽管随着时间推移，回忆往往前后矛盾（且不准确），但在十年后人们仍然对自己的记忆进行了详细的描述，而且对自己的记忆力极其自信。

诸如这样的数据显然是支持生存信息偏向的。但是“适合度相关性”（fitness-relevance）的概念可能相当模糊，这主要是因为“相关性”很可能依赖于情境。让我们用一支铅笔来展开设想。通常情况下，我们不会认为铅笔与生存相关，而且我们也不会期望它获得任何特殊的记忆强化。但是在特定的情况下，铅笔可能与生存相关。如果你在拿着一支铅笔时突然受到攻击，它就会成为一种与生存相关的武器，也可以用铅笔去写笔记，而这些笔记最终与适合度有关。正如奈恩（Nairne）和潘德拉达（Pandeirada）所说：“食物与生存有关，但更多的是在用餐开始，而不是在用餐结束；一件毛皮大衣在北极价值连城，在赤道却不值一文。”（2008: 240）因此，我们不太可能让大脑进化成充满着特定“生存”信息内容；相反，我们进化出来的可能是一种对生存加工的敏感性或调谐。一旦某种归因被认为与生存有关，也许是由一个捕食者的突现而引发的，进化的记忆机制就会被激发，而随后加工处理的材料就会让人永志不忘。目前已经有相当数量的实证证据支持这一论断，稍后我将对此进行讨论。

生存加工范式

在 2007 年，我们设计了一个实验去探索生存加工（survival processing）的记忆价值（Nairne, Thompson, & Pandeirada, 2007）。实验参加者被要求设想自己身处一个大草原。指示详细说明了在后面的几个月中，他们需要找到稳定的食物和水源供给，并让自己躲过捕食者。然后研究者向这些参加者展示了一些词语，一次一个，并且要求他们对每个词语与所设想的生存情景之间的相关性进行评估。在评估后，还有一个简短的干扰任务，然后对参加者进行一次突然的记忆力保持测验（retention test）：让他们自由地回忆这些已评估的词语，或对他们进行一个再认测验（recognition test）。为了控制对照组比较，我们在实验中还包括了一个标准的深度加工任务（根据愉悦度来评定词语），这是一个同样复杂的情景，但与适合度无关（移居国外）（参见表 9-1）。研究发现，那些在生存情境处理下的词语具有强烈的记忆优势。

事实证明，这种生存加工的优势相当强大，目前它已在世界各地的许多实验室都得到了验证。生存优势在各种对照条件下都脱颖而出——甚至可以抗衡通常被认为是“强中之强”的编码条件，如形成视觉图像或将信息与自我关联（Nairne, Pandeirada, & Thompson, 2008）。例如，在图 9–1 中，生存加工产生的记忆效果明显高于有意学习（intentional learning）的记忆效果，而有意学习是指人们有意识地学习和记忆材料以备后来的测试。这种生存优势在幼儿（Aslan & Bäuml, 2012）、老年人群（Nouchi, 2012）及认知障碍人群（Pandeirada, Pinho, & Faria, 2014）中都得到了证实。无论是在主题设计内和主题设计间，还是在有意学习环境和偶然学习环境中，以及对图像和文字的学习中，这种效应都保持稳定。这种基本效应已经得到了验证，而且还成了“开放科学项目”（Open Science Project）中的一部分（Müller & Renkewitz, 2015）。

表 9–1　奈恩等人（2007）使用的情境

生存	在这个任务中，我们希望你设想自己被困在异国的草原上，没有任何基本的生存物资。在接下来的数月中，你需要找到稳定的食物和水源供给，并让自己躲过捕食者。我们将向你展示一组词语，希望你就这些词语与你生存环境的相关度进行评估。
移居国外	在这个任务中，我们希望你设想自己计划搬迁到国外的新家。在接下来的数月中，你需要寻找并购买一个新家，并搬运你的物品。我们将向你展示一组词语，希望你就这些词语与你完成任务的相关度进行评估。
愉悦度	在这个任务中，我们会向你展示一组词语，希望你就每个词语的愉悦度进行评估。

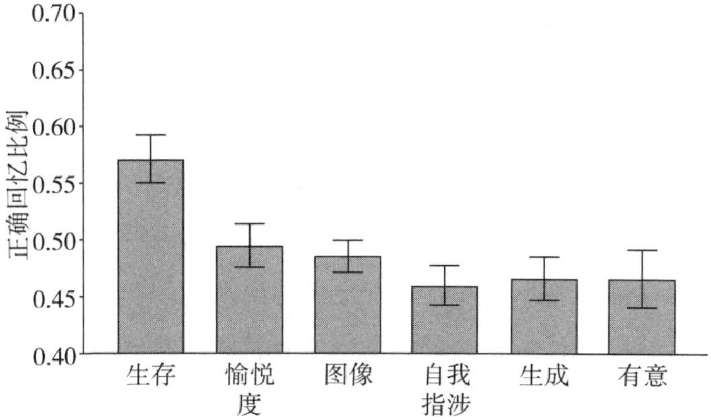

图 9–1　在奈恩等人的研究中，不同条件下自由回忆的平均正确比例（2008）

注意在这个范式中，我们并没有直接比较与适合度相关和与适合度无关的事件（或刺激）——例如，蛇对比花或是情感事件对比非情感事件。相反，我们比较的是完全相同刺激物下的记忆，只是这个刺激物是否经过了生存情境的处理。与上一节讨论的研究相比，这种设计具有一定的方法论优势。例如，它解决了所谓的选项问题。当比较各种不同刺激时，例如蛇与花，非常重要的一点就是要确保刺激物在除生存相关性（survival relevance）以外的其他所有记忆相关维度上都刚好匹配，而这一点可能很难做到。显然，由于在实验条件和对照条件下使用的是相同刺激物，所以刺激物的匹配不是问题。我们的设计还捕捉到了生存相关性对情境依赖的本质。我们研究中一个比较有趣的发现是，即使那些被评为与生存情境无关的刺激也经常能让人牢记（虽然那些被评为与生存相关的刺激通常会更加让人铭记在心）。生存加工的亮点才是关键所在。

尽管如此，人们可能仍会怀疑，生存情境中的某些东西可能提供了更丰富的处理过程，而不是适合度相关性本身。例如，我们可能会选择一个特别复杂新奇、令人兴奋或者困难的情境。很少有实验参加者熟悉草原情境，因此至少相比于评估一个事物的愉悦度或是移居国外来说，生存加工可能需要一种特别深刻或有意义的处理形式。然而，生存情境目前已经与许多不同的对照情境进行了比较；其中有些情境是为了让情境等同而专门设计的，消除了一些可能的干扰因素。康（Kang）、麦克德莫特（McDermott）和科恩（Cohen）通过比较草原情境与对照的抢劫情境，在控制了草原情境的新奇性和刺激性后，在对照的抢劫情境中，人们对词语与计划抢劫银行的相关性进行了评估（2008）。罗尔（Röer）、贝尔（Bell）和毕希纳（Buchner）试图将一种“来生”的对照情境等同于独特性，人们在“来生”对照中设想自己已经死去，在来世中寻找新伙伴和有趣的事情（2013）。罗尔、贝尔和毕希纳通过生存情境与“自杀”情境的对照比较，测试了生存情境是否可能只是会诱发负面情绪（2013）。在上述这些研究中，每次实验情况都获得了强大的生存加工优势，从而有效地排除了那些认为生存情境有不寻常或新奇之处的说法。

然而，反对这些替代解释的最好证据来自使用匹配对照情境的研究。在这些研究案例中，人们被要求对项目和完全相同的活动之间的相关性进行评估，但所处的情境要么与适合度有关，要么与适合度无关。奈恩、潘德拉达、格里高利（Gregory）和范阿斯德尔（VanArsdall）让人们对词语与打猎情境的相关性进行评估，在这个情境中，人们要么是为了生存，要么是为了赢得打猎比赛而去狩猎捕鱼（2009）。两种情境都需要以同样的方式追踪和狩猎觅食，但只有生存版的设计是为了激发与适合度相关的处理。实验结果发现，在以生存为主的狩猎情况下，人们的回忆表现明显更为优秀。另一个实验则是让人们搜寻可食用的食物，而目的则是为了生存或赢得寻宝游戏。每个情境都再次包含了完全相同的活动，但围绕生存架构的情境会产生更强烈的记忆效应。塞罗（Ceo）则让人们要么为了生存，要么为了在度假村进行野餐而去找苹果吃（2008）。生存情境和对照情境又一次包含了完全相同的活动，但生存框架下所产生的记忆效果最好。

匹配的情境设计也被用于探索空间记忆（Nairne, VanArsdall, Pandeirada, & Blunt, 2012）。记住在某一特定地区可能会发现食物，或在某一特定区域可能会发现潜在的捕食者，这些记忆会提高后续生存的机会。因此，我们预测生存加工会强化对事物所在地的记忆。我们在电脑屏幕上向实验参加者展示了在不同地点的食物或动物图片。任务是要就相对于一个中心固定点采集食物或是捕猎动物的难易程度进行评估。主要的可控条件就是人们采集这些项目是为了生存，还是为了赢得打猎或拾荒比赛。后来的突击记忆测验表明，当采集或捕捉任务被描绘成有关生存时，人们对物品地点的记忆就会更胜一筹。

总体来看，这些数据表明生存加工优势可能并非是特定情境或所涉及的评估任务的产物。相反，证据是与一种被生存环境所选择性激活的“前端”适应器（“front-end” adaptation）相一致的。当面对生存情境时，人们自然会进行丰富而细致的加工，这是一种会产生出色的长期记忆效果的加工。这种适应器与其他前端适应器的作用方式相同。我们以战斗或逃跑的反应为例。战或逃的反应不太可能是后天学会的，尽管经验可能会影响最终的反应。大多数人认为这是一种进化而来的适应器，旨在让生物在危险出现时做出有效反应。它由感知到危险而触发，但什么构成“危险”是特定于环境的。环境中可能存在着各种自然触发因素，比如一条蛇或某个隐约可见的事物，但反应系统显然有着足够的灵活性，可以被各种情况触发。生存加工可能代表着一种类似的过程——前端适应器，一旦被触发，就会依靠其他进化的记忆法来达到一种适应性目标。

三、生命性的记忆价值

生命性（animacy）是进化“作弊小纸条”或记忆调谐的另一个主要候选项。生命性大致被定义为生物和非生物之间的区别，在心理科学中起主导作用，这是有充分理由的。当然，从进化角度来看，有选择性地关注有生命的事物是很重要的，因为生命实体（animate entities）代表着潜在的食物、捕食者、伴侣或竞争者。事实上，有些人认为灵长类动物拥有相比身体来说异常巨大的大脑，主要就是因为复杂的社会系统对计算的需求（即社会脑假说，Dunbar, 2007）。就语言的进化程度而言，它是为了解决生命主体之间的社会交往所产生的问题而进化的（e.g., Pinker, 1994）。

从发展角度来看，有生命和无生命的区别似乎是一个骨干原则（skeletal principle），儿童从很小的时候就开始组织他们的经验了（Opfer & Gelman, 2011）。婴儿很快就会在看人与看人工制品的时间上表现出差异（e.g., Klein & Jennings, 1979），而且早在 1 岁初期似乎就已了解有生命的事物能够自行移动，而无生命的事物则不能（Markson & Spelke, 2006）。到了 3 岁或 4 岁时，学龄前儿童就能够非常准确地区分出动物等有生命物和无生命物了；而且他们从动物身上获得的推论比从人工制品上获得的推论更为丰富（Heyman & Gelman, 2000）。不出所料，生命性在语言发展和整体语言的基本结构中发挥了重要作用（e.g., Silverstein, 1976）。

生命性似乎也有知觉调谐，或者至少与生命性有关的线索有知觉调谐。纽（New）、康斯曼德斯（Cosmides）和图比（Tooby）发现，当视觉场景的变化涉及有生命物（人和动物），而不是无生命物时，人们可以更快更准确地发现变化（2007）。即使无生命物发生较大变化，并且本身也容易分辨（如宏伟建筑存在与否），生命性优势也依然存在。人们还喜欢将生命性赋予以有生命的方式运动的无生命物（Heider & Simmel, 1944），而且只要其他的线索让人联想到生命性，就会把生命性赋予随机运动的无生命物（例如，狼群效应中的 V 形线条就是随机运动，但却是指向中央显示；Gao, McCarthy, & Scholl, 2010）。

然后，我们期望在学习和记忆中发现类似的生命偏向。巴雷特（Barrett）

和布罗斯奇（Broesch）发现来自洛杉矶的城市儿童和来自厄瓜多尔亚马逊地区的舒阿尔族（Shuar）儿童在学习危险的动物方面存在着一种内容偏向（2012）。此外，在脑损伤的病人中也存在特定的生命性语义缺陷。一些病人失去了说出如动物等生物名称的能力，但并不包括非生物（Caramazza & Shelton, 1998）。然而，实际上很少有研究（如果有的话）在实验中控制过生命性。例如，我们可以挑选出一些有生命物和无生命物，按照记忆相关维度仔细进行匹配，然后测试是否有生命物更容易让人记住。或者，我们可以选择一些新奇事物，如非单词或无生命的词语，鼓励人们从生命性角度来处理这些词语。这两种策略我们都在实验室中使用过，下面我将简要地加以讨论。

然而，我们最初是想通过回归法来观察生命性是否能显著性地预测回忆（Nairne, VanArsdall, Pandeirada, Cogdill, & LeBreton, 2013a）。多元回归经常被用作一种统计工具，用来确定变量对某些标准是否有影响。鲁宾（Rubin）和弗兰德利（Friendly）尝试使用词语属性的标准数据对自由回忆表现进行预测，这些属性包括词义、出现频率和具体性（1986）。在他们的分析中，生命性并不是一个被考虑在内的因素，所以我们以生命性（生物与非生物）对鲁宾和弗兰德利所使用的词语进行了编码，将生命性作为额外的预测变量来重新分析数据。我们发现，生命性是对可解释变异（explainable variance）最有贡献的因素之一。生命性与回忆（r= 0.42）密切相关，其增量重要性（对 R^2 有独特贡献的变量）几乎是最大的竞争对手“图像”的两倍。这些数据向我们说明，生命性确实是一个非常有效的记忆变量。

接下来，我们实验性地控制生命性这个变量，试图在生命性状态和记忆之间建立因果关系。首先，我们按照 10 个记忆相关维度（如图像、情绪性、熟悉度、意义等）将一组生物词语（如乌龟）与非生物词语（如钱包）仔细地进行了匹配。然后我们让受试者学习和记忆这些词语，并进行自由回忆测验。生物和非生物词语被混编在一个词汇表中，受试者有 5 秒钟时间学习每一个词语。图 9–2 显示了三次研究和测试的自由回忆结果。如图 9–2 所示，在三次研究和测试的每一次实验中，生物词语都具有很强的回忆优势。在我们发表了最初的研究结果后不久，另一个实验室使用了不同的词汇库复证了我们的研究结果。结果发现生命实体的图片具有生命性优势，再认记忆测试中也是如此（Bonin,

Gelin, & Bugaiska, 2014）。

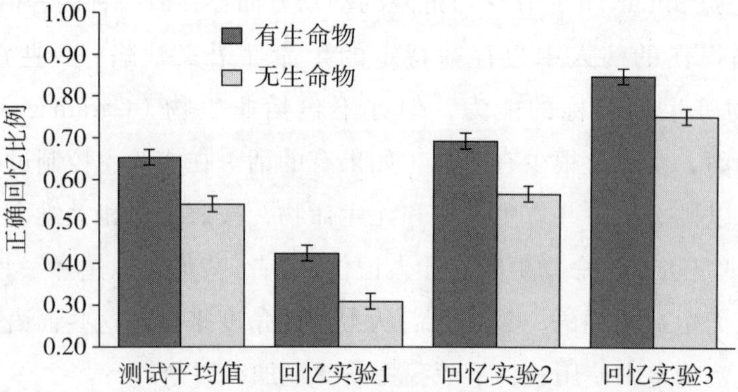

图 9-2　有生命物与无生命物的平均正确回忆比例 ①

我们还研究了生命性加工（animacy processing）的记忆价值（VanArsdall, Nairne, Pandeirada, & Blunt, 2013）。在研究中，我们并没有直接比较对生物词语和非生物词语的记忆，而是让人们把新刺激（非词语）当作生物或非生物来处理。在这些实验中，研究者向实验参与者展示了一些可发音的非词语“名称”（如 FRAV），并附加上生物属性（如喜欢烹饪）或非生物属性（如中心中空）。对于每一个非词语及其被指定的属性，任务只是简单地将它们分为生物和非生物。实验参与者将每一个非词语处理成生物或非生物，这样就有效地消除了任何可选项的问题。在分类任务结束后，对已评估的非词语进行记忆测验（自由回忆测验或再认测验）。结果再次发现存在着生命性优势，即被划分为“有生命”的非词语比“无生命”的非词语更容易被回忆和再认。我们的数据表明，以有生命的方式来思考一个物体可能会产生长期记忆效果。

这些生命性优势无疑会强化这样的一种观点：我们的认知系统经过调谐可以发现和记忆有生命的事物。这样的调谐在进化上是有意义的，因为人与动物总是易于与适合度有关，例如，记住一个突然出现的捕食者或是潜在的伴侣远比记住地上偶然吹来的树枝重要得多。复杂的社会系统计算需求有助于推动认

① 在奈恩、范阿斯德尔、潘德拉达、科格迪尔（Cogdill）和勒布雷顿（LeBreton）的实验 2 中，三次回忆实验以及每次回忆实验中的有生命物与无生命物的平均正确回忆比例（2013）。误差条图代表均值标准误差（standard errors of the mean）。

知系统的进化，至少在一定程度上，我们会更期待对生命实体的处理。与生存加工一样，我们需要借助记忆的“作弊小纸条”来帮助我们关注和记住那些与提高生存和繁殖机会相关的事物。

四、潜在污染[①]的记忆价值

我们的实验室还一直对探索污染的记忆价值饶有兴趣，这可能是另一种基于内容的调谐。关于厌恶情绪，已有大量的研究工作对此进行探索，厌恶情绪会促进对携带病原体物质的躲避。厌恶经常被归类为一种“基本情绪”，而对厌恶的表达有着相当大的跨文化一致性（Ekman & Friesen, 1974）。引起厌恶反应的线索和预示疾病的线索之间似乎也存在着相对的直接关系（Curtis, de Barra, & Aunger, 2011）。人们通常觉得身体的副产品令人厌恶，如粪便、尿液、呕吐物或是血液，而且这些事物也被认为是细菌和疾病的来源。因此，厌恶被归类为一种进化的躲避疾病的适应器，具有相当大的生存价值（Oaten, Stevenson, & Caser, 2009）。

鉴于令人厌恶的东西与适合度之间的显著关联性，我们预测令人厌恶的东西会被人牢牢记住。作为情绪刺激，特别是作为负愉悦度的刺激（stimuli with negative valence），那些令人厌恶事物的图片或描述确实会令人牢记（e.g., Croucher, Calder, Ramponi, Barnard, & Murphy, 2011）。人们发现对令人厌恶的事物的来源记忆（source memory）也会增强，这意味着我们可以记住一个事物或一个人是否表现了令人厌恶的特性。在贝尔和毕希纳的一项研究中，实验者向人们展示了一些人脸图片，并配以令人厌恶的行为（如这个人吃狗肉）、中性信息（如这个人是园丁）或令人愉快的行为（如这个人烤了新鲜的饼干）的描述（2010）。稍后，再次展示这些脸部图片，并要求人们指出每张人脸之前是与上述三种行为中的哪种行为有关。研究发现，与令人厌恶的行为有关的来源记忆效果最好。

令人厌恶的事物除了会唤醒和产生负面情绪之外，似乎还有其特别之处

---

① 潜在污染（potential contamination）：指可能存在的、但尚未确定的污染物质或污染源。——译者注

（Chapman, Johannes, Popenk, Moscovitch, & Anderson, 2013）。查普曼（Chapman）及其同事们将令人恐惧的照片和令人厌恶的照片就愉悦度和唤醒度进行了认真的比对，结果发现令人厌恶的事物（诸如粪便或呕吐物等身体产物）与令人恐惧的图像（如动物威胁、灾难）相比具有明显的记忆优势。即使当恐惧和厌恶之间的注意力差异与反应偏差（response biases）得到控制时，记忆优势仍然存在。研究者们认为厌恶增强可能会利用独特的神经机制，这种机制比一般情绪唤醒所产生的增强更能改善记忆。

令人厌恶的事物之所以“特别”，原因之一就是它们可能会产生污染，这很可能代表了一种对个人健康的常见威胁。与令人厌恶的事物有过接触的中性事物（neutral objects）自身也会被污染。数量众多的传闻和实验证据都表明，人们对于潜在的污染极度敏感。例如，从罗津（Rozin）及同事的资料来看，人们不愿意与那些接触过令人作呕的东西的事物进行互动（e.g., Rozin, Millman, & Nemeroff, 1986）。人们不太可能会喝曾经被死蟑螂“污染”过的杯子里的果汁，即使每个人都被告知果汁完全可以安全饮用。人们不愿意穿与曾经讨厌的人有关的衣服，比如希特勒或连环杀手。

显然，这些倾向是具有进化意义的，因为避开潜在被污染的东西会提高生存的机会。但是令我们感兴趣的是污染的记忆效果。我们知道人们对令人厌恶的事物会比中性事物记得更清楚，但是这种记忆增强（memory enhancement）是否会延伸到仅仅与令人厌恶的东西有过接触的事物上呢？因此，我们提出了一个简单的问题：与健康人碰过的东西相比，人们是否会对病人所碰过的东西记得更清楚？显而易见，答案是肯定的。我们大多数人都不愿意处理最近与病人有过接触的东西，这意味着某种记忆显著性（mnemonic salience）。

在我们的实验中，我们向人们展示了一些日常用品图片以及相关说明信息，描述了最近曾“接触”该物品的人的健康情况。例如，展示球的图片时，描述就是：“经常咳嗽的人”或“鼻子挺直的人”。每三张图片之后，就会重新展示前三张图片，然后要求人们根据每个物品是否被明显的病人或是无症状的人（即健康的人）接触过而对其进行分类。实验中包含这个即时测试只是为了确保人们注意到描述信息。在一系列的展示之后，每个人都被要求去回忆实验中所有看到的东西。最终的自由回忆测验令人意外。

正如预期的那样，即时测试的表现非常优秀，接近完美，而且在生病和健康这两种情况之间没有发现差异。再次需要强调的是，这些测试如此设计只是为了确保人们注意到描述信息。然而，自由回忆突击测验显示，那些附有“生病”描述信息的东西具有强大的回忆优势。尽管人们没有预期到会有最终的记忆测试，但那些被归类为病人接触过的东西明显比“健康”对照组让人记得更清楚。我们将这一发现扩展到源记忆。人们不仅能更好地记住所有“被污染”的东西，而且如果要他们辨认谁接触过该物品，是病人还是健康的人，人们也更善于认出被病人接触过的东西。不管这些优势背后的直接机制是什么——例如，人们可能对被污染的东西有强烈的情绪反应——最终结果显然是适应性的。记住这些可能被污染过的事物可以帮助我们在未来的互动中避免与其接触。

五、结论与教育实践的启示

大多数心理学家的默认立场是，学习和记忆过程是普遍和等势的。人们通常认为记忆和其他认知系统都是进化过程的产物，由此携带了一些进化优势，然而自然标准对系统功能的影响要么被忽略了，要么被认为无关紧要。而大多数的心理学家和教育者的指导前提是，不论涉及的材料或手头的特定任务是什么，同样的基础认知机制都是以同样的方式进行的。例如，以学习为例，刺激之间的因果关系被认为是由一些基本原则所支配的，如相邻性（contiguity）或信息性（informativeness），而所涉及事件的具体内容则几乎很少（如果有的话）被视为一个因素。有时会勉强承认一些制约因素，比如味道与疾病之间的联系，但经常只是作为感想，或是在教科书中的特设章节之中有所涉及。

在本章中，我一直提倡另一种观点，即我们的学习和记忆系统偏向或被“调谐”于特殊的内容或加工形式。更为重要的是，这些偏向或调谐是认知系统进化去解决适应性问题——具体来说就是与生存和繁殖有关的问题——的直接结果。有一种过于简单化的观点就是我们的大脑进化只是为了获得与保存“信息”，或是在任意两个同时发生的刺激之间形成联系，而这种观点不可能正确，因为信息本身不会对适合度产生后果。人们需要在各种信息中区分哪些信息与适合度相关，哪些信息与适合度无关（Geary, 2005）。否则，正如许多进化心理学家所探讨的那样，我们很快就会遇到计算爆炸问题或是记忆混乱（e.g., Ermer et al., 2007）。

事实上，我们的大脑已进化到可以被“调谐”去学习某些类型的内容，比如有生命的主体或可能被污染的东西，但这并不意味着我们的学习和记忆系统缺少可塑性。相反，我们需要具有学习各种事件以及事件之间关系的能力，因为适合度相关性通常是与特定情境有关的。尽管捕食者的特殊特征可能会影响某些系统的进化，但如果认为我们的大脑只是充斥着既定内容，例如捕食者或是食物种类的清单，这种观点就是固执己见了。有些人认为，视觉系统的进化，至少在一定程度上，是为了解决在草丛中发现蛇的问题（e.g., Isbell, 2006）。相反，视觉系统可能进化出来的是对敏感内容的处理形式。例如，如前所述，当信息在生存环境中处理时，或是人们在一个刺激物中寻找生命性或主体性时，记忆机制就会特别高效地运转，从而产生卓越的长期记忆力。

当然，从教育的角度来看，这意味着从适合度角度处理的信息会使获取和保存信息变得更为容易。正如吉尔里（Geary，2008）所指出的，儿童有内在的动力去学习“生物学上的初级”信息或进化上突出的信息。因此，在某种程度上，我们可以鼓励教育者在设计他们的教案时利用本章所讨论的这种自然学习偏向；关于数学技能的教学也有着类似的讨论，即人们应当制定符合我们自然发展的“数字感”（number sense）的学习任务（参见 Berch, 2005）。例如，你可以设想与适合度有关的情境来设计内容，或是发展那些充分利用主体的工作问题、生存问题，甚至是一般的社会情境。当然，进化偏向对表现是有所帮助还是有所阻碍则取决于问题的情境。正如吉尔里（2008）所强调的，许多需要在课堂上学习的东西在进化上是全新的，而且可能会与我们的自然直觉相矛盾（如牛顿力学）。

在这一点上，我们无法宽泛地断言我们的实验研究可以应用于课堂，但我们已经表明与适合度相关的处理可以促进对各种刺激的学习，包括外语新单词。下面的这项研究采用了我们在污染研究中所用的流程：实验者向人们展示了一些斯瓦希里语单词（Swahili words），这些词语都配有描述，说明它们是与适合度有关还是与适合度无关。例如，与词语“kaburi”可能搭配在一起的描述是“可以被扔出去迷惑捕食者”，而与词语“gutu”搭配的描述则是“可以被小心地放在盒子里”。对于每一个词语，人们需要判断它是与生存情境有关，还是与活动情境有关。实验结束后，对每个人进行一次单词再认测验的突击检查。结果表明，配以生存说明的斯瓦希里语单词的识别度明显高于配以活动说明（与适合度无关）的单词。

我们还发现生命性可以促进外语翻译的学习（VanArsdall et al., 2015）。实验者再次向人们展示了一些斯瓦希里语的词语，但这次是与指定的英语“翻译”一起出现。任务就是要学会在看到作为线索词的斯瓦希里词语时，给出合适的英语翻译。这些斯瓦希里词语并没有与实际的翻译相搭配，相反，为了控制实验，我们选择的英语翻译分为有生命物和无生命物，但却根据各种重要的记忆变量进行了配对［如 rembo 与 duck（鸭子）和 sahani 与 stove（炉子）］。每一组词语出现 5 秒钟，实验参与者被要求学习这组词语，这样当他们看到线索词（rembo）时就能够说出与之对应的翻译（duck），图 9–3 显示了三次测试中的每一次实验结果。在三次实验中，有生命物的词语配对都表现出了很强大的线索回忆优势（cued–recall advantage）。

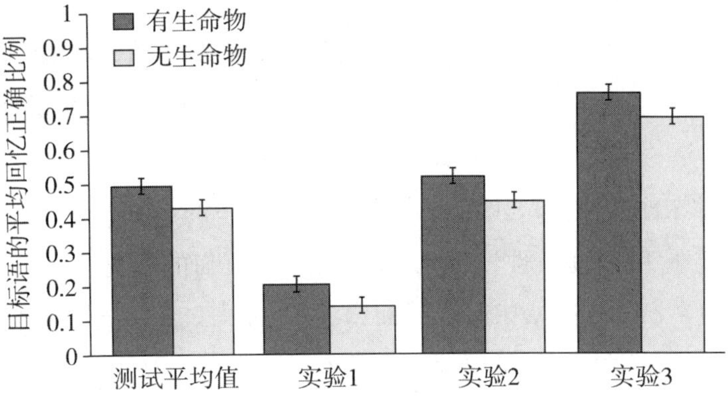

图 9–3　目标语的平均回忆正确比例[①]

我们关于斯瓦希里语的实验结果表明，可以将我们的实验流程拓展到课堂上应用的一些学习情境之中。例如，在外语学习中，从有关生命性主体或其他

① 范阿斯德尔等人（VanArsdall et al., 2015）的研究结果：目标语的平均回忆正确比例（作为测试和词汇类型函数）。数据显示的是三次线索回忆测试的平均值与每次单独测试的数据。误差条图代表均值标准误差。

适合度概念的词汇开始可能是有所裨益的。普罗科普（Prokop）和范科维奇柯娃（Fancovicova）近来指出，发现儿童开始时学习带有象征成熟与否的颜色（如红色和绿色），特别是与生存有关（如植物是否有毒）的植物会更为容易（2014）。与学习人工制品相对比，6个月大的婴儿甚至就已明显“准备好”使用社会信息来了解植物的可食用性（Wertz & Wynn, 2014）。这种自然倾向当然可以被用来帮助我们从简单的学习情境过渡到更复杂的学习情境。

除了认识和利用内在的内容偏向之外，在课堂上采用进化观点还有另外一个切实的好处。它迫使我们从功能角度思考学习过程。如前所述，绝大多数心理学家和教育家只是试图进行逆向工程学习：人们被要求学习和记忆材料，然后在经验模式中找规律。虽然很多有效的学习策略是通过逆向工程发现的，例如，分散时间学习而不是集中时间学习，主动检索材料而不是被动学习（参见Dunlosky, Rawson, Marsh, Nathan, & Willingham, 2013），但很少有人能深入了解为什么我们的学习系统是这样工作的。此外，我们的学习和记忆系统几乎可以肯定是为了解决特定的适应性问题而进化的。为了完全理解这些系统，人们需要了解影响其发展的选择压力。

作为教师，从功能角度思考可以带来同样的益处。在大学里，学生在课堂上经常对课程内容感到困惑，因为教师像研究人员一样，一直倾向于教授“是什么”，而不是“为什么”。例如，就心理学导论课程所包含的学习内容而言，学生们会听到各种有关流口水的狗和啄果子的鸽子的长篇大论，但却很少听到经典条件性反射和工具条件性反射与人们日常面临的各种学习问题之间的联系。正如威廉·詹姆斯（William James）曾说过，只关注砖瓦和灰浆是很难理解一栋房屋的，人们需要知道房屋是做什么的，房屋设计出来是用来做什么的。只有在这种功能背景下，砖瓦和灰浆才有意义。同样的逻辑也适用于课堂：在学习者理解一种心理过程的机制之前，他们需要知道这种心理过程的目的是什么（参见Nairne, 2014）。无论是在研究领域还是在课堂上，功能性地思考都是成功的一个重要组成部分。

参考文献

Aslan, A., & Bäuml, K.-H. T. (2012). Adaptive memory: Young children show enhanced retention of fitness-related information. *Cognition, 122*, 118–122.

Barrett, H. C., & Broesch, J. (2012). Prepared social learning about animals in children. *Evolution and Human Behavior, 33*, 499–508.

Bell, R., & Buchner, A. (2010). Valence modulates source memory for faces. *Memory & Cognition, 38*, 29–41.

Bell, R., Röer, J. P., & Buchner, A. (2013). Adaptive memory: The survival-processing memory advantage is not due to negativity or mortality salience. *Memory & Cognition, 41*, 490–502.

Berch, D. B. (2005). Making sense of number sense: Implications for children with mathematical disabilities. *Journal of Learning Disabilities, 38*, 333–339.

Bonin, P., Gelin, M., & Bugaiska, A. (2014). Animates are better remembered than inanimates: Further evidence from word and picture stimuli. *Memory & Cognition, 42*, 370–382.

Brown, R., & Kulik, J. (1977). Flashbulb memories. *Cognition, 5*, 73–99.

Caramazza, A., & Shelton, J. R. (1998). Domain-specific knowledge systems in the brain the animate-inanimate distinction. *Journal of Cognitive Neuroscience, 10*(1), 1–34.

Ceo, D. (2008). *Memory for survival processing of hierarchical categories*. PhD Thesis, Purdue University.

Chapman, H. A., Johannes, K., Popenk, J. L., Moscovitch, M., & Anderson, A. K. (2013). Evidence for the differential salience of disgust and fear in episodic memory. *Journal of Experimental Psychology General, 142*, 1100–1112.

Croucher, C. J., Calder, A. J., Ramponi, C., Barnard, P. J., & Murphy, F. C. (2011). Disgust enhances the recollection of negative emotional images. *PLoS One, 6*, e26571.

Curtis, V., de Barra, M., & Aunger, R. (2011). Disgust as an adaptive system for disease avoidance behavior. *Philosophical Transactions of the Royal Society, 366*, 389–401.

Domjan, M., & Galef, B. G. (1983). Biological constraints on instrumental and classical conditioning: Retrospect and prospect. *Animal Learning & Behavior, 11*, 151–161.

Dunbar, R. (2007). Evolution of the social brain. In S. W. Gangestad & J. A. Simpson (Eds.), *The evolution of mind: Fundamental questions and controversies* (pp. 280–286). New York, NY:Guilford.

Dunlosky, J. D., Rawson, K. A., Marsh, E. J., Nathan, M. J., & Willingham, D. T. (2013). Improving students' learning with effective learning techniques: Promising directions from cognitive and educational psychology. *Psychological Science in the Public Interest, 14*, 4–58.

Ebbinghaus, H. (1964). *Memory: A contribution to experimental psychology*. Oxford, England: Dover (Original work published 1885).

Ekman, P., & Friesen, W. V. (1974). Detecting deception from the body or face. *Journal of Personality and Social Psychology, 29*, 288–289.

Erickson, K., & Coultas, J. C. (2014). Corpses, maggots, poodles, and rats: Emotional selection operating in three phases of cultural transmission of urban legends. *Journal of Cognition and Culture, 14*, 1–26.

Ermer, E., Cosmides, L., & Tooby, J. (2007). Functional specialization and the adaptationist program. In S. W. Gangestad & J. A. Simpson (Eds.), *The evolution of mind: Fundamental questions and controversies* (pp. 86–94). New York, NY: Guilford.

Gao, T., McCarthy, G., & Scholl, B. J. (2010). The wolfpack effect. Perception of animacy irresistibly influences interactive behavior. *Psychological Science, 21*(12), 1845–1853.

Garcia, J., & Koelling, R. A. (1966). Relation of cue to consequence in avoidance learning. *Psychonomic Science, 4*, 123–124.

Geary, D. C. (2002). Principles of evolutionary educational psychology. *Learning and Individual Differences, 12*, 317–345.

Geary, D. C. (2005). *The origins of mind: Evolution of brain, cognition, and general intelligence*. Washington, DC: American Psychological Association.

Geary, D. C. (2008). An evolutionarily informed education science. *Educational Psychologist, 43*, 179–195.

Gould, S. J., & Lewontin, R. C. (1979). The spandrels of San Marco and the Panglossian paradigm: A critique of the adaptationist programme. *Proceedings of the Royal Society of London, Series B,205*, 581–598.

Heider, F., & Simmel, M. (1944). An experimental study of apparent behavior. *The American Journal of Psychology, 57*(2), 243–259.

Heyman, G. D., & Gelman, S. A. (2000). Preschool children's use of trait labels to make inductive inferences. *Journal of Experimental Child Psychology, 77*, 1–19.

Hirst, W., Phelps, E. A., Meksin, R., Vaidya, C. J., Johnson, M. K., Mitchell, K. J. .... Olsson, A. (2015). A ten-year follow-up of a study of memory for the attack of September 11, 2001: Flashbulb memories and memories for flashbulb events. *Journal of Experimental Psychology General, 144*(3), 604–23.

Isbell, L. A. (2006). Snakes as agents of evolutionary change in primate brains. *Journal of Human Evolution, 51*, 1–35.

Kamin, L. J. (1969). Predictability, surprise, attention, and conditioning. In B. A. Campbell & R. M. Church (Eds.), *Punishment and aversive behavior*. New York, NY: Appleton-Century-Crofts.

Kang, S., McDermott, K. B., & Cohen, S. (2008). The mnemonic advantage of processing fitness-relevant information. *Memory & Cognition, 36*, 1151–1156.

Kanwisher, N. (2010). Functional specificity in the human brain: A window into the functional architecture of the mind. *Proceedings of the National Academy of Sciences of the United States of America, 107*, 11163–11170.

Klein, S. B., Cosmides, L., Tooby, J., & Chance, S. (2002). Decisions and the evolution of memory: Multiple systems, multiple functions. *Psychological Review, 109*, 306–329.

Klein, R. P., & Jennings, K. D. (1979). Responses to social and inanimate stimuli in early infancy. *The Journal of Genetic Psychology, 135*(1), 3–9.

Markson, L., & Spelke, E. S. (2006). Infants' rapid learning about self-propelled objects. *Infancy, 9*(1), 45–71.

Müller, S., & Renkewitz, F. (2015). Replication of Study 2 by Nairne, J. S., Pandeirada, J. N. S., & Thompson, S. (Psychological Science, 2008). *Open Science Framework: Reproducibility Project.*

Nairne, J. S. (2005). The functionalist agenda in memory research. In A. F. Healy (Ed.), *Experimental cognitive psychology and its applications: Festschrift in honor of Lyle Bourne, Walter Kintsch, and Thomas Landauer*. Washington, DC: American Psychological Association.

Nairne, J. S. (2014). *Psychology*. Belmont, CA: Cengage.

Nairne, J. S. (2015). Adaptive memory: Novel findings acquired through forward engineering. In D. S. Lindsay, C. M. Kelley, A. P. Yonelinas, & H. L. Roediger III (Eds.), *Remembering: Attributions, processes, and control in human memory: Papers in honor of Larry L. Jacoby* (pp. 3–14). New York, NY: Psychology Press.

Nairne, J. S., & Pandeirada, J. N. S. (2008). Adaptive memory: Remembering with a stone-age brain. *Current Directions in Psychological Science, 17*, 239–243.

Nairne, J. S., Pandeirada, J. N. S., Gregory, K. J., & VanArsdall, J. E. (2009). Adaptive memory: Fitness-relevance and the hunter-gatherer mind. *Psychological Science, 20*, 740–746.

Nairne, J. S., Pandeirada, J. N. S., & Thompson, S. R. (2008). Adaptive memory: The comparative value of survival processing. *Psychological Science, 19*, 176–180.

Nairne, J. S., Thompson, S. R., & Pandeirada, J. N. S. (2007). Adaptive memory: Survival processing enhances retention. *Journal of Experimental Psychology Learning, Memory, and Cognition, 33*, 263–273.

Nairne, J. S., VanArsdall, J. E., Pandeirada, J. N. S., Cogdill, M., & LeBreton, J. M. (2013). Adaptive memory: The mnemonic value of animacy. *Psychological Science, 24*, 2099–2105.

Nairne, J. S., VanArsdall, J. E., Pandeirada, J. N. S., & Blunt, J. R. (2012). Adaptive memory: Enhanced location memory after survival processing. *Journal of Experimental Psychology*

Learning, Memory, and Cognition, 38, 495–501.

New, J., Cosmides, L., & Tooby, J. (2007). Category-specific attention for animals reflects ancestral priorities, not expertise. *Proceedings of the National Academy of Sciences of the United States of America, 104*(42), 16598–16603.

Nouchi, R. (2012). The effect of aging on the memory enhancement of the survival judgment task. *Japanese Psychological Research, 54*, 210–217.

Oaten, M., Stevenson, R. J., & Caser, T. I. (2009). Disgust as a disease-avoidance mechanism. *Psychological Bulletin, 135*, 303–321.

Ohman, A., & Mineka, S. (2001). Fears, phobias, and preparedness: toward an evolved module of fear and fear learning. *Psychological Review, 108*, 483–522.

Opfer, J. E., & Gelman, S. A. (2011). Development of the animate-inanimate distinction. In U. Goswami (Ed.), *The Wiley-Blackwell handbook of childhood cognitive development* (2nd ed., pp. 213–238). Oxford, England: Wiley-Blackwell.

Paivio, A. (2007). *Mind and its evolution: A dual coding theoretical approach*. Mahwah, NJ: Erlbaum.

Pandeirada, J. N. S., Pinho, M. S., & Faria, A. L. (2014). The mark of adaptive memory in healthy and cognitively impaired older adults and elderly. *Japanese Psychological Research, 56*, 168–179.

Pinker, S. (1994). *The language instinct*. New York, NY: HarperCollins.

Prokop, P., & Fancovicova, J. (2014). Seeing coloured fruits: Utilisation of the theory of adaptive memory in teaching botany. *Journal of Biological Education, 48*, 127–132.

Rescorla, R. A. (1988). Pavlovian conditioning: It's not what you think it is. *American Psychologist, 43*, 151–160.

Rescorla, R. A., & Wagner, A. R. (1972). A theory of Pavlovian conditioning: Variations in the effectiveness of reinforcement and nonreinforcement. In A. H. Black & W. F. Prokasy (Eds.), *Classical conditioning II*. New York, NY: Appleton-Century-Crofts.

Röer, J. P., Bell, R., & Buchner, A. (2013). Is the survival-processing advantage due to richness of encoding? *Journal of Experimental Psychology Learning, Memory, and Cognition, 39*, 1294–1302.

Rozin, P., Millman, L., & Nemeroff, C. (1986). Operation of the laws of sympathetic magic in disgust and other domains. *Journal of Personality and Social Psychology, 50*, 703–712.

Rubin, D. C. (1995). *Memory in oral traditions. The cognitive psychology of epic, ballads, and counting-out rhymes*. New York, NY: Oxford University Press.

Rubin, D. C., & Friendly, M. (1986). Predicting what words get recalled: Measures of free recall, availability, goodness, emotionality, and pronunciability for 925 nouns. *Memory & Cog-*

nition, 14, 79–94.

Sakaki, M., Niki, K., & Mather, M. (2012). Beyond arousal and valence: The importance of the biological versus social relevance of emotional stimuli. *Cognitive, Affective, & Behavioral Neuroscience, 12*, 115–139.

Scholl, B. J., & Gao, T. (2013). Perceiving animacy and intentionality: Visual processing or higherlevel judgment? In M. D. Rutherford & V. A. Kuhlmeier (Eds.), *Social perception: Detection and interpretation of animacy, agency, and intention* (pp. 197–230). Cambridge, MA: MIT Press.

Shepard, R. N. (1994). Perceptual-cognitive universals as reflections of the world. *Psychonomic Bulletin & Review, 1*, 2–28.

Silverstein, M. (1976). Hierarchy of features and ergativity. In R. Dixon (Ed.), *Grammatical categories in Australian languages*. Canberra, ACT, Australia: Australian Institute of Aboriginal Studies.

Stubbersfield, J. M., Tehrani, J. J., & Flynn, E. G. (2015). Serial killers, spiders and cybersex: Social and survival information bias in the transmission of urban legends. *British Journal of Psychology, 106*, 288–307.

Ungerleider, L. G., & Haxby, J. V. (1994). "What" and "where" in the human brain. *Current Opinion in Neurobiology, 4*, 157–165.

VanArsdall, J. E., Nairne, J. S., Pandeirada, J. N. S., & Blunt, J. R. (2013). Adaptive memory: Animacy processing produces mnemonic advantages. *Experimental Psychology, 60*, 172–178.

VanArsdall, J. E., Nairne, J. S., Pandeirada, J. N. S., & Cogdill, M. (2015). Adaptive memory: Animacy effects persist in paired-associate learning. *Memory, 23*, 657–663.

Wertz, A. E., & Wynn, K. (2014). Selective learning of plant edibility in 6- and 18-month-old infants. *Psychological Science, 25*, 874–882.

Wilson, S., Darling, S., & Sykes, J. (2011). Adaptive memory: Fitness relevant stimuli show a memory advantage in a game of pelmanism. *Psychonomic Bulletin & Review, 18*, 781–786.

第十章　认知负荷理论、进化教育心理学与教学设计

约翰·斯威勒[①]

认知负荷理论（cognitive load theory）（Sweller, Ayres, & Kalyuga, 2011）是一种基于人类认知架构（cognitive architecture）知识的教学方法，这些知识包括工作记忆的局限性、长期记忆中的信息组织以及这些记忆系统之间的交互作用。该架构可用于生成旨在促进教育环境中学习的新教学过程（instructional procedures）。一旦基于这个理论发展出教学过程，就可以通过随机对照试验，将学习结果与更传统的教学过程的学习结果进行对比研究，以检验其有效性。当这些学习结果支持新教学过程时，一种新的认知负荷效应就被确认了，以待进一步研究；一种潜在的新教学过程就可以应用在课堂上。

人类认知架构中与教学有关并为认知负荷理论所应用的那些环节，在两个方面依赖于进化教育心理学。其一，生物进化可以被用来决定对教学思考有重要意义的知识类型。其二，由自然选择推动进化的选择压力类似于人类学习过程中的选择压力。我将先从进化教育心理学的角度来思考人类的认知架构，然后将其与教育设计相结合。

一、进化教育心理学与人类认知

早期版本的认知负荷理论在讨论人类认知架构时并没有应用进化教育心理学，而是主要侧重于工作记忆与长期记忆之间的关系。虽然这种关系仍是认知负荷理论的关键之所在，但随后出现的进化教育心理学的切实可行，在很大程

① 约翰·斯威勒（John Sweller）：澳大利亚悉尼，新南威尔士大学教育学院。

度上为探究工作记忆和长期记忆之间的关系提供了更强大的阐释力，并产生了一系列更为广泛的假说。通过应用进化教育心理学，认知负荷理论适用和不适用的知识类型就变得更清晰了，而信息在教学过程中和教学之后处理、存储和使用的方式也变得更加清晰。

知识分类

知识或许能够以无数种方式进行分类，但就当前目标来看，唯一重要的分类就是那些具有教学意义的分类法。在一些分类方案中，如果相同的教学过程在所确定的类型中都同样有效，那么这些分类方案对教学的意义就很微小，或根本没有教学意义。例如，如果相同的教学技巧在教学概念和教学过程中都很重要，那么从教学角度来看，概念和过程之间的区别就变得无关紧要了，即使从其他角度来看这种区别很重要。大卫·吉尔里（David Geary）所设计的一种基于进化教育心理学的方案对于教学过程具有深远的意义（Geary, 2012, 本书）。他把知识分为生物学初级知识（primary knowledge）和次级知识（secondary knowledge），而这两种知识类型发展所需的经验截然不同，因此其教学过程也有着天壤之别。

生物学初级知识。我们经过无数代的进化获得了生物学初级知识。这些知识往往对我们的生存至关重要，是围绕着常识心理学（folk psychology）（如社会能力）、常识生物学（folk biology）（如关于其他物种的知识）以及常识物理学（folk physics）（如从一个地方到另一个地方的导航能力）等不同领域而组织构建的（Geary, 2005）。识别面部、学习听说母语，以及与人际关系相关的基本社会技能都是常识心理学的范畴。我们还发展出了一般的解决问题技能，以及防患未然和制定策略的能力。

在生物学上，初级知识具有几个重要的特征。首先，它往往是模块化的，例如，与语言技能相比，识别面部的能力有可能是从与其不同的时期独立进化而来的。因此，我们习得一种技能的方式与我们习得另一种毫无关系的不同技能的方式可能有着明显差异。其次，由于我们在进化过程中可以习得生物学初级知识，这些知识往往可以通过自然活动（如游戏和社会话语）轻松、自动、无意识地获得。为了习得生物学初级技能，我们只需要成为一个正常运转的（在某些情况下，甚至可以是一个运转失调的）社会的成员。因此，生物学初级技能不需要明确的教授，甚至根本不需要教授。所有机能正常的个体都会习得这些技能。

再次，大多数在教育中被认为重要的通用技能很可能都是生物学初级技能（Tricot & Sweller, 2014）。例如，由于这些技能在很多现实环境中的重要性，我们可能已经进化出了通用的问题解决技能和计划技能。手段—目的分析提供了一个通用解决问题技能的范例（Newell & Simon, 1972）。我们通过注意当前和目标问题的情况来解决很多新问题，找到解决问题的操作符（operator）以缩小两种情况之间的差异，然后重复过程，直到达到目的。这种手段—目的策略（means-ends strategy）是一种常用的通用技能，但是没有证据表明它是可以教授的。它构成了一种复杂的初级技能，所有正常人不需要教授就能习得。由此可见，这样的通用技能不需要，事实上也不可能被教授，因为它们是自动习得的。在课程中包含这些技能的教学很可能是徒劳的。

生物学次级知识。与我们每个人都必须习得才能在任何社会中正常运转的生物学初级知识相比，生物学次级知识是文化特定的。虽然知识本身是完全具有领域特殊性的，但一般说来我们已进化到能够习得任何通用的次级知识了。换言之，习得次级知识的能力在生物学上是初级的（Geary, 2005）。我们不需要被教授如何习得生物学次级知识，因为我们已进化到能这样做了。因此，相对于教授学习者实际知识，教他们如何发展知识可能是一种毫无意义的活动。无论知识的性质如何，我们习得生物学次级知识的方式在很大程度上是相同的：我们在进化过程中已学会以相同的方式来习得各种类型的生物学次级知识。

在任何教育机构的任何课程领域中都可以找到生物学次级知识的例子。我们创建学校就是为了教授生物学次级知识，因为与初级知识不同，如果没有教育机构的功能和程序，习得这些次级知识显然是不太可能的。

生物学次级知识具有两个特征，对教学问题非常关键。首先，它是特定领域的（Tricot & Sweller, 2014）。要学会解决数学问题，我们并不需要学习通用的、认知的问题解决技能，比如手段—目的分析。这些技能已经是我们进化技能中的一部分了，虽然一些特定领域的问题解决过程，如使用形式逻辑和实验设计，必须在它们的应用领域中进行明确的教授（参见 Gray, Toub et al., 本书）。例如，适用于生物学或心理学的实验设计与应用于物理学的实验设计几乎没有相似之处。学习这些程序就是生物学次级任务，必须明确教授。同样，我们也确实需要学习一些解决特定狭义类型问题的程序。例如，我们需要学习如何解出 a/b= c 中的 a 这类问题。获得的知识是特定领域的，因为学会如何解决这类问题对于解决与此无关的数学问题或非数学问题是毫无帮助的。

生物学次级知识的第二个重要特征是，与初级知识不同，次级知识的学习十分困难，需要有意识的努力，因此，它更容易通过显性教学（explicit instruction）来学习，而不是通过最小化指导（minimal guidance）（Kirschner, Sweller, & Clark, 2006）。习得生物学初级知识时，学习者可以依靠自我的机制，因为他们已进化到可以习得这样的知识了。在处理生物学次级知识时，提供最小化指导来学习是不可取的。如果没有指导，这些信息可能会被误解或根本无法习得，而在处理生物学初级知识时，这种风险是微不足道的。

自然信息处理系统

从上述分析来看，教学的主要功能是帮助学习者习得生物学次级知识。与习得和使用生物学次级知识相关的认知架构与生物进化本身的过程极为相似。自然选择的进化和人类认知过程是相似的，这种观点有着悠久而辉煌的历史（Campbell, 1960; Darwin, 1871/2003; Popper, 1979; Siegler, 1996）。人类的认知架构和自然选择进化都是自然信息系统的范例（Sweller & Sweller, 2006）。它们可以用五个基本原则加以描述。

信息存储原则。自然信息处理系统需要存储大量的信息才能在自然环境中正常运作。在生物进化的情况下，基因组是存储信息的代表。虽然对于基因组的大小没有一致的衡量标准，但对于最小基因组，任何测量结果都是数以千计的信息单位，而较大的基因组则有更多的信息单位（Portin, 2002; Stotz & Griffiths, 2004）。

对于人类的认知架构而言，长期记忆所提供的功能相当于一个基因组。在任何实质性的生物学次级领域中的成功学习表现，都需要多年的刻意练习才能得以提高（Ericsson, Krampe, & Tesch-Romer, 1993）。这些练习会存储大量特定领域信息。长期记忆中存储了大量信息的最初证据来自德·格鲁特（De Groot，1965）关于国际象棋的经典著作。他发现象棋大师并不能比周末棋手找到更多的问题解决方法。两者之间唯一的区别就是对棋局的记忆。象棋大师们只需要 5 秒就能复盘一局真实比赛，能够准确地还原 80% 以上的棋子。周末棋手只能还原不到 30% 的棋子。蔡斯（Chase）和西蒙（Simon）得出了同样的结果，并且发现大师们复盘的随机棋局和周末棋手复盘的真实比赛棋局之间没有区别（1973）。对于随机棋局其复盘的准确率与周末棋手复盘真实比赛棋局的准确率相似。因此，象棋大师只在呈现真正比赛的棋局上表现出了高水平。在与教育有关的各个领域都得到了类似的研究结果，其中包括学习代数和计算机编程（eg., Egan & Schwartz, 1979; Jeffries, Turner, Polson, & Atwood, 1981; Sweller & Cooper, 1985）。

关于专业技能的研究，特别是德·格鲁特（1965）的研究改变了我们对人类认知的看法，而且事实上，改变了我们对于自身的看法。可以说，这是认知心理学最重要的发现。在这项研究工作之前，我们所知的人类认知定义特征是我们“思考”的能力，但一个明确的定义依然难以确定。虽然长期记忆在人类认知中的新作用未能给出一个定义，但却让我们踏上了这条道路。与大师级或是超级大师级水平下棋肯定需要思考，而且事实证明，长期记忆对于思考是至关重要的，甚至是达到了以前无法想象的程度。

就与遗传因素相对的可学习因素来说，擅长某一特定次级领域智力活动者与不擅长某一特定次级领域智力活动者之间的关键区别，似乎在很大程度上取决于长期记忆中保存的信息。在这种情况下，例如，我们知道工作记忆的容量会受到长期记忆内容的显著影响（参见下面的组织和连接原则），并且智商测试每隔几年就需要重新标准化，并呈现出持续上升的趋势（Flynn, 1987）。我们还认识到多接受一年学校教育比年龄大一岁更能提高智商（Cahan & Cohen, 1989）。假设工作记忆的容量和智商都受到长期记忆内容的强烈影响，就可以对二者的变化做出审慎的解释。事实上，目前还没有明确的证据表明有任何其他因素与此相关。

无论是关于基因组还是长期记忆，信息存储中的信息对于自然信息处理系统都是至关重要的。自然环境往往错综复杂，为了应对这种复杂性，大量的信息存储是必不可少的。

借用与重组原则。自然信息存储中的大量信息是如何获得的？个体基因组获得信息的方式是众所周知的。无论是在有性繁殖或是无性繁殖的过程中，信息都是从祖先那里借用来的。在有性繁殖的情况下，这一过程中重要的部分就是信息必须重组。

人类的认知也有一个类似的过程。我们模仿其他人的行为（Bandura, 1986），我们听他们所说，读他们所写。我们是极少数能够通过有意识的教学从物种其他成员那里获取和接收信息的物种之一（Thornton & Raihani, 2008）。我们从别人那里获取信息的能力在生物学上是初级的，即使是以此来获得一种生物学次级技能，如阅读。这种技能是次级的，但获取该次级技能所需信息的通用能力是初级的。我们必须教人学习阅读，但我们不必教他们通过阅读来获取信息，因为一旦人被教会如何阅读，这项技能就可以利用我们生物学上初级的自然语言和社会信息系统。人们知道他们可以通过阅读从他人或他处获取信息，因为这种知识在生物学上是初级的，无须教授。

我们从他人或他处所获得的信息重组方式与信息在有性繁殖过程的重组方式一样。从他人或他处获得的知识会自动地与长期记忆中的已有知识相结合，从而提供有可能是独特而实用的新知识。因此，从他人那里获得的信息很少被精确地记录下来。它会与先前的知识结合而加以建构。

由此可见，从教学角度来看，教学应该为学习者提供信息。认知负荷理论所强调的重点是使用显性教学以促进特定领域习得的技能，即生物学次级知识。

随机生成原则。虽然我们已进化到从他人或他处获取绝大多数的知识，但这些知识首先需要被创造出来。自然选择进化也需要创造新信息。随机突变是所有生物变异的最初来源。

就人类的认知而言，解决问题过程中的随机生成和测试会创造出新的概念和过程（Sweller, 2009）。当我们遇到一个问题时，我们会尝试使用存储在长期记忆中的信息来自动解决它。使用已知的解决过程的偏向在生物学上是初级的，所以是不可教的。如果可用的话，人们总是会使用一个已知的解决方法。如果一个问题是全新的，在长期记忆中没有已知的解决方法，那么就有可能从已知的解决方法归纳出类似的问题。同样，如果我们可以从一个问题进行归纳，我们会自动地加以归纳。归纳也是不可教的，因为它是生物学初级技能。当然，如果问题是全新的，根据这一定义，我们无法知道一个已知问题的解决方法可否归纳到新问题上。我们只有通过尝试来发现旧的解决方法是否对新问题有效。在生成和测试过程中，我们产生解决方法，看它是否有效。如果这种方法可行，我们可以将新问题及其解决方法存储在长期记忆中，以备后来使用。

当我们面对一个新问题时，经常无法从长期记忆中获得解决方法，甚至是部分解决方法。无论是从开始还是在解决的过程中，我们可能会发现有若干可能的做法，但并没有基于知识的信息向我们指明应当尝试哪一种。在这种情况下，我们别无选择，只能随机选择一种做法，并使用随机生成和测试程序来测试其有效性。同样，如果这一步或这一系列做法是有效的，我们可能会将其存储在长期记忆中以备后来使用，但如果证明是无效的，我们就会放弃它。新知识就是这样创造出来的。

有争议认为，没有一个解决问题的做法是完全随机的，所有这些做法都带有一些知识性。从某种意义上来说，这个观点肯定是正确的。如果我们没有知识，我们可能不仅无法解决问题，甚至还可能无法做到理解问题的意义并开始解决它。然而，总是需要一些知识的事实与随机发生原则并不互相矛盾。正如随机突变并不会发生在真空之中，而是只会应用在现有的基因组，同样地，在解决问题过程中的随机生成和测试总是会应用于现有的知识库。在应用随机发生原则之前，有组织的信息肯定会被存储起来，但这一事实并不能消除随机性。就解决问题而言，这种情况的出现是不可避免的：即没有知识可以用来区分其他的解决问题措施。在这些情况下，随机生成和测试是无法避免的。当这种情况发生时，就会创造出新知识，就如同随机突变会创造新的基因变异一样。

变化范围狭窄原则。随机发生原则具有结构性后果。如果新信息是随机生成的，那么就需要以某种方式限制它。这种限制的必要性在人类的认知情况中最为清楚可见。假设在解决问题的过程中，需要结合三个信息要素。如果没有可用的信息表明它们应该如何组合，那么这三种要素就有 6 种可能的排列组合（3!=6）。相反，假设有 10 种要素需要组合，那就有 3628800 种可能的排列组合（10!=3628800）。使用随机生成和测试程序来确定，哪些排列组合对 10 个要素比对 3 个要素更为有利就会花更长的时间。基于 10 个要素的话，可能永远都找不到一个需要被储存的有用排列。因此，为了确保之前存储的有用信息不被突然的巨大变化所破坏，自然选择的进化和人类的认知都需要一些机制，以防止存储发生快速巨变。

自然选择的进化通过限制可能发生的突变数量来解决这个问题。表观遗传系统（epigenetic system）就是用来改变可能发生在任何既定基因组位置的突变数量。例如，环境中的压力水平可能会改变突变的数量。同样，基因组的某些部分可能比其他部分的突变率高数千倍或低数千倍。如果需要多样性，比如让猎物伤残的毒液，突变率就可能会非常高（Jablonka & Lamb, 2005）。换言之，环境要求可能会导致突变生成率的变化。然而，大量的突变可能会危害基因组的完整性，因此需要诸如基因修复等机制来限制突变率。

为了确保存储在基因组中有组织的信息不会因为可能致命的大规模随机变化而丢失，保留的突变数量往往很少。随机突变导致的基因变化是缓慢的。实际上，只是发生了很小的变化，并测试其有效性。这些变化中的绝大多数在进化过程中都是非适应性的，通过不同的生存和繁殖被抛弃。偶尔会有适应性的变化才被保留。结果就是，在很长一段时间内发生的一系列微小的变化可以在不破坏基因组的情况下，缓慢地提高基因组对环境的适应力。

就人类认知而言，工作记忆的作用类似于这些基因变化。新信息可以在解决问题的过程中获得，但由于工作记忆特性，其获得的速度非常缓慢，这也是限制因素。当处理新信息时，工作记忆的容量仅限于记住大约 7 项内容（Miller, 1956），并处理不超过 4 项或更少的内容（Cowan, 2001），而其处理过程涉及以某种方式对事物进行组合、比较或是关联。在处理新信息时，不仅工作记忆的容量受到严格限制，而且如果不重复的话，新信息在工作记忆中保留的时间也被限制在只有大约 20 秒（Peterson & Peterson, 1959）。由于工作记忆在处理信息时的这些局限性，在处理新信息时，长期记忆存储的变化很慢，就如同基因组的变化缓慢一样。

环境组织与关联原则。虽然环境会影响信息存储的变化，但存储的最终目的是在既定环境中实现适应性功能。此目的是通过环境组织和关联原则来实现的。在生物进化的情况下，表观遗传系统可以改变基因功能。例如，一个人的皮肤细胞和肝细胞有着相同的基因型，但是它们有着完全不同的表型

（phenotype）。这些差异不可能是由遗传因素所导致的，因为对于某个特定的个体来说，皮肤细胞细胞核中的遗传信息与肝细胞细胞核中的遗传信息是相同的。表观遗传系统通过打开或关闭基因来决定表型的差异。表观遗传系统并非是根据变化范围狭窄原则来决定突变发生的位置和速度，而是通过利用环境组织与关联原则来激活或关闭特定基因来决定两种细胞的不同结构和功能。它可以从基因组中获取大量的信息来确定特定的结构和功能。在不同的环境中，它可以利用现有的基因信息的不同部分（不同的碱基对集）来决定不同的结构和功能。

同样地，工作记忆在决定长期记忆发生了哪些变化的同时，它也决定了长期记忆中保存的哪些信息被用来决定特定环境下的行为。和表观遗传系统一样，工作记忆可以从信息存储——这里指的是长期记忆——获取无限量的信息，以决定适合特定环境的行为。当工作记忆处理新信息时，限制其容量和持续时间是必要的，但它处理储存在长期记忆中有组织的信息时，就不需要限制其容量和持续时间了（Ericsson & Kintsch, 1995）。工作记忆在处理长期记忆中的存储信息时，没有已知容量或持续时间的限制。

工作记忆和表观遗传系统的两个不同功能。变化范围狭窄原则和环境组织与关联原则表明，工作记忆和表观遗传系统各自具有两个相互基本无关的功能。从历史上来看，工作记忆一直被视为是单一的系统（Atkinson & Shiffrin, 1968）；在处理来自外部环境的新信息或是存储在长期记忆中的熟悉信息时，工作记忆具有相同的特性。事实上，这种对工作记忆的统一看法，虽然在某些方面颇具吸引力，但却无法维持下去，而且正因为如此，在目前的处理中，工作记忆具有截然不同的特性，这取决于它是从环境中获得信息（变化范围狭窄原则），还是从长期记忆中获得信息（环境组织与关联原则）。这种区分是如此重要，以至于埃里克森（Ericsson）和金茨（Kintsch）提出了一个全新结构，即长期工作记忆是用来处理存储在长期记忆中并在工作记忆中加工的信息（1995）。（从功能角度来看，我们描述的是两个不同的结构，还是一个具有两种独立功能的结构并没有什么区别。）

表观遗传系统涉及同样的问题。它通常被视为单一的系统，有时会影响突变的数量和位置，有时会影响存储在基因组中的信息是表现或是抑制。这两个功能在目前的论述中被认为是独立分开、相互无关的，这与工作记忆中的两个功能十分类似。思考表观遗传引起的突变位置和突变率的变化是根据变化范围狭窄原则，而开启或关闭基因的表观遗传因素则是依据环境组织与关联原则。

二、认知负荷理论与教学设计

这种认知架构可以被用来设计教学过程。就人类的认知而言，环境组织与关联原则使我们能够进行一些原来不可能做到的活动。这些活动要依靠我们通过非常有限的工作记忆在长期记忆中积累大量信息。认知负荷理论利用这种认知架构来设计教学过程。基于上述这种认知架构的教学过程具有几个共同的特征。最重要的两点是：着重于显性教学，而不是最小化指导；强调教授特定领域知识的重要性，而不是通用技能。这两个建议源自我们对人类认知架构的了解，并将在下文中加以讨论。

显性教学的重要性

很多教学理论都建议，不应当向学生提供直接明确的信息，而是应当鼓励学生自己发现信息（Gray, 本书）。探究性学习（inquiry learning,）、建构主义学习（constructivist learning）和基于问题的学习都是很好的范例。归根结底来说，它们都源于发现式学习（discovery learning）（Bruner, 1961），但无论是它们与发现式学习之间，还是它们彼此之间，都很难区别。很少有证据表明最小化指导的有效性，然而有大量的证据说明了显性教学的重要性（Kirschner et al., 2006; Klahr & Nigam, 2004; Mayer, 2004; 参见 Toub et al., 本书）。

上述的认知架构解释了为什么显学教学如此重要。人类通过借用与重组原则来获取保存在长期记忆中的大量生物学次级信息。如上所述，向他人展示和获取信息的能力被认为是人类进化过程中的一种生物学初级技能。对人类来说，从教师或指导者那里获取信息是完全自然正常的事情。但是这种能力在其他动物中却是基本不存在的，尽管并非完全没有（参见 Berch，本书）。人类在进化过程中向他人学习，并以发现式学习支持者所提倡的方式来学习。这对于充实初级知识十分有效，但是对于次级学习则并不合适（Geary, 1995，本书）。

鉴于我们已进化到能够从他人处获取信息，从认知科学的角度来看，建议我们不应向学习者展示明确信息，这简直匪夷所思。这些理论源于人们最基本的常识心理观，却没有认识到次级学习与初级学习之间的天壤之别，因此适用于后者的方法并不适用于前者。我们已进化到既能够教学，还能够从教师那里获取信息。

我们还能够运用随机生成原则，通过发现式学习过程获取信息。当需要某些信息，但没有其他人可以提供时，这种机制是必不可少的。虽然我们能够，也必须能够以这种方式获得信息，而且事实上随机生成原则提供了所有生物学次级信息的来源，但是对于获取信息而言，这是一个非常缓慢、困难和低效的过程。我们更擅长使用借用与重组原则来获取信息。如果要在让学习者发现信息和向他们提供相同信息之间做选择的话，我们应当选提供信息。

特定领域知识的重要性

吉尔里（Geary, 1985）在生物学上对初级信息和次级信息所做的区分，对我们应当提供给学习者的信息类型和教授给他们的技能具有一定的启示意义。多年来，教育研究越发注重教授通用认知技能的教育研究（Tricot & Sweller, 2014）。这些技能是超越特定领域的技能，例如，可以提高任何领域解决问题表现的通用解决问题技能，或者可以提高任何领域学习能力的元认知技能。在某种意义上，这种注重可以理解。通用认知技能可能对任何认知功能都十分关键，而且事实上可能比特定领域的技能更为重要。促进那些超越特定领域的问题解决技能，可能比提高在一个狭隘的特定领域中解决问题的技能要重要得多。

虽然通用认知技能的重要性解释了人们对它们重视的原因，但在确定可教授的、可学习的通用认知技能方面却缺少明显的成功经验。可教授的通用认知技能是指一种可以提高任务远迁移（far transfer tasks）表现的技能，它不同于训练任务，但在理论上应当可以通过训练得到提高。强调远迁移至关重要，以确保任何表现的提高可以归结于习得一种通用技能，而不是特定领域的知识。例如，用代数来举例，教授一种通用的认知技能，然后，测试习得该技能对代数表现的提高程度，但这样做却留下了一个悬念，即任何进步都有可能完全被归结于是代数知识的增加，而不是通用的认知技能的提高。如果用代数来教授通用技能，那么任何对这项技能学习效果的测试都应当在与代数技能无关的领域中进行。尽管多年来有许多研究，但几乎没有证据证明，教授一种通用的认知技能可以提高迁移表现（Ritchie, Bates, & Deary, 2015; Tricot & Sweller, 2014）。

我们所面对的问题是，既然教授通用认知技能的研究已失败，为什么这个领域仍然如此注重教授通用认知技能？从某种意义上来说，这个问题的答案是直截了当的。人们可以看到，对于学习者来说，学说话、学走路和识别人脸是很容易的，但是在学校学习各门学科却是非常困难的。据此，他们认为这种难度的差异是由错误的教学过程造成的。如果我们采用在校外常见的学习过程，学校学习就会像校外学习一样轻松自然、十分愉快。显性教学不是用来教授人们如何听说的。如果我们取消显性教学，如阅读和写作，学习就会像学听说一样轻松自然。

当然，吉尔里（Geary, 1995）关于生物学初级知识和次级知识的区分解释了为什么有些信息可以轻松习得，而有些信息则很难习得。由于通用认知技能非常重要，绝大多数人必须拥有这些技能才能生存。一种对生存至关重要的技能很可能正是我们在进化过程中不教就能轻松掌握的技能。这种技能是一种生物学初级技能。如果是这样的话，人们之所以无法找到可教授、可学会的通用认知技能，不是因为这些技能不重要，而是因为这些技能太重要了，所以大多数学习者不需要显性教学即可习得。相比之下，特定领域的技能在很大程度上是生物学次级技能。它们是在过去的几千年内创造出来的，而且也不具备初级学习中让学习变得轻松和自动的内在骨干知识（skeletal knowledge）。特定领域的技能无法自动习得，而应当进行明确教授。正是因为如果不有意识地进行显性教学，人们很难学会特定领域的生物学次级知识，我们才创建了学校和其他教育机构。

认知负荷理论产生的教学效应

认知负荷理论产生了大量的认知负荷效应。每一种效应都基于随机对照实验，比较了新旧教学过程。当新教学过程的测试表现结果比旧教学过程更优秀时，就证明了认知负荷效应。所有测试的假说都是使用上述的认知架构生成的，而且这些假说认为有效的教学是显性的，并涉及特定领域的知识习得。

每一种认知负荷效应都被假设是由不同水平的元素交互性所造成的（Sweller, 2010），这一概念与工作记忆中必须处理的交互元素数量有关。例如，假设学习者面临一项困难的任务，如学习元素周期表符号或外语中的一些名词。虽然这些任务很困难，但它们不会给学习者带来沉重的认知负荷。每个元素都可以独立学习，因此元素交互性很低，从而使得工作记忆的负荷较低。这个任务可能有困难，但它的内在认知负荷却很低。相比之下，其他任务需要在工作记忆中同时处理的元素要少得多，但却会导致高元素交互性和高内在认知负荷。化学方程式配平就是一个例子，要解出（a+ b）/c=d 中的 a 这样的问题也是如此。要解决这个问题，必须同时考虑所有的元素，因为一个元素的变化可能会对其他元素产生影响。这个任务的元素交互性和内在认知负荷就会很高。这种内在认知负荷只能通过改变任务或获得存储在长期记忆中的知识来进行改变。具备了这些知识，（a+b）/c=d 这个方程就会被视为一个单个元素，而不是多个元素，从而减少内在认知负荷。

元素交互性还可以通过教学过程发生变化（Sweller, 2010）。一些教学过程要求学习者同时处理许多元素，而其他教学过程可以在很大程度上减少需要处理的元素数量。由教学过程引起的元素交互性的变化被称为外在认知负荷变化。大多数认知负荷理论产生的效应都是取决于工作记忆资源的外在负荷减少。

这里将简单扼要地总结这些效应。更详细的总结可以参见斯威勒等人（Sweller et al，2011）的研究。必须强调的是，下面所述的每一种效应都假设在教育机构中学习到的知识是特定领域的、生物学上的次级信息，最好通过显性教学来学习。在这个意义上，认知负荷理论不同于认知过程和教学设计领域中绝大多数的现有理论。

工作样例效应（the worked example effect）。由于无关的外在认知负荷减少，学习者在学习工作样例时，在后续问题上的表现要好于那些需要解决相同问题的学习者。与发现式的问题解决方法相比，工作样例减少了工作记忆的负荷，并利用了借用与重组原则，而非随机生成原则。工作样例提供了显性教学和特定领域的知识。

完成问题效应（the problem completion effect）。完成问题所提供的不是一种完整的解决方案，而是提供一种学习者必须完成的部分解决方案。完成问题与工作样例同样有效，而且原因相同。

分散注意效应（the split-attention effect）。假设教学材料，如工作样例包含两个或更多信息源，这些信息源就会分散注意力，因此必须先在头脑中整合后再进行理解。例如，孤立的图表和文本是难以理解的，所以必须在头脑中整合。头脑整合行为需要工作记忆资源，使其无法再用来学习，从而加重了外在认知负荷。通过在物理上整合这些信息源，更多的工作记忆资源可以用于学习，从而减少了外在认知负荷。

感觉通道效应（the modality effect）。与分散注意效应中的在物理上整合两种信息源不同，如果一种信息源是以口头形式而不是以书面形式提供的，就会促进学习。同时使用视觉和听觉处理器，而不是仅仅使用视觉处理器，可以在功能上扩展工作记忆。

冗余效应（the redundancy effect）。通常两种或多种信息源可以各自单独理解。例如，文本可能只是简单地重复图表中的信息，或者一个信息源在现实中可能没提供什么信息，所以是不必要的。这种冗余的信息源应当被清除，以减少外在认知负荷，而不是将其整合或转化成口头形式。多信息源之间的逻辑关系对于确定信息是否应当被整合（或以听觉形式呈现）或清除是至关重要的。

专业知识反转效应（the expertise reversal effect）。如上所述，信息在长期记忆中的存储是通过环境组织与关联原则对工作记忆产生巨大影响的，而不是通过借用与重组原则、随机生成原则或是变化范围狭窄原则发挥作用的。反过来，这些变化需要改变教学过程。工作样例效应就提供了诸多例子中的一个。如上所述，相比让学习者自己解决相同问题，向初学者提供工作样例会促进学习，就会发生这样的情况：随着在特定问题解决领域的专业知识的增加，这种差异会减少并最终反转，从而产生专业知识反转效应。虽然研究工作样例对初学者可能很重要，但对知识更丰富的学习者来说，这可能是一个多余的行为。

指导消退效应（the guidance fading effect）。基于专业知识反转效应，随着专业知识的增加，工作样例所提供的明确指导应当逐渐减少，环境组织与关联原则取代了其他获取新信息的原则。指导消退效应为这一假设提供了证据。只有初学者需要明确指导。

瞬态信息效应（the transient information effect）。现代教育技术的引入，可以更方便地使用诸如动画和口头信息等程序。然而有时，这些程序会将易获得的永久信息转变成不易获得的瞬时信息。例如，将复杂的书面信息转化成口头信息可能会极大地增加认知负荷。难以理解的书面信息可以在多个场合进行处理，并很容易再处理，但口头信息则很难以这种方式处理，甚至不可能处理，因为口头信息会被新信息取代。工作记忆的持续时间限制，可能会让复杂的口头信息变得不知所云。这样的信息最好以书面形式来呈现。这种所谓的技术“进步”非但不能促进学习，反而会干扰次级学习。

想象效应（the imagination effect）。要求学习者想象或是在头脑中预演之前学到的信息，可能会对将信息转化成长期记忆有所助益。

元素交互效应（the element interactivity effect）。如果由内在认知负荷而导致的元素交互降低，那么就没有必要减少由外在认知负荷导致的元素交互。如果内在负荷较低，则外在负荷对认知负荷效应的影响就不会太大，因为必须同时考虑的元素数量可能需要在工作记忆限制的范围之内。

孤立元素效应（the isolated elements effect）。如果必须处理的元素数量非常之多，则有可能无法同时处理它们。在这种情况下，信息需要被分解成孤立的元素，即使这意味着它不能被立即完全理解。以后，当交互信息从其记忆的孤立元素中被重新组合时，就能理解了。

自由目标效应（the goal-free effect）。这个效应是认知负荷理论第一个研究的效应。让学习者在解决数学问题时计算尽可能多的变量的值，而不是让他们为一个特定目标找到一个值，这样就可以减少工作记忆负荷。例如，我们不必让学习几何的学生去“求角 X 的一个值”，而是可以让他们“尽可能多地求角的值”。关注特定目标要求学习者去同时考虑达到目标所需的几个步骤。一个无目标的方法仅限于考虑每个单独的步骤，而不是达到目标所需的步骤组合。

集体工作记忆效应（collective working memory effect）。对于让知识在两人或多人之间传播的难题来说，让他们合作学习而不是独自学习更能推动学习。事实上，群体拥有的是集体工作记忆，而非个人工作记忆。值得注意的是，当群体中所有成员都拥有相似的知识时，这种效应就消失了。

三、讨论

认知负荷理论所使用的架构具有进化根源，会导致有些教学设计建议背离很多常见的假设。然而，进化教育心理学提供了一个结构严谨、条理清晰的基础来思考教学问题。所有认知负荷理论的教学建议都源自我们对人类认知架构的认识，而这种架构是被用来生成认知负荷效应的。所有这些效应反过来都经过了多个重复的随机对照实验的检验。这些实验为产生教学建议提供了数据，如果这些建议是成功的，则为理论提供了证据。根据吉尔里（1995）对生物学初级技能和次级技能的区分，我们很容易理解并遵循上述讨论的教学效果。

参考文献

Atkinson, R. C., & Shiffrin, R. M. (1968). Human memory: A proposed system and its control processes. In K. W. Spence & J. T. Spence (Eds.), *The psychology of learning and motivation* (Vol. 2, pp. 89–195). Oxford, England: Academic.

Bandura, A. (1986). *Social foundations of thought and action: A social cognitive theory*. Englewoods Cliffs, NJ: Prentice Hall.

Bruner, J. (1961). The art of discovery. *Harvard Educational Review, 31*, 21–32.

Cahan, S., & Cohen, N. (1989). Age versus schooling effects on intelligence development. *Child Development, 60*, 1239–1249.

Campbell, D. (1960). Blind variation and selective retention in creative thought as in other knowledge processes. *Psychological Review, 67*, 380–400.

Chase, W. G., & Simon, H. A. (1973). Perception in chess. *Cognitive Psychology, 4*, 55–81.

Cowan, N. (2001). The magical number 4 in short-term memory: A reconsideration of mental storage capacity. *Behavioral and Brain Sciences, 24*, 87–114.

Darwin, C. (2003). *The descent of man*. London, England: Gibson Square (Original work published 1871).

De Groot, A. (1965). *Thought and choice in chess*. The Hague, Netherlands: Mouton (Original work published 1946).

Egan, D. E., & Schwartz, B. J. (1979). Chunking in recall of symbolic drawings. *Memory & Cognition, 7*, 149–158.

Ericsson, K. A., & Kintsch, W. (1995). Long-term working memory. *Psychological Review, 102*, 211–245.

Ericsson, K. A., Krampe, R., & Tesch-Romer, C. (1993). The role of deliberate practice in the acquisition of expert performance. *Psychological Review, 100*, 363–406.

Flynn, J. (1987). Massive IQ gains in 14 nations: What IQ tests really measure. *Psychological Bulletin, 101*, 171–191.

Geary, D. (1995). Reflections of evolution and culture in children's cognition: Implications for mathematical development and instruction. *American Psychologist, 50*, 24–37.

Geary, D. (2005). *The origin of mind: Evolution of brain, cognition, and general intelligence*. Washington, DC: American Psychological Association.

Geary, D. (2012). Evolutionary educational psychology. In K. Harris, S. Graham, & T. Urdan (Eds.), *APA educational psychology handbook* (Vol. 1, pp. 597–621). Washington, DC: American Psychological Association.

Jablonka, E., & Lamb, M. J. (2005). *Evolution in four dimensions: genetic, epigenetic, behavioral, and symbolic variation in the history of life*. Cambridge, MA: MIT Press.

Jeffries, R., Turner, A., Polson, P., & Atwood, M. (1981). Processes involved in designing software. In J. R. Anderson (Ed.), *Cognitive skills and their acquisition* (pp. 255–283). Hillsdale, NJ: Erlbaum.

Kirschner, P., Sweller, J., & Clark, R. (2006). Why minimal guidance during instruction does not work: An analysis of the failure of constructivist, discovery, problem-based, experiential and inquiry-based teaching. *Educational Psychologist, 41*, 75–86.

Klahr, D., & Nigam, M. (2004). The equivalence of learning paths in early science instruction: Effects of direct instruction and discovery learning. *Psychological Science, 15*, 661–667.

Mayer, R. (2004). Should there be a three-strikes rule against pure discovery learning? The case for guided methods of instruction. *American Psychologist, 59*, 14–19.

Miller, G. A. (1956). The magical number seven, plus or minus two: Some limits on our capacity for processing information. *Psychological Review, 63*, 81–97.

Newell, A., & Simon, H. A. (1972). *Human problem solving*. Englewood Cliffs, NJ: Prentice Hall.

Peterson, L., & Peterson, M. J. (1959). Short-term retention of individual verbal items. *Journal of Experimental Psychology, 58*, 193–198.

Popper, K. (1979). *Objective knowledge: An evolutionary approach*. Oxford, England: Clarendon.

Portin, P. (2002). Historical development of the concept of the gene. *Journal of Medicine and Philosophy, 27*, 257–286.

Ritchie, S., Bates, T., & Deary, I. (2015). Is education associated with improvements in general cognitive ability or in specific skills? *Developmental Psychology, 51*(5), 573–82.

Siegler, R. (1996). *Emerging minds: The process of change in children's thinking*. New

York, NY: Oxford University Press.

Stotz, K., & Griffiths, P. (2004). Genes: Philosophical analyses put to the test. *History and Philosophy of the Life Sciences, 26*, 5–28.

Sweller, J. (2009). Cognitive bases of human creativity. *Educational Psychology Review, 21*, 11–19.

Sweller, J. (2010). Element interactivity and intrinsic, extraneous and germane cognitive load. *Educational Psychology Review, 22*, 123–138.

Sweller, J., Ayres, P., & Kalyuga, S. (2011). *Cognitive load theory*. New York, NY: Springer.

Sweller, J., & Cooper, G. (1985). The use of worked examples as a substitute for problem solving in learning algebra. *Cognition and Instruction, 2*, 59–89.

Sweller, J., & Sweller, S. (2006). Natural information processing systems. *Evolutionary Psychology, 4*, 434–458.

Thornton, A., & Raihani, N. (2008). The evolution of teaching. *Animal Behaviour, 75*, 1823–1836.

Tricot, A., & Sweller, J. (2014). Domain-specific knowledge and why teaching generic skills does not work. *Educational Psychology Review, 26*, 265–283.

第十一章　超越学习成绩：基于进化论的学校环境对学生表现与幸福感的影响

小理查德·考夫曼、大卫·斯隆·威尔逊①

尽管教育的狭义目标是教授学科知识，但学校也有更广义的目标，如促进人类和文化的“健康”发展，提升强烈的幸福感，鼓励亲社会行为策略。“学校是教育和文化之间的核心接口。学校是儿童学习进化过程中的新能力和新知识的场所，这些能力与知识是儿童未来成年后在现代社会中发挥作用所必需的。”（Geary, 2008: 179）学校的全面使命就是促进学生养成终身学习的习惯，并教育他们成为知识渊博、有责任心、有社会技能、身体健康、关爱他人和有所贡献的公民（Dewey, 1900, 1916; Keating, 1996）。

在传统社会中，这些特点有许多都是通过日常互动自然习得的（Gray, 2013，本书；Lancy, 2016）。然而，随着现代生活日益复杂，如果没有正式的、“有意图”的教育，传递一个复杂社会的所有资源和成就会变得更加困难（Geary & Berch，本书）。学校已成为一种文化结构，其使命就是促进学习者的健康发展，教授那些有益于个人长期发展和整个社会的技能。

人类文化变革随着时间推移而不断加速，社会和技术不断地改变着人们关于学生应该发展哪些能力的观念。作为回应，教育政策制定者试图重新定义全体学生应该学习什么。各个学科知识的快速积累使得许多最近的教育政策将重点放在确定“学生需要掌握什么”，并保留了基于学科的标准化会考作为衡量教育成就的核心标准。由于美国各地学生未能取得良好的考试成绩，教育的狭义目标变得更加狭隘；广义目标则完全被牺牲了（Kohn, 2000）。

---

① 小理查德·考夫曼（Richard A. Kauffman Jr.）、大卫·斯隆·威尔逊（David Sloan Wilson）：美国宾汉姆顿大学生物科学系。

如果没有适当的评估，教育的广义目标就会受到忽视；行为能力和社会情感能力只能在几乎没有支持的情况下发展。通过发展评估技巧，让教育工作者了解非学术的影响和每个学生可获得的社会支持，这样学校可以更好地提供有效的教学和教育支持，帮助学生更好地管理他们的生活。这对于危机边缘学生（at-risk students）来说更是如此，这些学生常常放弃长期目标（如高分、高中毕业、大学录取）以获得更多短期回报（如同龄人的认可、经济收益、压力缓解）（Ellis et al., 2012; Montague, Enders, Cavendish, & Castro, 2011）。

通过适当的监测，学校或许可以更确切地了解学生由于非智力原因而表现出学习成绩不佳的情况——例如，家庭问题妨碍学生正常上学，或者学生在课堂上遇到的常规压力源导致其不参加课堂活动。此外，由于教育的狭义目标在很大程度上取决于教育的广义目标，因此，通过衡量学习成功和不成功学生之间在非学习方面的差异，政策制定者可以更好地确定哪些发展支持要素对学习成功影响最大。

在本章中，我们将继续完成一份关于会考学校（Regents Academy, RA）的报告，这是针对纽约州宾汉姆顿市（Binghamton, New York）危机边缘高中生的一个项目，旨在实现教育的广义目标。我们已经在其他文章中简要描述了会考学校的设计及其对学习成绩的影响（Wilson, Kauffman, & Purdy, 2011）。这里我们将更详细地描述该项目是如何从进化角度进行设计的，以及它对行为、心理和社会发展的广泛影响，这为同时改善教育的狭义和广义目标的观点提供了令人鼓舞的支持。

一、会考学校

会考学校项目计划是2010年实施的，针对宾汉姆顿高中（BHS）9年级和10年级学生。这些学生在上一学年的五门课程中至少有三门不及格，如果不采取任何措施，他们很可能会辍学。该项目自成体系，有自己的校长和教职员工，每个学生的人均费用略高于普通高中。该项目在正常的学校日和学年期间运行，类似的项目在大多数公立学校学区都是可行的。我们与学校校长及其专职教师团队合作，根据理论设计了一个最大限度有利于合作和学习的社会环境。该项目采用随机对照设计进行评估，我们确定了 117 名符合条件的学生，然后随机选择了 56 名进入会考学校，并对其余 61 名学生在宾汉姆顿高中的常规生活进行了追踪。我们还将两组学生的成绩与宾汉姆顿高中学生的平均成绩进行了比较。

会考学校的学生迅速地适应了新的社会环境。仅仅过了四分之一学年，会考学校组学生的成绩相比于对照组就有了显著提高。在该学年余下的时间里这种成功模式保持稳定（图 11–1）。虽然这一成绩本身值得称赞，但是国家规定的会考考试，可以更严格地比较会考学校组、对照组和整个宾汉姆顿高中。

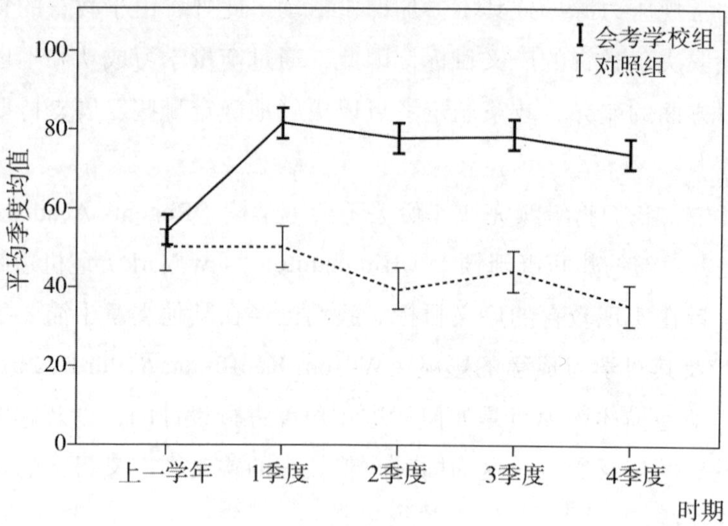

图 11–1　上一学年和本学年每个季度的成绩对比①

在学年结束时，会考学校学生的成绩不仅在这些标准化考试中大幅优于对照组，而且也与宾汉姆顿高中学生的平均水平相当（图 11–2）。会考学校组辍学率下降至 3.5%，而对照组的辍学率为 16%。男性、女性、黑人、白人和西班牙裔学生同样受益。这些结果已发表在公共科学图书馆的开放获取期刊《公

① 会考学校组学生和对照组学生的上一学年的成绩（入读会考学校之前）之间没有显著差异 [$t(95)=-7.16, p=0.476$]。与上一学年相比，会考学校组学生第一季度的成绩有所提高 [$t(41)=-12.791, p<0.001$]，而对照组与上一年学相比没有变化 [$t(47)=-0.095, p=0.925$]。

共科学图书馆综合》（*PLOS ONE*）上（Wilson es al., 2011）。

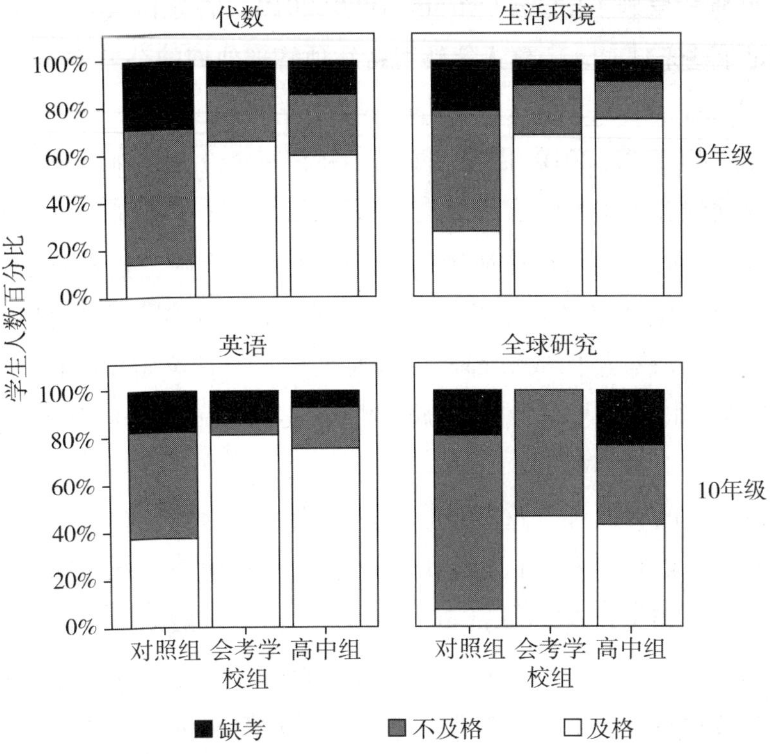

图 11-2　国家规定的四门科目考试的成绩对比[①]

二、会考学校是如何受进化理论启发的

设计原则

会考学校的指导原则建立在进化理论坚实的跨学科框架之上。首先，学校是一个社会群体，其成员必须相互合作以实现某些目标，从这一事实出发，会考学校鼓励设计这样的一个学习环境，其特点就是使任何人类群体都能作为

① 在所有柱状图中，左侧柱状表示对照组（CG），中间柱状表示会考学校组（RA），右侧柱状表示高中组（HS）。会考学校组学生的所有科目通过率都超过了对照组。会考学校组学生和宾汉姆顿高中组学生的整体通过率没有显著差异。另外，多亏了马克·菲什（Mark Fish）（会考学校的全球研究教师）不畏艰险的努力，会考学校组学生比对照组 $[x^2(1,41)=5.61, p=0.043]$ 和宾汉姆顿高中组 $[x^2(1,565)=8.226, p=0.001]$ 学生更倾向于参加全球研究考试。其他考试的出勤率没有差异。

一个合作单位发挥作用（Wilson, Ostrom, & Cox, 2013）。这些设计特点源自埃莉诺·奥斯特罗姆（Elinor Ostrom, 1990, 2010）的分析成果，她因为证明了“当满足某些条件时，一群人能够可持续地管理他们的公共资源”（Hess & Ostrom, 2007），在 2009 年获得了诺贝尔经济学奖。

奥斯特罗姆(1990, 2010)借鉴实证案例并在博弈论这一新兴领域的指导下，确定了使公共资源群组能够有效管理其资源的八项设计原则（Cox, Arnold, & Tomas, 2010）。简言之，这些原则包括：①明确的界限，具有强烈的群体认同感和目标感；②成本和收益之间的比例对等；③集体选择安排；④监测；⑤分级制裁；⑥所有集团成员都认可快速且公平的冲突解决机制；⑦地方自治和最低限度的组织权认可；⑧作为属于更大社会系统一部分的群体，相关群体之间必须进行适当的协调。

由于理论上的普遍性，这些设计原则后来被应用到比公共资源群组更广泛的应用领域，而且现在被认为与几乎所有人们必须合作和协调以实现共同目标的情况息息相关（Wilson et al., 2013）。由于一般的合作能力并没有规定如何实现任何特定的共同目标，因此许多团队还需要辅助设计原则，以最好地实现其特定目标。教育环境的两个辅助设计原则也是会考学校设计的一部分：⑨学习需要安全和信任的氛围；⑩长期学习目标也需要在短期内有所回报（Wilson et al., 2011）。

项目设计

会考学校位于宾汉姆顿市学区（BCSD）备用教学楼的一层楼。尽管该大楼是与其他学校项目［即通过地区合作教育服务委员会（BOCES）为危机边缘学生提供的备用中学和高中项目］共享，我们对这个项目进行了特别设计，让我们的学生不会有机会与其他学生进行社交或一起参加课程 / 项目。这是会考学校设计的一个重要部分，因为奥斯特罗姆（Ostrom）的第一个设计原则是要让一个群体培养自己身份的认同感。加强第一个设计原则的另一个措施是让教职员工和学生在学年开始时共同制定徽标和校训（图 11–3），然后将其印在例如 T 恤、抽绳袋、海报和信笺上。学生们与大楼里的其他学生一起共享体育设施、食堂和工作人员，但每个群体在不同的时间使用。

图 11-3 会考学校的徽标（a）和校训（b）①

在会考学校的一天与在普通高中相似。学生轮流在不同的教室上 45 分钟的课（科学实验室时间翻倍）。所有学生都参加了基础“核心”科目的课程——科学、数学、英语和历史，以及语文素养课（有些学生还参加了数学素养课，视需要而定）。在科学实验室对面，学生们有一个强化自习室——学习实验室（详情见下文）。会考学校的全体学生都在自助餐厅的两张大桌子上一起吃早餐和午餐。教师轮流“午餐值班”，在食堂与学生共进午餐。校长也会每天与学生一起在食堂共进午餐。校长、老师和学生之间的这种社交有助于实施多种设计原则：强烈的群体认同（第 1 个设计原则）、监测（第 4 个设计原则）和快速公平的冲突解决（第 6 个设计原则）②。

各种教室

除了资源不足的标准教室外，会考学校还设有一个资源室、公共活动室、学习实验室和一个主办公室（主办公室里还隔出了一间校长办公室）。

“休息室”（资源室）。资源室是特殊教育教师的教室（会考学校的 5 名

① （a）为会考学校的徽标，学校决定制作 T 恤时，由会考学校的学生和教职工代表组成的委员会设计。这个标志成为会考学校的官方形象，并用于信笺抬头和其他正式标识上；T 恤每年都会重新设计。（b）为校训，由会考学校工作人员制定，印在走廊和教室的激励横幅上，也用于 T 恤设计；作为各种小组活动的讨论主题。在团队会议、集会、纪律听证会等场合鼓励学生们经常反思校训。

② 这个示例说明了通用设计原则在任何一个“特定”实施中的灵活性：一个实施可以用于针对多个设计原则；而且任何一项原则都可能成为多个同时或交错的干预措施的目标（只要这些干预措施在设计上是互补的）。有关有效实施策略的介绍，请参见恩布里（Embry）和比格兰（Biglan）（2008）以及恩布里（2004）的研究。

学生被正式归类为特殊教育学生），也是本文第一作者的“办公室”。但最终未使用“资源室”这个名称，而是采用了“休息室”这个名称。虽然它仍然是学生因特殊情况需要离开课堂，也就是考试或延长时间完成作业时可以去的房间（而且这个惯例不仅是为被归类的学生保留的），但是“休息室”的主要功能是当学生有空闲时间时（在放学前完成课堂作业，或午餐时间，或上学前，或在学习实验室期间等），可以去那里玩游戏、画画、社交或参加课外学习活动等。本文的第一作者会定期介绍各种挑战[①]（如游戏和脑筋急转弯、“数独拼图挑战”、俄罗斯方块锦标赛、“谁能教我______？”、“任何人都能变戏法！”、“你能学会织帽子吗？”）来激发学生在非教学时间的参与热情。

公共活动室。公共活动室是一个大房间（最初是大楼的礼堂），是举行学校会议和其他全校活动的地方。例如，在开学的前两天，学生都会留在公共活动室参加团队建设活动和小组会议，讨论在会考学校期间的想法。学期会议也在公共活动室举行，小组成员会回顾在学校的学习成绩、出勤率和其他手头上的事项，会上还会宣布奖项和特别表彰（第 2 个设计原则）。学生们也有机会在这些会议期间正式地提出对项目的任何不满（第 6 个设计原则）。公共活动室也是学生们聚集在一起度过“趣味星期五”的地方。“趣味星期五”在之前的会考学校报告中被称为“趣味俱乐部”，它是每周为学生留出的时间，让他们参与自己选择的活动，例如杂耍、音乐、艺术、游戏。

学习实验室。学习实验室是一个双倍大的教室，一半放课桌，另一半是一个计算机实验室，中间由书架隔开，书架上摆满了捐赠的书籍、学习/工艺用品、智力拼图和游戏材料。在与他们去科学实验室相对的时间里，学生们被安排在学习实验室，作为学习室。学习实验室课程开始时学生要补习落下的功课（教师每天都会提交一份学生需要完成的作业报告）。完成“补课”后，学生可以选择完成家庭作业，也可以在剩余的时间里在电脑上“自由活动”。学生完成补课作业后，还可以到休息室或公共活动室。学习实验室还兼作计算机实验室，教师可以为课堂预留计算机；在这些日子里，所有实验室的学生在完成了逾期

① 会考学校使用代币经济参与系统，学生将获得奖券，他们可以从“奖品柜”兑换物品。奖券通常作为完成挑战的奖品提供，有效地起到了“诱饵”的作用，让一些学生，甚至是那些“最棱角分明”的学生，也有兴趣参与。

未交的作业后，都会被分配到公共活动室。

主办公室。会考学校的主办公室是一个宽敞、吸引人的房间，有多张桌子和座椅（包括超大的软椅）。其中一张桌子有拼图游戏和其他各种“脑筋急转弯”材料；涂色书、白纸、记号笔、蜡笔和彩色铅笔；各种棋类游戏（国际象棋、跳棋、“四子棋”）；所有这些都可供学生在休息时间使用，并且许多情况下，在适当的时候，还可以在等待纪律处分时使用。（在项目的前几个月里，这些并不是出于惩戒目的而推出的。）

行政办公室助理（OA）办公桌位于房间入口附近，校长办公室位于对面隔墙外。校长不希望因一扇紧闭的门而与学生分开，事实上，她在学校时很少坐在办公桌前（除非她正在与学生和/或学生家长会面）。

在典型的高中，学生只会因为纪律问题而进入主办公室，与此相反，会考学校的大多数学生在上学期间——上学前、放学后、课间，甚至在使用走廊通行证时——都会在主办公室进出。有时，学生们会在本该上课的时候进入主办公室，行政办公室助理会严厉但慈爱地斥责，将他们送回课堂。行政办公室助理与每个学生建立了非常牢固融洽的个人关系，她是使会考学校社会环境在信任、尊重、纪律和爱的氛围中蓬勃发展的关键因素之一。她在纪律程序中发挥了作用，无论是实施“计时隔离”，还是与学生交谈以了解他们状态不佳的原因。学生们会向她倾诉他们所面临的任何个人问题，她能够告知其他教职工每个学生正在校内和校外面临的冲突。行政办公室助理代表了该项目的一个非常独有的特征，如果没有合适的人选担任这个职务，会考学校就不可能成功。

校长是营造会考学校社会环境的另一个关键因素。虽然学生们认为她是一位纪律严明的人，但她也很受人尊重，学生们知道她非常关心他们每个人。开学之初，校长与每个学生会面，讨论他们为什么来这里，并为他们制订个人成长计划。纪律处分计划不是基于之前确定的教条，而是相反，根据个人行为模式和成长预期为每个学生单独制订的（第4个到第6个设计原则）。课间的时候，校长会在大厅里，在那里她不是“监督者”，而是与学生社交的人（偶尔会催促闲散的学生去上课）。校长和第一作者每天会面，讨论教职工和学生的表现，并根据学生不断发展的需求，制订项目进一步实施的计划（第4个设计原则，以及部分第 3 个和第 7 个设计原则）。

教师和工作人员

会考学校工作人员由五名教师［科学—生物学（9 年级）和环境科学（10 年级）；数学—代数（9 年级）、几何（10 年级）和数学素养（9—10 年级）；历史—全球研究（9—10 年级）；英语—英语语言艺术（9—10 年级）；素养—语言素养和阅读（9—10 年级）］，一名全职教师助理（根据日常需要在班级之间来回走动），一名特殊教育教师，一名行政办公室助理和学校校长组成。在参与会考学校项目之前，每位工作人员都曾在宾汉姆顿市学区的学校工作过。会考学校学生与其他学校项目学生同在一栋大楼里，与大楼里的其他学生共用一名体育教师，我们对该教师的行为几乎没有影响。

开学前，研究人员多次与会考学校工作人员会面，让他们熟悉会考学校的基本设计原则，并让他们参与学校规划。第一次会议主要由研究人员主持，用于建立：①体现合作、信任和尊重的社会氛围是为会考学校创造“安全可靠”的学习环境的首要目标；②长期学习成果需要短期奖励 / 强化；（3）学生在校外面临的许多困难影响了他们在校内的表现，最佳成功计划必须符合学生的需要，而不是与之相悖。随后的会议重点讨论了教师的需求、日程安排，并制订如何与 100% 的危机边缘学生群体合作的策略——这是大多数教师没有经历过的情况。

在开学前的这些初步会议之后，学校工作人员会每周与研究人员会面，根据学校发展的需求审查项目并设计新的实施方案。强调教师对学校项目的主人翁意识，并鼓励他们主持每周会议的讨论。值得注意的是，项目设计中的这种灵活性是会考学校设计的一个重要组成部分，而这点在传统的学校环境往往无法体现（第 7 个和第 8 个设计原则）。

态度和心态

尽管有着不同的背景和教学经验，但会考学校的每位工作人员都有一个共同特点：他们每个人都选择参加该计划。这是学校成功的一个重要因素，就像之前描述行政办公室助理和校长一样，在会考学校，培养目标中的社会环境需要教师的态度来表明适当的信息，来传达这样一种心态：“我想在这里为你们服务”，最重要的是，传达“我们在一起”的想法。

研究表明，传达成功的态度是衡量教育成就的一个主要指标（Raudenbush, 1984; Sorhagen, 2013）。这种“皮格马利翁效应”（Rosenthal, 2002; Rosenthal & Jacobson, 1968）即学生在被寄予更高期望时，会表现得更好。这是会考学校设计的一个明确组成部分，这也是在培训中反复向教师传达的一个信息。

由于营造会考学校的学习环境是项目第一年运作的主要重心，因此教师培训并不包括改善课程计划的策略或加强课程—教学—评估实践的策略，这些不属于影响社会环境的因素。因此，教师们并没有改变他们以前在普通高中制定和实施的教学策略。

实验人员参与

会考学校与其他典型学校项目截然不同的另一个关键特征是研究人员的常规参与。如上所述，本章的第一作者在学校的日常运作中发挥了独特的核心作用——作为校长和老师的顾问，也是学生们的“伙伴”。由于学生对会考学校的研究缺乏认知，因此研究人员与学生的评价之间没有明显的联系；他不是学校的老师，学生们认为他与他们被“评分”或评估没有任何联系；学生们认为他是“学校志愿助教”。与教师相比，这种相互作用让学生与研究人员保持着非常不同的关系，学生们认为研究者只是一个因为关心学生及其成功而出现在他们生活中的人。

学生们经常会提前到学校参加研究人员的“非官方”的早间活动，在“休息室”玩游戏，或者参加额外的杂耍课，或者只是与其他学生进行社交。研究人员经常会挑战学生，让他们学习与课堂无关的科目，以传播“学习很有趣”的信息，并示范有效的终身学习策略。而且由于学生不会被评分，他们通常愿意尝试新事物，而不用担心被评判为失败。

因为学生认为研究人员是一个值得学习的对象，所以他是学生们的常规辅导员；要么在课堂教学中提供帮助，要么帮助学生补习因缺课而错过的作业和教学内容。此外，因为他曾担任过高中理科老师，所以在主科老师缺席时，他会定期担任代课老师。这使得教学能够具有连续性，也减少了“外人”作为日常代课教师时可能出现的典型干扰。

他的角色带来的另一个明显好处是，学生们可以很自在地与研究人员讨论他们对学校项目的担忧和感受，通常学生对他比对老师更坦诚。然后，研究人员能够在员工会议上解决这些问题，老师可以根据学生的看法制定提高学生参与度的策略（部分为第 3 个设计原则）。威尔逊等人（Wilson et al., 2011）提到了一个最佳例子，“趣味星期五”项目就是作为对学生们表示希望利用在校时间来学习自己感兴趣的科目的回应而开发的。

在一次教职工会议上提出这一想法后，老师们同意每周取消一次半天的教学。但是，这事不是向学生简单地宣布，而是通过以下方式实施的：①研究人员说服学生在下一次小组会议向老师提出这些想法，并询问他们是否可以每周“放一天假”；②老师随后与学生进行“协商”，向学生们解释有需要达到的课程目标，他们必须教授国家考试所需的内容，然后老师们提议每周放半天假，学生们对此表示同意；③老师和学生们协商了条件：学生们希望设置在周五下午（老师们也是如此），在老师们表示他们担心学生们只是“浪费时间”时，学生们同意提前报名参加“趣味星期五”活动。这种做法既展示了会考学校设计的灵活性，还体现了第 3 个设计原则：共识决策，学生们会认为他们可以控制学校生活的某些方面。

通过促进教师和学生之间的这种“交叉对话”，并扮演“中立”照顾者的角色，研究人员作为正式工作人员的一部分是会考学校的独特之处。虽然这一部分没有直接评估，但它很可能在学校项目的成功中发挥重要作用。研究人员角色的最后一个好处是，由于研究人员受雇于外部机构，因此不会给学校带来额外成本。

学生：人口、招生和班级规模

如前所述，获得会考学校资格的学生必须在前一年的五门课程中至少有三门不及格才有资格参加该项目，因此他们代表了宾汉姆顿市社区中最危机边缘的学生。在 117 名符合条件的学生中，随机选择 56 人进入该项目。会考学校的人口构成情况如表 11–1 所示。

表 11-1 总人口中调查参与者以及各实验组的人口统计信息

人口统计变量		会考学校组 n=25	对照组 n=9	高中组 n=371
性别	男	11（44%）	6（67%）	206（56%）
	女	14（56%）	3（33%）	165（44%）
种族	白人	12（48%）	3（33%）	234（63%）
	黑人	10（40%）	4（44%）	85（23%）
	西班牙人	3（12%）	2（22%）	33（9%）
	亚洲人	0（0%）	0（0%）	19（5%）
免费或减价午餐		23（92%）	7（78%）	180（49%）
年　龄		15.12 ± 0.78	14.78 ± 0.67	14.95 ± 0.75
缺勤率		6.81% ± 8.57%	9.50% ± 7.37%	4.24% ± 4.90%

注："年龄"和"缺勤率"用平均值和标准差表示。西班牙裔人口根据以英语作为第二语言（ESL）的学生来确定。

一旦选定了会考学校学生，就会向每个学生的家长 / 监护人发送邀请信。这封信描述了学生有机会参加旨在促进学习成绩，更好地满足这些被选中学生需求的学校项目。虽然家长 / 监护人有机会选择不参加该项目，但是没有人拒绝这一提议——在研究人群中保留了真正的随机样本。对照组的学生和家长 / 监护人事先并未被告知正在开发会考学校项目，亦未被告知他们在有资格入学的名单中；因此，他们没有收到任何表明他们没有被选中参加该计划的信息。

会考学校中的 56 名学生由 29 名 9 年级新生和 27 名 10 年级老生组成。每个组在各年级分为两个独立的小组，形成四个小组，每个小组约有 14 名学生。因此，会考学校的班级人数不超过 14 人（在正常缺勤率的情况下，在任何特定时间，平均每天的班级人数实际上接近 8—10 名学生）。学生们除了是特定班级（9A、9B、10A 和 10B）的成员，还被分为混龄"部落"（tribe）。每个部落都有 9 年级和 10 年级的学生，并分配了一名督导人员，其房间作为"大本营”。学生们在他们的“大本营”开始和结束一天的学习。在整个学年中，学生们还与部落一起参加了各种团队建设活动，包括各部落之间的挑战，例如出勤比赛。

小学校，小班级

这种“小学校、小班级”的设计是为会考学校专门设计的，因为许多报告表明，小班化教学是危机边缘学生在学校取得成功的一个重要变量（Allen & Steinberg, 2005; Finn & Voelkl, 1993; Howley, Strange, & Bickel, 2000; Lee & Smith, 1997; Allen & Steinberg, 2005; Finn & Voelkl, 1993; Howley, Strange, & Bickel, 2000; Lee & Smith, 1997）。虽然大学校有能力提供更专业的课程，但危机边缘学生不太可能参加这些特殊课程（Finn & Zimmer, 2012）。大学校里的弱势学生更容易“被忽视”或感觉与校园文化脱钩。由于人数很少，会考学校的每个工作人员都能够与每个学生建立个人关系，学生们也能够更好地与同龄人建立牢固的关系。

此外，因为会考学校的小规模设定，其工作人员之间的沟通也得到了改善。教师团体很小，这使得团队合作能够在员工群体中自然发生。团队合作是指将一组教师（通常在 4 至 6 人之间）与一组 60—80 名学生配对，这样教师们可以讨论他们共同的学生，并在更好地了解学生及其特定学习需求的基础上建立更为牢固的师生关系（Flowers, Mertens, & Mulhull, 1999; Hunt et al., 2003）。

普通高中每班约有 25 名学生，每个年级有近 500 名学生，与之相比，会考学校为学生提供了一种环境，让他们可以与老师和成人建立稳定、支持、相互理解的关系，并增加了与同龄人建立牢固关系的机会。考虑到这些因素，再结合让所有工作人员都参与团队结构的自然倾向，会考学校的小型学校设计是旨在对学习、情感成长和社会发展产生预期的积极影响。

概述

我们详细地描述了会考学校的独特设计，包括看似随意的特征，例如员工组成和房间的实际布局，原因如下：会考学校的成功不能归功于任何单一的设计特征。会考学校代表了一系列独特的设计特征，这些特征是针对彼此和当地情况而设计的。完全一样的项目几乎不可能在其他地方复制。会考学校之所以成功，并不是因为它的特定特征，而是因为每个特定的特征都是通过一个有理论根据的单一循证框架组织和实施的。

正是这种对一般设计原则的组织框架的坚持，使得任何学习环境都能够将这些原则融入自己的本地实践。任何此类计划都将从实际布局、人员和预算这些高度随机且超出调查人员控制范围的因素开始。挑战在于，在利用手头材料时要牢记一定的功能设计原则。

我们需要详细描述来说明我们是如何利用手头的材料创造一个安全可靠的社会环境的，在这种环境中，长期的学习成果在短期内是有回报的。这就需要创造一个实际空间，让学生们可以相互交流，也可以与成人教职工相互交流；在这个空间里，他们可以玩游戏，发展看似不以学习成绩为追求的技能；他们可以参与决策过程；他们的行为可以得到监督，而监督的方式是对他们困难生活的同情和关注；诸如此类。没有两个项目在实施这些设计原则方面是相同的，这是埃莉诺·奥斯特罗姆在她所研究的公共资源群体中强调的一点（Ostrom, 1990）。会考学校甚至在学年期间还会发生变化，因为那些似乎效果不佳的措施会被新的尝试所取代。严格地评估每项措施是不切实际的，但全套方案可以与“常规疗法”（Treatment As Usual, TAU）进行严格比较——在我们的案例中，在随机对照实验中，与学生的正常高中生活进行比较。这是应用社会科学研究中的常见做法（Biglan, 2015; Wilson, Hayes, Biglan, & Embry, 2014），在进行整个项目比较之后，会有更多的细化比较。

三、衡量会考学校的广义教育目标

我们使用发展性资源分析量表的改进版（Developmental Assets Profile, DAP）（Scales, Benson, Roehlkepartain, Sesma, & van Dulmen, 2006）来测量会考学校组学生、对照组学生以及会考学校所在学区的普通高中生的内部（心理、行为）和外部（社会、环境）资源。由研究所开发的发展性资源分析量表[①]（另

① http://www.search-institute.org/.

见 Scales et al., 2006）确定了一套技能、经验、关系和行为，使年轻人能够发展成为成功的和有贡献的成人。研究所对 400 多万来自不同背景和情况的儿童和青少年进行调查所收集的数据一致表明，年轻人获得的发展性资源越多，他们在学校取得成功的机会就越大，就越有可能成为快乐、健康并为社区和社会做出贡献的成员（Benson & Scales, 2009, 2011; Benson, Scales, & Syvertsen, 2011; Scales et al., 2006, 2008, 2013）。

方法

2011 年 3 月，与宾汉姆顿市学区合作，在体育课期间以学区和大学受试者研究审查委员会都批准的程序，对 9—12 年级学生发放了发展性资源分析量表的修订版。这项研究是继 2006 年 5 月和 2009 年 1 月的两个相似的调查之后进行的（O'Brien, Gallup, & Wilson, 2012; Wilson, O'Brien, & Sesma, 2009）。

研究参与者

2011 年 3 月底，当地公立学区的学生接受了一项校内调查（N=1007）。参与者包括会考学校组学生（RA; n=25）、对照组学生（CG; n=9；通过随机对照设计创建，如 2011 年威尔逊等人所述）和宾汉姆顿高中组学生（HS; n=660）。由于会考学校是针对 9 年级和 10 年级学生的项目，因此该分析中排除了高中组在实施调查时不是 9 年级或 10 年级的高中生（n=371）。405 名参与者的平均年龄为 14.97 岁；女性占 44.9%；有 24.4% 的黑人、4.7% 的亚洲人和 12.5% 将英语作为第二语言（ESL）的人，这是该校西班牙裔人口的估算指标。学生的午餐状况（免费和减价午餐与无援助午餐）被用作衡量社会经济地位（SES）的指标，51.9% 的学生享用免费或减价午餐（低社会经济地位）。人口统计变量的描述性统计如表 11–1 所示。

作者们承认对照组和会考学校组人群样本量低是本研究的潜在局限性。尽管调查进行了两天，但参与程度取决于学校的出勤率。由于这两个组（对照组和会考学校组）的学生都是被认定为危机边缘学生，因此该人群的出勤率较低，尽管会考学校做了很多事情，但它并没有影响到学生的出勤率（如威尔逊等人 2011 年报告所述）。

虽然这种低样本量可能会引入选择偏差，但我们并不认为这种局限性最终会影响本研究的结果。此外，如果对照组中存在选择偏差，那么很可能对我们不利，因为宾汉姆顿高中最会被故意逃课的课程（尤其是在危机边缘人群中）是体育课，而且由于调查是在体育课期间进行的，因此参加调查的学生的资源应该比任何逃课的学生更高。由于会考学校和宾汉姆顿高中的调查方法不同，如果会考学校的学生在这几天去学校，他们就不能逃过调查，所以会考学校的调查对象中就不存在这种选择偏差。

测量

人口统计变量。宾汉姆顿市学区提供了每个学生的人口统计信息：性别、出生日期、年龄、种族、午餐状况［全额支付、减价或免费午餐——如果学生生活在总收入低于 300 美元 / 周（15600 美元 / 年）的家庭中，他们就有资格享受免费午餐，如果总收入低于 20000 美元 / 年，考虑到每个兄弟姐妹每年 7000 美元 / 年的支出，则有资格享受减价午餐］；根据人类受试者研究审查委员会的要求，他们用任意的身份号码代替了身份信息。性别被编码为二分变量（“1” = 女性）；出生日期用于计算实验实施时的年龄；种族被重新编码为两个不同的二分变量（黑人和亚洲人；白人，以及一名印度学生组合在一起作为参考类别）；英语作为第二语言（ESL）被编码为二分变量（“1” = 非英语母语者；在这一人群中，ESL 通常被用作识别西班牙裔学生的变量，因为西班牙裔学生们在宾汉姆顿市学区中被归类为白种人）[①]；午餐状况被转换为两个二分变量（“1” = 减价午餐，“0” = 其他；“1” = 免费午餐，“0” = 其他；那些为午餐买单的人作为参考类别）。这两个午餐状况指标后来被合并为一个单项，以代表社会经济地位的代理衡量标准（“1” = 免费或减少午餐，“0” = 其他）。

调查测量。我们编制了量表来测量三种内部 / 心理资源——幸福感、学习、亲社会性，以及个体对六种外部 / 社会资源的感知——家庭街区外部环境失调、家庭街区的社会资本（集体效能）、家庭、学校、课外活动和宗教（也起到内

① 西班牙裔学生在本实验中虽然被分类为白种人，但他们的母语并非英语。——译者注

部 / 心理作用）。所有项目如表 11–2 所示。

我们使用了威尔逊等人（Wilson et al., 2009）在 2006 年和 2009 年进行的发展性资源分析调查所编制的量表来衡量幸福感、学习、亲社会性和四种形式的社会支持：家庭、学校、课外活动和邻里的社会资本（“集体效能”）（2009 年进行研究时扩展了该量表，源自 Sampson, Raudenbush, & Earls, 1997）。家庭邻里社会资本的量表包括两个三项子量表：“社会凝聚力”——个人与邻居之间关系的强度（例如，“我的邻居愿意互相帮助”），以及“社会控制”——邻居对其成员实施既定规则 / 规范（例如，“如果孩子们逃学并在我的社区里闲逛，大人会告诉他们去上学”）。“社会凝聚力”和“社会控制”被合并成一个单独的衡量标准，即“集体效能”，用于此分析。

本研究用杜克大学宗教指数（Duke University Religious Index, DUREL; Koenig, Meador, & Parkerson, 1997）的一份更新的量表取代了原来的宗教资源测量。此外，还增加了一项衡量社区外部环境失调的指标，该指标源自罗斯和米罗斯基（Ross & Mirowsky, 1999）对“邻里衰败感”的测量。该量表的得分越高，表示对邻里维护的印象越低。

参与者用李克特五级量表（five-point Likert scale）表示他们对每项的同意程度。我们将所有量表项目的回答进行汇总和标准化，将最低（全部为 1）和最高（全部为 5）的可能得分各自分别赋值为 0 和 100 来计算量表得分。

所有量表的信度见表 11–2。与往年一样，除了课外活动（EA; α=0.407），所有量表都具有较强的信度（α’s=0.722—0.858）。课外活动的信度较低，在一定程度上是因为该量表有两项，每个项目在日常实践中彼此互不相同：一项测量的是体育和俱乐部的参与程度，另一项测量的是艺术的参与度。鉴于这两个活动在提供社会支持中所发挥作用的理论相似性，我们选择在分析时将其作为一个量表。

表 11-2　量表项目和相关的克隆巴赫系数

量表标题和项目	信度系数
内部资源	
幸福感	α=0.775
我觉得可以掌控自己的生活和未来	
我自我感觉良好	
我对我的未来感觉很好	
我正在培养我的人生目标感	
学习	α=0.813
我关心学校	
我做我的功课	
我喜欢学习	
我喜欢阅读或者听别人读给我听	
我积极学习新事物	
亲社会性	α=0.813
我在努力帮助解决社会问题	
我认为帮助别人很重要	
我在不伤害任何人的情况下解决冲突	
即使很困难，我也会说实话	
我在帮我的社区变得更美好	
我在培养对他人的尊重	
我在为我社区里的人服务	
我对他人的需求和感受很敏感	
外部资源	
家庭	α=0.830
我参与家庭任务和决策	
我的父母 / 监护人善于与我谈心	
我和我的父母 / 监护人在家里度过了美好的时光	
我的家人知道我在哪里，我在做什么	
在家里我感到很安全	
我的父母 / 监护人督促我在学校好好表现	
我有一个爱我和支持我的家庭	
我的父母 / 监护人试图帮助我成功	

续表

量表标题和项目	信度系数
学校	α=0.788
在学校我感到安全	
我的学校对学生有明确的规定	
我的学校关心孩子，鼓励孩子	
我的老师敦促我发展及获得成就	
我的学校公平地执行规章制度	
宗教	α=0.858
我是一个灵性的人	
我是一个有宗教信仰的人	
我参加私人宗教活动，比如祈祷或冥想	
我的宗教信仰影响了我的生活方式	
你多久参加一次宗教服务或其他宗教团体或活动？[a,b]	
课外活动	α=0.407
我参与了一项运动、俱乐部或其他团体	
我参与创作活动，如音乐、戏剧或美术	
邻里：集体效能	α=0.818
社会凝聚力	α=0.802
我有好邻居帮助我成功	
我有邻居帮忙照看我	
我的邻居愿意互相帮助[c]	
社会控制	α=0.722
如果我的社区里发生争吵，会被制止[c]	
如果孩子们不尊重我的社区里的成年人，其他大人会阻止他们	
如果孩子们逃学并在我的社区里闲逛，大人会告诉他们去上学[c]	
邻里：外部环境失调	α=0.748
我的社区里有很多涂鸦	
我的社区里有很多废弃的建筑物	
我社区里的人都很爱护自己的房子和公寓[b]	
我的社区很干净[b]	

注：克隆巴赫系数描述了量表项目的相互关联程度。

a 选项：1= 每周一次以上，2= 每周约一次，3= 每月 1—3 次，4= 一年几次，5= 根本没有。

b 项目反向编码。

分析

为了比较研究人群之间的差异，将参加的实验组（RA、CG 或 HS）转换为一个三分变量（“0”=RA，“1”=CG，“2”=HS），采用卡方检验（chi-square tests）对研究人群进行人口统计学比较。年龄和出勤率（缺席百分比）的比较采用单因素协方差分析（ANOVA）。皮尔逊相关系数用于测量调查指标之间的相关程度。我们进行了多因素协方差分析（MANCOVA），来确定不同学习环境下学校人群在发展性资源方面的差异。性别、年龄、种族、社会经济地位和出勤率作为协变量输入，因为每个变量都与多个发展性资源分析量表显著相关。对每个发展性资源进行协方差分析（ANCOVA），作为多因素协方差分析的后续测试，以检查显著相关性。

为了进一步调查各研究组之间在每个发展性资源上的差异，研究采用了正交对比进行计划比较。第一个对比是将会考学校组学生与对照组学生进行比较，以检验本研究的主要假设：会考学校提供的学习环境会对其学生的发展性资源产生积极影响，因此他们报告的发展性资源分数会高于匹配样本。第二个对比是比较会考学校组和高中组学生之间的得分，以调查比较会考学校学生与宾汉姆顿中学其他人群在发展性资源分析量表得分上的情况。

所有统计测试均采用 0.05 的显著性水平。所有缺失的数据都从分析中逐列排除；使用估算数据进行分析不会影响结果。所有分析均采用 SPSS 20.0.0 进行处理。

四、结果

实验组的人口统计学分析

卡方检验显示，会考学校组（RA）、对照组（CG）和高中组（HS）三组人群之间的性别比例没有差异（$x^2_{df=2}$=1.671, p=0.434）。正如人们所料，会考学校组和对照组学生的人口构成与高中组学生的平均水平相比，危机边缘学生更多。具体而言，会考学校组和对照组的黑人学生密集度高于高中组（RA=40.0%, CG=44.4%, HS=21.8%; $x^2_{df=2}$=6.637, p=0.036），也更为贫穷，因为会考学校组和对照组在免费午餐项目中的学生比例高于高中组（RA=92.0%, CG=77.8%,

HS=49.5%; $x^2_{df=2}$=19.369, p<0.001）。在会考学校组和对照组人群中，黑人学生（$x^2_{df=1}$=1.360，p=0.244）或低社会经济地位学生（$x^2_{df=1}$=1.289, p=0.256）的集中度没有显著差异。虽然会考学校组或对照组中没有亚洲学生，但这与高中组样本人群中亚洲学生的低频率没有显著差异（19 : 390; $x^2_{df=2}$=1.734, p=0.420）。由于会考学校组和对照组中没有亚洲学生，高中组当中的亚洲学生被排除在进一步分析之外（n_{HS}=371）。各学校之间以英语作为第二语言（ESL）的人的密集度没有差异（$x^2_{df=2}$=0.797, p=0.671）。

我们进行了单因素协方差分析，来确定研究人群之间的年龄和出勤率的差异。各学校组之间的年龄没有显著差异［F（2,402）=0.852, p=0.427］。由于出勤率不符合同质性假设，我们使用韦尔奇（Welch）调整后的方差比检验（F ratio），发现学校之间的出勤率没有显著差异［Welch's F（2,16.428）=3.188, p=0.068］。

相关性

为了证实人口统计学变量在多因素协方差分析中作为协变量的使用，在以下各个变量之间进行了双变量相关性（bivariate correlations）的检验：①人口统计学预测因素，②人口统计学预测因素和调查量表，以及③所有调查量表。结果见表 11–3。

人口统计学变量之间几乎没有关联。其中，缺勤率通常与其他人口统计学特征有关联；女性（r=0.104, p=0.038）、年龄较大的学生（r=0.214, p <0.001）和低经济背景的学生（r=0.172, p=0.001）的出勤率都低于同龄人。社会经济地位还与种族相关，其中黑人学生（r=0.305, p<0.001）和英语作为第二语言（ESL）的学生（r=0.193, p<0.001）往往来自较低的经济背景。

每个人口统计变量都显示出与至少一种发展性资源存在中度至高度显著相关，其中许多变量与九个量表中的至少三个量表呈显著相关。女生在学习态度［r（400）=0.232, p<0.001］、亲社会性水平［r（400）=0.190, p<0.001］、课外活动参与度［r（400）=0.129, p=0.010］，以及家庭邻里的支持度［r（400）=0.107, p=0.033］方面得分明显更高。年龄较小的学生有更高的幸福感［r（400）=–0.116, p=0.020］并且更多地参与课外活动［r（400）=–0.160, p=0.001］，而年龄较大的

表 11-3　人口统计学变量和发展性资源分析量表的相关系数矩阵

相关系数	2	3	4	5	6	7	8	9	10	11	12	13	14	15
女性[a]	0.051	0.055	0.072	−0.038	0.104*	0.023	0.232**	0.190**	0.056	0.076	0.023	0.129**	0.107*	−0.089
黑人[a]	—	−0.084	0.305**	−0.038	0.005	0.116*	0.096	−0.038	0.023	0.076	0.059	−0.029	−0.076	0.059
英语作为第二语言[a]		—	0.193**	0.075	0.025	0.040	−0.004	0.018	0.044	0.122*	0.113*	−0.030	−0.010	−0.062
社会经济地位			—	0.085	0.172**	−0.033	−0.072	−0.125*	−0.036	0.011	−0.086	−0.192**	−0.227**	0.207**
年龄				—	0.214**	−0.116*	−0.054	−0.082	−0.077	−0.049	0.019	−0.160**	−0.054	0.132**
缺勤率(%)					—	−0.054	0.020	−0.119*	0.011	−0.071	0.014	−0.131**	−0.147*	0.085*
幸福感						—	0.440**	0.470**	0.565**	0.472**	0.188**	0.291**	0.305**	-.369**
学习							—	0.592**	0.394**	0.419**	0.251**	0.473**	0.300**	−0.173**
亲社会性								—	0.434**	0.544**	0.336**	0.445**	0.537**	−0.323**
家庭									—	0.432**	0.186**	0.212**	0.354**	−0.381**
学校										—	0.175**	0.254**	0.396**	−0.335**
宗教											—	0.142**	0.335**	−0.082
课外活动												—	0.288**	−0.211**
集体效能													—	−0.462**
外部环境失调														—

注：N=402。

* $p < 0.05$, ** $p < 0.001$。

a 以“1”为变量名的二分变量。

学生的家庭邻里外部环境失调发生频率更高［ r（400）=0.132, p=0.008 ］。黑人学生有着更高水平的幸福感［ r（400）=0.116, p=.020 ］。英语作为第二语言的（ESL）的学生从学校获得了较多的资源［ r（400）=0.122, p=0.015 ］，并从他们的宗教信仰中获得了较多的支持［ r（400）=0.113, p=0.023 ］。社会经济地位较低的学生有着较低的亲社会性水平［ r（400）=–0.125, p=0.012 ］，较少参与课外活动［ r（400）= –0.192, p<0.001 ］，而且他们生活在更差的社区——邻里外部环境失调水平较高［ r（400）=0.207, p<0.001 ］，家庭邻里的社会支持度较低［ r（400）= –0.227, p<0.001 ］。缺勤率较高的学生与社会经济地位较低的学生有相似的报告结果，即亲社会水平较低［ r（400）=–0.119, p=0.017 ］，课外活动参与度较低［ r（400）=–0.131, p=0.008 ］，以及社区集体效能水平较低 r（400）=–0.147, p=0.003 ］。

为了检验多因素协方差分析假设，即因变量将在适度范围内相互关联（Meyers，Gamst，& Guarino，2006），在所有发展性资源之间进行了一系列皮尔逊相关性测量。除了宗教与外部环境失调外（ r=–0.082, p=0.100），所有指标均具有高度显著的相关性（df=400），这表明了多因素协方差分析的适当性。

各学校群体之间发展性资源的比较

为了确定不同学习环境（IV）对发展性资源得分（developmental asset scores DVs）的影响，我们采用了多因素协方差分析。图 11–4 显示了三个研究群体（RA、CG 和 HS）的学生发展性资源得分的平均值和标准差。对六个协变量进行了调整：性别、年龄、种族（黑人和英语作为第二语言的人）、社会经济地位和出勤率；因为这些变量中的每一个都与多个发展性资源分析量表显著相关。使用威尔克斯标准（Wilks' criterion），合并后的发展性资源得分被确定为与除年龄外的所有协变量显著相关。表 11–4 中报告了该实验的结果。实验组对合并后的发展性资源有显著影响［ Wilks'Λ=0.853, F（18,770）=3.527, p<0.001, multivariate η^2=0.076 ］，这表明三个学校群体在发展性资源得分上存在差异。

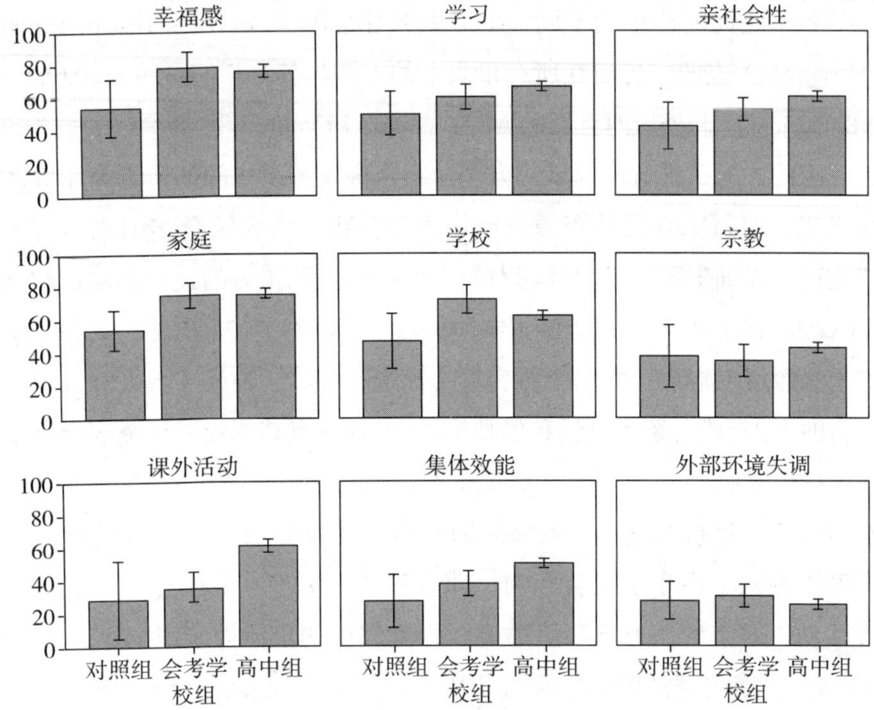

图 11-4　发展性资源分析量表得分（和置信区间）①

表 11-4　综合多因素协方差分析结果

影　响	威尔克 Λ 值	*F*	*p*	部分埃塔平方
女性 [a,b]	0.913	4.062[c]	0.000	0.087
黑人 [a,b]	0.937	2.875[c]	0.003	0.063
以英语作为第二语言 [a,b]	0.946	2.430[c]	0.011	0.054
社会经济地位 [a,b]	0.922	3.631[c]	0.000	0.078
年龄 [a]	0.964	1.592[c]	0.116	0.036
缺勤 [a]	0.954	2.071[c]	0.031	0.046
实验组（RA、CG 或 HS）[d,e]	0.853	3.527[c]	0.000	0.076

注：a df=402；b 以“1”为变量名的二分变量；c 精确的统计；d df=804。
e 编码为三分名义变量：“0” = 会考学校组，“1” = 对照组，“2” = 高中组。

① 在所有的柱状图中，左侧柱状表示对照组（CG），中间柱状表示会考学校组（RA），右侧柱状表示高中组（HS）。与会考学校组相比，* 表示 p=0.011，** 表示 p<0.001。

虽然各组之间的样本量不同，但方差齐性检验（Levene's Test of Equality of Error Variances）表明，各组在所有量表上的方差相等［F（2,399）=0.002–1.455，p=0.998–0.235］。此外，博克斯的 M 值（Box's M value）为 49.89，p 值为 0.573，不显著。因此，为了进行多因素协方差分析，假设各组之间的协方差矩阵相等。

接下来，对每个发展性资源进行协方差分析，作为综合多因素协方差分析的后续测试，以确定不同学习环境对每个发展性资源得分的显著影响。将实验组（RA、CG 或 HS）作为三分变量（"0"=RA，"1"=CG，"2"=HS；以会考学校组学生作为参照组）输入。将六个协变量［性别、年龄、种族（黑人和以英语作为第二语言的人）、社会经济地位和出勤率］，以及所有其他发展性资源得分输入作为每次测试的对照。

在对协变量进行调整后（调整后的平均值见表 11–5），学校教育对九项发展性资源中的六项产生了显著影响，即幸福感、学习、亲社会性、家庭、学校和课外活动。对宗教、外部环境失调和家庭邻里的集体效能影响不显著。结果见表 11–5。本章末尾的附录中报告了协变量对每个发展性资源的影响。

表 11–5　按就读学校划分的发展性资源分析量表得分的估计边际均值（和标准差），以及实验组对因变量的组间效应检验结果

因变量	组别	估计边际均值（标准差）	III 型平方和	F	p	部分埃塔平方
幸福感	会考学校组	78.33（4.09）	5065.71	6.64	0.001	0.033
	对照组	52.12（6.63）				
	高中组	76.04（1.02）				
学习	会考学校组	60.61（3.25）	3148.39	6.53	0.002	0.032
	对照组	47.77（5.27）				
	高中组	65.76（0.81）				
亲社会性	会考学校组	54.06（3.74）	2768.06	4.35	0.014	0.022
	对照组	43.02（6.05）				
	高中组	59.47（0.93）				
家庭	会考学校组	75.38（3.40）	4741.93	9.02	0.000	0.044
	对照组	51.77（5.50）				
	高中组	75.41（0.85）				

续表

因变量	组别	估计边际均值（标准差）	Ⅲ 型平方和	*F*	*p*	部分埃塔平方
学校	会考学校组	73.11（4.36）	5191.08	6.00	0.003	0.030
	对照组	46.13（7.06）				
	高中组	61.52（1.09）				
宗教	会考学校组	34.47（5.64）	1919.85	1.33	0.266	0.007
	对照组	35.52（9.12）				
	高中组	43.01（1.40）				
课外活动	会考学校组	40.01（6.02）	17970.93	10.90	0.000	0.053
	对照组	28.99（9.74）				
	高中组	61.77（1.50）				
集体效能	会考学校组	44.15（4.93）	3308.14	2.99	0.051	0.015
	对照组	31.07（7.98）				
	高中组	49.48（1.23）				
外部环境失调	会考学校组	26.34（4.46）	1.33	0.00	0.999	0.000
	对照组	26.72（7.23）				
	高中组	26.57（1.11）				

注：所有变量的自由度 =2。模型中出现的协变量按以下值进行评估：女性 =0.55，年龄 =14.96，黑人 =0.24，ESL=0.09，SES=0.52，缺勤率 =4.52%。

尽管协方差分析表明三个研究群体之间的资源得分存在显著差异，但该测试无法确定哪些学校群体的资源得分存在显著差异。为了研究这些差异，我们采用正交对比进行了计划比较。由于本研究的主要假设是会考学校提供的学习环境会对学生的发展性资源产生积极影响，所以他们的发展性资源分析量表得分会高于匹配样本，因此第一个对比是将会考学校组学生与对照组学生进行比较。我们之前的研究（Wilson et al., 2011）表明，会考学校组学生不仅在学习衡量上表现优于对照组，而且会考学校组学生表现与宾汉姆顿高中的普通学生不相上下；因此，进行了会考学校组和高中组之间的第二次对比，以调查会考学校组学生与宾汉姆顿高中其他人群在发展性资源分析量表得分上的比较情况。计划比较结果见表 11–6。

表 11-6 会考学校组与对照组以及会考学校组与高中组之间计划比较的结果矩阵

对比			因变量								
			幸福感	学习	亲社会性	家庭	学校	宗教	课外活动	集体效能	外部环境失调
会考学校组与对照组	对比评估		−26.21	−12.84	−11.04	−23.61	−26.98	1.05	−11.02	−13.08	0.38
	标准差		7.70	6.12	7.04	6.40	8.21	10.61	11.33	9.28	8.40
	t 值		−3.40	−2.10	−1.57	−3.69	−3.29	0.10	−0.97	−1.41	0.04
	p		0.001	0.037	0.118	0.000	0.001	0.921	0.331	0.159	0.964
	95%置信区间	下限	−41.35	−24.88	−24.87	−36.19	−43.11	−19.80	−33.29	−31.32	−16.14
		上限	−11.06	−0.80	2.80	−11.04	−10.85	21.90	11.25	5.16	16.89
会考学校组与高中组	对比评估		−2.29	5.15	5.42	0.02	−11.59	8.54	21.76	5.32	0.22
	标准差		4.24	3.37	3.87	3.52	4.51	5.83	6.23	5.10	4.62
	t 值		−0.54	1.53	1.40	0.01	−2.57	1.46	3.49	1.04	0.05
	p		0.590	0.127	0.162	0.995	0.011	0.144	0.001	0.297	0.961
	95%置信区间	下限	−10.61	−1.47	−2.19	−6.89	−20.46	−2.93	9.51	−4.70	−8.86
		上限	6.04	11.76	13.02	6.94	−2.72	20.00	34.00	15.35	9.31

注：会考学校组是每个对照的参考类别。

比较会考学校组学生和对照组学生。有计划地比较调整后的平均值显示，会考学校组和对照组的得分存在显著差异。会考学校组学生在幸福感［t（393）=–3.420, p=0.001］、学习［t（393）=–2.096, p=0.037］、家庭［t（393）=–3.693, p<0.001］和学校［t（393）=–3.289, p=0.001］方面的得分明显更高。这些结果表明会考学校组学生比对照组学生有更强的自尊心和更高的自我价值感，学习态度更好，家庭参与度更高，与学校的联系更紧密。

比较会考学校组学生和高中组学生。会考学校组和高中组之间的发展性资源得分比较显示只有两个显著差异。会考学校组学生比高中组学生更少参与课外活动［t（393）=3.493, p=0.001］。最后，也是最重要的一点，会考学校组学生通过学校获得的资源高于高中组学生［t（393）=–2.569, p=0.011］。这些结果表明，尽管会考学校组学生在正常上课时间之外参与的学校活动较少，但他们比高中组学生更喜欢学校，并且会考学校的学习环境为其学生提供了比普通高中更高水平的支持。

此外，会考学校组和高中组在其他发展性资源得分上没有显著差异，这反映出会考学校组学生的资源没有比普通高中组学生少，而事后两两比较的结果显示，除了宗教、外部环境失调和家庭邻里的集体效能外，对照组在各个量表上的得分均显著低于高中组。对照组和高中组之间的比较结果见本章末尾的附录。

亲社会性。此处进行的有计划比较并未显示会考学校组与对照组或高中组在亲社会性测量方面存在任何显著差异。由于协方差分析确定了亲社会性和学校群体之间的主效应（main–effect），因此进行了事后分析以进一步调查这种关系。使用邦费罗尼（Bonferroni）事后检验（p<0.05），发现高中组和对照组人群之间亲社会性得分存在显著差异（p=0.015）。如图 11–4 所示，会考学校组（M=51.63 ± 17.36）得分介于对照组（M=42.02 ± 18.76）和高中组（M=59.74 ± 18.30）之间，与这两个组中的任何一组均无显著差异。

五、研究结果讨论

在本研究中，我们使用了发展性资源分析量表（DAP; Scales et al., 2006）的修订版来测量宾汉姆顿市学区高中生的内部（心理、行为）和外部（社会、环境）资源。这些步骤是用来为面向危机边缘学生的学校（会考学校）提供更狭义的学习成功指标做补充的，其目的是在测量狭义目标的学习水平的同时，影响教育的广义目标。在随机对照设计中（如威尔逊等人 2011 年所述），将会考学校组学生的发展性资源与匹配样本对照组学生的发展性资源进行了比较，并与整个高中群体进行了比较。

结果显示，会考学校组和对照组人群的资源得分存在预期差异。会考学校组学生在幸福感、学习、家庭和学校等资源测量方面的得分明显更高。这些结果表明，危机边缘青少年对旨在鼓励合作和学生参与的积极的社会环境做出了反应，而且会考学校学习环境的设计除了提高狭义的学习成绩外，还增加了广义的发展性资源。

在将会考学校组学生与高中组人群总体进行比较时，发现会考学校组学生和高中组之间只有两个显著差异：会考学校组学生较少参与课外活动，但与学校的联系更紧密。在这种情况下，会考学校组和高中组学生在资源测量方面没有显著差异，这一点非常重要，因为这些结果表明，在项目实施仅七个月后，会考学校组的危机边缘学生就与“普通”高中生的情况旗鼓相当。

下文将从进化角度讨论对这些结果的解释。

实验组之间资源测量的比较

学校和学习。会考学校组学生在学校获得的资源高于对照组和高中组的学生。这些结果表明，会考学校组学生比普通高中生更喜欢自己的学校，这说明所有的学生都可以受益于会考学校的设计原则，而不仅仅是危机边缘学生。

可以预料的是，那些将学习视为更高资源的学生会更重视学校。虽然学习与学校显著相关，会考学校组学生的学习态度明显好于对照组学生，但分析对协变量中的学习进行了控制，这表明会考学校学生对学校的态度得分更高（在会考学校组与对照组之间，在会考学校组与高中组之间）并不是因为他们对学习的态度更积极，而是因为学校在他们的社会框架中扮演了一个独立的、更重要的角色。

幸福感。会考学校组学生在幸福指数方面的得分明显高于对照组，与高中组人群持平。这项研究的单一测量设计使我们并不清楚是会考学校的哪些组成部分有助于增加学生的幸福感。他们的学习成绩的提高有可能早在第一季度就开始了（图 11–1）。学生们还受到了会考学校工作人员的高度鼓励，这可能起到了中介效应。

家庭。大量研究表明，低家庭参与度是青少年危机行为和学习成绩低下的一个重要预测因素，因此会考学校设计的一个关键目标是提高家长参与度。实施策略的范例包括打电话回家向其家人表扬学生的在校表现，以及开展“家庭欢乐之夜”计划，促进家庭关系和提高家长与学校的互动。正如项目设计所预测的那样，会考学校组学生报告的家庭资源高于对照组学生。根据目前的测量，无法确定会考学校所采取的这些特定的以家长为目标的干预措施是否直接地影响了家庭资源的改善，或者是否产生了间接影响，例如父母因为孩子在学校表现得更好而对他们的反应更积极。

亲社会性。根据引言中概述的理论，了解如何鼓励亲社会性应该是大多数学校的主要评估目标。结果显示，所有资源得分都与亲社会性呈中度至高度相关。亲社会的态度与学习之间的相关性对教育机构尤为重要。本研究结果证实，亲社会性较强的学生学习成绩更高，支持了这种说法：合作与提高学习潜力之间存在联系。

虽然会考学校组学生在亲社会性方面与对照组或高中组学生没有显著差异，但图 11–4 所示的亲社会性趋势值得注意。结果显示会考学校组学生的分数介于高中组和对照组的中间。由于对照组和高中组之间的得分差异显著，而且据报告会考学校组学生与往年的对照组学生具有相似的特征，因此这里描述的得分趋势表明，会考学校组学生仍然对其新的社会环境做出了积极的反应，在随机对照设计中，他们比对照组更经常地采用亲社会策略 / 心态。此外，期望这些步骤在仅仅七个月后就彻底转变局面可能是不适宜的；由于这些学生在校外的生活仍然很艰苦，会考学校组学生可能无法放弃让他们在校外环境中取得成功的社会策略。

课外活动参与。会考学校组学生比高中组学生更少参与课外活动；对照组和会考学校组之间没有差异。这一结果是意料之中的，因为会考学校的预算不包括参与课外活动的资金。这种模式与美国许多学校一致，这些学校正在削减课外活动和项目，以增加在学习教学上的时间。

与减少非学术活动资金的趋势相反，我们想强调本研究中所展示的课外活动与学习之间的相关性，以及课外活动与学校之间的相关性。参与课外活动的学生感觉到与学校的联系更为紧密，对学习更重视。这些结果应该鼓励学校让学生接触更广泛的现实世界的相关活动和经验，以吸引更多学生的兴趣并利用学生的自然学习倾向（Dewey, 1911; Gray, 2013, 本书）。

虽然会考学校不可能在课余时间增加对课外活动的支持，但会考学校的设计将课外学习活动融入了学校生活。第一季度后，应学生们的要求，启动了“趣味俱乐部”项目。学生们表示，他们经常无法理解课堂教学材料，希望做更符合自己兴趣的事情。老师们同意每周五让出一半的课时，为“趣味星期五”提供半天的时间。这个计划允许学生参与艺术活动（如拼制图画、素描、油画、编织）、音乐（如吉他和钢琴“即兴”演奏会）、游戏、杂耍和魔术以及武术项目等。威尔逊等人（2011）的研究结果表明，尽管上课时间减少了，但参加该项目的学生在课堂上取得了更高的成绩。

宗教、邻里外部环境失调和集体效能。正如所料，由于会考学校的设计没有包含针对这些资源的任何实践，因此会考学校组学生和其他学生在宗教测量或对其所在社区的外部环境失调感知和社会资本（集体效能）方面没有差异。

其他研究（Caughy, Nettles, & O’Campo, 2008; Crowder & South, 2003）表明，邻里关系混乱可能会导致学生与学校相脱离。与该项研究一致的是，来自本研究的报告说，生活在外部环境失调明显更高的社区的学生与学校的联系也较低。有趣的是，会考学校组学生生活在邻里外部环境失调最严重的地区；然而，如上所述，会考学校组学生比对照组和高中组学生更重视学校的重要性。这表明，会考学校的学习环境能够克服学生生活其他领域的支持不足。

解释发展性资源分析量表之间的相关性

表 11–3 中的结果表明，所有内部和外部资源都相互影响和 / 或受到类似条件 / 刺激的影响，因此，影响一个支持领域可能会克服另一个领域的缺陷，或者因此，一种支持形式的破坏可能会在另一个相关领域产生灾难性和不可预见的后果。研究结果还表明，外部环境失调与所有其他指标之间存在负相关。这与其他研究的结果一致（O’Brien & Kauffman, 2012; O’Brien, 2010; Calvert,

2001; Sampson, Raudenbush, & Earls, 1999），这表明，例如，当社区的混乱程度增加时，个体就不太可能合作。这一结果支持以下观点: ①环境影响发展轨迹，②青少年是受一个支持性的系统网络影响的。

选择偏差和局限性

本研究的局限性包括样本量低和测量设计单一。样本量低的问题在于对照组只有 9 名学生和会考学校组只有 25 名学生参与了这项研究。有关这一问题的担忧已在“方法”部分中进行了讨论。简而言之，由于危机边缘学生的典型逃课行为，如果对照组中存在选择偏差，那么很可能对我们不利，因为参加调查的学生应该比任何逃课的学生有着更多的资源。由于这两所学校在方法上的差异，会考学校组学生如果在这几天上学，就不能跳过调查，这种选择偏差在会考学校人群中会减少。

单一的测量设计意味着分析只能确定变量之间的关联，而不能建立因果关系。此外，由于这些发现是基于对整个项目的严格评估，因此无法确定任何特定差异是否可归因于会考学校项目的单一实施。例如，在家庭参与方面，会考学校的学生是否因为针对家长参与的干预措施而改善了家庭关系，或者仅仅是因为家长更普遍地为学生在学校表现得越来越好而感到“自豪”？有证据表明，这些资源为学生提供了一个支持网络，影响了其中一个部分同样会影响另一部分(Benson et al., 2011; Benson & Scales, 2009; Schneider–Munoz, 2011)。因此，每个设计特征的特定实现可能远不如包含该特征重要。

不过，至少对于家庭来说，这种影响可能至少有一部分归因于项目的设计，因为增加家庭支持是学校的主要设计特征之一。会考学校的工作人员所做的一件简单的事情就是打电话给家长并表扬孩子，这与家长只听到学生犯错的常规做法不同。例如，老师可能会打电话回家说“我们只是想让你知道你的孩子这周在课堂上表现很好”。这项特别的实施针对所有学生；其他学生则需要根据具体情况采取更细致的方法。举个有趣的例子：一名会考学校的学生和她的母亲每周五晚上会有一次固定的“约会之夜”，他们通常会一起去购物和共进晚餐。经过多次不太成功的改善学生破坏性行为的尝试后，会考学校工作人员在家长、学生和学校之间达成了一个折中方案：当学生那周在校表现良好时，母亲和女儿会在她们的约会之夜出去购物；如果这个学生整个星期都不能保持冷静，那么，母女的约会之夜只能在家里度过，而不是在商场。

会考学校获得成功的因素是什么？

据每天与会考学校学生一起共处的校长和老师表示，最重要的因素是提供一个安全、关爱的环境。除了封闭式校园和较小的班级规模，会考学校在第一年的独特设计特点并没有涉及学习内容材料，学生受到的激励也与标准化考试无关。事实上，会考学校的任何教师都没有改变其以前在高中制定和实施的课程教学评估（CIA）（他们表示，这在前几年他们班上的危机边缘学生中取得的效果较差）。相反，教师和员工利用进化科学确立的设计原则来影响有意的文化变革（Wilson et al., 2014），他们创造了一个符合学生需求而非违背学生需求的社会环境，努力吸引学习者的普遍兴趣。结合我们之前关于会考学校学生学习成绩提高的报告（Wilson et al., 2011），结果表明，与任何其他以学业为导向的课程教学评估策略一样，学校成绩受社会支持和其他环境因素的影响。

正如本章前面所强调的，虽然会考学校的学生是随机选择的，但学校的每一位教师和工作人员都是自愿选择参加该计划的。如果没有这些认同工作的意义和价值、积极建立合作师生关系的教师们，该项目就不可能成功。如果当前的教育政策趋势“为了最大限度地控制学生的成绩和确保学生考试成绩不断提高，而继续朝着会误导教师动机和破坏教学关系的逐渐集中化和深度官僚化的改革方向努力”，那么会考学校建立的教学模式就无法推广（Bullough & Pinnegar, 2009: 253）。

进化教育科学

构成会考学校的所有组成部分都是很普通的，但会考学校将它们组合成一个不寻常的整体方案。在许多其他观点都失败的情况下，阐明进化科学是如何成功地找到了一系列有效的实践做法是很重要的。当前许多教育实践都理念肤浅，忽视了意外后果。例如，限制运动和游戏（以便有更多的时间进行教学）、禁止接触原则（以避免性骚扰）、年龄隔离（以促进正规教育）、专制统治（因为成人最了解）以及利用恐惧作为激励（为了保持纪律和专注狭义上的学习）。

所有这些做法都有一个表层逻辑，但它们并不是总能带来积极的结果。更糟糕的是，这些做法的不可预见的后果往往是分散和间接的，因此很难追溯其源头（Ellis et al., 2012）。

使用一般概念的框架来制定教育政策并不会自动产生一套保证有效的做法。但它会改变人们对合理或不合理做法的看法。目前的一些做法仍然有意义，但其他做法，如限制游戏，开始显现出问题。回顾过去，新做法或旧做法的新组合变得合理，甚至回头看是显而易见的，尽管从其他角度来看，它们是模糊不清的。从明确的进化角度提出的新想法并不一定会有效。与所有假设一样，它们必须在实际应用中进行检验。

当然，为提高危机边缘青少年的学习成绩而提出的环境干预措施已经有几十年的历史了，但它们通常都不起作用，这就是为什么这个问题看起来如此困难。构成会考学校的设计特征没有一个是超乎寻常的，但进化科学提供了一个理论框架，将它们以某种方式结合在一起，从而取得了不同寻常的成功。

其他一些针对危机边缘高中生的项目的成功率似乎与会考学校相似，包括瑟谷学校（Sudbury Valley School）（Gray Chanoff, 1986; Gray Feldman, 2004），西雅图的莫宁赛德学校（Morningside Academy）（Johnson, 1997），堪萨斯州堪萨斯城的瞻博花园项目（the Juniper Gardens Projects）（Greenwood, 1991a, 1991b），拉特（Rutter）、莫恩（Maughan）、莫提摩（Mortimore）、奥斯顿（Ouston）和史密斯（Smith）（1979）对伦敦高中进行的一项自然随机对照研究，以及良好行为游戏的高中版（Becker, Bohnenkamp, Domitrovich, Keperling, & Ialongo, 2014; Embry, 2014; Kleinman & Saigh, 2011），该游戏最初是为小学班级开发的［参见恩布里（Embry）的综述，2002］。对这些项目的综述表明，它们在很大程度上与我们从进化角度得出的实践趋同。每个项目首先建立一个支持性的学习环境，以满足学生的需求，而不是违背他们的需求。许多学校是小学校，都是小班授课的，努力培养一种集体心理，即培养“我们在一起”的心态。其中许多项目强调对长期学习 / 成就目标的短期奖励。尽管这些项目行之有效，但它们并没有被广泛复制。进化教育科学提供了一个通用的理论框架，说明其有效的原因，可以帮助这些最佳实践更快地推广。

六、拓展课程教学评估实践

文化课程

本章描述的方法并不是要贬低课程在教育系统中的作用。相反，进化论的观点确定了一个隐含假设，即现代教育机构的课程目标任务除了更狭义的学术目标，还要确保健康的人类发展。在学习文化相关信息的同时，学校课程的设计还必须纳入认知、行为、社会和文化发展的基准（Crone & Horner, 2012; NRC, 2001; Sugai et al., 2000）。

教育必须注重教育所有人如何生活在一个包容的社会中，在这个社会中，每个人都受到尊重，都有尊严，并充分参与社区生活（Dewey, 1938）。在传统社会中，这项任务分散在整个社区，儿童在其中往往会收获各种各样的日常社会经验，其中许多特征是通过日常互动间接习得的（Gray, 2013）。但现代社会已经与祖先的学习和教学环境大相径庭（Geary, 2008）。即使是现代学校也会发现自己所处的社会与学校许多政策制定时的社会截然不同。在当代文化中，年轻人的大部分社会活动都发生在学校内。当我们考虑到全国社区中许多其他社会支持领域都在处于衰退的常规模式时，整合社会情感发展性课程目标就变得更为重要。

所有学习目标都需要纳入非学术因素，但可能并不都需要直接教学。许多技能是自然发展，并被吸收到学习环境的隐性课程中（Kohlberg, 1983; Martin, 1983），如适当的社会互动。然而，学生的这种"间接"学习仍然需要积极的环境输入。如果这些特征没有得到适当的管理，可能会产生无数意想不到的结果。

这突出了保证适当培训和激励员工和教师的重要性。课堂管理不仅仅是针对学生的不当行为。它"包括教师为鼓励课堂学习所做的一切，包括创造一个支持教学的环境，以促进和维持学生的学习和参与"（Evertson & Harris, 1999: 61）。教师必须知道自己的行为如何影响学习环境，并且必须主动建立一个健康的社会情感环境。

跨学科的评估方法

随着教师和学生都面临着越来越多的要求和评估任务，要增加更多的考评的观点非常可怕——我们当然不需要更多的测试！此外，我们真正需要的是在实现上述各种广义目标的同时，拓展我们的评估方法。

教育评估旨在确定学生的学习情况，这是我们寻求教育改善不可或缺的一个部分（NRC, 2001）。在现代社会中，学习成功传统上是通过标准化的学科会考来衡量的。“虽然坚持这些（评估形式）有助于它们（测量基于内容的知识）的持久优势，但是也导致了一些局限性并阻碍了评估设计的进展”（NRC, 2001: 19）。正如广义的教育目标暗示的那样，对学习成绩的全面评估应该比预测性测试所包含的更加广泛。除了追踪学生的进步，学校还应该评估学生的行为，以监测学生和学校本身的表现。

这并不是说标准化考试在教育中没有一席之地。当有效可靠地使用标准化考试时，它可以为决策者提供其他评估方法无法提供的有用信息。然而，以学科为基础的标准化的学科会考绝不能再成为学生成绩和教师能力的唯一决定因素。应确定并收集其他不但针对学业成长，而且针对行为和社会情感发展的绩效指标，最大限度地提高教学策略的效果，促进学生健康全面发展。

虽然将更多的评估融入学校起初似乎令人望而生畏，但实现这一目标的许多步骤已经在顺利进行。在典型的实践中，教育传统上很少关注评估和丰富学生的行为和关系，50 多年来，应用进化科学一直在建立行之有效的方法，以实现各种规模的积极行为和文化变革。预防科学（Prevention Science）这一学科专门致力于为各种不同现实问题找到基于科学的解决方案，例如如何防止课堂环境变得混乱，以及如何防止青少年的自我破坏行为（Biglan, 2015; Coie et al., 1993; Embry Biglan, 2008），所有这些都具有适当的衡量指标和评估技术，用于组织监测各级的变化。通过整合应用进化科学的有效方法，教育评估可以更好地体现教育促进文化发展的更广泛功能。

七、结论

儿童应该接受终身教育，而不是为了考试而受教育。解决学习成绩差的方法经常是侧重于提高考试成绩。学校应该培养我们的年轻人，让他们健康幸福，善于合作和交流，成为有责任感的公民。在本章中，我们表明教育的广义目标和狭义目标可以同时实现。关键在于将教育视为一种合作形式，它需要与大多数合作形式一样的核心设计原则。作为合作学习所需的另外两个设计原则是创造一个安全可靠的环境，并使长期学习目标在短期内获得回报。当学校实施这些设计原则时，孩子们除了掌握各个学科知识外，还可以在总体上茁壮成长。学校环境的有益影响甚至可以扩展到其他领域，例如家庭关系。

所有学生都可以受益于那些对危机边缘学生有效的设计原则。事实上，当学校运转良好时，很可能是因为它们实施了这些设计原则，而不一定是明确考虑到这些原则。学校的情况与埃莉诺·奥斯特罗姆在她所研究的公共资源组中发现的情况相似。一些群体无须教导就采用了这些设计原则，但遗憾的是，其他群体缺乏同样的原则。正是这些群体之间的差异使奥斯特罗姆能够首先推导出核心设计原则。明确了解这些设计原则有助于发现已经存在的最佳实践，并改进尚未自行采用这些做法的学校。

致谢

我们感谢佩吉·沃兹尼亚克（Peggy Wozniak）博士和宾汉姆顿市学区给我们提供机会，向会考学校及其信息技术员工提供建议，为我们的分析提供数据。我们感谢米里亚姆·珀迪（Miriam Purdy）（会考学校校长）和萨莉·奥马利（Sally O'Malley）（行政助理）确保了会考学校学习环境的一致性并努力维护，为其学生、员工和志愿者提供了无尽的关怀和支持。我们感谢会考学校教师的才智和对项目的奉献。我们感激吉姆·德佛娜（Jim De Vona）和伊恩·麦克唐纳（Ian MacDonald）在高中数据收集过程中所做的保存工作。我们感谢丹尼叶·博纳尼（Danielle Bonanni）为会考学校设计的标志。我们还要感谢宾汉姆顿社区项目对这项研究的支持。

附录 11—1　协变量对各因变量的影响

协变量	量表	III 型 平方和	*F*	*p*	部分埃塔 平方
女性[a]	幸福感	60.78	0.16	0.690	0.000
	学习	5189.72	21.54	0.000	0.052
	亲社会性	5454.69	17.14	0.000	0.042
	家庭	277.15	1.05	0.305	0.003
	学校	1260.64	2.91	0.089	0.007
	宗教	36.12	0.05	0.823	0.000
	课外活动	6270.05	7.60	0.006	0.019
	集体效能	3957.15	7.16	0.008	0.018
	外部环境失调	1828.37	4.03	0.045	0.010
黑人[a]	幸福感	3291.69	8.63	0.003	0.021
	学习	1764.04	7.32	0.007	0.018
	亲社会性	0.00	0.00	0.999	0.000
	家庭	293.13	1.12	0.292	0.003
	学校	1491.06	3.45	0.064	0.009
	宗教	4017.10	5.56	0.019	0.014
	课外活动	303.44	0.37	0.544	0.001
	集体效能	5.88	0.01	0.918	0.000
	外部环境失调	15.01	0.03	0.856	0.000
英语作为第二语言的学生[a]	幸福感	1131.65	2.97	0.086	0.007
	学习	106.03	0.44	0.507	0.001
	亲社会性	239.80	0.75	0.386	0.002
	家庭	599.65	2.28	0.132	0.006
	学校	3522.27	8.14	0.005	0.020
	宗教	6516.57	9.02	0.003	0.022
	课外活动	137.96	0.17	0.683	0.000
	集体效能	266.64	0.48	0.488	0.001
	外部环境失调	2148.75	4.74	0.030	0.012

续表

协变量	量表	Ⅲ型 平方和	*F*	*p*	部分埃塔 平方
社会经济地位	幸福感	812.69	2.13	0.145	0.005
	学习	1104.79	4.59	0.033	0.012
	亲社会性	1208.92	3.80	0.052	0.010
	家庭	285.32	1.09	0.298	0.003
	学校	444.78	1.03	0.311	0.003
	宗教	4993.02	6.91	0.009	0.017
	课外活动	6547.08	7.94	0.005	0.020
	集体效能	8014.56	14.49	0.000	0.036
	外部环境失调	7741.42	17.07	0.000	0.042
年龄	幸福感	2060.99	5.40	0.021	0.014
	学习	228.49	0.95	0.331	0.002
	亲社会性	355.04	1.12	0.292	0.003
	家庭	924.73	3.52	0.061	0.009
	学校	332.99	0.77	0.381	0.002
	宗教	80.74	0.11	0.738	0.000
	课外活动	5885.93	7.14	0.008	0.018
	集体效能	45.98	0.08	0.773	0.000
	外部环境失调	2171.98	4.79	0.029	0.012
缺勤率（%）	幸福感	0.32	0.00	0.977	0.000
	学习	297.56	1.23	0.267	0.003
	亲社会性	897.52	2.82	0.094	0.007
	家庭	396.67	1.51	0.220	0.004
	学校	646.09	1.49	0.222	0.004
	宗教	486.89	0.67	0.412	0.002
	课外活动	905.25	1.10	0.295	0.003
	集体效能	2216.10	4.01	0.046	0.010
	外部环境失调	231.99	0.51	0.475	0.001

注：所有变量的自由度=1。

a 以“1”表示的二分变量等于变量名。

附录 11—2　学校间每个因变量的事后两两比较结果

因变量	对照		平均差（I–J）	标准差	显著性（Sig）	95% 的置信区间[a]	
						上限	下限
幸福感	对照组	会考学校组	−25.97	7.68	0.002	−44.44	−7.49
		高中组	−23.61	6.65	0.001	−39.61	−7.61
	高中组	会考学校组	−2.36	4.22	1.000	−12.50	7.78
		对照组	23.61	6.65	0.001	7.61	39.61
学习	对照组	会考学校组	−12.38	6.12	0.131	−27.09	2.33
		高中组	−17.22	5.30	0.004	−29.96	−4.48
	高中组	会考学校组	4.84	3.36	0.451	−3.24	12.92
		对照组	17.22	5.30	0.004	4.48	29.96
亲社会性	对照组	会考学校组	−11.38	7.01	0.317	−28.24	5.49
		高中组	−17.20	6.07	0.015	−31.81	−2.60
	高中组	会考学校组	5.83	3.85	0.394	−3.43	15.08
		对照组	17.20	6.07	0.015	2.60	31.81
家庭	对照组	会考学校组	−22.91	6.39	0.001	−38.28	−7.54
		高中组	−22.54	5.54	0.000	−35.85	−9.22
	高中组	会考学校组	−0.38	3.51	1.000	−8.82	8.06
		对照组	22.54	5.54	0.000	9.22	35.85
学校	对照组	会考学校组	−27.74	8.20	0.002	−47.46	−8.02
		高中组	−16.62	7.10	0.059	−33.70	0.46
	高中组	会考学校组	−11.12	4.50	0.042	−21.94	−0.29
		对照组	16.62	7.10	0.059	−0.46	33.70
宗教	对照组	会考学校组	1.94	10.59	1.000	−23.52	27.40
		高中组	−6.12	9.17	1.000	−28.17	15.93
	高中组	会考学校组	8.06	5.81	0.499	−5.91	22.04
		对照组	6.12	9.17	1.000	−15.93	28.17

续表

因变量	对照		平均差（I–J）	标准差	显著性（Sig）	95% 的置信区间[a]	
						上限	下限
课外活动	对照组	会考学校组	−11.22	11.29	0.962	−38.37	15.92
		高中组	−33.36	9.78	0.002	−56.86	−9.85
	高中组	会考学校组	22.13	6.20	0.001	7.23	37.03
		对照组	33.35	9.78	0.002	9.85	56.86
集体效能	对照组	会考学校组	−14.19	9.29	0.383	−36.53	8.15
		高中组	−20.31	8.05	0.036	−39.66	−0.96
	高中组	会考学校组	6.12	5.10	0.693	−6.15	18.39
		对照组	20.31	8.05	0.036	0.96	39.66
外部环境失调	对照组	会考学校组	0.86	8.39	1.000	−19.31	21.03
		高中组	0.93	7.26	1.000	−16.54	18.39
	高中组	会考学校组	−0.07	4.61	1.000	−11.14	11.00
		对照组	−0.93	7.26	1.000	−18.39	16.54

注：按估计边际平均值计算。

a 多重比较调整：邦费罗尼（Bonferroni）。

参考文献

Allen, L., & Steinberg, A. (2005). *Big buildings, small schools: Using a small schools strategy for high school reform*. Providence, RI: Jobs for the Future and the Education Alliance at Brown University.

Becker, K. D., Bohnenkamp, J., Domitrovich, C., Keperling, J. P., & Ialongo, N. S. (2014). Online training for teachers delivering evidence-based preventive interventions. *School Mental Health, 6*(4), 225–236.

Benson, P. L., & Scales, P. C. (2009). Positive youth development and the prevention of youth aggression and violence. *European Journal of Developmental Science, 3*, 218–234.

Benson, P. L., & Scales, P. C. (2011). Developmental assets. In R. J. R. Levesque (Ed.), *Encyclopedia of adolescence* (pp. 667–683). New York, NY: Springer.

Benson, P. L., Scales, P. C., & Syvertsen, A. K. (2011). The contribution of the developmental assets framework to positive youth development theory and practice. In R. M. Lerner,

J. V. Lerner, & J. B. Benson (Eds.), *Advances in child development and behavior* (Vol. 41, pp. 197–230). Burlington, VT: Academic.

Biglan, A. (2015). *The nurture effect: How the science of human behavior can improve our lives and our world*. Oakland, CA: New Harbinger Publications.

Bullough, R. V., Jr., & Pinnegar, S. (2009). The happiness of teaching (as eudaimonia): Disciplinary knowledge and the threat of performativity. *Teachers and Teaching: Theory and Practice, 15*(2), 241–256.

Calvert, W. J. (2001). Neighborhood disorder, individual protective factors, and the risk of adolescent delinquency. *The ABNF Journal, 13*(6), 127–135.

Caughy, M. O. B., Nettles, S. M., & O'Campo, P. J. (2008). The effect of residential neighborhood on child behavior problems in first grade. *American Journal of Community Psychology, 42*(1–2),39–50.

Coie, J. D., Watt, N. F., West, S. G., Hawkins, J. D., Asarnow, J. R., Markman, H. J., ... Long, B. (1993). The science of prevention: a conceptual framework and some directions for a national research program. *American Psychologist*, *48*(10), 1013–1022.

Cox, M., Arnold, G., & Tomás, S. V. (2010). A review of design principles for community-based natural resource management. *Ecology and Society, 15*(4), S1–S19.

Crone, D. A., & Horner, R. H. (2012). *Building positive behavior support systems in schools: Functional behavioral assessment*. New York, NY: Guilford.

Crowder, K., & South, S. J. (2003). Neighborhood distress and school dropout: The variable significance of community context. *Social Science Research, 32*(4), 659–698.

Dewey, J. (1900). *The school and society*. Chicago, IL: University of Chicago Press.

Dewey, J. (1911). *The child and the curriculum*. Chicago, IL: University of Chicago Press.

Dewey, J. (1916). *Democracy and education: An introduction to the philosophy of education*.New York, NY: Macmillan.

Dewey, J. (1938). *Experience and education*. New York, NY: Touchstone.

Ellis, B. J., Del Giudice, M., Dishion, T. J., Figueredo, A. J., Gray, P., Griskevicius, V., ... Wilson, D. S. (2012). The evolutionary basis of risky adolescent behavior: implications for science, policy, and practice. *Developmental Psychology*, *48*(3), 598–623.

Embry, D. D. (2002). The Good Behavior Game: A best practice candidate as a universal behavioral vaccine. *Clinical Child and Family Psychology Review, 5*, 273–297.

Embry, D. D. (2004). Community-based prevention using simple, low-cost, evidence-based kernels and behavior vaccines. *Journal of Community Psychology, 32*(5), 575–591.

Embry, D. D. (2014). *PAX Good Behavior Game*. Washington, DC: National Registry of Evidence Based Programs and Practices.

Embry, D. D., & Biglan, A. (2008). Evidence-based kernels: Fundamental units of behavioral influence. *Clinical Child and Family Psychology Review, 11*(3), 75–113.

Evertson, C. M., & Harris, A. E. (1999). Support for managing learning-centered classrooms: The classroom organization and management program. In H. J. Freiberg (Ed.), *Beyond behaviorism: Changing the classroom management paradigm* (pp. 59–74). Boston, MA: Allyn & Bacon.

Finn, J. D., & Voelkl, K. E. (1993). School characteristics related to student engagement. *Journal of Negro Education, 62*(3), 249–268.

Finn, J. D., & Zimmer, K. S. (2012). Student engagement: What is it? Why does it matter? In S. L. Christenson, A. L. Reschly, & C. Wylie (Eds.), *Handbook of research on student engagement* (pp. 97–131). New York, NY: Springer.

Flowers, N., Mertens, S. B., & Mulhull, P. F. (1999). The impact of teaming: Five research-based outcomes. *Middle School Journal, 31*, 57–60.

Geary, D. C. (2008). An evolutionarily informed education science. *Educational Psychologist, 43*(4), 179–195.

Gray, P. (2013). *Free to learn: Why unleashing the instinct to play will make our children happier, more self-reliant, and better students for life*. New York, NY: Basic Books.

Gray, P., & Chanoff, D. (1986). Democratic schooling: What happens to young people who have charge of their own education? *American Journal of Education, 94*, 182–213.

Gray, P., & Feldman, J. (2004). Playing in the zone of proximal development: Qualities of self-directed age mixing between adolescents and young children at a democratic school. *American Journal of Education, 110*(2), 108–146.

Greenwood, C. R. (1991a). Classwide peer tutoring: Longitudinal effects on the reading, language, and mathematics achievement of at-risk students. *Reading, Writing, and Learning Disabilities, 7*(2), 105–123.

Greenwood, C. R. (1991b). Longitudinal analysis of time, engagement, and achievement in at-risk versus non-risk students. *Exceptional Children, 57*, 521–535.

Hess, C., & Ostrom, E. (2007). *Understanding knowledge as a Commons: From theory to practice*. Cambridge, MA: MIT Press.

Howley, C., Strange, M., & Bickel, R. (2000). *Research about school size and school performance in impoverished communities*. Charleson, WV: ERIC Clearinghouse on Rural Education and Small Schools.

Hunt, P., Soto, G., Maier, J., & Doering, K. (2003). Collaborative teaming to support students at risk and students with severe disabilities in general education classrooms. *Exceptional Children, 69*(3), 315–332.

Johnson, K. (1997). Morningside academy. *Behavior and Social Issues, 7*(1), 31–35.

Keating, D. P. (1996). Habits of mind for a learning society: Educating for human development. In D. R. Olson & N. Torrance (Eds.), *Handbook of education and human development: New models of learning, teaching, and schooling* (pp. 461–481). Malden, MA: Blackwell.

Kleinman, K. E., & Saigh, P. A. (2011). The effects of the Good Behavior Game on the conduct of regular education New York City high school students. *Behavior Modification, 35*(1), 95–105.

Koenig, H. G., Meador, K., & Parkerson, F. (1997). Religion index for psychiatric research: A 5-item measure for use in health outcome studies. *American Journal of Psychiatry, 154*, 885–886.

Kohlberg, L. (1983). The moral atmosphere of the school. In H. Giroux & D. Purpel (Eds.), *The hidden curriculum and moral education: Deception or discovery?* (pp. 61–81). Berkeley, CA: McCutchan.

Kohn, A. (2000). Standardized testing and its victims. *Education Week, 20*(4), 46–47.

Lancy, D. (2016). Teaching: Natural or cultural? In David C. Geary & Daniel B. Berch (Eds.) *Evolutionary perspectives on child development and education* (pp. 33–65). Springer.

Lee, V. E., & Smith, J. B. (1997). High school size: Which works best and for whom? *Educational Evaluation and Policy Analysis, 19*(3), 205–227.

Martin, J. (1983). What should we do with a hidden curriculum when we find one? In H. Giroux & D. Purpel (Eds.), *The hidden curriculum and moral education: Deception of discovery?* (pp. 122–139). Berkeley, CA: McCutchan.

Meyers, L. S., Gamst, G., & Guarino, A. J. (2006). *Applied multivariate research: Design and interpretation*. Thousand Oaks, CA: Sage.

Montague, M., Enders, C., Cavendish, W., & Castro, M. (2011). Academic and behavioral trajectories for at-risk adolescents in urban schools. *Behavioral Disorders, 36*(2), 141–156.

National Research Council (NRC). (2001). *Knowing what students know: The science and design of educational assessment*. In J. W. Pellegrino, N. Chudowsky, & R. Glaser (Eds.). Washington, DC: National Academies Press.

O'Brien, D. T. (2010). Sociality in the city: Using biological principles to explore the relationship between high population density and social behavior. *Advances in Sociology Research, 8*, 203–216.

O'Brien, D. T., & Kauffman, R. A., Jr. (2012). Broken windows and low adolescent prosociality: Not cause and consequence, but co-symptoms of low collective efficacy. *American Journal of Community Psychology, 51*(3–4), 359–369.

O'Brien, D. T., Gallup, A. C., & Wilson, D. S. (2012). Residential mobility and prosocial development within a single city. *American Journal of Community Psychology, 50*(1–2), 26–36.

Ostrom, E. (1990). *Governing the commons: The evolution of institutions for collective action*. Cambridge, England: Cambridge University Press.

Ostrom, E. (2010). Beyond markets and states: Polycentric governance of complex economic systems. *American Economic Review, 100*, 1–33.

Raudenbush, S. W. (1984). Magnitude of teacher expectancy effects on pupil IQ as a function of the credibility of expectancy induction: A synthesis of findings from 18 experiments. *Journal of Educational Psychology, 76*(1), 85–97.

Rosenthal, R. (2002). The Pygmalion effect and its mediating mechanisms. In J. Aronson (Ed.), *Improving academic achievement: Impact of psychological factors on education* (pp. 25–36). San Diego, CA: Academic.

Rosenthal, R., & Jacobson, L. (1968). *Pygmalion in the classroom: Teacher expectation and pupils' intellectual development*. Austin, TX: Holt, Rinehart and Winston.

Ross, C. E., & Mirowsky, J. (1999). Disorder and decay the concept and measurement of perceived neighborhood disorder. *Urban Affairs Review, 34*(3), 412–432.

Rutter, M., Maughan, B., Mortimore, P., Ouston, J., & Smith, A. (1979). *Fifteen thousand hours: Secondary schools and their effects on children*. Cambridge, MA: Harvard University Press.

Sampson, R. J., Raudenbush, S. W., & Earls, F. (1997). Neighborhoods and violent crime: A multilevel study of collective efficacy. *Science, 277*, 918–924.

Sampson, R. J., Raudenbush, S. W., & Earls, F. (1999). Beyond social capital: Spatial dynamics of collective efficacy for children. *American Sociological Review, 64*, 633–660.

Scales, P. C., Benson, P. L., Dershem, L., Fraher, K., Makkonen, R., Nazneen, S., … Titus, S. (2013). Building developmental assets to empower adolescent girls in rural Bangladesh: Evaluation of Project "Kishoree Kontha". *Journal of Research on Adolescence, 23*(1), 171–184.

Scales, P. C., Benson, P. L., Moore, K. A., Lippman, L., Brown, B., & Zaff, J. F. (2008). Promoting equal developmental opportunity and outcomes among America's children and youth: Results from the National Promises Study. *Journal of Primary Prevention, 29*(2), 121–144.

Scales, P. C., Benson, P. L., Roehlkepartain, E. C., Sesma, A., Jr., & van Dulmen, M. (2006). The role of developmental assets in predicting academic achievement: A longitudinal study. *Journal of Adolescence, 29*(5), 691–708.

Schneider-Munoz, A. J. (2011). Developmental assets as a framework for engaging families in out-of-school time. In H. Kreider & H. Westmoreland (Eds.), *Promising practices for family engagement in out-of-school time* (pp. 31–44). Charlotte, NC: Information Age.

Sorhagen, N. S. (2013). Early teacher expectations disproportionately affect poor children's high school performance. *Journal of Educational Psychology, 105*(2), 465–477.

Sugai, G., Horner, R. H., Dunlap, G., Hieneman, M., Lewis, T. J., Nelson, C. M., ... Ruef, M. (2000). Applying positive behavior support and functional behavioral assessment in schools. *Journal of Positive Behavior Interventions*, *2*(3), 131–143.

Wilson, D. S., Hayes, S. C., Biglan, A., & Embry, D. D. (2014). Evolving the future: Toward a science of intentional change. *Behavioral and Brain Sciences, 37*(4), 395–416.

Wilson, D. S., Kauffman, R. A., Jr., & Purdy, M. S. (2011). A program for at-risk high school students informed by evolutionary science. *PLoS One, 6*(11), e27826.

Wilson, D. S., O'Brien, D. T., & Sesma, A. (2009). Human prosociality from an evolutionary perspective: variation and correlations at a city-wide scale. *Evolution and Human Behavior, 30*, 190–200.

Wilson, D. S., Ostrom, E., & Cox, M. E. (2013). Generalizing the core design principles for the efficacy of groups. *Journal of Economic Behavior & Organization, 90*, S21–S32.

译后记

南京师范大学金陵女子学院为支持学科建设而出版的这套家政学译丛，主要是围绕家政学基础学理、家庭关系、家庭教育、家庭经营这四大维度。《进化视角下的儿童发展与教育》就是其中从进化理论视角讨论儿童发展与教育的一部学术著作。

人们对儿童发展的研究历史悠久，经历了经验化、科学分化和生态化三个主要发展阶段。近代的儿童发展观则在吸收了心理学、教育学和社会学等学科的基础上，形成了环境决定论、遗传决定论和辐合论等三大主要观点。这种认识发展过程说明了人的认识思维方式从二元对立走向融合统一。当代的儿童发展观认为遗传和环境对儿童发展产生影响的内在机制对教育更有意义，其中的主要代表就是瑞士心理学家皮亚杰的认知发展理论，美国哲学家、教育家杜威的教育目的论，以及美国教育家加德纳的多元智力论。他们的思想和理论贡献推动了儿童发展观的进步与成熟，并形成了全新的儿童发展观。

事实上，儿童发展的系统研究最初可以追溯至达尔文，儿童发展观在19世纪科学分化阶段便受到了达尔文的影响，美国著名的心理学教授贝克认为达尔文是科学研究儿童的鼻祖，“19世纪中期，达尔文及其追随者们为了研究包括人类在内的物种起源，对儿童的各种行为进行了仔细的观察和研究，科学的儿童发展研究就此诞生”[①]。达尔文的进化理论主要包括自然选择和性选择两个进化理论，前者主要是探讨有关生存的适应进化，后者则是与求偶活动有关。进化论在现代得到了更多科学发现的支持，如基因遗传。20 世纪 60 年代哈密尔顿提出了广义适合度理论，开启了“基因之眼看世界”，乔治·威廉斯的《适应与自然选择》则进一步拓展了广义适合度理论，界定了“适应器”的概念。罗伯特·特里弗斯在威廉斯的基础上提出了非亲属之间的互惠式利他行为理论、亲代投资理论和亲子冲突理论。

当代儿童发展理论新的发展方向始于 20 世纪 70 年代以来的儿童发展理论的生态化，提出了“生态系统理论”和“动态系统观”，强调实证研究和自然生态环境下的研究，更加关注儿童个性化发展研究。尽管儿童理论在发展过程中学派林立，理论纷争不断，但这些儿童发展理论在不同程度上都促进了教育思想的变革和教育改革的深入发展。

本书就是在进化视角下对儿童发展与教育中的学习、认知、社会关系、社会行为以及游戏等各方面进行研究的一本合集。英文原版分为三个部分，共十三章，中译本根据其内容以及对我国的现实参考价值，进行了一定的删减，最后共计十一章。

本书第一部分的四章聚焦于儿童早期的发展、游戏与探索。第一章对进化发展心理学的相关概念进行了简单的介绍，然后围绕婴幼儿期的适应性、幼儿的学习方式以及如何将进化思维应用在儿童教育中展开了论述，最后指出在儿童早期进行过度学习并不利于儿童的发展。第二章追溯了现代学校的起源，论证了儿童的自然教育方式依然是一种有效的学习方式，这一论证我们在后面的章节中又再次看到了证明。第三章探究了儿童期不同的客体使用方式，对探索、游戏和建构这些行为进行了区分。第四章则重点探讨了利用引导性游戏来解决儿童早期学习中的自由游戏与直接教学的简单二分法所造成的二元对立情况。引导性游戏在强调儿童自主的同时，又利用成人指导加以控制，有效地对放任儿童和高控制进行了平衡，促进了儿童的最佳学习。可以说，引导性游戏既可

---

① ［美］劳拉·E. 贝克：《儿童发展》（第五版），吴颖等译，南京：江苏教育出版社，2002：14。

以强化以学习者为导向的学习体验，又可以提高教师利用游戏进行教学的能力，能够为儿童的早期发展提供更为丰富和有意义的学习机会。

第二部分包括三章，其重点在于探讨儿童的社会行为，第五章对于长期以来儿童社会发展中的若干迷思进行了澄清，而第六章对青少年的校园欺凌从进化角度进行了学术性的分析。近年来，校园欺凌一直是社会大众关注的焦点问题，因为校园欺凌作为一种普遍存在的现象，严重影响了青少年的身心健康，给社会发展造成了很大的危害。从进化角度来解读欺凌行为以及相关的影响因素，对于如何防止校园欺凌，采取相应的反欺凌措施都有着积极的意义。第七章则试图厘清公平性的问题，以帮助教师通过提高公平性来减少校园欺凌。

第三部分则由四章组成，并对第一部分所涉及的一些学习和认知问题再次进行了深入的学术探讨。其中第八章从进化论角度揭示了儿童的认知发展与学业发展，为进一步理解儿童在现代学校学习所需的阅读、写作和算术技能提供了新的框架。第九章则提出人的记忆受到进化的调谐从而能更好地解决适应性问题，因此生存加工、潜在污染和生命性在记忆领域中都具有明显的优势效应。第十章则是约翰·斯威勒提出的一个关于学习和认知的理论框架——认知负荷理论，该理论对于学习过程中大脑是如何处理和存储的进行了解释，并指出教育工作者在设计教学活动时，应当考虑认知负荷理论，使教学活动更为适应人类的认知架构，从而提高学习者的学习效率。最后的第十一章详细描述了会考学校作为一种全新教育模式的实验，为在实际教学中如何应用进化理论提供了一个范例研究。

译稿的完成要感谢南京师范大学金陵女子学院的大力支持，还要感谢南京师范大学出版社的总编辑徐蕾女士和金陵家政学译丛项目团队的诸位老师，特别是责任编辑王雅琼在翻译过程中为译稿所做的精心修改，并提出了很多细致的意见，这些意见对译者帮助良多。翻译本书对译者来说不失为一项艰巨的挑战，感谢我的家人在整个翻译过程中为我提供了良好的条件。儿童发展理论流派众多，研究成果不胜枚举，从进化角度加以研究更涉及很多最新的理论和研究，而译者学识有限，难免错漏，还请广大读者批评指正。